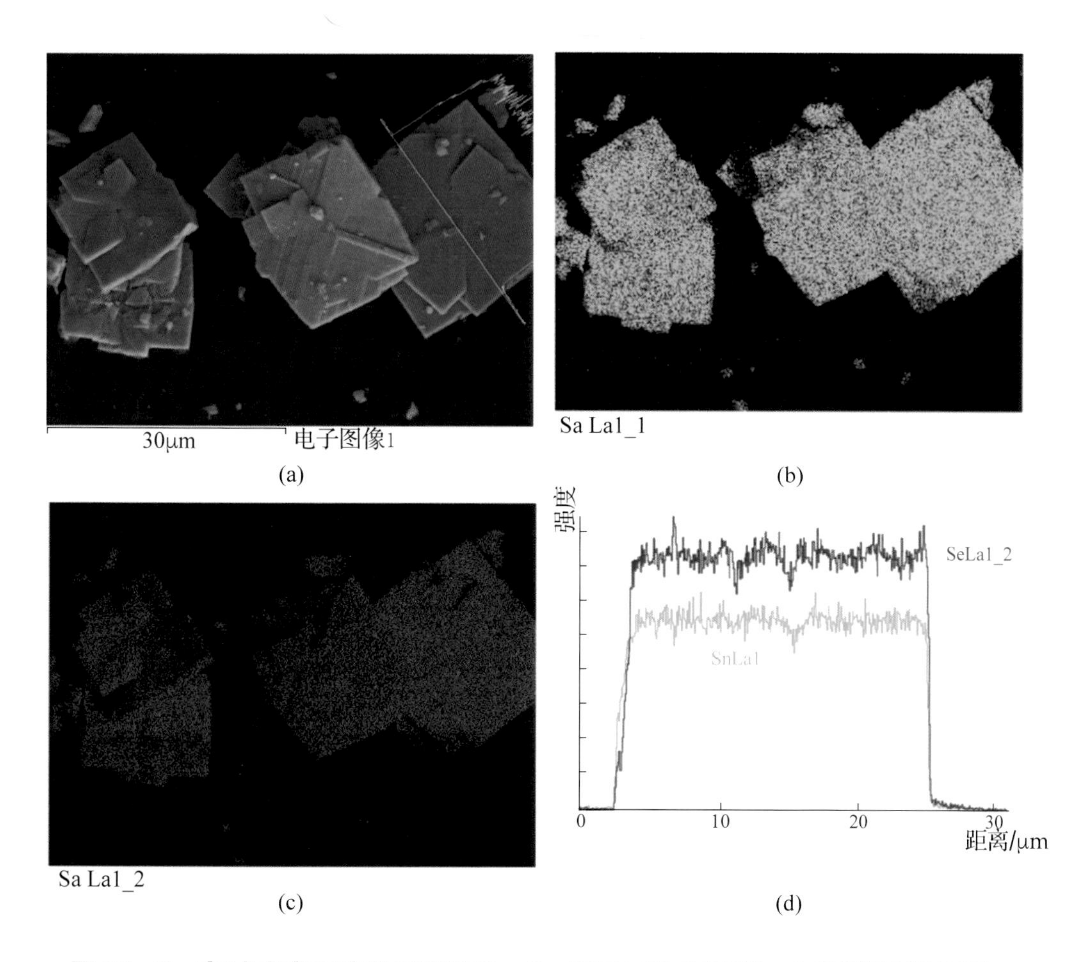

图12-3 高碱浓度反应体系制备SnSe样品二次电子像、面扫描及线扫描

(a)二次电子像；(b)Sn元素能谱面扫描；

(c) Se元素能谱面扫描；(d) 线扫描

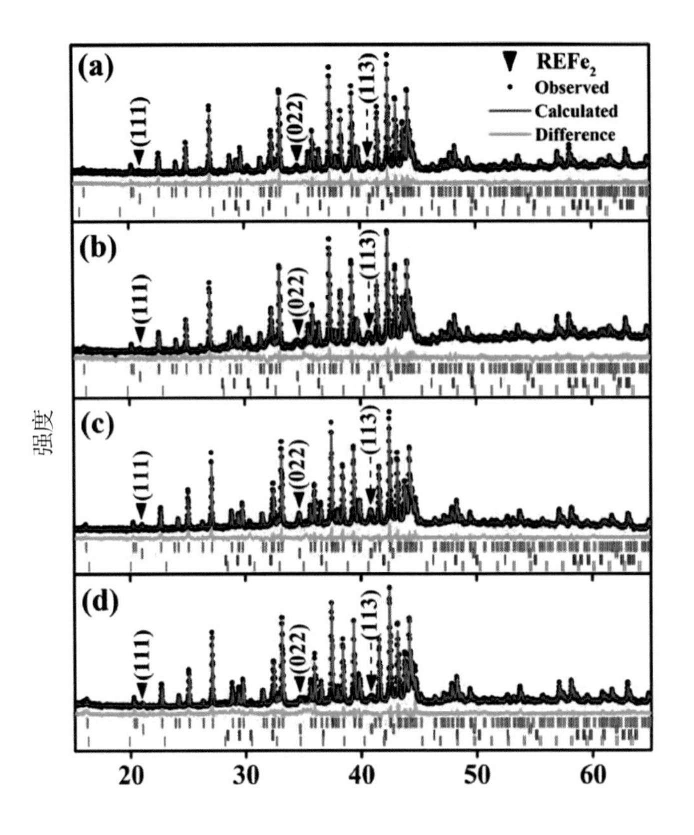

图12-7 系列试样XRD精修图谱

(a) 基体；(b) 10:0磁体；(c) 8:2磁体；(d) 5:5 磁体

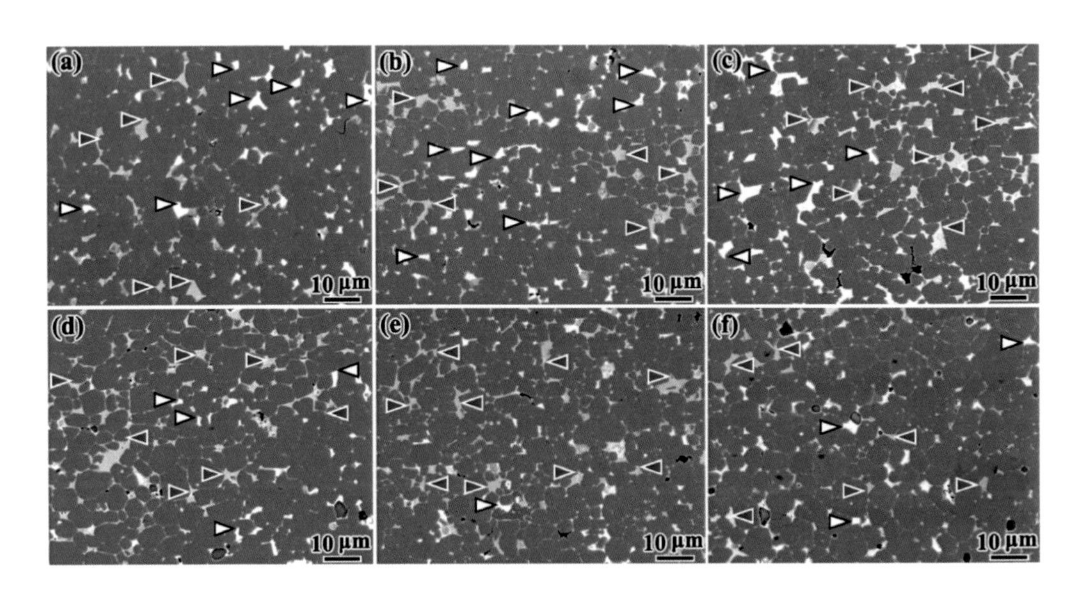

图12-8 扫描电镜背散射相

(a)基体磁体 (SM)；

不同(Nd, Pr)H_x/Cu的磁体：(b) 10:0，(c) 9:1, (d) 8:2, (e) 7:3，(f) 5:5

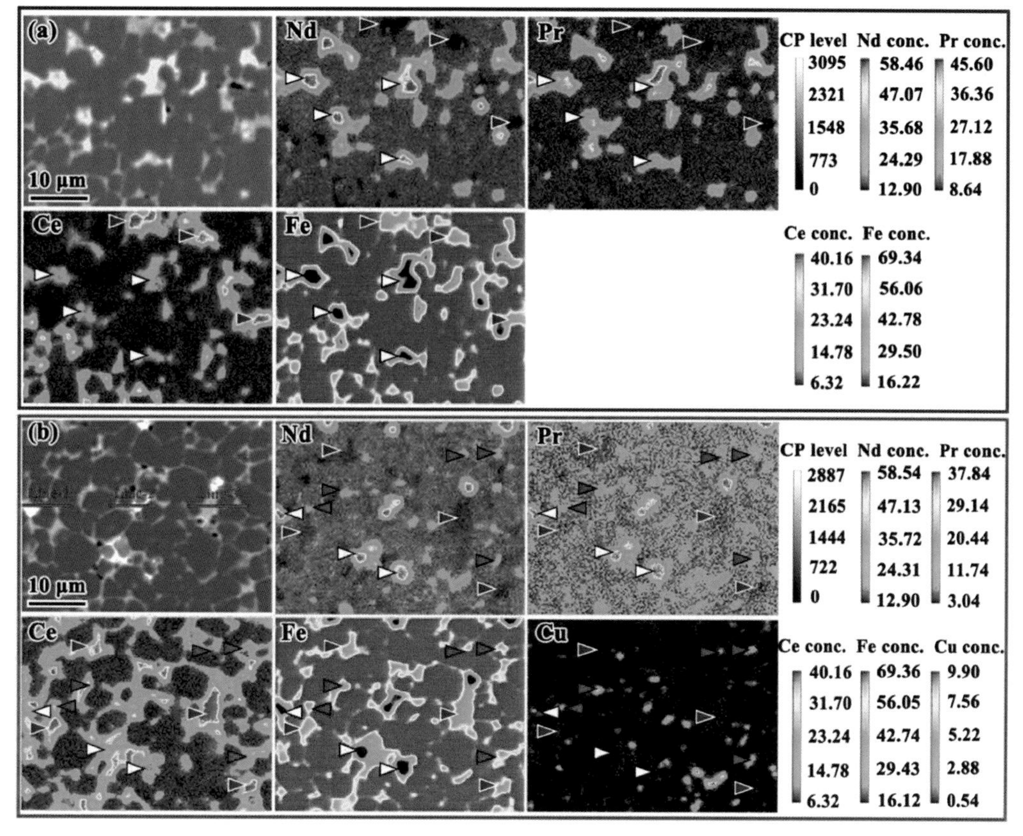

图12-9 电子探针成分面扫描图像

(a)10:0；(b) 8:2

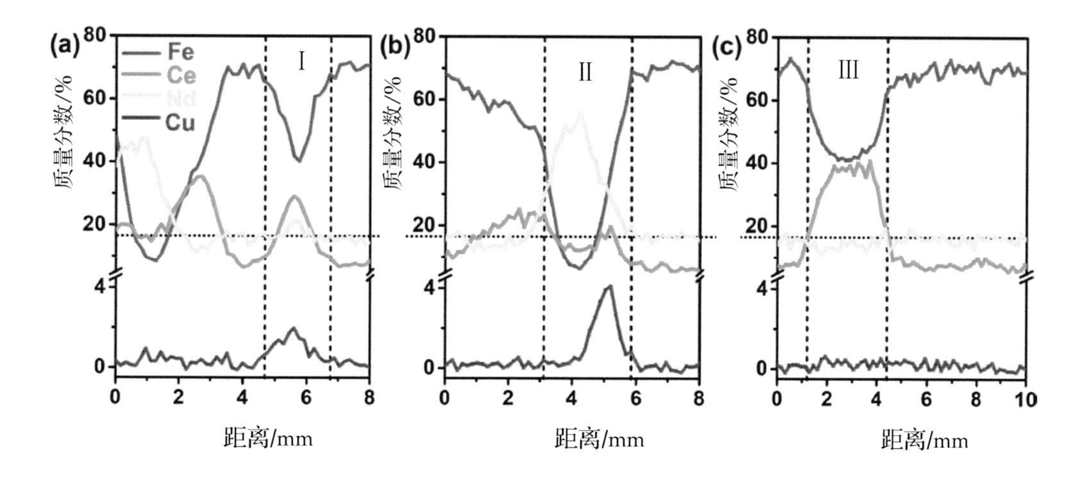

图12-10 不同三叉晶界波谱线扫描分析

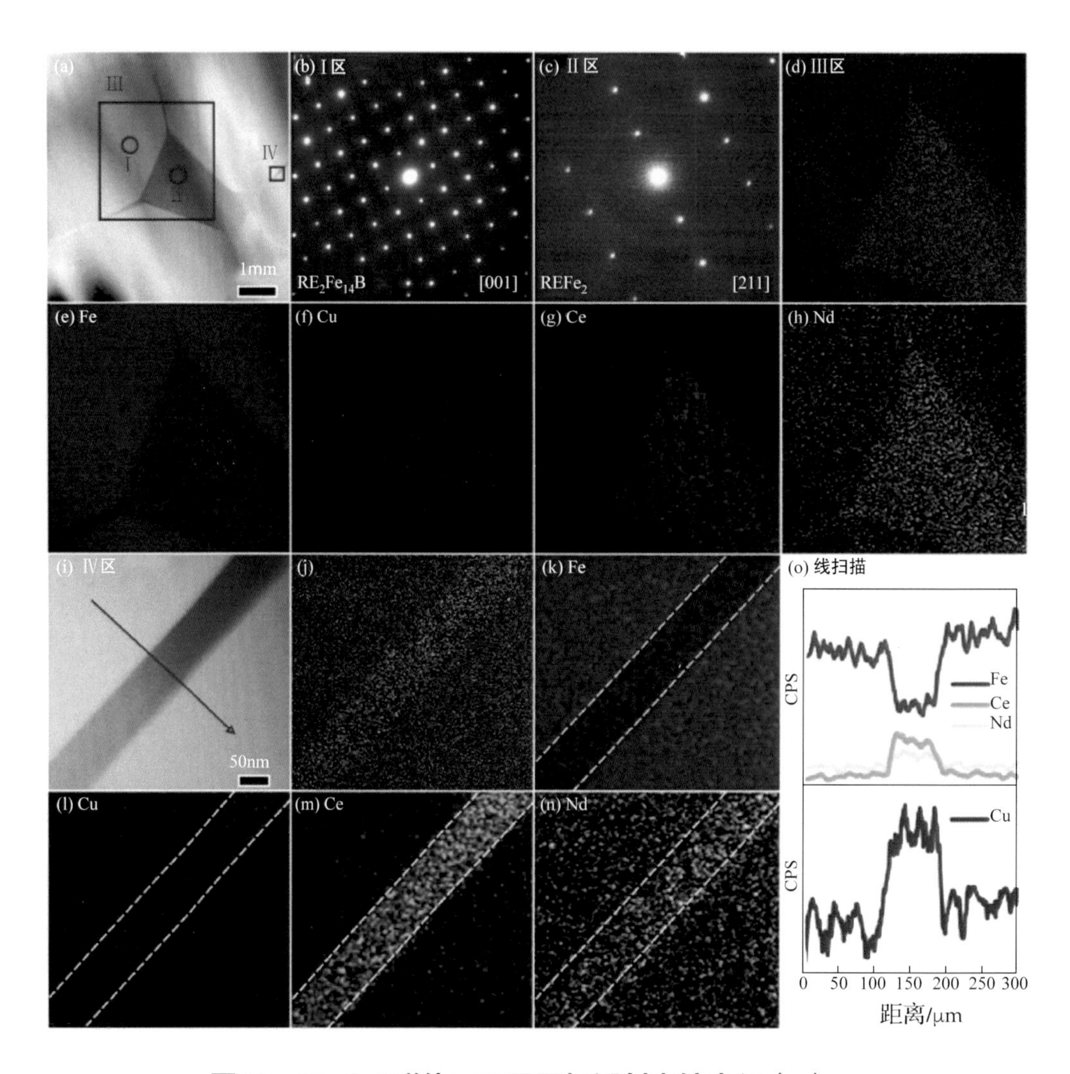

图12-11　8:2磁体三叉晶界相透射电镜表征（一）

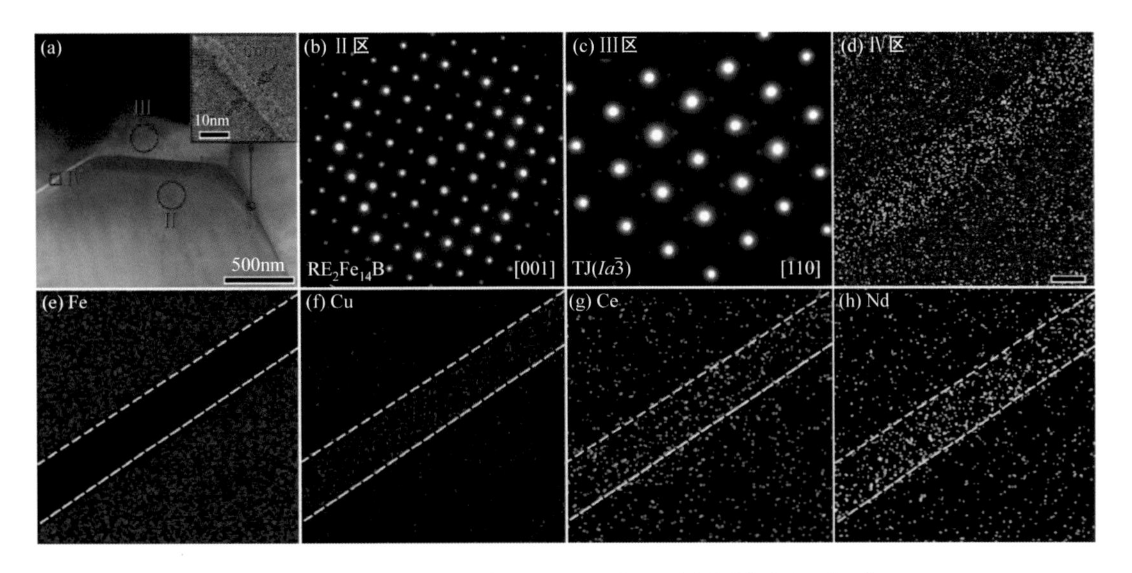

图12-12 8:2磁体三叉晶界相透射电镜表征（二）

(a) 明场像；(b) 对应II 区选区衍射斑点；(c) 对应III区选区衍射斑点；

(d)~(h) IV区厚晶界层附近的元素面扫描

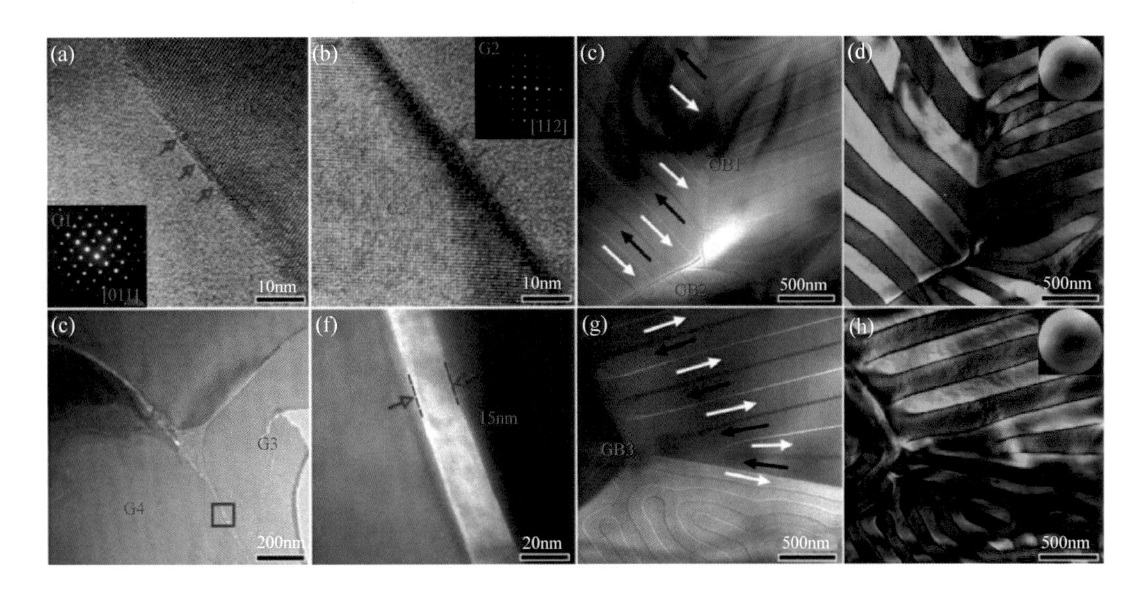

图12-13 基体磁体(a)~(d)和 8:2磁体(e)~(h)的微结构比较

(a) G1和G2晶粒界面的高分辨像（沿G1的[011]带轴倾转而得）；

(b) G1和G2晶粒界面的高分辨像（沿G2的[112]带轴倾转而得）；

(c) 基体磁体过焦LTEM下 Fresnel相；

(d) 基体磁体计算磁化图（彩色轮为识别磁化标尺，颜色和亮度代表面内磁化强度和方向）；

(e) 隔离G3 和G4晶粒的光滑晶界层明场像；

(f) 隔离G3 和G4晶粒的光滑晶界层高分辨像；

(g) 8:2磁体过焦LTEM下Fresnel相；

(h) 8:2磁体计算磁化图（彩色轮为识别磁化标尺，颜色和亮度代表面内磁化强度和方向）

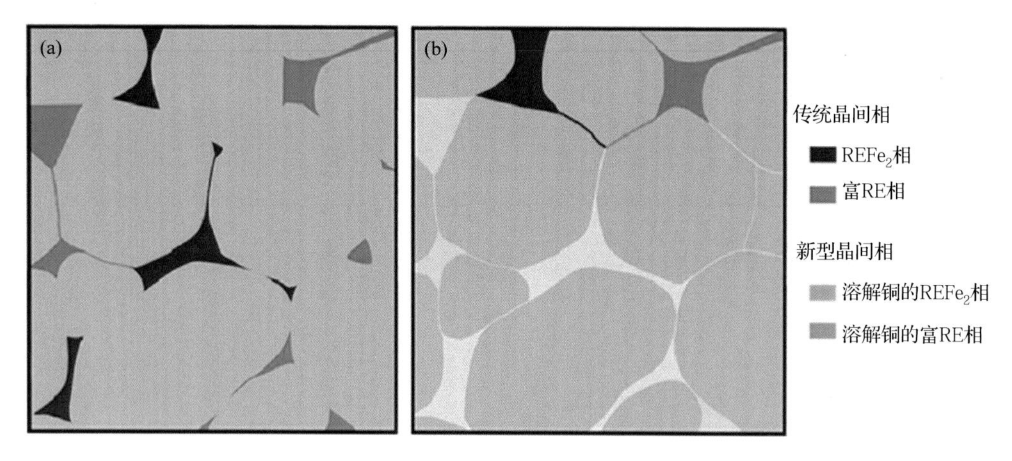

图12-14 磁体微结构演变的示意图

(a)单独(Nd,Pr)H_x添加；(b) (Nd,Pr)H_x和Cu共掺

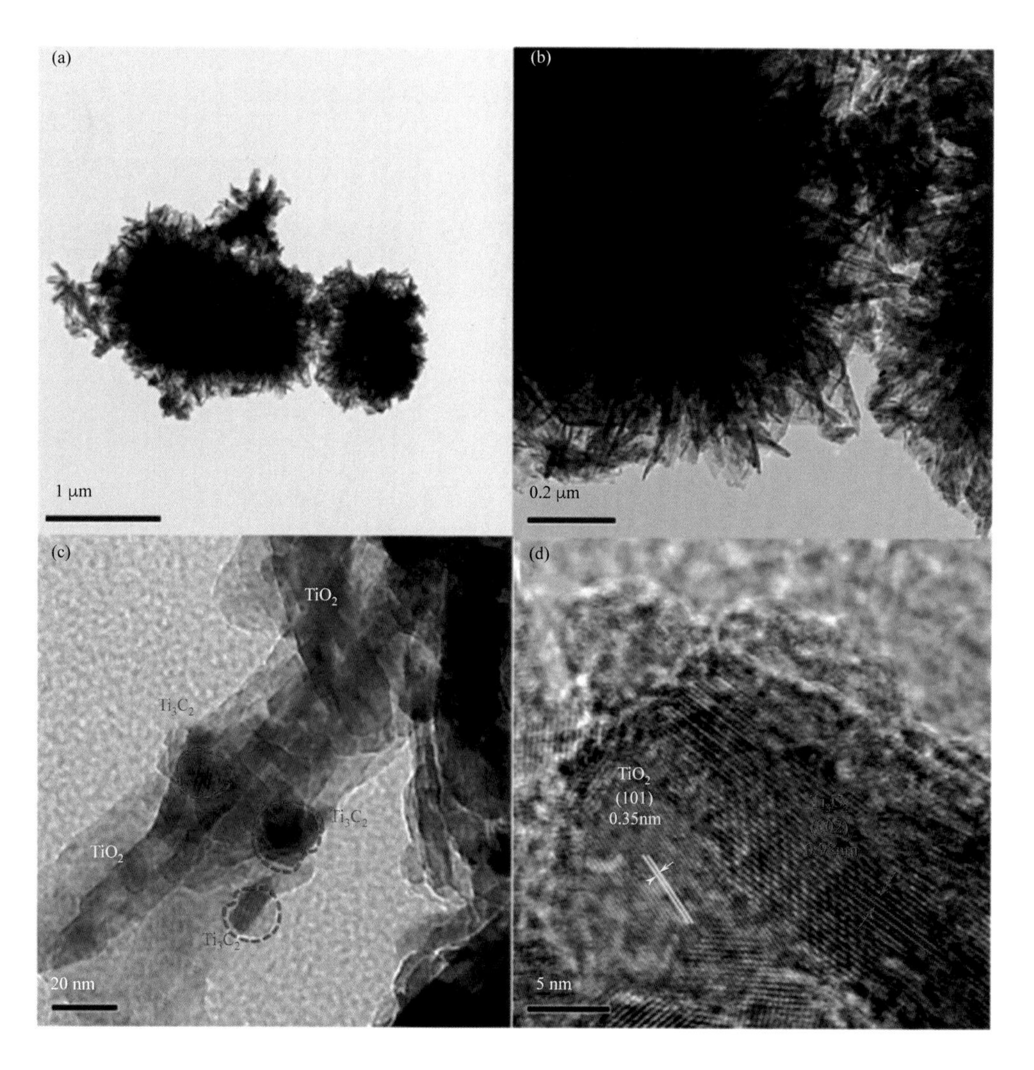

图12-20 Ti_3C_2-TiO_2纳米花复合材料（500℃）的透射电镜图

普通高等教育一流本科专业建设成果教材

材料分析测试技术

刘洪权　主编
迟　静　汪　静　副主编

Analytic and Testing Technology of Materials

化学工业出版社
·北京·

内容简介

《材料分析测试技术》介绍了材料物相结构、缺陷、形貌、成分分析中有典型代表性的分析测试技术，包括X射线衍射分析（物相晶体结构种类及含量）、电子衍射分析、电子显微分析技术、扫描电镜分析技术、电子探针分析技术、热分析等分析测试方法及应用技术；拓展性地介绍了Rietveld全谱拟合结构精修技术、X射线单晶衍射分析、X射线荧光分析、吸收谱分析、复杂衍射斑点分析、莫尔条纹分析技术。本书分为绪论、X射线衍射分析技术、电子显微分析技术、热分析技术和综合案例5个部分。在内容组织上从物理基础到测试理论再到应用技术，简化了理论推导，强化了应用实例分析。在综合案例部分，将材料制备工艺与各项分析测试技术融会贯通。

本书可供高等学校材料类专业本科教学使用，也可供从事材料分析测试的专业人员参考。

图书在版编目（CIP）数据

材料分析测试技术/刘洪权主编.—北京：化学工业出版社，2021.12（2025.3重印）
ISBN 978-7-122-40397-1

Ⅰ.①材… Ⅱ.①刘… Ⅲ.①金属材料-X射线衍射分析-高等学校-教材 ②金属材料-电子显微镜分析-高等学校-教材 Ⅳ.①TG115.23 ②TG115.21

中国版本图书馆CIP数据核字（2021）第251570号

责任编辑：李玉晖　　文字编辑：师明远
责任校对：宋　夏　　装帧设计：张　辉

出版发行：化学工业出版社（北京市东城区青年湖南街13号　邮政编码100011）
印　　装：北京建宏印刷有限公司
787mm×1092mm　1/16　印张14½　彩插3　字数352千字　2025年3月北京第1版第5次印刷

购书咨询：010-64518888　　售后服务：010-64518899
网　　址：http://www.cip.com.cn
凡购买本书，如有缺损质量问题，本社销售中心负责调换。

定　价：46.00元

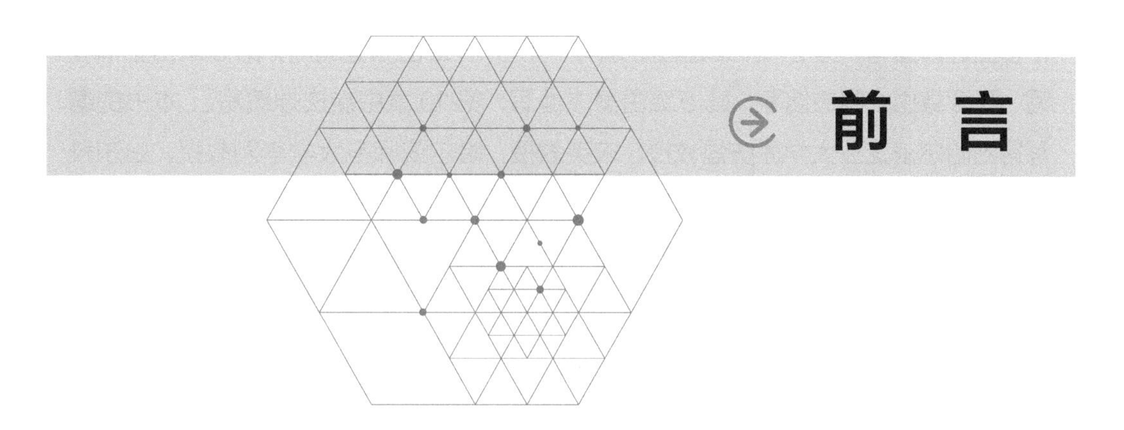

前言

材料分析测试技术是高等学校材料类专业本科课程。材料类专业涉及面广，已有的同类教材对金属材料专业方向适用性不足。根据教育部《关于全面深化课程改革落实立德树人根本任务的意见》和《关于深化本科教育教学改革全面提高人才培养质量的意见》等文件精神，为进一步深化材料分析测试教学和课程改革，切实提高材料分析测试技术人才的培养水平，编者在多轮课程教学实践基础上编写了本书。

本书是山东科技大学金属材料工程省级一流专业建设成果教材。

本书强化材料分析测试技术基础概念、夯实常用实用分析测试技术、拓展新型先进分析测试技术，突出材料工艺、微结构、性质与性能综合关联分析能力的培养，融入新课改的立德树人元素，配合线上课程视频，形成全方位立体化教学体系。本书突出了如下特色：

1. 加强综合运用材料分析测试技术能力的培养。为了增强、提升学生对材料工艺、微结构、性质与性能综合关联分析能力，本书在阐述理论知识基础上专设综合案例分析章节，以金属、半导体、氧化物三个案例，结合工艺调控、微结构分析综合讨论工艺与微结构及性能的关系，培养学生综合运用各类分析测试技术的能力。

2. 符合高等教育本科教学改革发展趋势。本书配套线上课程，实现数字化教学资源一体化，可在智慧树平台搜索“材料分析测试技术”（山东科技大学）课程进行学习。本书强化了教材育人功能，将专业技术内容的阐述与课程思政有机结合，培养学生的科学素养、创新精神、批判思维、工程伦理和工匠精神。

3. 体现技术实用性和前沿性。重点抓住 X 射线分析、电子显微分析和热分析中的实用性技术，拓展新分析测试技术。例如在透射电镜显微技术分析中拓展相位衬度像、莫尔条纹像等；在 X 射线应用技术部分融入 JADE 软件分析和结构精修等技术；在 X 射线分析方法中介绍单晶衍射分析及 X 射线吸收谱等。

本书由山东科技大学从事材料分析测试技术课堂教学及实验教学十余年的多位教师合作编写完成。本书绪论和第 6、7、12 章由刘洪权编写；第 1 章和线上课程衔接由迟静编写；第 2、11 章由汪静编写；第 3、4 章由张强编写；第 5 章由张桐编写；第 8 章由宋晓杰编写；第 9 章由吴杰编写；第 10 章由赫庆坤编写。本书的编写得到哈尔滨工业大学孟庆昌教授、宋英教授，哈尔滨师范大学李刚教授，山东科技大学田健教授的指导和帮助，感谢他们严谨、细致的工作。

由于编者水平有限，加之时间仓促，本书不足之处在所难免，请读者不吝批评指正。

编者

2021 年 10 月

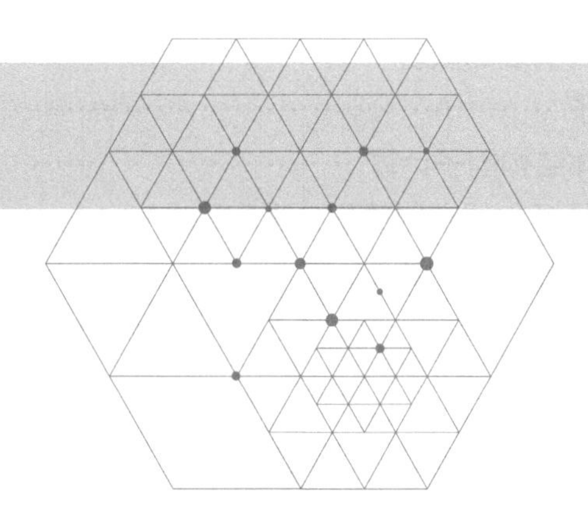

目 录

绪论 1

第1章 X射线物理基础 5

1.1 X射线的本质 …… 5
1.2 X射线的产生 …… 6
1.3 X射线谱 …… 7
1.3.1 连续谱 …… 7
1.3.2 特征谱 …… 9
1.4 X射线与物质的相互作用 …… 10
1.4.1 X射线的散射 …… 10
1.4.2 X射线的吸收 …… 11
1.4.3 吸收限的应用 …… 12
1.4.4 X射线的衰减 …… 12
1.5 X射线的安全防护 …… 13
习题 …… 14

第2章 X射线衍射理论 15

2.1 晶体学基础 …… 15
2.1.1 实空间晶体学基础 …… 15
2.1.2 倒易点阵 …… 21
2.2 X射线衍射方向理论 …… 25
2.2.1 布拉格方程 …… 25
2.2.2 衍射矢量方程 …… 28
2.2.3 埃瓦尔德球图解法及其在粉末衍射应用 …… 29
2.3 X射线衍射强度理论 …… 30

2.3.1 晶胞对X射线的散射 …… 30
2.3.2 结构因子 …… 33
2.3.3 实际晶体结构因子计算 …… 35
2.3.4 粉末多晶X射线衍射的积分强度 …… 36
2.3.5 多晶体衍射的积分强度公式 …… 38
习题 …… 38

第3章 X射线的分析方法 40

3.1 多晶X射线衍射分析方法 …… 40
3.1.1 粉末照相法 …… 41
3.1.2 多晶X射线衍射仪法 …… 43
3.2 单晶X射线衍射分析方法 …… 53
3.2.1 四圆单晶衍射仪简介 …… 54
3.2.2 四圆单晶衍射仪的构造 …… 55
3.2.3 单晶样品的选择 …… 56
3.2.4 四圆单晶衍射仪的晶体结构分析过程 …… 57
3.3 X射线荧光光谱分析法 …… 57
3.3.1 X射线荧光光谱分析的基本原理 …… 58
3.3.2 X射线荧光光谱仪的构造与工作原理 …… 59
3.3.3 试样制备要求 …… 61
3.3.4 元素定性、定量分析方法及注意事项 …… 62
3.4 X射线吸收精细结构分析方法 …… 63
3.4.1 XAFS谱 …… 63
3.4.2 XAFS实验方法 …… 64
3.4.3 国内XAFS光束现状 …… 65
习题 …… 66

第4章 多晶X射线衍射的应用分析 67

4.1 点阵常数精密计算 …… 67
4.1.1 点阵常数精密计算原理 …… 67
4.1.2 测量点阵常数的误差来源 …… 69
4.1.3 外推法消除系统误差 …… 69
4.1.4 最小二乘法 …… 70
4.1.5 标准样品校正法 …… 71
4.2 物相定性分析 …… 74

4.2.1 物相定性分析基本原理 …… 75
4.2.2 ICDD-PDF 卡片 …… 75
4.2.3 物相定性分析方法 …… 77
4.2.4 物相定性分析注意事项及局限性 …… 81
4.3 定量分析 …… 81
4.3.1 定量分析原理 …… 81
4.3.2 定量分析方法 …… 82
4.3.3 Jade 定量分析过程 …… 85
4.3.4 定量分析应注意的问题 …… 87
4.4 Rietveld 全谱拟合结构精修简介 …… 87
4.4.1 Rietveld 全谱拟合结构精修原理 …… 88
4.4.2 Rietveld 全谱拟合结构精修步骤 …… 89
4.4.3 Jade 全谱拟合结构精修过程简介 …… 89
习题 …… 93

第5章 电子显微学物理基础 95

5.1 历史上的显微镜 …… 95
5.1.1 光学显微镜 …… 95
5.1.2 阿贝成像原理 …… 96
5.1.3 光学显微镜分辨率极限 …… 97
5.2 电磁透镜 …… 98
5.2.1 电磁透镜与光学透镜比较 …… 98
5.2.2 电子波波长 …… 99
5.2.3 电磁透镜结构分析 …… 100
5.3 电磁透镜像差对分辨率的影响 …… 102
5.3.1 电磁透镜像差 …… 102
5.3.2 像差对分辨率的影响 …… 105
5.4 电磁透镜的景深和焦长 …… 106
5.4.1 电磁透镜的景深 …… 106
5.4.2 电磁透镜的焦长 …… 107
习题 …… 107

第6章 透射电子显微镜结构及其制样要求 108

6.1 透射电子显微镜结构 …… 108
6.1.1 照明系统 …… 109

6.1.2 样品室…………………………………………………… 109
6.1.3 成像系统 ………………………………………………… 111
6.1.4 成像模式…………………………………………………… 112
6.1.5 观察记录系统……………………………………………… 112
6.1.6 校准系统 ………………………………………………… 112
6.1.7 真空系统…………………………………………………… 113
6.1.8 电路及水冷系统…………………………………………… 113
6.2 透射电子显微镜应用性能……………………………………… 113
6.2.1 分辨率……………………………………………………… 113
6.2.2 放大倍数…………………………………………………… 113
6.3 透射电子显微镜样品制备技术………………………………… 114
6.3.1 透射电子显微镜样品制备要求 ………………………… 114
6.3.2 块体样品制备技术………………………………………… 114
6.3.3 粉末样品制备技术………………………………………… 116
习题 ……………………………………………………………… 116

第7章 电子衍射分析技术 117

7.1 电子衍射基本原理 …………………………………………… 117
7.1.1 电子衍射与X射线衍射辨析……………………………… 117
7.1.2 埃瓦尔德球与矢量方程 ………………………………… 118
7.1.3 电子衍射基本公式………………………………………… 119
7.2 电子衍射斑点分析……………………………………………… 121
7.2.1 单晶衍射斑点几何特征及强度 ………………………… 121
7.2.2 单晶衍射斑点标定 ……………………………………… 122
7.2.3 单晶标准衍射谱绘制 …………………………………… 126
7.2.4 单晶衍射斑点分析应用 ………………………………… 127
7.2.5 多晶衍射斑点的标定及应用 …………………………… 129
7.3 其他电子衍射谱………………………………………………… 131
7.3.1 孪晶电子衍射谱…………………………………………… 131
7.3.2 超点阵电子衍射谱 ……………………………………… 132
7.3.3 高阶劳厄带 ……………………………………………… 133
7.4 衍射分析技术 ………………………………………………… 134
7.4.1 选区衍射分析技术………………………………………… 134
7.4.2 微束衍射分析技术 ……………………………………… 135
7.4.3 低能电子衍射分析技术 ………………………………… 136
习题 ……………………………………………………………… 136

第8章 透射电子衬度分析 138

8.1 衬度…… 138
8.2 质厚衬度像 …… 139
8.3 衍射衬度像…… 141
8.4 衍射衬度的运动学理论 …… 143
8.4.1 衍射衬度运动学理论基本假设…… 143
8.4.2 理想晶体的衍射强度 …… 144
8.4.3 理想晶体衍衬运动学基本方程的应用 …… 145
8.4.4 非理想晶体的衍射衬度 …… 149
8.5 晶体缺陷分析…… 150
8.5.1 堆积层错…… 150
8.5.2 位错…… 151
8.5.3 第二相粒子 …… 154
8.6 相位衬度成像…… 155
8.6.1 相位衬度简介…… 155
8.6.2 晶格条纹像的实践观察 …… 155
8.6.3 正带轴晶格条纹像 …… 156
8.6.4 莫尔条纹 …… 156
8.6.5 实验观察莫尔条纹 …… 158
习题 …… 161

第9章 扫描电子显微镜 163

9.1 电子束与固体样品作用时产生的信号…… 163
9.1.1 背散射电子…… 164
9.1.2 二次电子…… 164
9.1.3 吸收电子…… 164
9.1.4 透射电子…… 165
9.1.5 四种电子信号间关系…… 165
9.1.6 特征X射线 …… 165
9.1.7 俄歇电子…… 166
9.2 扫描电子显微镜结构和工作原理 …… 166
9.2.1 扫描电子显微镜结构…… 166
9.2.2 扫描电子显微镜的工作原理 …… 168
9.2.3 扫描电子显微镜的主要性能 …… 168
9.3 扫描电子显微镜衬度成像原理与应用 …… 169

9.3.1 表面形貌衬度原理 …… 169
9.3.2 表面形貌衬度的应用 …… 171
9.3.3 原子序数衬度原理及应用 …… 174
9.3.4 扫描电子显微镜样品制备 …… 175
9.3.5 扫描电子显微镜形貌观察与职业规范 …… 176
习题 …… 176

第10章 电子探针显微分析 177

10.1 电子探针的结构和工作原理 …… 177
10.1.1 电子探针的结构 …… 177
10.1.2 波谱仪 …… 179
10.1.3 能谱仪 …… 183
10.2 电子探针分析方法和应用 …… 185
10.2.1 分析方法 …… 185
10.2.2 定量分析和校正 …… 187
10.2.3 电子探针的应用 …… 189
习题 …… 190

第11章 热分析技术 191

11.1 差热分析 …… 191
11.1.1 差热分析基本原理 …… 191
11.1.2 差热分析仪 …… 192
11.1.3 差热分析曲线 …… 193
11.1.4 影响差热分析的因素 …… 195
11.1.5 差热分析曲线的应用 …… 195
11.2 示差扫描量热法 …… 197
11.2.1 示差扫描量热法基本原理 …… 197
11.2.2 示差扫描量热分析仪 …… 197
11.2.3 示差扫描量热分析曲线 …… 198
11.2.4 影响示差扫描量热分析的因素 …… 198
11.2.5 示差扫描量热分析曲线的应用 …… 199
11.3 热重分析 …… 201
11.3.1 热重分析基本原理 …… 201
11.3.2 热重分析仪 …… 201
11.3.3 热重曲线 …… 202

11.3.4 影响热重分析曲线的因素 …… 203
11.3.5 热重分析的应用 …… 204
习题 …… 206

第12章 综合分析测试案例 207

12.1 水热合成 SnSe 微米片生长机理综合测试分析 …… 207
12.2 （Nd，Pr）H_x 和 Cu 共掺杂协同调控 Nd-Ce-Fe-B 晶界相综合测试分析 …… 211
12.3 三维 Ti_3C_2-TiO_2 纳米花复合材料的物相与微观结构综合测试分析 …… 213
习题 …… 218

参考文献 219

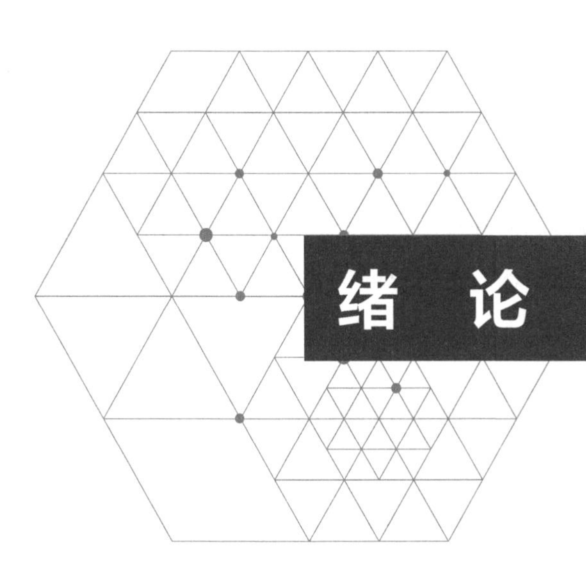

绪 论

材料是科技创新战略实现的物质基础，高端装备、信息控制、基因工程、深海深空深地探测开发等先进技术的发展离不开先进功能材料、高强金属材料、生物材料等先进材料的支撑。新材料技术开发对科技进步和国民经济发展起着关键作用，而材料科学技术的进步极大程度依赖于材料分析测试技术的发展。

（1）材料分析测试的作用和意义

人类认识材料首先都是从外化的性能和制备工艺开始，材料物理、化学性能的变化本质上取决于材料微观成分和结构。材料科学与工程研究四要素是工艺、成分结构、性质及性能（如图 0-1），四要素相互联系、密不可分。工艺是控制材料成分和微结构的手段；材料成分和微结构是导致材料性质差异的重要因素；材料性质是材料功能特性和效用的定量表述和度量特征；材料性能是材料使用过程的表现，取决于材料的性质。材料综合性能取决于材料化学组成及其内在组织结构，这种组织结构不仅包括微观电子结构、原子结构、化学键结构和晶体结构，也包括介观的显微结构和纳米畴结构，更包括宏观的织构、空隙、纤维结构等。

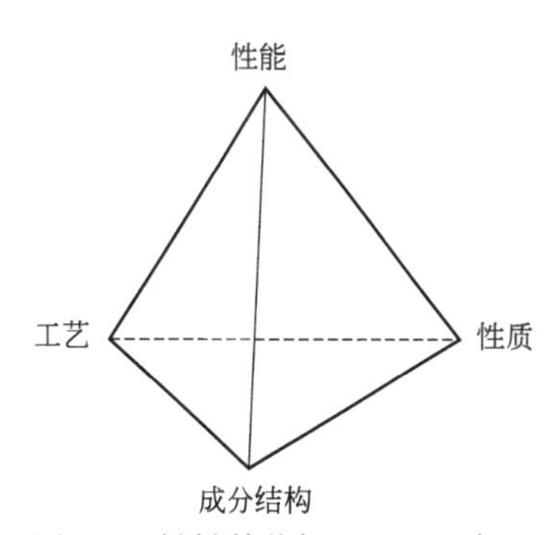

图 0-1　材料科学与工程四要素

科技飞速发展对材料使用性能的精准调控提出迫切需求，材料化学成分、元素分布、晶体结构、晶体缺陷、组成相分布、各相间的取向关系和界面状态的精细综合表征就尤为必要。这就需要匹配各种分析测试技术（如 X 射线衍射分析、X 射线荧光光谱、电子显微术等）去精准表征材料微结构特征。精准的材料分析综合表征有利于推动新材料技术飞速发展。

诺贝尔奖旨在表彰在物理学、化学、生理学或医学、文学、经济学等领域做出卓越贡献的人士。历数诺奖，有近 50 项与材料分析测试技术相关。作为材料分析测试重要手段之一的 X 射线及相关分析测试应用技术获得诺贝尔奖的情况如图 0-2 所示。从伦琴发现 X 射线以来，X射线及相关应用技术在医学、晶体学、生物学、化学、物理、材料学等多门学科产生重要影响，推动世界科技飞速发展。电子、离子、中子等微粒子及相关技术和各类光谱、质谱等分析测试技术的出现和发展，让人类揭开原子、分子的奥秘，让纳米操控不再是梦，让新材料技术开发有的放矢，让人类认识宇宙有了先进的武器。

材料分析测试技术是一门理论结合实践、操作性很强的应用课程，是在物理化学、材料科学基础、晶体学、材料化学、材料物理等材料专业基础课程之后开设的一门实用性较强的专业技术课。学生应熟练掌握各种材料测试仪器结构、测试原理、图谱分析方法等，并在具体材料应用开发研究中加以综合分析运用。

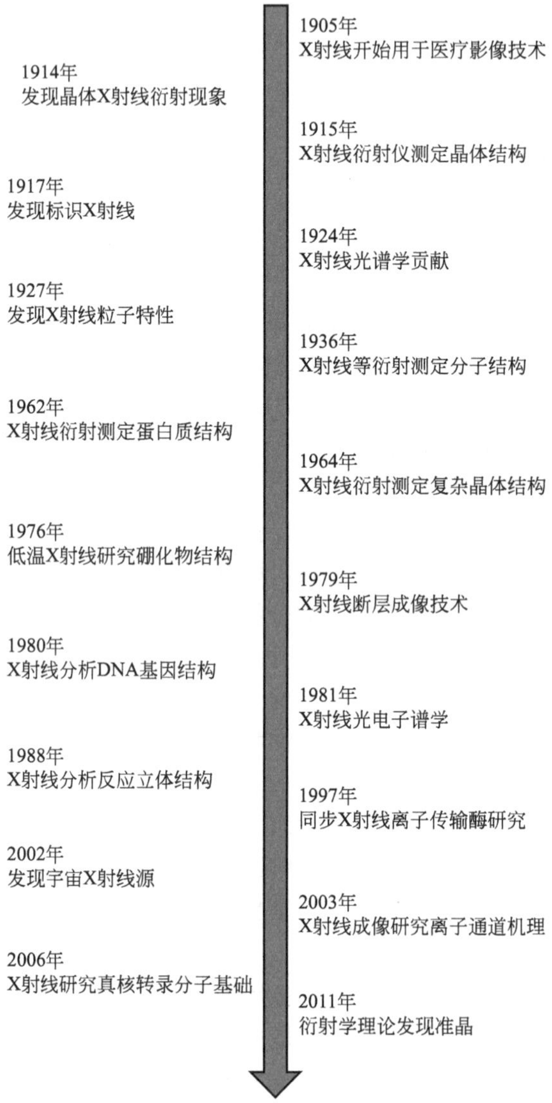

1905年
X射线开始用于医疗影像技术

1914年
发现晶体X射线衍射现象

1915年
X射线衍射仪测定晶体结构

1917年
发现标识X射线

1924年
X射线光谱学贡献

1927年
发现X射线粒子特性

1936年
X射线等衍射测定分子结构

1962年
X射线衍射测定蛋白质结构

1964年
X射线衍射测定复杂晶体结构

1976年
低温X射线研究硼化物结构

1979年
X射线断层成像技术

1980年
X射线分析DNA基因结构

1981年
X射线光电子谱学

1988年
X射线分析反应立体结构

1997年
同步X射线离子传输酶研究

2002年
发现宇宙X射线源

2003年
X射线成像研究离子通道机理

2006年
X射线研究真核转录分子基础

2011年
衍射学理论发现准晶

图0-2　X射线相关应用技术贡献诺贝尔奖的历史点滴

（2）材料分析测试对象分类

现代社会发展日新月异、科学新技术层出不穷，材料测试技术百花齐放。材料测试分析对象的合理分类对于认知、理解、使用测试分析技术尤为必要。材料分析测试技术按照研究

对象分类主要有三类，即化学成分分析、材料结构分析测定和形貌观察（含表观形貌和内部缺陷形貌）。

化学成分分析：通过化学、电磁波谱、各类电子分析等方式对材料的成分种类、含量进行定性或定量分析的技术方法。

定性分析通过成分分析的手段得出被测物中主要成分，即确定物质的组分；定量分析是在确定被测物的定性组分之后，得出各种组分的含量比例。材料的化学成分分析包括质谱、色谱、X线荧光光谱、原子光谱等。另外还包括指定表面微区化学成分分析技术，如电子探针（X射线波谱分析和能谱分析）、俄歇电子谱、X射线光电子谱等。

材料结构分析测定：利用X射线、电子束、红外光、紫外光等手段作用材料，收集获取包含材料的电子结构、分子结构、晶体结构等的信号（X射线谱图、电子衍射斑点、红外光谱谱图等信号），并解析信号还原成实际材料结构特征的分析测试技术方法。原子结构可以采用俄歇光电子谱、X射线光电子谱、X射线吸收光谱；分子结构可以采用红外光谱、可见光谱、紫外光谱等；晶体结构可以利用衍射原理采用X射线衍射技术、透射电子衍射技术；能带结构可以采用紫外光电子能谱。

材料形貌观察分析方法：利用可见光、粒子束、探针等方式与材料表面作用，收集包含材料表面或内部材料形貌特征的作用信号（二次电子、透射电子、衍射电子、原子之间作用力、反射光等信号），并解析信号还原材料形貌特征的分析测试技术方法。

材料形貌包括表面颜色、粗糙度、断裂的断口性质、裂纹走向、组织形状及分布、晶粒形状及大小、颗粒形态及尺度分布。材料形貌观察主要依靠显微技术，从光学显微镜、电子显微镜到原子力显微镜。受可见光波长范围的限制，光学显微镜分辨极限约为200nm，主要是在微米量级上对材料进行观察。为突破光学显微镜分辨本领的极限，人们采用电子束作为照明束，扫描电子显微镜与透射电子显微镜则把观察的尺度延伸到纳米层次上。后来发展起原子力显微镜（AFM），原子力显微镜不仅可以获得绝缘体表面的原子级分辨率图像，还可测量、分析样品表面纳米级力学性质等。成分、形貌、结构、性能同步观察分析测试技术已有长足进步，实验过程的动态形貌原位观察方兴未艾。

（3）材料分析测试技术的基本原理

材料分析测试技术的基本原理是：通过电磁波、粒子束、作用力、热等能量输入信号（也成检测信号）作用于材料，与材料作用后产生包含材料成分、结构或形貌等材料相关特征信息；再通过信号采集器收集信号，最后利用计算机系统解码分析获取信息，综合材料专业理论知识，最终还原得到材料成分、结构、形貌等静态、动态等材料微结构信息。

材料分析测试仪器基本上包括检测信号发生装置、检测环境保证装置、检测过程运行装置、信息采集装置、信息处理分析系统等。

检测信号主流可分为两大类，一类是电磁波系列（如图0-3所示，从红外光到X射线波段的电磁波都是常用的检测信号）；另一类是高速粒子流系列（电子束、离子束、中子等高能粒子束及其他能量）。无论电磁波还是高速粒子流都具备一定能量特征，可统一看成能量束；这种能量束与材料作用会产生包含材料信息特征的信号，通过信号采集分析，即可获得材料成分、结构、形貌等特征信息。表0-1列出了以电磁波、粒子束、热、力、电等能量为输入信号的分析测试技术。

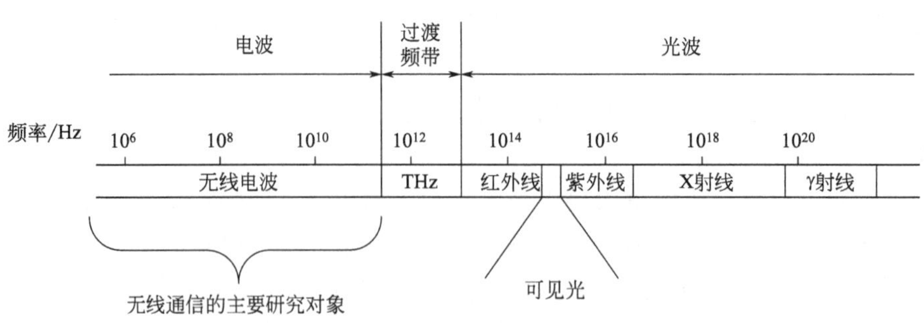

图 0-3　电磁波频率分类

表 0-1　按作用信号分类的主要分析测试技术

信号分类	作用信号	产生待检测信号	测试方法或仪器	主要测试分析对象
电磁波	X 光子	X 射线衍射线	X 射线衍射仪	物相、晶体结构
		X 射线光电子	X 射线光电子能谱	材料成分及元素价态
		X 射线俄歇电子	俄歇电子能谱	材料表面成分
		X 射线激发荧光	X 射线荧光光谱	材料成分
		X 光激发束缚电子	X 射线吸收谱	精细结构信息
	紫外光子	紫外光激发光电子	紫外光电子能谱	材料的价带结构
		吸收紫外光信号	紫外吸收光谱仪	估测材料能带结构等
	可见光	吸收后可见光信号	可见吸收光谱仪	分子振动、转动能级
	红外光	吸收后红外光信号	红外吸收光谱仪	分子振动、转动能级
粒子流	电子束	透射电子 衍射电子	透射电镜技术	形貌分析 成分分析(配能谱附件) 晶体结构分析
		非弹性散射电子	电子能量损失谱	元素含量及导带信息
		二次电子 背散射电子	扫描电镜技术	形貌分析 成分分析(配能谱附件)
		X 光子	电子探针技术	表面成分分析
		俄歇电子	俄歇电子能谱	材料表面成分
	离子束	俄歇电子	俄歇电子能谱	材料表面成分
		二次离子	离子探针	表面成分结构
热量	热量	质量与温度关系	热重分析技术	脱水、升华、分解等现象
	热量	温度差与温度关系	DTA 热分析	有热效应的相变及反应
	热量	热量差与温度关系	DSC 热分析	有热效应的相变及反应
力	探针与试样间力	隧道电流	原子力显微镜	表面形貌和结构分析
电压	探针与试样间电压	隧道电流	扫描隧道显微镜	表面形貌和结构分析

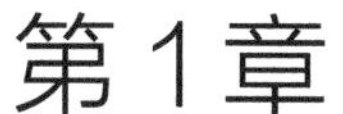

第1章 X射线物理基础

X射线是由德国物理学家伦琴（W. C. Rontgen）于1895年在研究真空管高压放电现象时偶然发现的。当时对这种射线的本质还不了解，所以将其命名为X射线。后人为了纪念X射线的发现者伦琴，也将X射线称为伦琴射线。1895～1897年间，伦琴搞清楚了X射线的产生、传播、穿透力等大部分特性。伦琴的这一伟大发现使他成为世界上第一位诺贝尔奖获得者（1901年）。1912年，德国物理学家劳埃（Mvon Laue）等发现了X射线在晶体中的衍射现象，从而确定了X射线的电磁波属性和晶体内部结构的周期性。1913年，英国物理学家布拉格父子（W. H. Bragg和W. L. Bragg）推导出了简单而实用的布拉格方程，奠定了X射线衍射学的理论基础。

在X射线发现的过程中，伦琴和他的夫人拍下了第一张X射线照片（1895年12月22日），是伦琴夫人手骨的图像。几个月之后，医学界就将X射线运用于诊断及医疗。后来，人们又用它进行金属材料及机械零件的探伤。现在，X射线已广泛用于科学研究、生活、生产的各个方面，例如，对晶体结构进行研究的X射线衍射学、用于医疗诊断的X射线透射学和研究物质产生X射线的X射线光谱学。

从伦琴发现X射线到X射线粒子学说与波动学说博弈的过程中，科学家们大胆假设、不畏权威、严谨求实的学术素养起着关键作用，勇于探索、客观唯实的科学精神推进了X射线技术螺旋上升发展。

1.1 X射线的本质

X射线是一种电磁波，波长很短，范围约为0.001～10nm，如图1-1所示。在此波长范围内，波长相对较长的称为软X射线，例如用于医学透视上的X射线；波长相对较短的称为硬X射线，例如用于金属部件无损探伤和晶体结构分析的X射线。与其他电磁波一样，X射线具有波粒二象性，既有波动性，又具有粒子性。当X射线之间相互作用时主要表现为波动性，X射线以一定的频率和波长在空间传播，会发生干涉、衍射等现象；当X射线与电子、原子等相互作用时，主要表现为粒子性。

X射线由大量的不连续粒子流构成，这些粒子称为X射线光子。当X射线与物质相互作用和交换能量的时候，光子只能整个地被原子或电子吸收或散射，即只能一份一份地以光子为最小能量单位被原子或电子吸收。

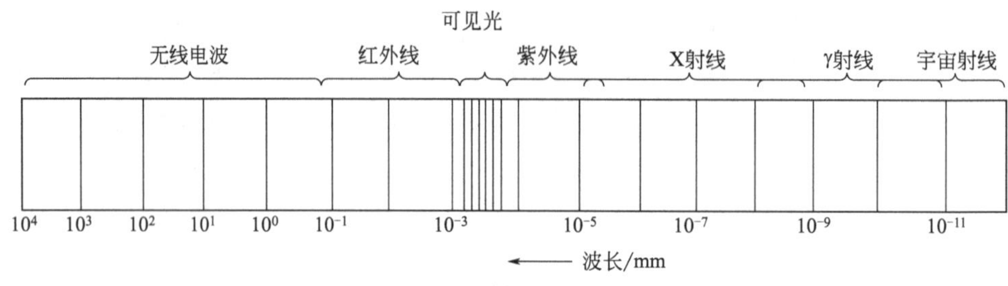

图 1-1　X射线波长范围

描述X射线的波动性的物理量有频率ν和波长λ，描述X射线的粒子性的物理量有能量ε和动量p，它们之间遵循爱因斯坦公式：

$$\varepsilon = h\nu = \frac{hc}{\lambda};\ p = \frac{h}{\lambda}$$

式中　h——普朗克常数，等于$6.625\times10^{-34}\mathrm{J\cdot s}$；

c——X射线的速度，等于$2.998\times10^{8}\ \mathrm{m\cdot s^{-1}}$。

1.2　X射线的产生

当高速运动的电子撞击金属靶材时，电子的运动受阻，其动能的一部分转变成X射线向外辐射。因此，X射线的产生，需要具备以下条件：

① 一定量的自由电子；

② 自由电子做高速运动；

③ 在电子运动路径上，存在能急剧阻止其运动的障碍物。

最简单的X射线发生器是X射线管，如图1-2所示，主要由以下几部分组成。

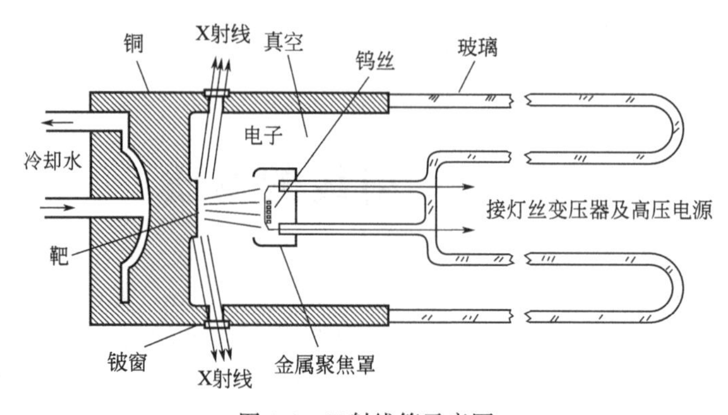

图 1-2　X射线管示意图

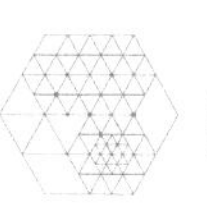

（1）阴极

阴极是发射电子的地方，由钨丝制成，对其通以一定的电流，使其加热到白热，发射出热电子。

（2）阳极

阳极又称靶材，使电子的高速运动受阻，发射出X射线。常用靶材主要有Cu、Fe、Cr、W、Ni、Mo、Ag等。

（3）窗口

窗口是X射线出射的地方。通常X射线管的窗口有两个或四个，考虑到靶面的凹凸不平对发射X射线的障碍，通常在与靶面成3°～6°角的方向上接收X射线。窗口材料要达到一定的强度要求，特别是对X射线的吸收要小。

（4）焦点

焦点是阳极靶材面被电子束轰击的地方，也是发射X射线的地方。X射线管的阴极周围，安装与阴极保持相同电位的金属罩，即聚焦罩。它迫使电子只能通过其开口处向阳极定向运动，并使电子只能撞击到靶材上一个很小的区域，这个区域就是焦点。焦点的尺寸和形状是X射线管的重要特性之一，其形状取决于阴极灯丝的形状，用螺线形灯丝产生长方形焦点。

X射线管密封在高真空之中，保持两极的洁净；为使阴极发射的电子进行高速运动，阴极和阳极之间施加高压。由于电子束轰击阳极时只有1%的能量转变为X射线的能量，99%的能量都转变为热能，因此X射线管工作时，阳极要进行良好的冷却，通常将靶材固定在高导热性的金属（黄铜或紫铜）上，通过循环水冷却，以防止靶材被熔化。

根据X射线衍射的需要和衍射技术的发展，还出现了旋转阳极X射线管、微焦点X射线管、脉冲X射线管等，提高了X射线管的功率。

1.3 X射线谱

在X射线管的阴极与阳极之间施加电压，采用适当的方法测量由X射线管发出的X射线的波长和强度，就会得到X射线强度与波长的关系曲线，称为X射线谱。阳极Mo靶材的X射线管在不同管电压下形成的X射线谱，如图1-3所示，可以看出图谱中的曲线具有两种分布特征，分别称为连续谱和特征谱。

1.3.1 连续谱

强度随波长连续变化的X射线谱称为连续谱，它是多种波长的X射线的混合体，和白光相似，所以也称为白色X射线或者多色X射线。连续谱的形状呈现山丘状，都有强度的最高值。每条谱线均具有波长的最短值，称为短波限λ_0；连续谱的波长是从短波限的位置开始，向波长增大的方向连续延伸。

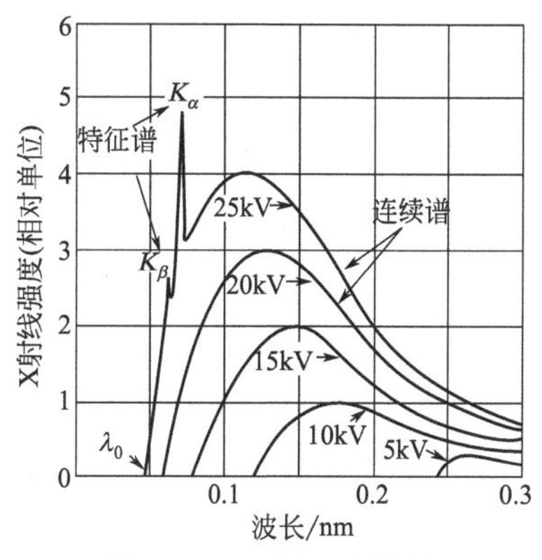

图1-3 Mo靶X射线管发出的X射线谱

在X射线管工作过程中分别改变管电压、管电流和阳极靶材，由一系列的实验结果得到以下规律：

① 增加X射线管电压，其他条件保持恒定，连续谱线的相对强度增大，最大强度对应的X射线的波长和短波限 λ_0 变小。

② 增加X射线管电流，其他条件保持恒定，连续谱线的相对强度增大，最大强度对应的X射线的波长和短波限 λ_0 不变。

③ 增加X射线管阳极靶材的原子序数，其他条件保持恒定，连续谱线的相对强度增大，最大强度对应的X射线的波长和短波限 λ_0 不变。

连续谱的谱线特征和上述实验规律可以由其产生机理进行解释。在X射线管中，阴极发射的电子在高电压的作用下，高速向阳极运动，当电子撞到阳极时，其大部分动能变为热能而损耗，但其中一部分动能以电磁辐射即X射线的形式发射出来。由于大量电子撞击阳极的速度、角度和撞击次数等条件各有差异，因此电子每次撞击通过能量转移所产生的X射线具有不同的波长，按统计规律连续分布，因而形成了连续谱。

在极限情况下，电子在一次碰撞中就将其全部能量转化为光子，此光子的能量最大，波长最短，所以连续X射线谱具有短波限。绝大多数电子均需要经过多次碰撞，因此发射的X射线波长要小于短波限。根据式(1-1) 和式(1-2)，短波限的波长只与X射线管的电压有关，与管电流和阳极靶材无关，且随管电压增大而减小。

$$eU=h\nu_{\max}=\frac{hc}{\lambda_0} \tag{1-1}$$

式中　e——电子电荷；

U——管电压；

$\nu_{\max}$——最大能量光子的频率；

λ_0——短波限。

$$\lambda_0=\frac{hc}{eU}=\frac{1.24}{U} \tag{1-2}$$

X射线的强度是指在单位时间内垂直于X射线传播方向的单位面积上光子的能量总和，即X射线的强度 I 由光子的能量 $h\nu$ 和光子的数目 n 两个因素决定，即 $I=nh\nu$。连续X射线谱的强度最大值并不在光子能量最大的 λ_0 处，而是在大约 $1.5\lambda_0$ 处，这是因为短波限处对应的光子数目不多。连续谱的总强度是连续谱曲线下包络的面积，即积分强度，见式(1-3)。连续谱的总强度随X射线管电压、管电流和阳极靶材原子序数的增大而增大。

$$I_{连}=\int_{\lambda_0}^{\infty}I(\lambda)\mathrm{d}\lambda=KiZU^2 \tag{1-3}$$

式中　Z——阳极靶的原子序数；

U——管电压，kV；

i——管电流，mA；

$K=(1.1\sim1.5)\times10^{-9}$。

根据式(1-4) 可以计算X射线管发射连续X射线的效率 η，即连续X射线总强度与X射线管功率的比值。

$$\eta=\frac{连续\text{X}射线总强度}{\text{X}射线管功率}=\frac{KiZU^2}{iU}=KZU \tag{1-4}$$

当采用原子序数为74的钨靶材，管电压为100kV时，X射线管的效率为1%或者更低。由此可知，X射线管的效率很低，在与靶材相撞时，电子的绝大部分能量都转换为热能。

1.3.2 特征谱

当X射线管的管电压大于某临界值时，在连续谱的某些波长处会出现强度高而峰宽窄的尖锐峰，这些谱线的位置只与阳极靶材的原子序数有关；改变管电流和管电压，只影响谱线的强度，不改变谱线的位置。这些峰的波长反映了靶材的原子序数特征，因此这种谱线称为特征X射线，又称为标识X射线或单色X射线。产生特征X射线的最低电压称为激发电压。

X射线特征谱的产生机理与连续谱不同，它与阳极靶材的原子结构紧密相关。原子系统中的电子遵从泡利不相容原理不连续地分布在K、L、M、N等不同能级的壳层上，按照能量最低原理首先填充能量最低的K壳层，再依次填充能量高的L、M、N等壳层。在X射线管中，阴极发射的高速运动的电子，能量足够大时，其撞击靶材就可以将壳层中某个电子击出，在原来的位置上出现空位，原子的系统能量因此而升高，处于激发态。体系处于这种激发态是一种不稳定状态，必然会自发地向稳定状态转变。较高能级上的电子会向低能级上的空位跃迁，使体系能量降低，趋于稳定。电子从高能量壳层跃迁到低能量壳层，同时辐射出一个X射线光子，光子的波长λ和频率ν由电子跃迁的两个能级的能量差来决定。

对于确定的阳极靶材，原子序数Z为确定的，各原子能级的能量是固有的，所以由跃迁能级的能量差决定的X射线的波长就是确定值，即特征X射线波长只与物质有关，是元素的标识。

如果原子体系的K层电子被击出，称为K激发，随之的高能级电子跃迁至K层空位所释放的X射线叫K系谱线；以此类推，可以形成L、M系谱线。按照电子跃迁时所跨越的能级数目不同，把同一谱线系分成几类，跨越1、2、3个能级所引起的辐射分别标以符号α、β、γ。例如，由L→K，M→K跃迁，辐射出来的是K系特征谱线中的K_α和K_β线，如图1-4所示。

此外，考虑到原子能级的精细结构，同一壳层上的电子并不处于同一能量状态，而分属于若干个亚能级，如L层8个电子分属于$L_Ⅰ$、$L_Ⅱ$、$L_Ⅲ$三个亚能级。电子在各能级间的跃迁并不是随意的，要符合一定的“选择定则”，$L_Ⅰ$亚能级上的电子就不能跃迁至K层上来。由于同层的亚能级的能量存在着微小差别，因此，电子从同层内的不同亚层向同一内层能级跃迁所辐射的特征谱线波长必然也有着微小的差别，分别用1、2、3等数字区分。例如，$L_Ⅱ$和$L_Ⅲ$向K壳层跃迁时辐射出来的谱线分别称为K_{α_1}和K_{α_2}，这两根谱线的波长相差很小，$\Delta\lambda \approx 4\times10^{-4}$nm，通常情况下很难分辨，如图1-5所示。

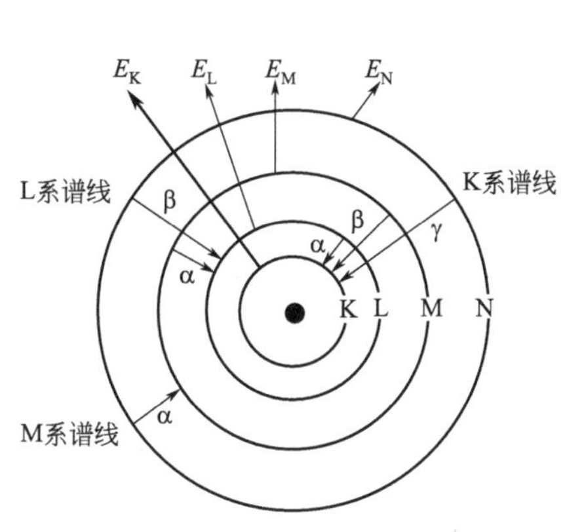

图1-4 特征X射线谱命名示意图

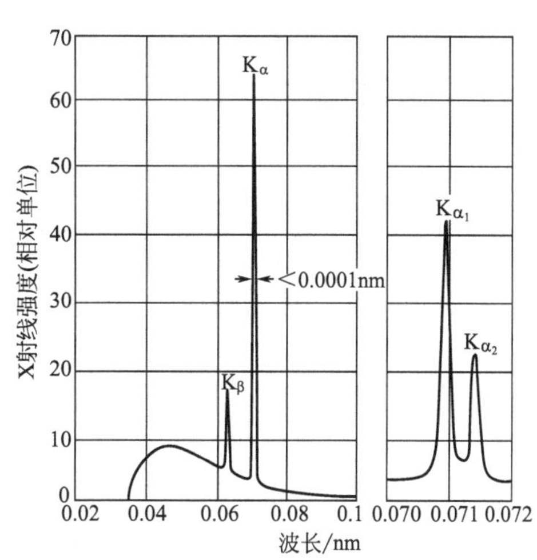

图1-5 K系特征X射线谱

X 射线特征谱线的频率或波长只取决于阳极靶材的物质种类，与其他外界因素无关。英国物理学家莫塞莱（H. G. J. Moseley）得出这一规律，给出了关系式(1-5)，称为莫塞莱定律，是 X 射线荧光光谱分析和电子探针微区成分分析的理论基础。

$$\sqrt{\frac{1}{\lambda}}=K(Z-\sigma) \tag{1-5}$$

式中 K——与靶材物质主量子数有关的常数；

σ——屏蔽常数，与电子所在的壳层位置有关；

Z——靶材原子序数；

λ——特征 X 射线波长。

X 射线特征谱强度与管电压（U）、管电流（i）的关系：

$$I_{特}=ci(U-U_{激})^n \tag{1-6}$$

式中 c——常数；

n——常数，K 系 $n=1.5$，L 系 $n=2$；

$U_{激}$——特征谱激发电压，K 系：$U_{激}=U_K$。

X 射线的连续谱会增加衍射花样的背底，不利于衍射花样分析，实践和计算表明，当 X 射线管的工作电压为 K 系激发电压的 3～5 倍时，$I_{特}/I_{连}$ 最大，此时连续谱造成的影响最小。

由于 L 系、M 系特征谱线波长较长，容易被物质吸收，所以在晶体衍射分析中常用 K 系谱线。轻元素的 K 系谱线波长太长，容易被 X 射线管窗口甚至空气所吸收，不好利用；重元素的 K 系谱线波长又太短，且连续谱所占比例较大。所以，在采用单色 X 射线的衍射实验中通常采用 Fe、Co、Cu、Mo 等靶材的 X 射线管。

1.4 X 射线与物质的相互作用

X 射线照射到物质上，与物质发生复杂的相互作用。从能量转换的角度看，其中一部分射线可能沿原入射线方向透过物质继续向前传播，其余的能量在与物质的相互作用中被衰减吸收。

1.4.1 X 射线的散射

物质对 X 射线的散射主要是 X 射线与物质中的电子相互作用的结果，产生两种散射效应，分别称为相干散射和非相干散射。

(1) 相干散射（经典散射或汤姆逊散射）

当 X 射线与原子中束缚较紧的内层电子相撞时，光子把能量全部转移给电子，电子受入射 X 射线电磁波的影响，将绕其平衡位置发生受迫振动，成为一个新的电磁波辐射源，向四周辐射与入射 X 射线波长相同的散射 X 射线。这些散射 X 射线的频率相同、位相差恒定，在同一方向上符合光的干涉条件。晶体中周期性排列的原子，在入射 X 射线的作用下都会产生相干散射。相干散射是 X 射线在晶体中产生衍射现象的基础。

(2) 非相干散射（康-吴效应或康普顿散射）

当 X 射线与束缚较松的外层电子、价电子或自由电子相碰撞时，电子将被撞离原子，同时带走入射 X 射线光子的一部分能量，成为反冲电子，见图 1-6。

入射 X 射线光子因为损失掉一部分能量，波长增加，与原入射方向偏离 2θ 角度。在此散射现象中，将 X 射线看作由光子组成的粒子流，在与电子碰撞时，根据能量和动量守恒定律，得出散射线的波长变化，见式(1-7)。

$$\Delta\lambda=(\lambda'-\lambda)=0.00243(1-\cos 2\theta)=0.00486\sin^2\theta \tag{1-7}$$

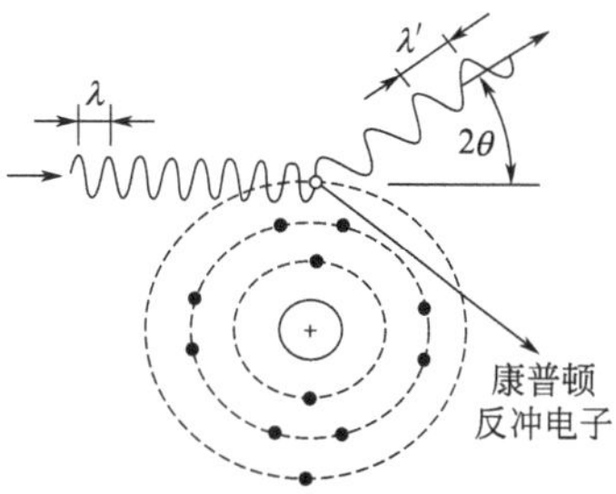

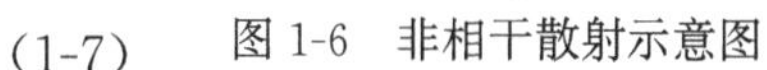

图 1-6　非相干散射示意图

式中　λ' 和 λ——散射线和入射线的波长，nm；

2θ——散射线与入射线之间的夹角。

在此散射现象中，散射线波长随角度变化，位相不存在确定的关系，因此不能相互干涉，称为非相干散射。这种散射效应是由 A. H. 康普顿和我国物理学家吴有训首先发现的，所以称为康-吴效应，或康普顿散射。非相干散射不参与晶体对 X 射线的衍射，只会在衍射图上形成背底，给衍射分析带来不利影响。

1.4.2　X 射线的吸收

X 射线与物质之间的相互作用，除了散射还有吸收，其中包含光电效应和俄歇效应。

（1）光电效应

当入射光子的能量等于或略大于吸收体原子某壳层电子的结合能（即该层电子激发态能量）时，此光子就很容易被电子吸收，获得能量的电子从内层溢出，成为自由电子，称为光电子。此时，原子处于不稳定的激发态，外层高能级的电子向内部能级中产生的空位跃迁，跃迁能级的能量差以 X 射线向外辐射，称为二次特征 X 射线或荧光 X 射线。在 X 射线衍射分析中，荧光 X 射线增加衍射花样的背底，对衍射分析不利；但在元素分析中，它是 X 射线荧光光谱分析的基础。

显然，发生光电效应，入射 X 射线光子的能量必须等于或大于此原子某一壳层的电子的逸出功。例如，产生 K 系荧光辐射，入射 X 射线光子能量 $h\nu$ 要等于或大于 K 层电子的逸出功 W_k，即 $h\nu \geqslant W_k$。激发 K 系荧光辐射，入射 X 射线光子能量的最低值需要满足式(1-8)和式(1-9)。

$$h\nu_K=\frac{hc}{\lambda_K}=W_K=eU_K \tag{1-8}$$

$$\lambda_K=\frac{1.24}{U_K} \tag{1-9}$$

式中　U_K——K 系辐射的激发电压；

λ_K——产生 K 系荧光辐射时，入射 X 射线必须具有的波长的临界值，称为激发限。

产生光电效应时，入射 X 射线光子的能量因为转化为光电子的逸出功和其所携带的动能而被大量消耗掉，这也意味着，当发生光电效应时，入射 X 射线光子的能量必定被大量吸收，所以 λ_K、λ_L、λ_M 等也称为对应原子壳层的吸收限。

（2）俄歇效应

当入射 X 射线光子将原子内层电子击出，成为光电子，外层高能级的电子向内部能级的空位跃迁，跃迁能级的能量差不是以荧光 X 射线的形式向外辐射，而是被包括空位层在

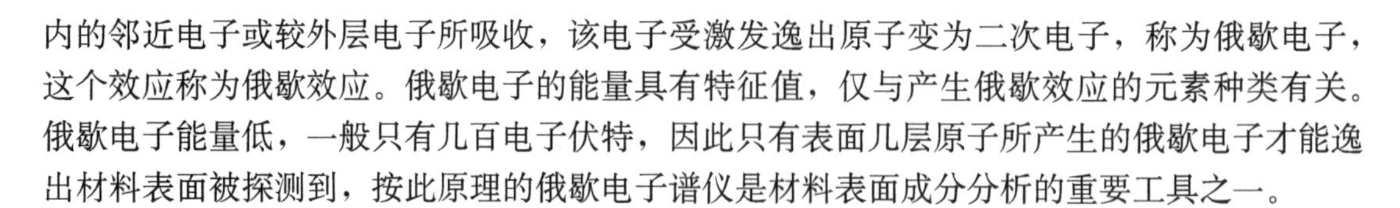

内的邻近电子或较外层电子所吸收，该电子受激发逸出原子变为二次电子，称为俄歇电子，这个效应称为俄歇效应。俄歇电子的能量具有特征值，仅与产生俄歇效应的元素种类有关。俄歇电子能量低，一般只有几百电子伏特，因此只有表面几层原子所产生的俄歇电子才能逸出材料表面被探测到，按此原理的俄歇电子谱仪是材料表面成分分析的重要工具之一。

1.4.3 吸收限的应用

（1）选择滤波片

X 射线衍射分析中，大多情况下都需要使用波长较单一的 X 射线。对于 K 系特征谱线而言，主要包括 K_α、K_β 谱线，它们会在晶体中同时发生衍射，产生两套衍射花样叠加在一起，不利于对材料的分析。因此，需要用滤波片滤掉 K_β 谱线。选择合适的材料做成薄片，X 射线通过该薄片时，使需要被滤掉的谱线被强烈吸收，这一薄片称为滤波片。如果使滤波片的吸收限 λ_K 位于入射 X 射线 K_α 和 K_β 的波长之间，则滤波片强烈吸收 K_β 线，而对 K_α 线吸收很少，如图 1-7 所示。

滤波片材料是根据靶材的原子序数确定的，通常选择规律是：滤波片的原子序数应比阳极靶材的原子序数小 1 或 2，即：当 $Z_{靶}<40$ 时，$Z_{滤}=Z_{靶}-1$；当 $Z_{靶}\geqslant 40$ 时，$Z_{滤}=Z_{靶}-2$。

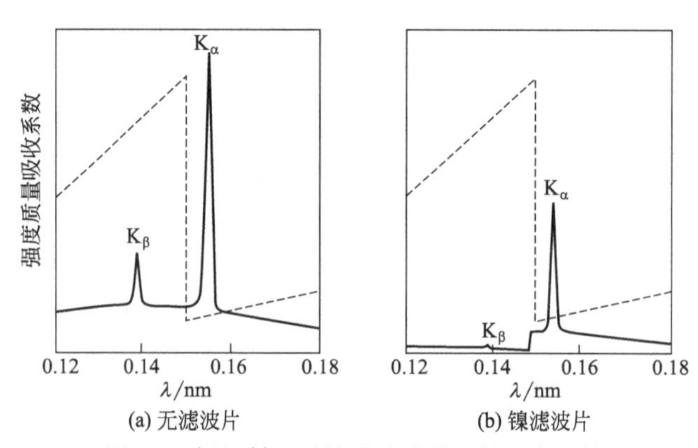

图 1-7 铜辐射通过镍滤波片前后的强度比较

（2）根据样品成分选择阳极靶材

X 射线衍射分析时，要尽可能少地引发样品对 X 射线的吸收，减少产生荧光 X 射线，降低背底，提高精度。因此，需要入射线的波长略大于样品的吸收限或比吸收限小很多。根据样品成分选择阳极靶材时，靶材的原子序数比样品稍小或者大很多，即 $Z_{靶}\leqslant Z_{试样}-1$ 或 $Z_{靶}\gg Z_{试样}$。在实际工作中，除了尽量减少荧光 X 射线的干扰，还要根据其他因素的影响来选择靶材。

1.4.4 X 射线的衰减

当 X 射线与物质相互作用时，由于受到散射、吸收等影响，强度会减弱。实验表明，当一束 X 射线透过均匀物质时，强度的衰减规律符合：

$$I_H=I_0 e^{-\mu_l H} \tag{1-10}$$

$$\mu_l=-\ln(I_H/I_0)/H \tag{1-11}$$

式中　I_0——入射束的强度；

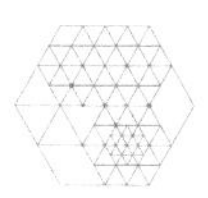

I_H——透射束的强度；

H——物质的厚度，cm；

μ_l——线吸收系数，cm^{-1}；

I_H/I_0——透射系数。

线吸收系数 μ_l，表示X射线沿穿越方向在单位长度上的衰减程度。它与X射线波长及吸收物质有关，对于同一种物质不同的状态，如固态、液态和气态，μ_l 值不相同，即 μ_l 值与物质的密度有关。

为了方便有关质量的计算分析，同时避开线吸收系数受吸收体状态的影响，将 μ_l 除以吸收物质的密度 ρ，得到质量吸收系数 μ_m，见式(1-12)。

$$\mu_m=\frac{\mu_l}{\rho} \tag{1-12}$$

质量吸收系数 μ_m 表示单位质量物质对X射线的吸收程度，与X射线波长和吸收物质有关，且不受吸收物质物理状态的影响。当物质是由两种及两种以上的物质组成的化合物、混合物、合金等时，该物质的质量吸收系数可用式(1-13) 求得。

$$\overline{\mu_m}=\sum_{i=1}^{n}\mu_{mi}w_i \tag{1-13}$$

式中　w_i——物质中各组元的质量分数；

μ_{mi}——各组元的质量吸收系数。

质量吸收系数与入射X射线的波长 λ 和吸收物质的原子序数 Z 有关，遵循式(1-14) 的规律。通常，当吸收物质一定时，X射线的波长越长，μ_m 越大；当波长一定时，吸收物质的原子序数 Z 越大，μ_m 越大。

$$\mu_m\approx K\lambda^3Z^3 \tag{1-14}$$

式中　K——常数；

Z——吸收物质的原子序数；

λ——入射X射线波长。

图1-8为金属铅的 μ_m 和 λ 关系曲线，可以看出质量吸收系数与波长之间并不是直接的增减变化关系，而是 μ_m 在某些位置处出现波动，出现突变的波长正好对应着壳层的吸收限。这种现象的产生与光电效应的产生条件有关，当入射X射线光子的能量，刚好等于或略大于吸收体原子的某个内层电子的结合能时，X射线光子能量易于被内层电子吸收而消耗掉。

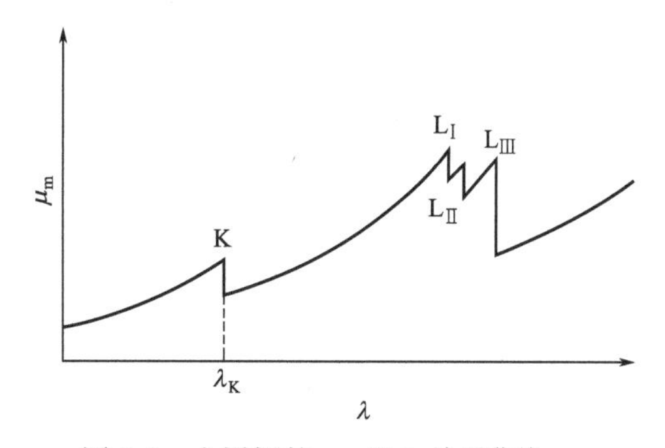

图1-8　金属铅的 μ_m 和 λ 关系曲线

1.5　X射线的安全防护

X射线设备的操作人员可能遭受电震和辐射损伤两种危险。电震的危险在高压仪器的周围是经常存在的，X射线的阴极端为危险的源泉。在安装高压仪器时可以把阴极端装在仪器台面之下或箱子里、屏后等地方加以保证。辐射损伤是过量的X射线对人体产生有害影响，可使局部组织灼伤，可使人的精神衰颓、头晕、毛发脱落、血液的组成和性能改变以及影响生育等。

虽然 X 射线对人体有害，但只要严格遵守安全条例，注意采取安全防护措施，意外事故是完全可以避免的。应尽可能避免一切不必要的 X 射线辐射，做好自身安全防范。

习　题

1. 名词解释：

光电效应　俄歇效应　特征 X 射线

2. 简述特征 X 射线的产生机理。

3. 简述 X 射线与晶体发生散射作用时，相干散射线和非相干散射线的区别。

第2章 X射线衍射理论

固体物质按照其原子或者原子团的聚集态分为晶体和非晶体。晶体是由原子、分子或原子团在三维空间内呈周期规则排列构成的固体，正是这种规则的排列决定了晶体许多特殊的性质。利用X射线能被晶体衍射这个物理现象，可以测定晶体中原子的排列方式和晶体的形状特点以及其他晶体几何学的特征。

本章首先简单介绍了晶体结构相关的基本知识，然后在此基础上将晶体结构与衍射现象联系起来，介绍倒易点阵的相关理论与性质，研究X射线照射到晶体上产生衍射的问题。通过对衍射线束方向的研究，讨论布拉格方程和衍射矢量方程。

2.1 晶体学基础

2.1.1 实空间晶体学基础

2.1.1.1 晶体结构与空间点阵

(1) 空间点阵的基本概念

晶体的基本特点是具有规则排列的内部结构。晶体结构最突出的几何特征是其结构基元(原子、离子、分子或其他原子团)在晶体内部呈周期性排列，从而形成各种各样的三维空间对称图形。为了对晶体结构基元的周期性排列描述方便起见，通常将每个结构基元抽象地看成是一个相应的几何点，而不考虑它的实际物质内容，也就是把晶体结构抽象成一组无限多个周期性排列的几何点。这种从晶体结构抽象出来的，描述结构基元空间分布周期性的几何点，称为晶体的空间点阵。空间点阵中的几何点称为阵点。每个阵点都具有相同的几何环境，是等效的。整个点阵是一个对称的空间无限的几何图形。下面以NaCl为例说明晶体结构与空间点阵的对应关系。

NaCl晶体属于立方晶系，如图2-1所示。晶体中每个Na^+周围均是几何规律相同的

Cl^-，而每个 Cl^- 周围均是几何规律相同 Na^+。也就是说，所有 Na^+ 的几何环境和物质环境相同，属于一类等同点；而所有 Cl^- 的几何环境和物质环境也都相同，属于另一类等同点。从图 2-1 可以看出，由 Na^+ 构成的几何图形和由 Cl^- 构成的几何图形是完全相同的，即晶体结构中各类等同点所构成的几何图形是相同的。因此，可以用各类等同点排列规律所共有的几何图形来表示晶体结构的几何特征。将各类等同点概括地用一个抽象的几何点来表示，该几何点就是空间点阵的阵点。所以 NaCl 晶体的空间点阵应该是如图 2-2 所示的面心立方点阵，NaCl 晶体的结构基元由两种离子（Na^+ 和 Cl^-）构成。

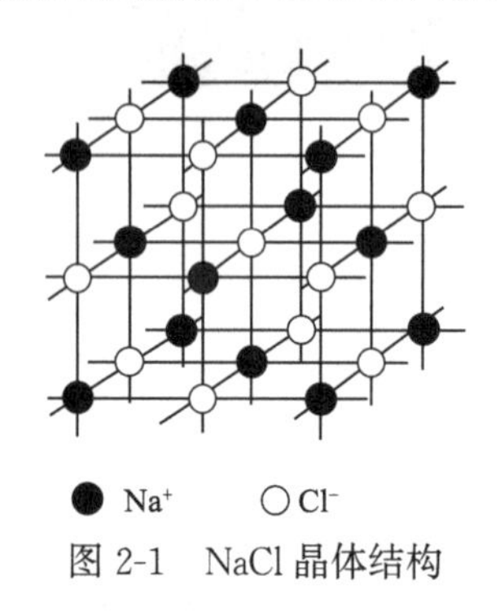

图 2-1　NaCl 晶体结构

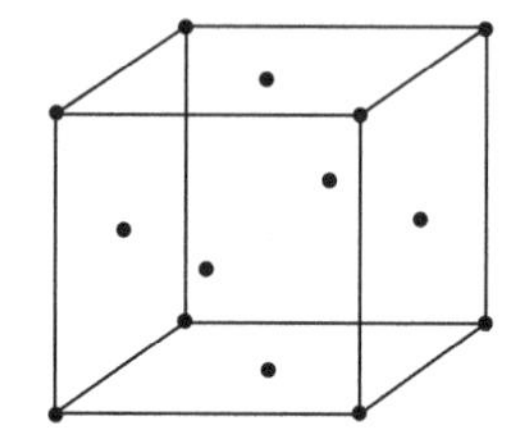
图 2-2　面心立方空间点阵

（2）空间点阵的种类

晶体结构的基本特征是质点分布的周期性和对称性。为了使空间点阵能以更鲜明的几何形态显示出晶体结构的周期性和宏观对称性，通常在空间点阵中按一定的方式选取一个平行六面体，作为空间点阵的基本单元，称为阵胞。

阵胞有多种选取方式，如果只是为了表达空间点阵的周期性，则一般应选取体积最小的平行六面体作为阵胞，称为简单阵胞。但为了使阵胞能同时反映出空间点阵的周期性和对称性，简单阵胞是不能满足要求的，必须选取比简单阵胞更大的复杂阵胞。在复杂阵胞中除顶点外，体心或面心也可能分布阵点。

法国晶体学家布拉菲（A. Bravais）的研究结果表明，阵胞只能有 14 种，称为 14 种布拉菲点阵。根据阵胞中阵点位置的不同，可将 14 种布拉菲点阵分为四类。

① 简单点阵：用字母 P 表示。仅在阵胞的八个顶点上有阵点，每个阵点同时为相毗邻的八个平行六面体所共有，因此，每个阵胞只占有一个阵点。阵点坐标的表示方法为：以阵胞的任意顶点为坐标原点，以与坐标原点相交的三个棱边为坐标轴，分别用点阵周期（a、b、c）为度量单位。阵胞顶点的阵点坐标为（0,0,0）。

② 底心点阵：用字母 C 表示。除八个顶点上有阵点外，两个相对面的面心上还有阵点，面心上的阵点为相毗邻的两个平行六面体所共有。因此，每个阵胞占有两个阵点，其阵点坐标分别为（0,0,0）、$(\frac{1}{2},\frac{1}{2},0)$。

③ 体心点阵：用字母 I 表示。除八个顶点上有阵点外，体心上还有一个阵点，阵胞体心的阵点为其自身所独有。因此，每个阵胞占有两个阵点，其阵点坐标分别为：（0,0,0）、$(\frac{1}{2},\frac{1}{2},\frac{1}{2})$。

④ 面心点阵：用字母 F 表示。除八个顶点上有阵点外，每个面心上都有一个阵点。因

此，每个阵胞占有 4 个阵点。其阵点坐标分别为：(0,0,0)、$(\frac{1}{2},\frac{1}{2},0)$、$(\frac{1}{2},0,\frac{1}{2})$、$(0,\frac{1}{2},\frac{1}{2})$。

阵胞的形状和大小用相交于某一顶点的三个棱边上的点阵周期 a、b、c 以及它们之间的夹角 α、β、γ 来描述。习惯上，以 b、c 之间的夹角为 α，以 a、c 之间的夹角为 β，以 a、b 之间的夹角为 γ。把这六个参数称为点阵参数。

按点阵参数的不同可将晶体点阵分为七个晶系，每个晶系包含几种点阵类型。各晶系的点阵参数及其所属的布拉菲点阵列于表 2-1 中。

表 2-1 七个晶系及其所属的布拉菲点阵

晶系	点阵参数	布拉菲点阵	点阵符号	阵胞内阵点数	阵点坐标
立方晶系	$a=b=c$ $\alpha=\beta=\gamma=90°$	简单立方	P	1	(0,0,0)
		体心立方	I	2	(0,0,0)、$(\frac{1}{2},\frac{1}{2},\frac{1}{2})$
		面心立方	F	4	(0,0,0)、$(\frac{1}{2},\frac{1}{2},0)$、$(\frac{1}{2},0,\frac{1}{2})$、$(0,\frac{1}{2},\frac{1}{2})$
四方晶系	$a=b\neq c$ $\alpha=\beta=\gamma=90°$	简单四方	P	1	(0,0,0)
		体心四方	I	2	(0,0,0)、$(\frac{1}{2},\frac{1}{2},\frac{1}{2})$
斜方晶系	$a\neq b\neq c$ $\alpha=\beta=\gamma=90°$	简单斜方	P	1	(0,0,0)
		体心斜方	I	2	(0,0,0)、$(\frac{1}{2},\frac{1}{2},\frac{1}{2})$
		面心斜方	F	4	(0,0,0)、$(\frac{1}{2},\frac{1}{2},0)$、$(\frac{1}{2},0,\frac{1}{2})$、$(0,\frac{1}{2},\frac{1}{2})$
		底心斜方	C	2	(0,0,0)、$(\frac{1}{2},\frac{1}{2},0)$
菱方晶系	$a=b=c$ $\alpha=\beta=\gamma\neq 90°$	简单菱方	P	1	(0,0,0)
六方晶系	$a=b\neq c$ $\alpha=\beta=90°$; $\gamma=120°$	简单六方	P	1	(0,0,0)
单斜晶系	$a\neq b\neq c$ $\alpha=\gamma=90°\neq\beta$	简单单斜	P	1	(0,0,0)
三斜晶系	$a\neq b\neq c$ $\alpha\neq\beta\neq\gamma\neq 90°$	简单三斜	P	1	(0,0,0)

空间点阵种类的有限性是由选取阵胞的条件所决定的。例如，在选取复杂阵胞时，除平行六面体顶点外，只能在体心或面心有附加阵点，否则将违背空间点阵的周期性。所以，只可能出现简单、底心、体心、面心四类点阵。这四类点阵除了在斜方晶系可同时出现外，在其他晶系中由于受对称性的限制或者不同类型点阵可互相转换的缘故，都不能同时出现。

(3) 空间点阵与晶体结构之间的对应关系

空间点阵与晶体结构是相互关联的，但又是两种不同的概念。空间点阵是从晶体结构中抽象出来的几何图形，它反映晶体结构最基本的几何特征。因此，空间点阵不可能脱离具体的晶体结构而单独存在。但是，空间点阵并不是晶体结构的简单描绘，它的阵点虽然与晶体结构中的任一类等同点相当，但只具有几何意义，并非具体质点。自然界中晶体结构种类繁多，而且是很复杂的。但是，从实际晶体结构中抽象出来的空间点阵却只有14种。这是因为空间点阵中的每个阵点所代表的结构单元可以由一个、两个或更多个等同质点组成，而这些质点在结构单元中的结合及排列又可以采取各种不同的形式。因此，每一种布拉菲点阵都可以代表许多种晶体结构。

空间点阵与晶体结构的关系可概括地示意为：空间点阵+结构基元⇒晶体结构。

2.1.1.2 晶向与晶面指数

在空间点阵中，无论在哪一个方向都可以画出许多互相平行的阵点平面。同一方向上的阵点平面不仅互相平行，而且等距，各平面上的阵点分布状况也完全相同。但是，不同方向上的阵点平面却具有不同的特征。所以，阵点平面之间的差别主要取决于它们的取向，而在同一方向上的阵点平面中确定某个平面的具体位置是没有实际意义的。

同样的道理，在空间点阵中，无论在哪一个方向都可以画出许多互相平行的、等同周期的阵点直线，不同方向上阵点直线的差别也是取决于它们的取向。

空间点阵中的阵点平面和阵点直线相当于晶体结构中的晶面和晶向。在晶体学中阵点平面和阵点直线的空间取向分别用晶面指数和晶向指数来表示。

(1) 晶面指数

晶面指数或称米勒（W. H. Miller）指数的确定方法为：

① 在一组互相平行的晶面中任选一个晶面，量出它在三个坐标轴上的截距并用点阵周期 a、b、c 为单位来度量。

② 写出三个截距的倒数。

③ 将三个倒数分别乘以分母的最小公倍数，将它们化为三个简单整数，并用圆括号括起，即为该组平行晶面的晶面指数。

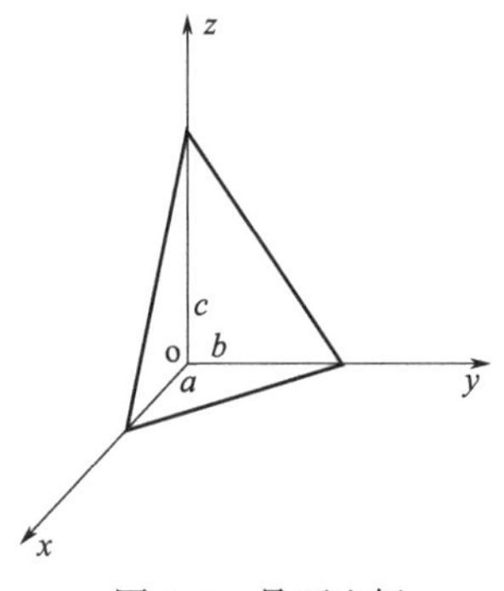

图 2-3 晶面坐标

例如，图2-3中的晶面，在坐标轴上的截距分别为1、2、3，其倒数为1、1/2、1/3，将三个倒数化为简单整数为6、3、2，所以，该晶面的晶面指数为(632)。

当泛指某一晶面指数时，一般用(hkl)表示。如果晶面与某坐标轴的负方向相交时，则在相应的指数上加负号来表示。例如，($h\bar{k}l$)即表示晶面与 y 轴的负方向相交。当晶面与某坐标轴平行时，则认为晶面与该轴的截距为∞，其倒数为0。

在同一晶体点阵中，有若干组晶面是通过一定的对称变换重复出现的等同晶面，它们的面间距和晶面上的结点分布完全相同。这些空间位向性质完全相同的晶面属于同族等同晶面，用 $\{hkl\}$ 表示。

(2) 晶向指数

晶向指数的确定方法为：

① 在一组互相平行的阵点直线中引出过坐标原点的阵点直线；

② 在该直线上任选一个阵点，量出它的坐标值并用点阵周期 a、b、c 度量；

③ 将三个坐标值用同一个数乘或除，把它们化为简单整数并用方括号括起，即为该组

阵点直线的晶向指数。

当泛指某晶向指数时，用 $[uvw]$ 表示。如果阵点的某个坐标值为负值时，则在相应的指数上加负号来表示，例如 $[u\bar{v}w]$ 即表示所选阵点在 y 轴上的坐标值是负的。有对称关联的等同晶向用 $\langle uvw \rangle$ 来表示。

2.1.1.3　晶面间距与晶面夹角

（1）晶面间距

平行晶面族（hkl）中两相邻晶面之间的距离称为晶面间距，常用符号 d_{hkl} 或 d 来表示。每一种晶体都有一组大小不同的晶面间距，它是点阵常数和晶面指数的函数，随晶面指数的增加，晶面间距减小。图 2-4 绘出了在二维情况下的晶面指数与晶面间距的定性关系，在三维情况下也完全相同。

现以图 2-5 斜方晶系为例，说明晶面间距公式的推导方法。ABC 面为 $\langle hkl \rangle$ 面族中离坐标原点最近的晶面，则坐标原点 O 到 ABC 面的距离 OD 就是晶面间距 d。在直角三角形 ODA、ODB 和 ODC 中有以下关系：

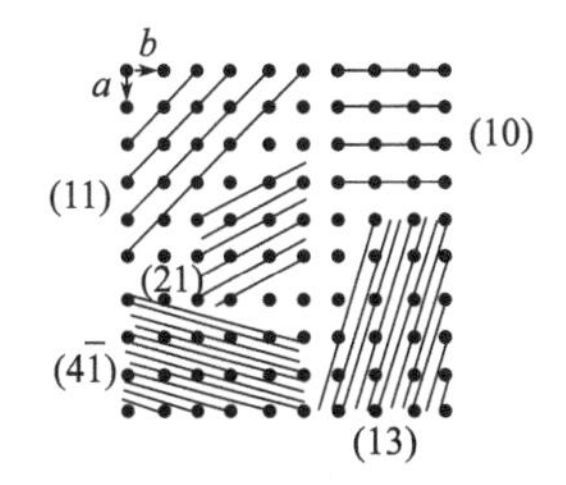

图 2-4　晶面指数与晶面间距和晶面上结点密度的关系

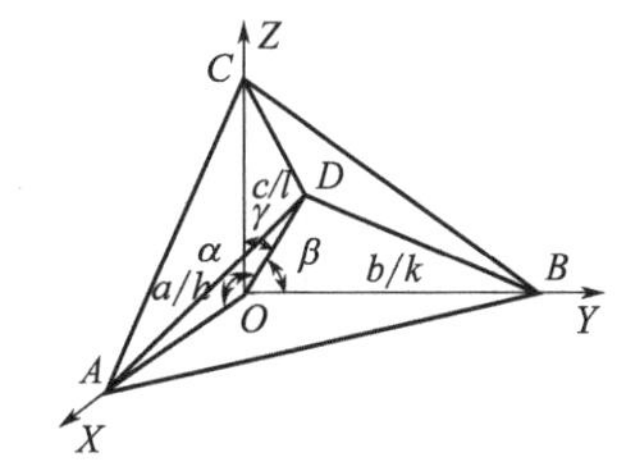

图 2-5　晶面间距 OD 与点阵常数和晶面指数之间的关系

$$\cos\alpha = \frac{OD}{OA} = \frac{d}{a/h} \tag{2-1}$$

$$\cos\beta = \frac{OD}{OB} = \frac{d}{b/k} \tag{2-2}$$

$$\cos\gamma = \frac{OD}{OC} = \frac{d}{c/l} \tag{2-3}$$

$$\cos^2\alpha + \cos^2\beta + \cos^2\gamma = 1 \tag{2-4}$$

$$\left(\frac{d}{a/h}\right)^2 + \left(\frac{d}{b/k}\right)^2 + \left(\frac{d}{c/l}\right)^2 = 1 \tag{2-5}$$

$$d = \frac{1}{\sqrt{\left(\frac{h}{a}\right)^2 + \left(\frac{k}{b}\right)^2 + \left(\frac{l}{c}\right)^2}} \tag{2-6}$$

（2）晶面夹角

晶面之间的夹角等于晶面法线之间的夹角。

立方晶系的晶面夹角公式为：

$$\cos\varphi = \frac{h_1h_2 + k_1k_2 + l_1l_2}{\sqrt{h_1^2 + k_1^2 + l_1^2} \times \sqrt{h_2^2 + k_2^2 + l_2^2}} \tag{2-7}$$

四方晶系的晶面夹角公式为：

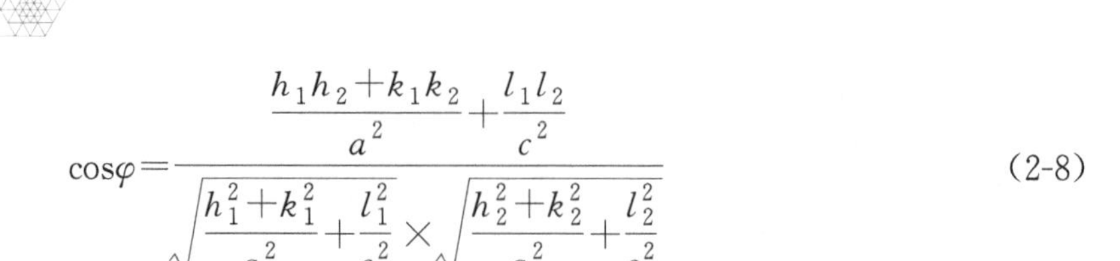

$$\cos\varphi=\frac{\frac{h_1h_2+k_1k_2}{a^2}+\frac{l_1l_2}{c^2}}{\sqrt{\frac{h_1^2+k_1^2}{a^2}+\frac{l_1^2}{c^2}}\times\sqrt{\frac{h_2^2+k_2^2}{a^2}+\frac{l_2^2}{c^2}}} \tag{2-8}$$

六方晶系的晶面夹角公式为：

$$\cos\varphi=\frac{\frac{4}{3a^2}\left[h_1h_2+k_1k_2+\frac{1}{2}(h_1k_2+h_2k_2)\right]+\frac{l_1l_2}{c^2}}{\sqrt{\frac{4}{3a^2}(h_1^2+h_1k_1+k_1^2)+\frac{l_1^2}{c^2}}\times\sqrt{\frac{4}{3a^2}(h_2^2+h_2k_2+k_2^2)+\frac{l_2^2}{c^2}}} \tag{2-9}$$

2.1.1.4 晶带与晶带定理

在晶体结构和空间点阵中平行于某一轴向的所有晶面均属于同一个晶带。同一晶带中晶面的交线互相平行，其中通过坐标原点的那条平行直线称为晶带轴。晶带轴的晶向指数即为该晶带的指数。

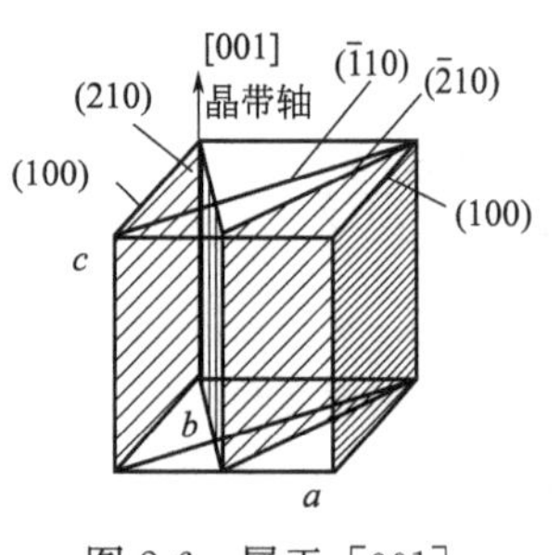

图 2-6 属于［001］晶带的某些晶面

在同一晶带中有各种不同晶面族的晶面，因为对同一晶带，晶面的唯一要求就是它们的交线平行于晶带轴。例如，在图 2-6 中画出了［001］晶带中所包括的晶面有（100）、（010）、（110）、（210）等。

根据晶带的定义，同一晶带中所有晶面的法线都与晶带轴垂直。可以将晶带轴 R 和晶面的法线 N 写成矢量表达式：

$$\vec{R}=u\vec{a}+v\vec{b}+w\vec{c} \tag{2-10}$$

$$\vec{N}=h\vec{a}+k\vec{b}+l\vec{c} \tag{2-11}$$

因为 R 与 N 互相垂直，所以

$$\vec{R}\cdot\vec{N}=(u\vec{a}+v\vec{b}+w\vec{c})(h\vec{a}+k\vec{b}+l\vec{c})=0 \tag{2-12}$$

由此可得

$$hu+kv+lw=0 \tag{2-13}$$

这也就是说，凡是属于［uvw］晶带的晶面，它的晶面指数是（hkl），都必须符合式（2-13）的条件，通常把这个关系式称为晶带定律。

当已知某晶带中任意两个晶面的晶面指数（$h_1k_1l_1$）、（$h_2k_2l_2$）时，便可以通过式（2-13）计算出晶带指数，其方法如下：

利用式(2-13) 和两个已知晶面的晶面指数分别写出

$$h_1u+k_1v+l_1w=0$$

$$h_2u+k_2v+l_2w=0$$

将这两个方程式联合求解可得

$$u:v:w=\begin{vmatrix}k_1 & l_1\\ k_2 & l_2\end{vmatrix}:\begin{vmatrix}l_1 & h_1\\ l_2 & h_2\end{vmatrix}:\begin{vmatrix}h_1 & k_1\\ h_2 & k_2\end{vmatrix}$$

$$=(k_1l_2-k_2l_1):(l_1h_2-l_2h_1):(h_1k_2-h_2k_1)$$

或者写成

$$\begin{cases}u=k_1l_2-k_2l_1\\v=l_1h_2-l_2h_1\\w=h_1k_2-h_2k_1\end{cases}\tag{2-14}$$

式(2-14)的结果可以用下面的方法来简便记忆，将晶面指数（$h_1k_1l_1$）按顺序写两遍作为矩阵的第一行，然后将晶面指数（$h_2k_2l_2$）按顺序写两遍作为矩阵的第二行，去掉第一列和最后一列，按箭头所指方向依次对应的就是 u、v、w。

$$u:v:w=\begin{vmatrix}h_1 & k_1 & l_1 & h_1 & k_1 & l_1\\h_2 & k_2 & l_2 & h_2 & k_2 & l_2\end{vmatrix}$$

$$\downarrow u \quad \downarrow v \quad \downarrow w$$

同理，如果某个晶面（hkl）同时属于两个指数已知的晶带［$u_1v_1w_1$］和［$u_2v_2w_2$］时，则可以根据式(2-13)求出该晶面的晶面指数。其计算公式为

$$\begin{cases}h=v_1w_2-v_2w_1\\k=w_1u_2-w_2u_1\\l=u_1v_2-u_2v_1\end{cases}\tag{2-15}$$

在其他晶体几何学问题中，可以利用式(2-14)计算晶面指数已知的两个晶面交线的晶向指数，利用式(2-15)计算指数已知的两条相交直线所确定的晶面的晶面指数。

2.1.2 倒易点阵

为了更清楚地说明晶体衍射现象和晶体物理学方面的问题，厄瓦尔德（P. P. Ewald）在1920年首先引入倒易点阵的概念。倒易点阵是一种虚点阵，是在晶体点阵的基础上按照一定的对应关系建立起来的空间几何构型，也是晶体点阵的另一种表达形式。为了便于区别，将晶体点阵作为正点阵。

晶体点阵中的二维阵点平面在倒易点阵中只对应一个零维的倒易阵点，晶面间距和取向两个参量在倒易点阵中用倒易矢量表达，衍射花样实际上是满足衍射条件的倒易阵点的投影。

2.1.2.1 倒易点阵的定义

设有一正点阵 S，它的基矢量用$\vec{a}$、$\vec{b}$、$\vec{c}$表示，现引入三个新的基矢量$\vec{a}^*$、$\vec{b}^*$、$\vec{c}^*$，由它决定另一套点阵 S^*(倒易点阵)。正点阵的基矢量$\vec{a}$、$\vec{b}$、$\vec{c}$与新的基矢量$\vec{a}^*$、$\vec{b}^*$、$\vec{c}^*$之间的对应关系为

$$\vec{a}^*\cdot\vec{b}=\vec{a}^*\cdot\vec{c}=\vec{b}^*\cdot\vec{a}=\vec{b}^*\cdot\vec{c}=\vec{c}^*\cdot\vec{a}=\vec{c}^*\cdot\vec{b}=0\tag{2-16}$$

$$\vec{a}^*\cdot\vec{a}=\vec{b}^*\cdot\vec{b}=\vec{c}^*\cdot\vec{c}=1\tag{2-17}$$

从式(2-16)可以看出，$\vec{a}^*$同时垂直$\vec{b}$和$\vec{c}$，因此，$\vec{a}^*$垂直$\vec{b}$、$\vec{c}$所在的平面，与$\vec{b}\times\vec{c}$矢量方向相同，即$\vec{a}^*$垂直（100）晶面。同理可证，$\vec{b}^*$垂直（010）晶面，$\vec{c}^*$垂直（001）晶面。

为了从式(2-17)得出倒易点阵基矢量的长度，将式(2-17)改写成标量形式：

$$\begin{cases}a^*=\dfrac{1}{a\cos\phi}\\[2ex]b^*=\dfrac{1}{b\cos\psi}\\[2ex]c^*=\dfrac{1}{c\cos\omega}\end{cases}\tag{2-18}$$

式中　ϕ——$\vec{a}^*$、$\vec{a}$ 间的夹角；

ψ——$\vec{b}^*$、$\vec{b}$ 间的夹角；

ω——$\vec{c}^*$、$\vec{c}$ 间的夹角。

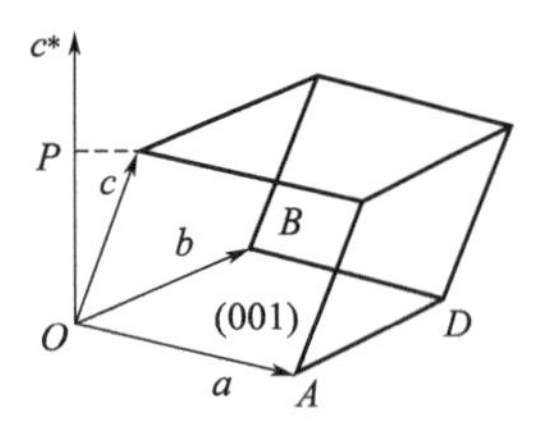

图 2-7　正点阵基矢量与倒易点阵基矢量的关系

在图 2-7 中绘出了倒易点阵基矢量 $\vec{c}^*$ 与正点阵基矢量 $\vec{c}$ 的关系，其中 OP 是 $\vec{c}$ 在 $\vec{c}^*$ 方向上的投影，同时也是 $\vec{a}$、$\vec{b}$ 构成的（001）晶面的晶面间距 d_{001}。因此，$OP=c\cos\omega=d_{001}$。同理，$a\cos\phi=d_{100}$，$b\cos\psi=d_{010}$。所以，

$$a^*=\frac{1}{d_{100}};\ b^*=\frac{1}{d_{010}};\ c^*=\frac{1}{d_{001}} \tag{2-19}$$

在三维空间，倒易点阵基矢量的方向和长度还可以用统一的矢量方程表达：

$$\vec{a}^*=\frac{\vec{b}\times\vec{c}}{V};\ \vec{b}^*=\frac{\vec{c}\times\vec{a}}{V};\ \vec{c}^*=\frac{\vec{a}\times\vec{b}}{V} \tag{2-20}$$

式中　V——正点阵的阵胞体积。

在式(2-20) 中，倒易点阵基矢量的方向由等号右边的矢量积所确定。为了说明倒易点阵基矢量的长度，仍以 $\vec{c}^*$ 为例，在图 2-7 中，$OP=d_{001}$，同时也是阵胞的高，$|\vec{a}\times\vec{b}|=$ 平行四边形 $OADB$ 的面积 S。而 $V=S\cdot d_{001}$，所以，

$$c^*=\frac{|\vec{a}\times\vec{b}|}{V}=\frac{S}{S\cdot d_{001}}=\frac{1}{d_{001}} \tag{2-21}$$

同理，对 $\vec{a}^*$ 和 $\vec{b}^*$ 也可得到类似的结果。所以，式(2-16)、式(2-17) 与式(2-20) 是等效的表达方式。

由于

$$V=\vec{a}\cdot\vec{b}\times\vec{c}=\vec{b}\cdot\vec{c}\times\vec{a}=\vec{c}\cdot\vec{a}\times\vec{b} \tag{2-22}$$

所以可以将式(2-20) 写成

$$\vec{a}^*=\frac{\vec{b}\times\vec{c}}{\vec{a}\cdot\vec{b}\times\vec{c}};\ \vec{b}^*=\frac{\vec{c}\times\vec{a}}{\vec{b}\cdot\vec{c}\times\vec{a}};\ \vec{c}^*=\frac{\vec{a}\times\vec{b}}{\vec{c}\cdot\vec{a}\times\vec{b}} \tag{2-23}$$

2.1.2.2　倒易点阵与正点阵的关系

由于式(2-19)、式(2-20) 对正点阵和倒易点阵基矢量是完全对称的，所以，同样可从式(2-19)、式(2-20) 得到：$\vec{a}$ 垂直 $\vec{b}^*$ 和 $\vec{c}^*$ 所构成的（100）* 晶面；$\vec{b}$ 垂直 $\vec{c}^*$ 和 $\vec{a}^*$ 所构成的（010）* 晶面，$\vec{c}$ 垂直 $\vec{a}^*$ 和 $\vec{b}^*$ 所构成的（001）* 晶面。

$$a=\frac{1}{d^*_{100}};\ b=\frac{1}{d^*_{010}};\ c=\frac{1}{d^*_{001}} \tag{2-24}$$

三维空间正点阵基矢量的统一矢量方程为

$$\vec{a}=\frac{\vec{b}^*\times\vec{c}^*}{V^*};\ \vec{b}=\frac{\vec{c}^*\times\vec{a}^*}{V^*};\ \vec{c}=\frac{\vec{a}^*\times\vec{b}^*}{V^*} \tag{2-25}$$

式中，V^* 为倒易点阵的阵胞体积，$V^*=\vec{a}^*\cdot\vec{b}^*\times\vec{c}^*=\vec{b}^*\cdot\vec{c}^*\times\vec{a}^*=\vec{c}^*\cdot\vec{a}^*\times\vec{b}^*$。于是可将式(2-25) 写成

$$\vec{a}=\frac{\vec{b}^*\times\vec{c}^*}{\vec{a}^*\cdot\vec{b}^*\times\vec{c}^*};\ \vec{b}=\frac{\vec{c}^*\times\vec{a}^*}{\vec{b}^*\cdot\vec{c}^*\times\vec{a}^*};\ \vec{c}=\frac{\vec{a}^*\times\vec{b}^*}{\vec{c}^*\cdot\vec{a}^*\times\vec{b}^*} \tag{2-26}$$

比较式(2-23)、式(2-26) 可以得出，倒易点阵基矢量的倒易等于正点阵基矢量，换句

话说，倒易点阵的倒易是正点阵。例如

$$(\vec{a}^*)^*=\frac{b^*\times c^*}{V^*}=\vec{a} \tag{2-27}$$

同理：$(\vec{b}^*)^*=\vec{b}$；$(\vec{c}^*)^*=\vec{c}$。

利用式(2-17) 中 $\vec{a}^*\cdot\vec{a}=1$ 的关系，并将式(2-23) 和式(2-26) 的值带入，可以证明，倒易点阵阵胞体积 V^* 与正点阵阵胞体积 V 互为倒易关系。

$$\vec{a}^*\cdot\vec{a}=\frac{1}{VV^*}[(\vec{b}\times\vec{c})\times(\vec{b}^*\times\vec{c}^*)]=1 \tag{2-28}$$

利用矢量算法的复合积公式可得

$$(\vec{b}\times\vec{c})\times(\vec{b}^*\times\vec{c}^*)=(\vec{b}\times\vec{b}^*)\times(\vec{c}\times\vec{c}^*)-(\vec{b}\times\vec{c}^*)\times(\vec{c}\times\vec{b}^*)=1$$

所以

$$V\times V^*=1 \tag{2-29}$$

2.1.2.3 倒易矢量参数

倒易点阵参数 a^*、b^*、c^*、α^*、β^*、γ^* 用正点阵参数来表达。由式(2-23) 直接可得

$$a^*=\frac{bc\sin\alpha}{V};\ b^*=\frac{ca\sin\beta}{V};\ c^*=\frac{ab\sin\gamma}{V} \tag{2-30}$$

其中，$V=a\cdot b\times c$。

利用矢量算法的多重积公式可求得

$$V=abc(1-\cos^2\alpha-\cos^2\beta-\cos^2\gamma+2\cos\alpha\cos\beta\cos\gamma)^{1/2} \tag{2-31}$$

α^*、β^*、γ^* 分别是矢量 b^*、c^*；a^*、c^*；a^*、b^* 之间的夹角，故有：

$$\cos\alpha^*=\frac{\vec{b}^*\cdot\vec{c}^*}{|\vec{b}^*||\vec{c}^*|};\ \cos\beta^*=\frac{\vec{c}^*\cdot\vec{a}^*}{|\vec{c}^*||\vec{a}^*|};\ \cos\gamma^*=\frac{\vec{a}^*\cdot\vec{b}^*}{|\vec{a}^*||\vec{b}^*|} \tag{2-32}$$

将式(2-20) 中的倒易基矢量的值带入式(2-32)，并利用矢量算法的多重积公式可求得

$$\cos\alpha^*=\frac{\cos\beta\cos\gamma-\cos\alpha}{\sin\beta\sin\gamma}$$

$$\cos\beta^*=\frac{\cos\gamma\cos\alpha-\cos\beta}{\sin\gamma\sin\alpha}$$

$$\cos\gamma^*=\frac{\cos\alpha\cos\beta-\cos\gamma}{\sin\alpha\sin\beta} \tag{2-33}$$

2.1.2.4 倒易矢量的基本性质

倒易点阵原点与任一个倒易阵点所连接的矢量称为倒易矢量，用 $\vec{H}_{hkl}$ 表示。

$$\vec{H}_{hkl}=h\vec{a}^*+k\vec{b}^*+l\vec{c}^* \tag{2-34}$$

式中，h、k、l 为整数。

倒易矢量是倒易点阵中的重要参量，也是在 X 射线衍射中经常引用的参量。可以根据倒易点阵的基本定义证明倒易矢量的两个基本性质：①倒易矢量 $\vec{H}_{hkl}$ 垂直于正点阵中的（hkl）晶面；②倒易矢量 $\vec{H}_{hkl}$ 的长度等于正点阵中（hkl）晶面的面间距 d_{hkl} 的倒数。如图 2-8 所示。

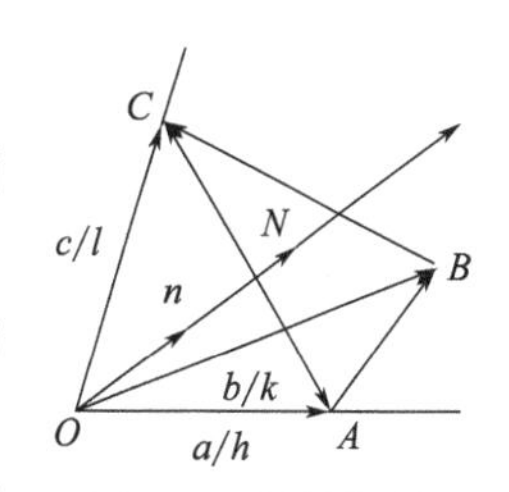

图 2-8 倒易矢量与晶面的关系

假设 ABC 为正点阵中平行晶面（hkl）族中最靠近原点的晶面，它在三个坐标轴上的截距分别为

$$|\overrightarrow{OA}|=\frac{a}{h};\ |\overrightarrow{OB}|=\frac{b}{k};\ |\overrightarrow{OC}|=\frac{c}{l}$$

$$|\overrightarrow{AB}|=|\overrightarrow{OB}|-|\overrightarrow{OA}|=\frac{b}{k}-\frac{a}{h} \tag{2-35}$$

$$|\overrightarrow{BC}|=|\overrightarrow{OC}|-|\overrightarrow{OB}|=\frac{c}{l}-\frac{b}{k} \tag{2-36}$$

上述两式分别乘以式(2-34)，得

$$\overrightarrow{H}_{hkl}\times|\overrightarrow{AB}|=\ (h\vec{a}^*+k\vec{b}^*+l\vec{c}^*)\ \left(\frac{b}{k}-\frac{a}{h}\right)=1-1=0$$

$$\overrightarrow{H}_{hkl}\times|\overrightarrow{BC}|=\ (h\vec{a}^*+k\vec{b}^*+l\vec{c}^*)\ \left(\frac{c}{l}-\frac{b}{k}\right)=1-1=0$$

两个矢量的“点积”等于零，说明$\overrightarrow{H}_{hkl}$同时垂直$\overrightarrow{AB}$和$\overrightarrow{BC}$，即$\overrightarrow{H}_{hkl}$垂直（hkl）晶面。

在图 2-8 中，$\vec{n}$为沿着$\overrightarrow{H}_{hkl}$方向的单位矢量，$\vec{n}=\frac{\overrightarrow{H}_{hkl}}{|\overrightarrow{H}_{hkl}|}$。面间距$d_{hkl}$是$\frac{a}{h}$在$\vec{n}$上的投影，所以

$$d_{hkl}=\frac{a}{h}\times\vec{n}=\frac{a}{h}\times\frac{(h\vec{a}^*+k\vec{b}^*+l\vec{c}^*)}{|\overrightarrow{H}_{hkl}|}=\frac{1}{|\overrightarrow{H}_{hkl}|}$$

$$|\overrightarrow{H}_{hkl}|=\frac{1}{d_{hkl}} \tag{2-37}$$

倒易点阵的这两个性质是十分重要的，它清楚地表明了倒易点阵的几何意义：正点阵中的每组平行晶面（hkl）相当于倒易点阵中的一个倒易点，此点必须处在这组晶面的公共法线上，即倒易矢量方向上；它到原点的距离为该组晶面间距的倒数。

利用这种对应关系可以由任何一个正点阵建立起一个相应的例易点阵，反过来由一个已知的倒易点阵运用同样的对应关系又可以重新得到原来的正点阵。

例如，在图 2-9 中，画出了（100）及（200）晶面所对应的倒易结点，因为（200）晶面的晶面间距d_{200}是d_{100}的一半，所以（200）晶面的倒易矢量长度比（100）晶面的倒易矢量长度大一倍。图 2-10 表明立方系晶体与倒易点阵的关系。可以看出，$\overrightarrow{H}$矢量的长度等于其对应晶面间距的倒数，且其与对应晶面相垂直。因（220）与（110）晶面平行，故$\overrightarrow{H}_{220}$亦平行于$\overrightarrow{H}_{110}$，但长度不相等。

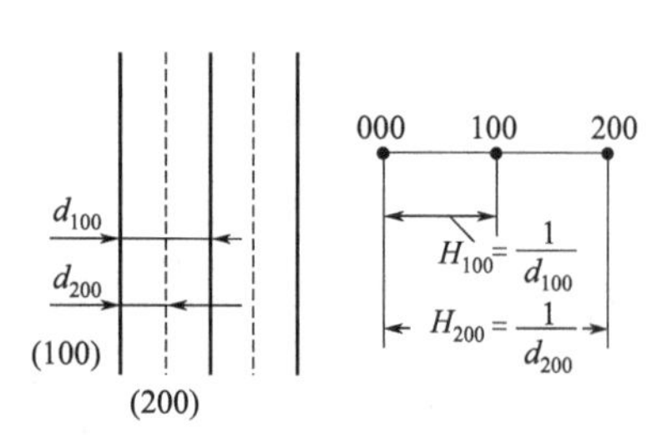

图 2-9　晶面与倒易结点的关系

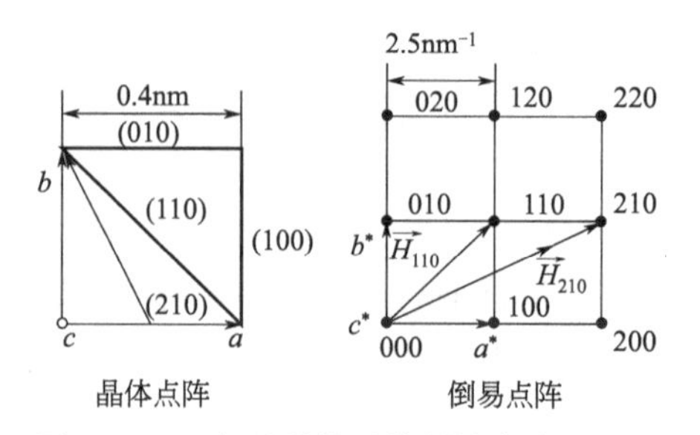

图 2-10　立方系晶体及其倒易点阵的关系

倒易点阵的概念，使许多晶体几何学问题的解决变得简单，如单胞体积、晶面间距、晶面夹角的计算以及晶带定理的推导等。

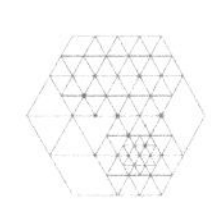

2.2 X 射线衍射方向理论

在 X 射线物理基础和晶体学基础上，这一节开始研究 X 射线照射到晶体上产生衍射的问题。X 射线照射到晶体上产生的衍射花样，除与 X 射线有关外，主要是受晶体结构的影响。晶体结构与衍射花样之间有一定的内在联系。通过衍射花样的分析，就能测定晶体结构和研究与晶体结构相关的一系列问题。

X 射线衍射理论将晶体结构与衍射花样有机地联系起来，通过对衍射线束方向的研究，可以测定晶胞的形状、大小。本章讨论的衍射线束的方向可分别用劳厄方程、布拉格方程（布拉格定律）和衍射矢量方程描述。

2.2.1 布拉格方程

2.2.1.1 布拉格方程的导出

布拉格方程是应用起来很方便的一种衍射几何规律的表达形式。用布拉格方程描述 X 射线在晶体中的衍射几何时，是把晶体看作由许多平行的原子面堆积而成，把衍射线看作原子面对入射线的反射。这也就是说，在 X 射线照射到的原子面中所有原子的散射波在原子面反射方向上的相位是相同的，是干涉加强的方向。下面分析单一原子面和多层原子面反射方向上原子散射波的相位情况。

如图 2-11 所示，当一束平行的 X 射线以 θ 角投射到一个原子面上时，其中任意两个原子 A、B 的散射波在原子面反射方向上的光程差为：

$$\delta = CB - AD = AB\cos\theta - AB\cos\theta = 0$$

A、B 两原子散射波在原子面反射方向上的光程差为零说明它们的相位相同，是干涉加强的方向。由于 A、B 原子是任意的，所以此原子面上所有原子散射波在反射方向上的相位均相同。由此看来，一个原子面对 X 射线的衍射可以在形式上看成为原子面对入射线的反射。

由于 X 射线的波长短，穿透能力强，它不仅能使晶体表面的原子成为散射波源，而且还能使晶体内部的原子成为散射波源。在这种情况下，应该把衍射线看成是由许多平行原子面反射的反射波振幅叠加的结果。干涉加强的条件是晶体中任意相邻两个原子面上的原子散射波在原子面反射方向的相位差为 2π 的整数倍，或者光程差等于波长的整数倍。如图 2-12 所示，一束波长为 λ 的 X 射线以 θ 投射到面间距为 d 的一组平行原子面上。从中任选两个相邻原子面 P_1、P_2，作原子面的法线与两个原子面相交于点 A、B。过点 A、B 画出代表 P_1、P_2 原子面的入射线和反射线。从图 2-12 可以看出，经 P_1、P_2 两个原子面反射的反射波的光程差为 $\delta = EB + BF = 2d\sin\theta$，干涉加强的条件为

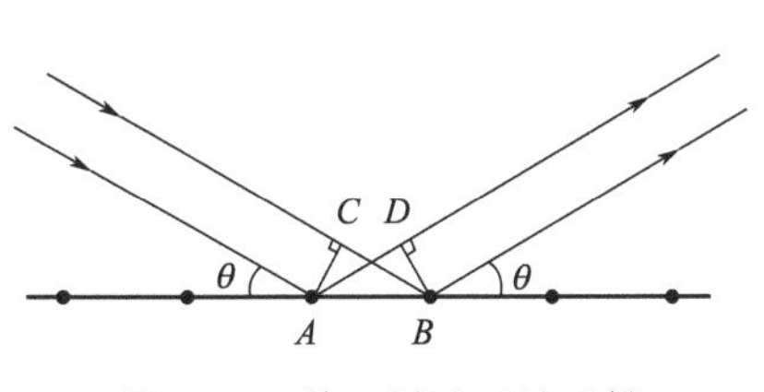

图 2-11 单一原子面的反射

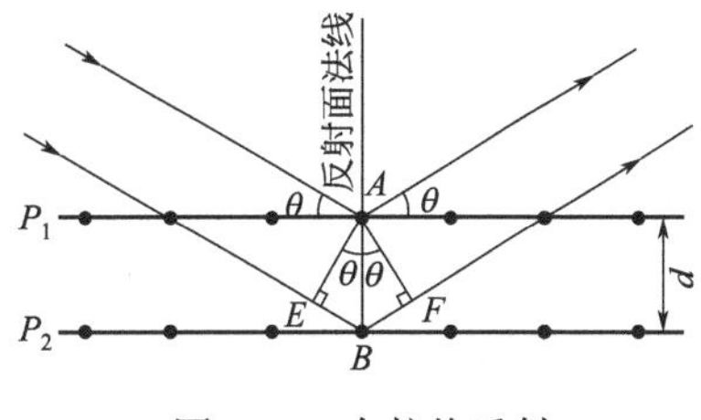

图 2-12 布拉格反射

$$2d\sin\theta = n\lambda \tag{2-38}$$

式中，n 为整数，称为反射级数；θ 为入射线或反射线与反射面的夹角，称为掠射角，由于它等于入射线与衍射线夹角的一半，故又称为半衍射角，把 2θ 称为衍射角。

式(2-38) 是 X 射线在晶体中产生衍射必须满足的基本条件，它反映了衍射线方向与晶体结构之间的关系。这个关系式首先由英国物理学家布拉格父子于 1912 年导出，故称为布拉格方程。

2.2.1.2 布拉格方程讨论

布拉格方程是 X 射线在晶体中产生衍射的必须满足的基本条件，它反映了衍射线方向（用 θ 描述）与晶体结构（用 d 代表）之间的关系。该方程巧妙地将便于测量的宏观量 θ 与微观量 d 联系起来，通过 θ 的测定，在已知 λ 的情况下可以求 d，或者在已知 d 的情况下求 λ。因此，布拉格方程是 X 射线分析中非常重要的方程，以下对其作进一步的讨论。

（1）选择反射

X 射线在晶体中的衍射，实质上是晶体中各原子相干散射波之间互相干涉的结果。但因衍射线的方向恰好相当于原子面对入射线的反射，故可用布拉格方程代表反射规律来描述衍射线束的方向。在后面的关于衍射问题的讨论，常把“反射”和“衍射”作为同义词，即用“反射”来描述关于晶体衍射的问题。

但应强调指出，X 射线从原子面的反射和可见光的镜面反射不同，前者是有选择地反射，其选择条件为布拉格方程；而镜面反射是可以任意角度反射可见光，即反射不受条件限制。因此，将 X 射线的晶面反射称为选择反射，反射之所以有选择性，是晶体内若干原子面反射线相互干涉的结果。

（2）产生衍射的极限条件

由布拉格方程 $2d\sin\theta = n\lambda$，$\sin\theta = \frac{n\lambda}{2d}$，因 $|\sin\theta| \leqslant 1$，故 $\frac{n\lambda}{2d} \leqslant 1$，由公式可以看出，当 $n=1$（即 1 级反射）时，此时 $\frac{\lambda}{2} \leqslant d$，这就是产生衍射的限制条件，它说明用波长为 λ 的 X 射线照射晶体时，晶体中只有面间距 $d \geqslant \frac{\lambda}{2}$ 的晶面才能产生衍射。例如，α-Fe 的一组面间距从大至小的顺序为 0.202nm、0.143nm、0.107nm、0.101nm、0.090nm、0.083nm、0.076nm、…当用波长为 $\lambda_{k\alpha} = 0.194$nm 的铁靶照射时，因 $\frac{\lambda_{k\alpha}}{2} = 0.097$nm，只有前四个 d 值大于它，故产生衍射的晶面族只有四个。如用铜靶进行照射时，因 $\frac{\lambda_{k\alpha}}{2} = 0.077$nm，故前六个晶面族都能产生衍射。

（3）反射级数

布拉格方程中的 n 称为反射级数。它表示相邻的两个平行晶面反射出的 X 射线束，其波程差是 X 射线波长的 n 倍。在实际使用过程中，并不赋予 n 以 1，2，3 等数值，而是采用另一种方式。

如图 2-13 所示，如果 X 射线照射到晶体的（100）晶面，而且刚好能发生二级反射，则相应的布拉格方程为

$$2d_{100}\sin\theta = 2\lambda \tag{2-39}$$

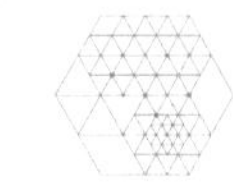

假设在每两个（100）晶面中间均插入一个原子分布在与之完全相同的面。此时面簇中离原点最近的晶面在X轴上的截距已变为1/2，故面簇的指数可写作（200）晶面。又因面间距已为原来的一半，相邻晶面反射线的波程差便只有一个波长，此种情况相当于（200）晶面发生了一级反射，其相应的布拉格方程为

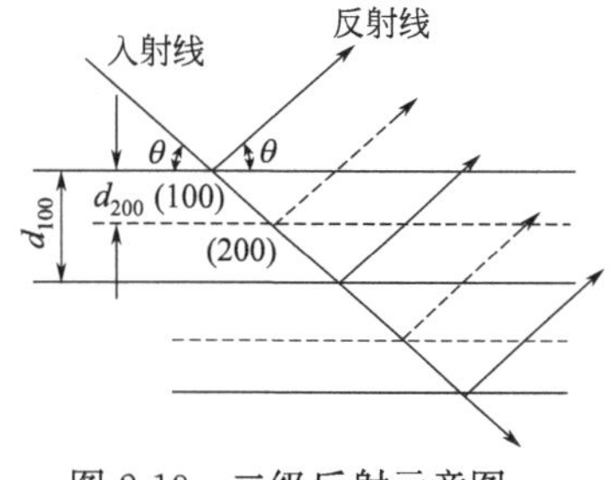

图 2-13 二级反射示意图

$$2d_{200}\sin\theta=\lambda$$

该式又可以写成

$$2(d_{100}/2)\sin\theta=2\lambda \tag{2-40}$$

通过比较式(2-39) 和式(2-40)，可以将（100）晶面的二级反射，看成是（200）晶面的一级反射，也就是说，通常把（hkl）晶面的 n 级反射，看作 $n(hkl)$ 晶面一级反射。如果（hkl）晶面的面间距是 d，则 $n(hkl)$ 晶面的面间距是 d/n。因此布拉格方程可能写成以下形式：

$$2\frac{d}{n}\sin\theta=\lambda$$

或者是

$$2d\sin\theta=\lambda \tag{2-41}$$

式(2-41) 是把反射级数包含在 d 中，认为反射级数永远等于1，所以在使用时极为方便。也就是说，把（hkl）晶面的 n 级反射，看成是来自某种虚拟的晶面的一级反射。

（4）干涉面指数

（hkl）晶面的 n 级反射面 $n(hkl)$，用符号（HKL）表示，称为反射面或干涉面。其中 $H=nh$，$K=nk$，$L=nl$，（hkl）晶面是晶体中实际存在的晶面，（HKL）晶面只是为了使问题简化而引入的虚拟晶面。干涉面的晶面指数称为干涉指数，一般有公约数 n。当 $n=1$ 时，干涉指数即变为晶面指数。

对于立方晶系，其晶面间距为

$$d_{hkl}=\frac{a}{\sqrt{h^2+k^2+l^2}}$$

故干涉面晶面间距为

$$d_{HKL}=\frac{a}{\sqrt{H^2+K^2+L^2}}$$

对于斜方晶系，其晶面间距为

$$d_{hkl}=\frac{1}{\sqrt{\frac{h^2}{a^2}+\frac{k^2}{b^2}+\frac{l^2}{c^2}}} \tag{2-42}$$

故干涉面晶面间距为

$$d_{HKL}=\frac{d_{hkl}}{n}=\frac{1}{n\sqrt{\frac{h^2}{a^2}+\frac{k^2}{b^2}+\frac{l^2}{c^2}}}=\frac{1}{\sqrt{\frac{(nh)^2}{a^2}+\frac{(nk)^2}{b^2}+\frac{(nl)^2}{c^2}}}=\frac{1}{\sqrt{\frac{H^2}{a^2}+\frac{K^2}{b^2}+\frac{L^2}{c^2}}} \tag{2-43}$$

在X射线衍射线结构分析中，如无特别说明，所用的晶面间距一般指干涉面晶面间距。

（5）掠射角

掠射角 θ 是入射线或反射线与晶面的夹角，通常可用来表示衍射的方向。由布拉格方程

得出 $\sin\theta=\lambda/2d$，这一表达式可以有两个方面的物理意义：①当波长 λ 一定时，晶面间距 d 相同的晶面，必须在掠射角 θ 相同的情况下才能同时获得反射。当使用单色 X 射线照射多晶体时，即波长 λ 一定时，各晶粒中 d 相同的晶面，其反射线都有着各自确定的方向。这里所指的 d 相同的晶面当然也包括等同晶面。②当波长 λ 一定时，随着 d 减小，θ 就要增大。这说明晶面间距 d 小的晶面，其掠射角 θ 必然是较大的，近于与晶面垂直，否则它们的反射线就无法加强。这一理论尤其适合于粉末法对晶体结构的测试。

2.2.2 衍射矢量方程

X 射线照射晶体产生的衍射线束的方向，不仅可以用劳厄方程、布拉格方程来描述，在引入倒易点阵后也能用衍射矢量方程来描述。

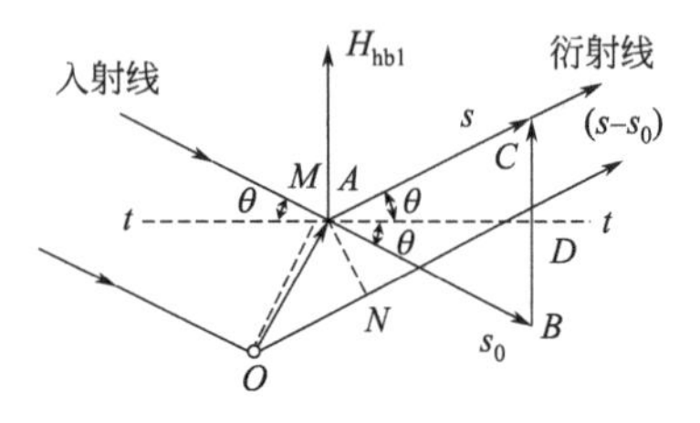

图 2-14 衍射矢量方程的推导

在图 2-14 中，t-t 为原子面，当一束波长为 λ 的 X 射线被晶面反射，入射线方向的单位矢量为 $\vec{s_0}$，衍射线方向的单位矢量为 $\vec{s}$，$\vec{s}$ 及 $\vec{s_0}$ 的长度为 1。在 $\vec{s}$ 方向出现衍射的条件是：相邻两个原子的散射线的波程差为 X 射线波长的整数倍，或者说相位差为 2π 的整数倍。图中过原点 O 作垂直于 $\vec{s_0}$ 的波阵面交于 M 点，过点 A 作垂直 $\vec{s}$ 的波阵面交于 N 点。则波程差为

$$\delta=ON-AM=\overrightarrow{OA}\times\vec{s}-\overrightarrow{OA}\times\vec{s_0}=\overrightarrow{OA}\times(\vec{s}-\vec{s_0}) \tag{2-44}$$

相应的相位差为

$$\phi=\frac{2\pi}{\lambda}\delta=2\pi\left(\frac{\vec{s}-\vec{s_0}}{\lambda}\right)\times\overrightarrow{OA} \tag{2-45}$$

在式(2-44) 中 $\overrightarrow{OA}$ 是晶体点阵中的一个矢量，令

$$\overrightarrow{OA}=p\vec{a}+q\vec{b}+r\vec{c}\quad (p、q、r\text{ 是整数})$$

因此（$\vec{s}-\vec{s_0}$）也是一个矢量，假设（$\vec{s}-\vec{s_0}$）$/\lambda$ 为倒易点阵中的一个矢量，令：

$$\frac{(\vec{s}-\vec{s_0})}{\lambda}=h\vec{a}^*+k\vec{b}^*+l\vec{c}^*\quad (h、k、l\text{ 尚未明确一定是整数})$$

进一步整理式(2-45)，得

$$\begin{aligned}\phi&=\frac{2\pi}{\lambda}\delta=2\pi\left(\frac{\vec{s}-\vec{s_0}}{\lambda}\right)\times\overrightarrow{OA}=2\pi(h\vec{a}^*+k\vec{b}^*+l\vec{c}^*)\times(p\vec{a}+q\vec{b}+r\vec{c})\\&=2\pi(hp+kq+lr)\end{aligned} \tag{2-46}$$

显然，只有 h、k、l 均为整数时才能使周相差为 2π 的整数倍，即满足衍射条件。这一关系说明倒易点阵中确实存在着坐标为 h、k、l 的倒易点，它对应着晶体正点阵中的（hkl）晶面。因此，（hkl）晶面获得衍射的必要条件为：矢量（$\vec{s}-\vec{s_0}$）$/\lambda$ 的端点为倒易点阵的原点，终点为正点阵中（hkl）晶面的坐标 h、k、l 的结点，即

$$\frac{(\vec{s}-\vec{s_0})}{\lambda}=h\vec{a}^*+k\vec{b}^*+l\vec{c}^*=\vec{H}_{hkl} \tag{2-47}$$

式中，h、k、l 是获得衍射矢量方程的必要条件。在 X 射线衍射理论中的基础方程——劳厄方程和布拉格方程均可由衍射矢量方程导出。

将式(2-47) 两边分别和晶体点阵的三个基矢量做点积即可得到劳厄方程。例如，用 $\vec{a}$ 分别与式(2-47) 两边做点积，即

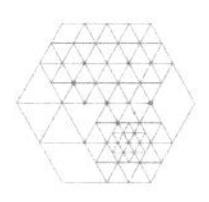

$$\vec{a}\cdot\frac{(\vec{s}-\vec{s_0})}{\lambda}=\vec{a}\cdot(h\vec{a}^*+k\vec{b}^*+l\vec{c}^*)=h$$

得到

$$\vec{a}\cdot(\vec{s}-\vec{s_0})=h\lambda \tag{2-48}$$

同理有

$$\vec{b}\cdot(\vec{s}-\vec{s_0})=k\lambda \tag{2-49}$$

$$\vec{c}\cdot(\vec{s}-\vec{s_0})=l\lambda \tag{2-50}$$

这就是劳厄方程的矢量形式。

在 ΔABC 中，因 $|\vec{s}|=|\vec{s_0}|=1$，故 ΔABC 为等腰矢量三角形，BC 垂直于 AD，即衍射矢量 $\vec{s}-\vec{s_0}$ 垂直于原子面 t-t，而其大小 $|\vec{s}-\vec{s_0}|=2\sin\theta$，根据式(2-47)，有：

$$\frac{(\vec{s}-\vec{s_0})}{\lambda}=\vec{H}_{hkl}$$

因 $|\vec{H}_{hkl}|=\dfrac{1}{d_{hkl}}$，故

$$\frac{1}{d_{hkl}}=\frac{2\sin\theta}{\lambda}$$

于是可得布拉格方程 $2d\sin\theta=\lambda$。

2.2.3 埃瓦尔德球图解法及其在粉末衍射应用

2.2.3.1 埃瓦尔德球

一个晶体中有许许多多的晶面，在给定的实验条件下，并不是所有的晶面都可以产生衍射，只有那些能满足布拉格方程的晶面才能产生衍射。利用埃瓦尔德图解法，可以用几何作图方式，非常方便地求出晶体中哪些晶面能够产生衍射，并可绘出衍射线的方向，即绘出衍射角的大小。

若采用反射面间距，布拉格方程可改写成

$$\sin\theta_{hkl}=\frac{\lambda}{2d_{hkl}}=\frac{1}{d_{hkl}}/2\left(\frac{1}{\lambda}\right) \tag{2-51}$$

式(2-51) 可以用二维简图来表达，如图 2-15 所示。设入射线的波长为 λ，它照射到一个晶体上，在晶体上选定一个原点 O'，以点 O'为圆心，以 $1/\lambda$ 为半径作圆，令 X 射线沿直径 AO'方向入射并透过圆周上的 O 点，取 OB 的长度为 $1/d_{hkl}$，则 ΔAOB 是以圆的直径为斜边的内接直角三角形。若斜边 AO 与直角边 AB 的夹角为 θ，则 ΔAOB 满足式(2-41) 的布拉格方程。再从圆心点 O'向 OB 作垂线交于 C 点，则 $O'C$ 即为反射晶面（hkl）的几何位置，而 $O'B$ 即为反射晶面（hkl）所产生的反射线束的方向。

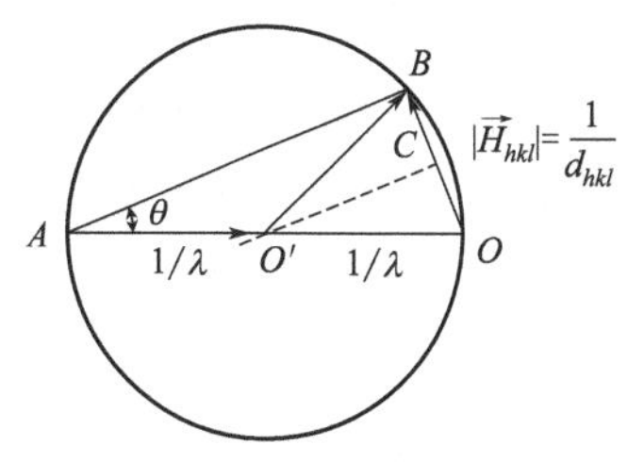

图 2-15 布拉格方程的二维几何示意图

可以将 OB 视为一个倒易矢量 $\vec{H}_{hkl}$，其倒易点阵的原点在 O 点。任一从 O 点出发的倒易矢量，只要其终点触及圆周，即可发生衍射。在三维空间中，倒易矢量可终止于半径为 $1/\lambda$ 的球面上。也就是说，若 X 射线沿着球的直径入射，则球面上所有倒易点均满足布拉格方程，而球心和倒易点的连线即为衍射方向。因此这个球被命名为“反射球”。由于这种表

示方法首先由埃瓦尔德提出，故也称为埃瓦尔德球。

显然，埃瓦尔德球图解法实质上就是布拉格方程的几何图形的表示方法。利用这种方法既可以根据晶体结构和反射线的波长及入射方向得到晶体的衍射花样，同样也能根据X射线的衍射花样求出各衍射线的衍射角 2θ，也就可以求出晶体结构。

埃瓦尔德图解法的几何图像十分清楚直观，反映了衍射现象的几何原理；但是所得的精确度是不够高的。为了求得精确结果，要利用布拉格方程进行计算。埃瓦尔德图解法在X射线衍射实验工作中用得较少，但在有关衍射理论分析和电子衍射实验工作中用得较多。下面运用埃瓦尔德球图解原理对粉末法作出分析。

2.2.3.2 应用举例

粉末法是将单色X射线入射到粉末状的多晶体试样上的一种衍射方法。多晶体是由许多取向完全按无规则排列的单晶原粒所组成，即相当于一个单晶体绕所有可能取向的轴转动。或者说，其对应的倒易点阵对入射X射线呈一切可能的取向，其中倒易矢量等长的倒易点（相当于晶面间距相同的晶面）将落在同一个以倒易原点为心的球面上，这个球称为倒易球。一系列倒易球与反射球相交，其交线是一系列小圆，其衍射线束分布在以入射线方向为轴，且通过上述交线圆的圆锥面上，如图2-16所示。

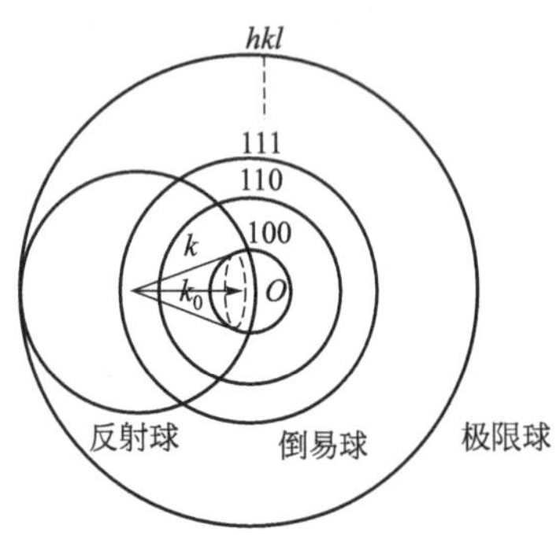

图2-16 粉末法的埃瓦尔德图

粉末法主要用来测定晶体结构、进行物相分析（定性、定量）、精确测定点阵参数，以及应力、晶粒度测量等。

2.3 X射线衍射强度理论

2.3.1 晶胞对X射线的散射

2.3.1.1 电子对X射线的散射

假设一束偏振X射线的路径上有一电子 e^-，在X射线的电场的作用下，这个电子有可能会绕其平衡位置产生受迫振动，并作为新的波源向四周辐射出与入射线频率相同并具有确定周相关系的电磁波，也就是说，X射线在电子上产生了波长不变的相干散射。

被电子散射的X射线强度 I 的大小与入射束的强度 I_0 和散射的角度 θ 有关。一个电荷为 e、质量为 m 的自由电子，在强度为 I_0 且偏振化了的X射线（电场矢量始终在一个方向振动）作用下，在距离电子 R 处的强度可表示为

$$I_e=I_0\left(\frac{e^2}{4\pi\varepsilon_0 mRc^2}\right)\sin 2\theta \tag{2-52}$$

式中 I_0——入射X射线强度；

e——电子电荷；

m——电子质量；

c——光速；

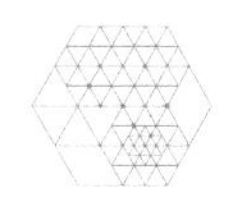

ε_0——真空介电常数；

θ——散射方向与入射X射线电场矢量振动方向间的夹角；

R——电场中任一点 P 到发生散射的电子的距离。

式(2-52) 说明，电子在 P 点的散射强度与X射线的入射强度和角度 θ 有关。由于从X射线管中发出的X射线是非偏振的，所以入射线的电场强度振幅 E 的方向是随时改变的，而且角也会相应改变。为使问题简化，如图 2-17 所示，让 OP 位于 XOZ 平面内，因电磁波的电场强度矢量垂直于传播方向，故点 E_0 位于 YOZ 平面内，现将振幅 E 分解成沿 Y 轴的分量 E_Y 和沿 Z 轴的分量 E_Z。因 E 在各方向出现的概率是相等的，故 $E_Y=E_Z$。显然：

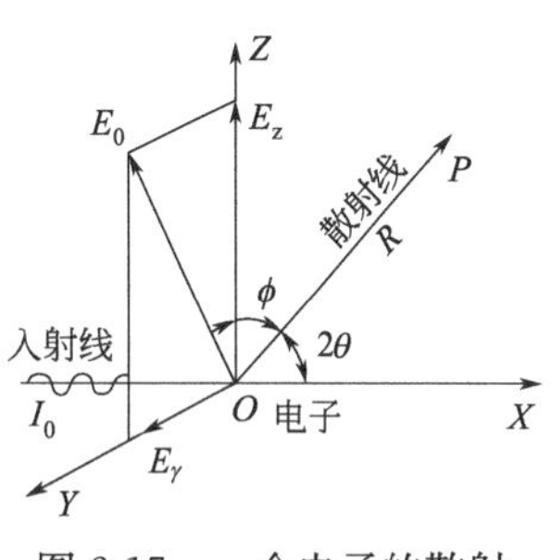

图 2-17　一个电子的散射

因为X射线散射强度 I 与振幅 E 的平方成正比，所以有

$$I_0=I_{OY}+I_{OZ}=2I_{OY}=2I_{OZ}$$

$$I_{OY}=I_{OZ}=\frac{1}{2}I_0 \tag{2-53}$$

假设入射X射线方向 OX 与散射线方向 OP 的夹角为 2θ，E_Z 与 OP 的夹角为 $90°-2\theta$，因此，在 E_Z 作用下，电子在 P 点的散射强度 I_{PZ} 为

$$I_{PZ}=I_{OZ}\left(\frac{e^2}{4\pi\varepsilon_0 Rmc^2}\right)^2\sin^2\left(\frac{\pi}{2}-2\theta\right)=\frac{I_0}{2}\left(\frac{e^2}{4\pi\varepsilon_0 Rmc^2}\right)^2\cos^2 2\theta \tag{2-54}$$

E_Y 与 OP 的夹角为 90°，因此，在 E_Z 作用下，电子在 P 点的散射强度 I_{PY} 为

$$I_{PY}=I_{OY}\left(\frac{e^2}{4\pi\varepsilon_0 RMc^2}\right)^2\sin^2\frac{\pi}{2}=\frac{I_0}{2}\left(\frac{e^2}{4\pi\varepsilon_0 Rmc^2}\right)^2 \tag{2-55}$$

所以在入射线的作用下，电子在 P 点处的散射强度 I 为

$$I=I_{PY}+I_{PZ}=I_0\left(\frac{e^2}{4\pi\varepsilon_0 Rmc^2}\right)^2\frac{1+\cos^2 2\theta}{2} \tag{2-56}$$

式(2-56) 称为汤姆逊（Thomson）公式，它说明电子的散射强度随 2θ 而变，$\frac{1+\cos^2 2\theta}{2}$ 项称为偏振因子或极化因子，它表明电子散射非偏振化X射线的经典散射波的强度在空间的分布是有方向性的。

若将式(2-56) 中有关物理常数按 SI 单位代入，则

$$I_e=3.97\times10^{-30}I_0\times\frac{1+\cos^2 2\theta}{m^2R^2} \tag{2-57}$$

可见，一个电子对X射线的散射本领是很小的，在实验中观察到的衍射线，是大量的电子散射波干涉叠加的结果，相对于入射的X射线强度，电子的散射强度仍然是很弱的。

2.3.1.2　原子对X射线的散射

原子是由原子核及核外电子组成的。当一束X射线与一个原子相撞时，原子的所有电子将产生受迫振动而辐射电磁波，由于原子核中一个质子的质量是一个电子质量的 1840 倍，因此一个原子的散射强度也只有一个电子散射强度的$\frac{1}{1840^2}$。因此，在计算原子的散射时，可以忽略原子核对X射线的散射，只考虑核外电子对X射线散射的结果。如果入射X射线

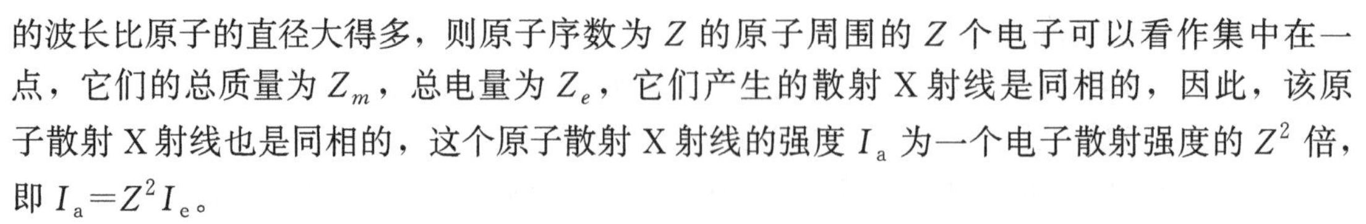

的波长比原子的直径大得多，则原子序数为 Z 的原子周围的 Z 个电子可以看作集中在一点，它们的总质量为 Z_m，总电量为 Z_e，它们产生的散射 X 射线是同相的，因此，该原子散射 X 射线也是同相的，这个原子散射 X 射线的强度 I_a 为一个电子散射强度的 Z^2 倍，即 $I_a=Z^2I_e$。

但是如果用于衍射分析的 X 射线波长与原子尺度为同一数量级，而且实际原子中的电子是按电子云分布规律分布在原子空间的不同位置的，那么在某个方向上同一原子中的各个电子的散射波的位相不完全一致，如图 2-18 所示。

由于在不同的散射方向上不可能产生波长的整数倍的位相差，这就导致了电子波合成要有所损耗，即原子散射波强度 $I_a \leqslant Z^2I_e$。为了评价原子对 X 射线的散射本领，引入系数 f（$f \leqslant Z$），称为原子散射因子（atomic scattering factor），它是考虑了各个电子散射波的位相差之后原子中所有电子散射波合成的结果；表示在某个方向上原子的散射波振幅与一个电子散射波振幅的比值，即

$$f=\frac{A_a}{A_e}=\left(\frac{I_a}{I_e}\right)^{\frac{1}{2}} \tag{2-58}$$

式中，A_a、A_e 分别表示为原子散射波振幅和电子散射波振幅。

散射因子 f 也可理解为是以一个电子散射波振幅为单位度量的一个原子的散射波振幅，反映了一个原子将 X 射线向某个方向散射时的散射效率，其大小与 $\sin\theta$ 和 λ 有关。f 将随 $\sin\theta/\lambda$ 增大而减小。在 $\sin\theta/\lambda=0$ 处，即沿着入射线方向时，$f=Z$，在其他的散射方向，总是 $f \leqslant Z$。图 2-19 所示为原子散射因数曲线。

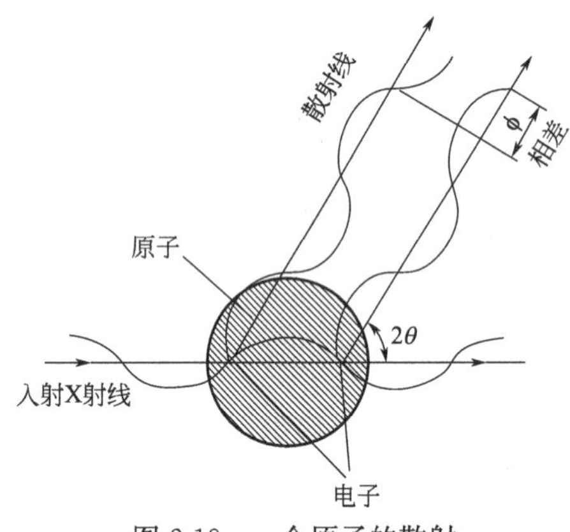

图 2-18　一个原子的散射

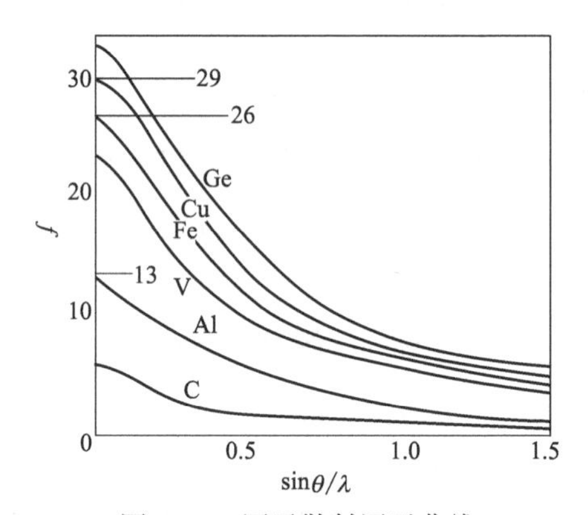

图 2-19　原子散射因子曲线

需要指出的是，产生相干散射的同时也存在非相干散射。这两种散射强度的比值与原子中结合力弱的电子所占比例有密切关系。受原子核束缚力越弱的电子所占的比例越多，非相干散射和相干散射的强度比值越大，故原子序数越小，非相干散射越强，所以在实验中很难得到含有碳、氢、氧等元素有机化合物的满意的衍射花样。但在一般条件下，这个作用可以忽略不计，实验表明，只有在入射 X 射线的波长接近于被研究物质的吸收限 λ_k 时，才会产生不可忽略的反常散射效应。

2.3.1.3　晶胞对 X 射线的散射

对于简单的晶体点阵，通常是指由同一种类的原子组成的，且每个晶胞有一个原子，因此一个晶胞的散射强度也就相当于一个原子的散射强度，即各简单点阵的散射方向应该是完

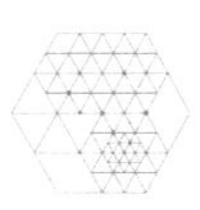

全相同的。而对于复杂的晶体点阵，则可以假设是由几类等同点分别构成的几个简单点阵的穿插，它的散射情况则是由各简单点阵相同方向的散射线相互干涉而决定的。所以只要研究不同类的等同点原子种类、位置对 X 射线散射强度的影响，就能得到复杂结构晶体的散射规律。

2.3.2　结构因子

2.3.2.1　系统消光

图 2-20 以三种类型的斜方晶胞为例定性地说明晶胞中原子的种类和位置对 X 射线衍射束强度的影响。图 2-21 是图 2-20 的正投影，用它讨论（001）晶面的衍射。

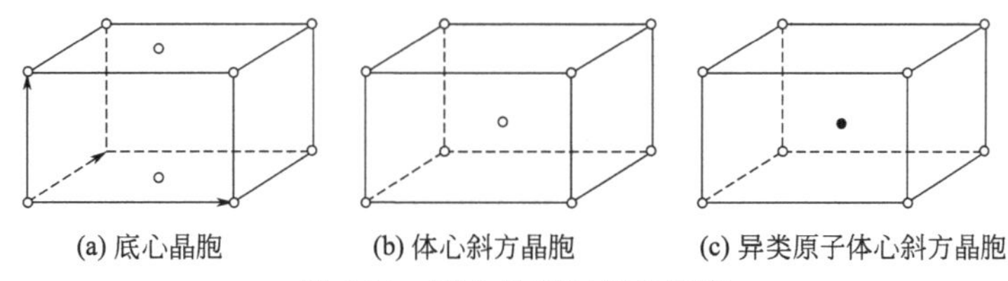

图 2-20　底心晶胞与斜方晶胞

图 2-21(a）所示为底心晶胞，对于波长为 λ、入射角为 θ 的 X 射线因刚好满足布拉格方程而发生衍射，这说明在这个晶胞中的相邻两个晶面的衍射线的光程差为一个波长，因此在 $1'$方向能观察到衍射线。同理在图 2-21(b）的体心斜方晶胞中，光束 $11'$和 $22'$也是同相的，光程差也同样是一个波长，如果无其他原子的影响，在 $1'$方向也应该能观察到衍射线。

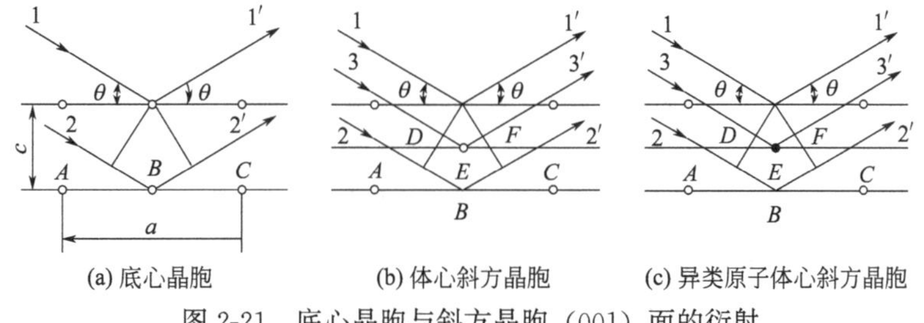

图 2-21　底心晶胞与斜方晶胞（001）面的衍射

但是，由于晶胞内存在体心原子，并且过体心有一个与晶胞上下原子面平行并等间距的原子面，因此光束 $11'$与 $33'$的光程差是半个波长，故 $11'$与 $33'$是完全反相的，这两束衍射线会互相抵消，因此在体心点阵中不会有（001）晶面衍射出现。

在图 2-21(c）中，虽然在体心位置也有一个原子，$11'$与 $33'$也反相，但因两相邻原子面的原子种类不同，故合成波不为 0，即在（001）晶面有衍射存在，只是衍射线的强度比图 2-21(a）的情况要弱。

上述例子说明，改变单位晶胞中原子位置，或者原子种类不同，可使某些衍射光束的强度减弱，甚至完全消失，这说明布拉格方程是衍射的必要条件，而不是充分条件。

事实上，若原子种类不同，由于原子序数不同，对 X 射线衍射的波振幅也不同，所以，干涉后强度也要减小，在某些情况下甚至衍射强度为零，衍射线消失。

把因原子在晶体中位置不同或者原子种类不同而引起的某些方向上的衍射线消失的现象称为“系统消光”。根据系统消光的结果通过测定衍射线的强度的变化就可以推断出原子在

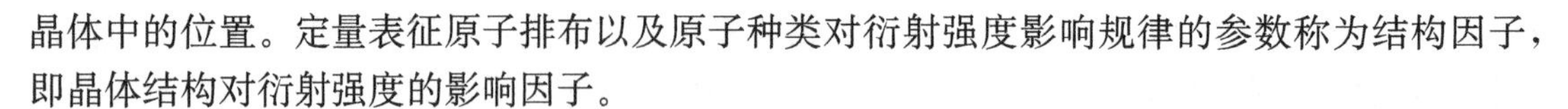

晶体中的位置。定量表征原子排布以及原子种类对衍射强度影响规律的参数称为结构因子，即晶体结构对衍射强度的影响因子。

2.3.2.2 结构因子公式的推导

一般情况下，可以把晶体看成为单位晶胞在空间的一种重复体。所以在讨论原子位置与衍射强度的关系时，只需考虑一个单胞内原子排列是以何种方式影响衍射强度就可以了。

在简单晶胞中，每个晶胞只由一个原子组成，这时单胞的衍射强度与一个原子的衍射强度相同。而在复杂晶胞中，原子的位置影响衍射强度。

在含有 n 个原子的复杂晶胞中，各原子占据不同的坐标位置，它们的衍射振幅和相位是各不相同的。单胞中所有原子衍射的合成振幅不可能等于各原子衍射振幅的简单相加。为此，需要引入一个称为结构因子 F_{hkl} 的参量来表征单胞的相干衍射与单电子相干衍射之间的对应关系。

$$F_{hkl}=\frac{\text{一个晶胞所有原子的相干衍射波振幅}}{\text{一个电子相干衍射波振幅}}=\frac{A_{\mathrm{b}}}{A_{\mathrm{e}}}$$

下面就来分析这种复杂结构晶胞的衍射规律。设复杂点阵晶胞有 n 个原子，如图 2-22 所示，某一原子位于晶胞顶点 O，同时取其为坐标原点，A 点为晶胞中任一原子 j 的位置，它的坐标矢量为：

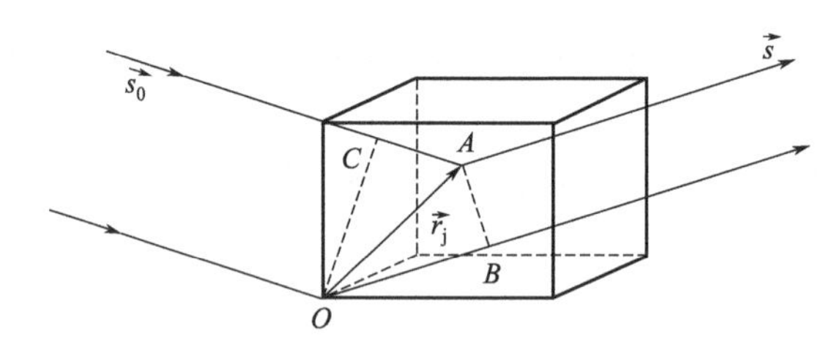

图 2-22 晶胞内任意两原子间的光程差

$$\overrightarrow{OA}=\vec{r}_{\mathrm{j}}=x_{\mathrm{j}}\vec{a}+y_{\mathrm{j}}\vec{b}+z_{\mathrm{j}}\vec{c}$$

式中，$\vec{a}$、$\vec{b}$、$\vec{c}$ 为基本平移矢量。

j 原子的衍射波与坐标原点 O 处原子衍射波之间的光程差为

$$\delta_{\mathrm{j}}=\vec{r}_{\mathrm{j}}\vec{s}-\vec{r}_{\mathrm{j}}\vec{s_0}=\vec{r}_{\mathrm{j}}(\vec{s}-\vec{s_0})$$

其相位差为

$$\begin{aligned}\phi_{\mathrm{j}}&=\frac{2\pi}{\lambda}\delta_{\mathrm{j}}=2\pi\vec{r}_{\mathrm{j}}\times\frac{\vec{s}-\vec{s_0}}{\lambda}=2\pi\,\overrightarrow{r_{\mathrm{j}}r^{*}}=2\pi(x_{\mathrm{j}}\vec{a}+y_{\mathrm{j}}\vec{b}+z_{\mathrm{j}}\vec{c})(H\vec{a}^{*}+K\overrightarrow{b^{*}}+L\overrightarrow{c^{*}})\\&=2\pi(Hx_{\mathrm{j}}+Ky_{\mathrm{j}}+Lz_{\mathrm{j}})\end{aligned}\tag{2-59}$$

若晶胞内各原子的原子衍射因子分别为：f_1、$f_2\cdots f_j\cdots f_n$，各原子的衍射波与入射波的相位差分别为 ϕ_1、$\phi_2\cdots\phi_j\cdots\phi_n$，则晶胞内所有原子相干衍射的复合波振幅为

$$A_{\mathrm{b}}=A_{\mathrm{e}}(f_1\mathrm{e}^{i\phi_1}+f_2\mathrm{e}^{i\phi_2}+\cdots+f_j\mathrm{e}^{i\phi_j}+\cdots+f_n\mathrm{e}^{i\phi_n})=A_{\mathrm{e}}\sum_{j=1}^{n}f_j\mathrm{e}^{i\phi_j}$$

$$F_{hkl}=\frac{A_{\mathrm{b}}}{A_{\mathrm{e}}}=\sum_{j=1}^{n}f_j\mathrm{e}^{i\phi_j}=\sum_{j=1}^{n}f_j\mathrm{e}^{2\pi i(hx_j+ky_j+lz_j)}\tag{2-60}$$

根据欧拉公式

$$\mathrm{e}^{i\phi}=A+iB=\cos\phi+i\sin\phi$$

可将上式写成三角函数形式：

$$F_{hkl}=\sum_{j=1}^{n}f_j[\cos2\pi(hx_j+ky_j+lz_j)+i\sin2\pi(hx_j+ky_j+lz_j)] \tag{2-61}$$

因衍射强度 I_{hkl} 正比于振幅 $IF_{hkl}I$ 的平方，故一个晶胞的衍射波强度为

$$I_{hkl}=I_e|F_{hkl}|^2 \tag{2-62}$$

2.3.3　实际晶体结构因子计算

2.3.3.1　简单点阵

简单点阵每个晶胞只含一个原子，其坐标为（0,0,0），原子散射因子为 f，根据式（2-61）可得：

$$F_{hkl}=f[\cos2\pi(0)+i\sin2\pi(0)]=f$$

结果表明，对简单点阵无论 hkl 取什么值，$|F_{hkl}|^2$ 都等于 f^2，故所有晶面都能产生衍射。

2.3.3.2　体心立方点阵

体心立方点阵的每个晶胞中有两个原子，其坐标为（0,0,0），（$\frac{1}{2}$，$\frac{1}{2}$，$\frac{1}{2}$），原子散射因子为 f，其结构因子为

$$\begin{aligned}F_{hkl}&=f\left[\cos2\pi(0)+\cos2\pi\left(\frac{h}{2}+\frac{k}{2}+\frac{l}{2}\right)\right]+f\left[i\sin2\pi(0)+i\sin2\pi\left(\frac{h}{2}+\frac{k}{2}+\frac{l}{2}\right)\right]\\&=f[1+\cos(h+k+l)\pi]\end{aligned}$$

① 当 $h+k+l$=偶数时，$|F_{hkl}|^2=4f^2$；

② 当 $h+k+l$=奇数时，$|F_{hkl}|^2=0$。

即体心立方点阵只能在 $h+k+l$=偶数的晶面上产生衍射。

2.3.3.3　面心立方点阵

面心立方点阵的每个晶胞含有四个同类原子，其坐标是（0,0,0），（$\frac{1}{2}$，$\frac{1}{2}$，0），（$\frac{1}{2}$，0，$\frac{1}{2}$），（0，$\frac{1}{2}$，$\frac{1}{2}$），原子散射因子为 f，其结构因子为

$$\begin{aligned}F_{hkl}&=f\left[\cos2\pi(0)+\cos2\pi\left(\frac{h+k}{2}\right)+\cos2\pi\left(\frac{k+l}{2}\right)+\cos2\pi\left(\frac{h+l}{2}\right)\right]+\\&\quad f\left[i\sin2\pi(0)+i\sin2\pi\left(\frac{h+k}{2}\right)+i\sin2\pi\left(\frac{k+l}{2}\right)+i\sin2\pi\left(\frac{h+l}{2}\right)\right]\\&=f\left[1+\cos2\pi\left(\frac{h+k}{2}\right)+\cos2\pi\left(\frac{k+l}{2}\right)+\cos2\pi\left(\frac{h+l}{2}\right)\right]\end{aligned}$$

① 当 h、k、l 同为奇数或偶数时，$|F_{hkl}|^2=16f^2$；

② 当 h、k、l 奇偶混杂时，$|F_{hkl}|^2=0$。

即面心立方点阵只能在（111）、（200）、（220）、（311）、（400）、…这些同奇同偶的晶面产生衍射。

2.3.3.4　$AuCu_3$ 无序-有序固溶体

很多合金在一定的热处理条件下，可以发生无序→有序转变。例如，$AuCu_3$ 在 395℃左

右的临界温度以上就是完全无序的面心立方点阵，在每一个结点上发现 Au 原子和 Cu 原子的概率分别为 0.25 和 0.75，这个平均原子的原子散射因子 $f=0.25f_{Au}+0.75f_{Cu}$。在 395℃以下，快冷将保留无序态；若经较长时间保温后缓冷，便是有序态。当处于无序态时，Au、Cu 原子随机占据晶胞顶角或面心位置，每一位置可认为是平均原子占据，属面心立方结构，因此遵循面心立方点阵的消光规律，即衍射只发生在全奇或全偶指数的晶面上。而在处于完全有序态时，Au 原子占据（0，0，0）位置，而 Cu 原子占据（$\frac{1}{2}$，$\frac{1}{2}$，0），（$\frac{1}{2}$，0，$\frac{1}{2}$），（0，$\frac{1}{2}$，$\frac{1}{2}$）位置，其结构因子为

$$F_{hkl}=f_{Au}+f_{Cu}\left[\cos 2\pi\left(\frac{h+k}{2}\right)+\cos 2\pi\left(\frac{k+l}{2}\right)+\cos 2\pi\left(\frac{h+l}{2}\right)\right]$$

① 当 h、k、l 同为奇数或同为偶数时，$|F_{hkl}|^2=(f_{Au}+3f_{Cu})^2$；

② 当 h、k、l 奇偶混杂时，$|F_{hkl}|^2=(f_{Au}-f_{Cu})^2$。

计算表明，有序-无序转变造成原子位置变化，导致结构因子计算结果显著差异。有序化使无序固溶体因消光而失去的衍射线重新出现，这些线条称为超点阵线条，它的出现是固溶体有序化的证据。当固溶体处于完全有序状态时，超点阵线条的强度最强，在完全无序的状态下，超点阵线条消失。根据超点阵线条的强度，可以测定合金的有序度。

从以上的几种情况分析和具体计算可知，在满足布拉格方程的方向上，若要产生可以记录到的衍射线，还必须同时满足 $|F_{hkl}|^2\neq 0$。

2.3.4 粉末多晶 X 射线衍射的积分强度

粉末照相法衍射线的强度与偏振因子、结构因子、洛伦兹因子、多重性因子、吸收因子和温度因子有关，其中偏振因子和结构因子已经讨论。

2.3.4.1 参加衍射的晶粒数目对积分强度的影响

由于多晶试样内各晶粒取向不定，各晶粒中具有相同晶面指数的（hkl）晶面的倒易矢量端点的集合将布满一个倒易球面。不同的晶面指数的倒易矢量的大小是不同的，因而构成了直径不同的倒易球，这一系列直径不同的球与反射球相交，就形成了以入射线为公共轴线，以反射球心为公共顶点的衍射圆锥，它们都是从倒易球心指向这些交线圆的方向，形成满足布拉格条件的反射晶面的法线圆锥。

如前所述，实际发生衍射时，除了与入射线呈严格的布拉格角的晶面外，略偏离一个小角度 $\Delta\theta$ 的晶面也可以参加衍射。因此实际参加衍射的晶面的法线圆锥是在倒易球面上具有一定宽度的环带。只要晶面法线指向这个环带的晶粒都能参加衍射，而晶面法线指向环带外面的晶粒则不能参加衍射。因此粉末晶体中参加衍射的晶粒数的百分数可用圆环面积与倒易球的表面积之比表示。参加衍射晶粒百分数为

$$\frac{2\pi r^{*}\sin(90^{\circ}-\theta)r^{*}\Delta\theta}{4\pi r(r^{*})^{2}}=\frac{\cos\theta}{2r}\Delta\theta \tag{2-63}$$

式中　r^{*}——倒易球半径。

2.3.4.2 多重性因子

在晶体中有许多等同晶面，它们的晶面指数类似，晶面间距相等，晶面上原子排列相

同。由布拉格方程知它们具有相同的 2θ，其衍射线构成同一衍射圆锥的母线。

通常将同一晶面族中等同晶面的组数 P 称为衍射强度的多重性因子。当其他条件完全相同的情况下，多重性因子越大，则参与衍射的晶粒数越多，即每一晶粒参与衍射的概率越大。

2.3.4.3 单位弧长上的积分强度

在多晶衍射分析中，数量极大、取向任意的晶粒中晶面指数相同的晶面的衍射线构成一个衍射圆锥。如果在埃瓦尔德图上，在与入射线垂直的位置放一张照相底片，则在底片上记录的衍射花样为强度均匀分布的衍射圆环。经积分计算后，多晶衍射圆环的总积分强度为

$$I_{环}=I_0\times\frac{e^4}{m^2c^4}\times\frac{\lambda^3 v}{V_0^2}\times\frac{1+\cos^2 2\theta}{8\sin\theta}\times F_{hkl}^2 P$$

式中　V——被 X 射线照射试样体积。

在实际测量时，并不测量整个衍射圆环的总积分强度，而是测量单位弧长上的积分强度。

由图 2-23 可以看出，若衍射圆环至试样距离为 R，则衍射圆环的半径为 $R\sin2\theta$，周长为 $2\pi R\sin2\theta$，因此单位弧长的积分强度应为

$$I_{单位}=\frac{I_{环}}{2\pi R\sin2\theta}=I_0\,\frac{\lambda^3}{32\pi R}\times\frac{e^4}{m^2c^4}\times\frac{V}{V_0^2}\times PF_{hkl}^2\times\frac{1+\cos^2 2\theta}{\sin^2\theta\cos\theta}\tag{2-64}$$

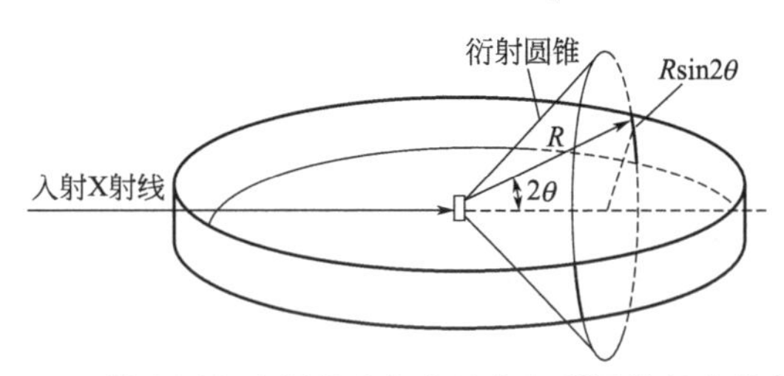

图 2-23　粉末照相法圆柱窄条底片与衍射圆锥的交截花样

式(2-64) 中的$\frac{1+\cos^2 2\theta}{\sin^2\theta\cos\theta}$被称为角因子。它由两部分组成：$\frac{1+\cos^2 2\theta}{2}$是研究电子散射强度时引入的偏振因子；而$\frac{1}{\sin^2\theta\cos\theta}$是晶体尺寸、参加衍射晶粒个数对衍射强度的影响以及计算单位弧长上的积分强度时引入的三个与 θ 有关的参数。

把这些因子归并在一起称为洛伦兹因子，即

$$洛伦兹因子=\frac{1}{\sin2\theta}\times\cos\theta\times\frac{1}{\sin2\theta}=\frac{1}{4\sin^2\theta\cos\theta}$$

2.3.4.4 温度因子

晶体中的原子（或离子）只要不是在绝对零度都始终会围绕其平衡位置振动，其振动的幅度，随温度升高而加大。由于这个振幅与原子间距相比不可忽略，所以原子的热振动使晶体点阵原子排列的周期性受到破坏，这使原来严格满足布拉格条件的相干散射产生附加的周相差，从而使衍射强度减弱。

例如，在室温下，铝原子偏离平衡位置可达 0.017nm，这一数值相当于原子间距的 6%。为了能更准确地表达衍射强度的大小，就要考虑实验温度对衍射强度的影响，并在积

分强度公式中乘以温度因子 e^{-2M}。

温度因子是由德拜提出后经瓦洛校正，故称德拜因子或德拜-瓦洛因子，其物理意义是，一个在温度 T 下热振动的原子的散射因子（散射振幅）等于该原子在绝对零度下散射因子的 e^{-2M} 倍。

2.3.4.5 吸收因子

前面讨论的衍射强度公式中，没有考虑到试样本身对 X 射线的吸收。实际由于试样的形状、密度不同，造成衍射线在试样中穿行路径的差异和衰减程度不同，使衍射强度的实测值与计算值不符，为了减小吸收所带来的影响，需要在衍射强度公式中乘以吸收因子 $A(\theta)$。

使用平板试样做衍射实验，通常是使入射线与衍射线位于平板试样同一侧，且与板面呈相等的夹角，称为对称布拉格配置（衍射仪的几何关系就大多如此）。此时吸收因子 $A(\theta)=\dfrac{1}{2\mu_1}$。

2.3.5 多晶体衍射的积分强度公式

综合前面各节所述，将多晶体衍射的积分强度公式总结如下：若以波长为 λ、强度为 I 的 X 射线，照射到单位晶胞体积为 $V_{胞}$ 的多晶（粉末）试样上，被照射晶体的体积为 V，在与入射线方向夹角为 2θ 的方向上产生了指数为（hkl）晶面衍射，则在距离试样 R 处记录到的单位长度上衍射线的积分强度公式为

$$I=I_0\frac{\lambda}{32\pi R}\times\left(\frac{e^2}{mc^2}\right)^2\times\frac{V}{V_{胞}}\times P\times|F_{hkl}|^2\times\frac{1+\cos^2 2\theta}{\sin^2\theta\cos\theta}\times A(\theta)\times e^{-2M} \tag{2-65}$$

式中　P——多重性因子；

F_{hkl}——结构因子（包括原子散射因子）；

$\dfrac{1+\cos^2 2\theta}{\sin^2\theta\cos\theta}$——角因子（包括偏振因子及洛伦兹因子）；

$A(\theta)$——吸收因子；

e^{-2M}——温度因子。

式(2-65) 表述了在透过试样时各种因素对入射束强度的影响，是绝对积分强度。在实际晶体衍射分析时无需测量 I_0 值，通常只需考虑强度的相对值。对同一衍射花样中的同一物相的各衍射线进行相互比较时，可以看出 $I_0\dfrac{\lambda}{32\pi R}\left(\dfrac{e^2}{mc^2}\right)^2\dfrac{V}{V_{胞}}$是相同的，所以它们的相对积分强度为

$$I_{相对}=P|F_{hkl}|^2\times\frac{1+\cos^2 2\theta}{\sin^2\theta\cos\theta}\times A(\theta)\times e^{-2M} \tag{2-66}$$

如果比较的是同一衍射花样中不同物相的衍射线，则还要考虑各物相的被照射体积和它们的单胞体积。

习　题

1. α-Fe 属于立方晶系，点阵参数 $a=0.2866$nm，试画出晶带 [$\bar{1}01$]、[120] 中晶面 ($\bar{1}01$)、(120)，并计算两个晶面的 d 值。

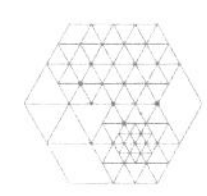

2. 判断下列哪些晶面属于晶带轴为 $[\bar{1}11]$ 的晶带。

$(\bar{1}\bar{1}0)$　$(\bar{2}\bar{3}1)$　(231)　(211)　$(\bar{1}01)$　$(1\bar{3}3)$　$(1\bar{1}3)$　$(1\bar{3}2)$　$(0\bar{1}1)$　(212)

3. 计算 $(\bar{2}10)(100)$ 的晶带轴指数。

4. 简要叙述正点阵与倒易点阵之间的关系。

5. X射线在晶体中产生衍射，需要满足的充分必要条件是什么？

6. 简述如何用X射线衍射法区分面心立方结构和体心立方结构，给出具体依据。

第3章 X射线的分析方法

自1895年德国物理学家伦琴发现X射线并因此获得1901年首届诺贝尔物理学奖以来，众多学者在探索X射线的性质、应用等方面进行了诸多创新性研究，先后有近三十位物理学家、晶体学家、化学家、分子生物学家等获得了物理、化学、生理学等领域的诺贝尔奖，开发出了多种利用X射线研究材料微观结构的分析方法。比如，多晶X射线衍射（XRD）分析方法，主要用于研究多晶材料的微观结构，包括物相定性定量分析、点阵常数的精密化计算、晶粒尺寸和微观应变等；单晶X射线衍射分析方法的研究对象为单晶体材料，主要用于精确解析材料的晶体结构；X射线荧光光谱（XRF）分析方法，主要用于材料元素的定性定量分析；随着同步辐射发展起来的X射线吸收精细结构（XAFS）分析方法是研究材料局域原子结构和电子结构的一种重要方法。另外X射线小角散射（SAXS）分析方法是研究材料亚微观内部结构的重要方法。

目前，X射线分析技术作为一种现代物理分析技术，可以帮助人类认识和了解微观世界物质存在的形式与状态，在解析材料结构与性能的关系研究中发挥着越来越重要的作用。本章着重讲述多晶X射线衍射分析方法，简单介绍单晶X射线衍射分析方法、X射线荧光光谱分析方法和X射线吸收精细结构分析方法。

3.1 多晶X射线衍射分析方法

工程材料多数情况下是在多晶状态下使用的，故多晶X射线衍射分析方法对材料的研究有很大的实用价值。多晶X射线衍射分析方法的研究对象为由数目极多的微小晶粒组成的粉末或多晶材料。粉末或多晶材料中的小晶粒的取向随机分布于空间中的各个方向，即当一束X射线从任意方向照射粉末材料（或多晶材料）时，总会有足够多的晶面（hkl）满足布拉格方程，在与入射线呈2θ角的方向上产生衍射，这是一切多晶X射线衍射的基础。由上一章的埃瓦尔德图解法可知，在使用X射线照射多晶或者粉末试样时，就可以获得一系

列衍射圆锥，将衍射圆锥的信息记录下来就可以获得对应的晶体信息。根据衍射线记录方法的不同，可以把多晶 X 射线衍射分析方法分为粉末照相法（德拜法）和衍射仪法。

粉末照相法（德拜法）使用照片记录衍射线，是早期研究晶体结构的衍射方法。衍射仪法是在粉末照相法的基础上，以布拉格实验装置为原型，融合了现代机械与电子计算机技术等多方面的成果，使用探测器（计数器）记录衍射线信息。衍射仪法以其方便、快捷、准确和可以自动进行数据处理等特点在许多领域中取代了粉末照相法，现在已成为晶体材料结构分析等工作的主要方法。本节将主要介绍这一方法，并简略介绍粉末照相法。

3.1.1 粉末照相法

3.1.1.1 德拜相机的构造

图 3-1 给出了德拜相机的结构示意图。德拜相机由圆筒形外壳、试样架和光阑等部分构成。照相底片紧贴在圆筒外壳的内壁，相机的半径等于底片的曲率半径。因此，相机的内壁需要加工得非常光滑，其曲率半径要非常准确，否则会给衍射花样的测量和计算带来误差。

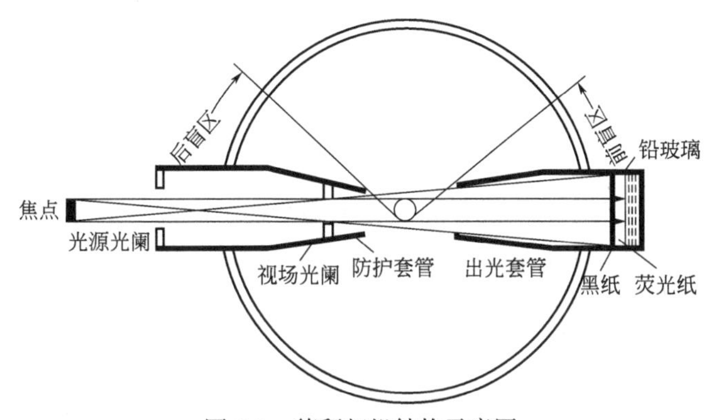

图 3-1 德拜相机结构示意图

德拜相机的直径一般为 57.3mm 或 114.6mm。其优点在于，当相机直径为 57.3mm 时，其周长为 180mm，因为圆心角为 360°，所以底片上每 1mm 的长度对应 2°的圆心角。同样，当直径为 114.6mm 时，其周长为 360mm，所以底片上每 1mm 的长度对应 1°的圆心角。这样的相机直径可简化衍射花样的计算。

德拜相机照相时，试样在不停地旋转，其目的是尽量使晶粒在空间各个方向出现的概率相等，从而得到连续的德拜环。一个未处于旋转中心的试样，转动时就会晃动，会使德拜线变宽甚至产生位移。所以，德拜相机中要有试样对中机构。

光阑的主要作用是限制入射线的不平行度以及固定入射线的尺寸和位置。德拜相机通常有两个光阑：光源光阑和视场光阑。这两个光阑一般呈圆形，直径有 0.5mm 和 1mm 两种。光源光阑的作用是遮去一部分由焦点发出的 X 射线，这时，入射线可以看成是由光阑发出的，可以把光源光阑看成是真正的光源。视场光阑的作用是限制试样的照射范围。

3.1.1.2 粉末照相法原理

图 3-2 为粉末照相法示意图，粉末照相法的光源为单色特征 X 射线，入射线通过光阑系统照射到试样上。粉末照相法的试样为直径 0.3～0.6mm 的细丝，由多晶材料或晶体粉末

制成。试样的晶粒不能过于粗大，一般要小于 50μm。粉末照相法照相时，底片成带状，围绕试样放置；所记录的衍射线近似于一些圆弧，称为德拜环。

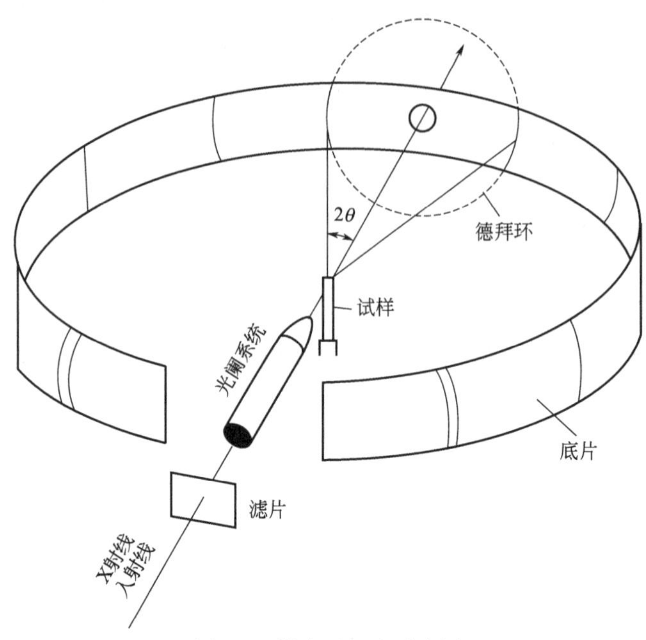

图 3-2 粉末照相法示意图

德拜环就是衍射锥与底片的交线，用埃瓦尔德图解可以说明德拜环的形成，详细原理参考上一章内容。在德拜照片上，德拜线是两两成对的弧线，每一对德拜线属于同一个德拜环。照片上方的数字为德拜环衍射指数。如图 3-3 所示。

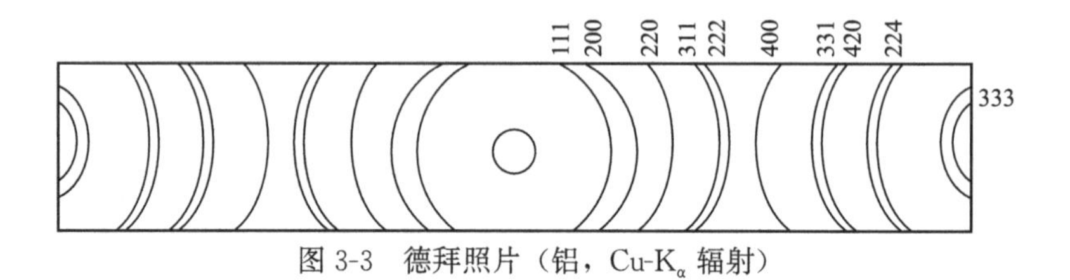

图 3-3 德拜照片（铝，Cu-K_{α} 辐射）

粉末照相法所用的特征 X 射线的波长范围为 0.5～3Å。波长太长时，X 射线很容易被 X 射线管和空气吸收；而波长太短时，德拜环过于密集，难以分辨。同时，应避免选用的 X 射线被试样严重吸收，因为试样的吸收意味着衍射线的减弱和 X 射线荧光的增强，使德拜线与背底的强度比下降。

德拜照片上线条的密集程度取决于晶体的点阵类型、点阵参数和辐射波长。在 14 种点阵中，晶胞对称性越高，线条越少。例如，立方晶系的（100）、（010）和（001）晶面面间距相等，其衍射线构成一条德拜线；正方晶系由于点阵参数 $a=b\neq c$，结果只有（100）和（010）晶面的面间距相等，而（001）晶面面间距则有所不同，于是形成两条德拜线；正交晶系则有（100）、（010）和（001）三条德拜线。对于点阵参数大的晶体，其德拜线会向小 θ 角密集。此外，德拜线的疏密程度，可以通过辐射波长的选择来加以调整。选用长波辐射，可以使德拜线稀疏；而选用短波辐射则可以使德拜线密集。

3.1.2 多晶 X 射线衍射仪法

3.1.2.1 多晶 X 射线衍射仪的构造

多晶 X 射线衍射仪（X-ray diffraction，简称 XRD）也称为粉末衍射仪，主要由 4 部分构成：X 射线发生器——产生 X 射线的装置；测角仪——测量角度 θ 和 2θ 的装置；X 射线探测器——测量 X 射线强度的计数装置；X 射线系统控制装置——运行软件的计算机系统和各种电气系统、保护系统；另外，还有辅助设备正常运行的循环水冷却系统。其核心部件实物图和结构示意图如图 3-4 所示。

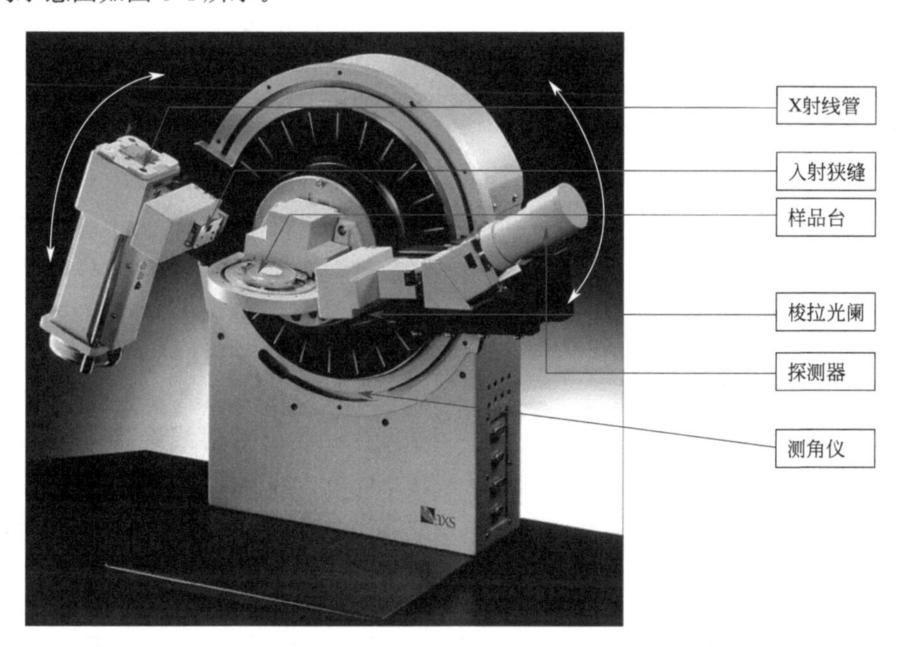

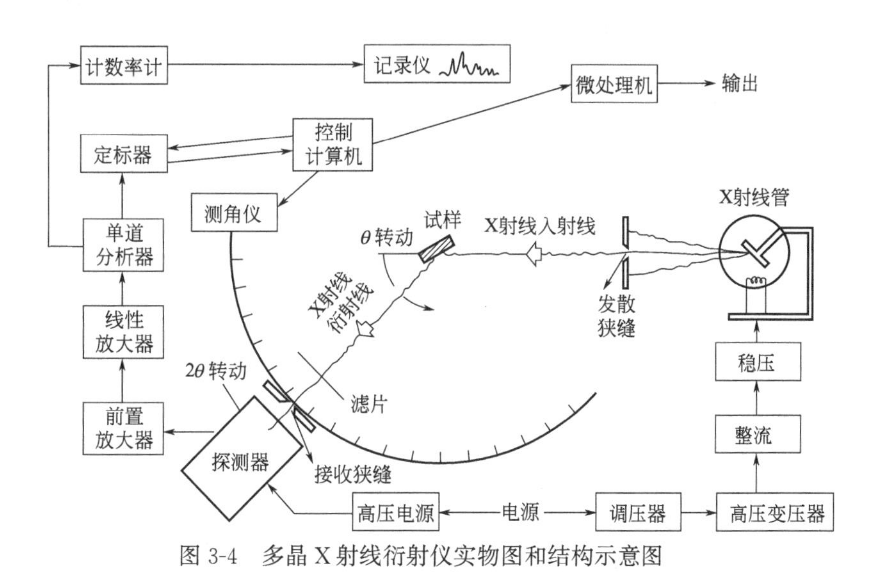

图 3-4　多晶 X 射线衍射仪实物图和结构示意图

(1) X 射线发生器

多晶 X 射线衍射仪的光源为单色特征 X 射线（波长固定的 X 射线）。X 射线发生器就是用来产生单色特征X射线的装置，它主要由X射线管和高压发生器组成，分为密封式和转靶式两种。密封式最大功率通常为3kW，转靶式最大功率可以达到18kW。前面章节有详细讲述，在此不再赘述。

需要注意的是，X射线管消耗的功率只有很小部分转化为X射线的功率，99%以上都转化为热量而消耗掉，因此X射线管工作时必须用水流从靶面后面冷却，所谓转靶就是为了获得高强度的X射线必须加大电压和电流，为了避免阳极靶面熔化而毁坏，阳极靶材以很高的转速（2 000～10 000 r/min）转动，这样，受电子束轰击的焦点不断地改变自己的位置，使其有充分的时间散发热量。

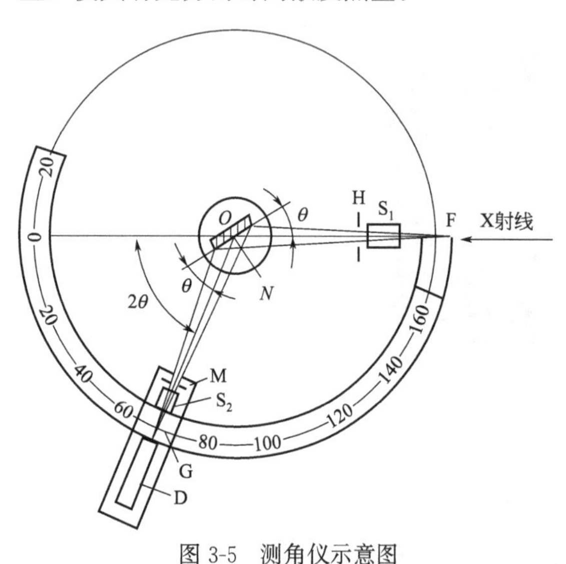

图 3-5 测角仪示意图

（2）测角仪

测角仪是衍射仪最精密的机械部件，是X射线衍射仪测量中最核心的部分，用来精确测量衍射角。测角仪相当于粉末照相法中的相机，其结构见图3-5。

样品台位于测角仪的中心，可以绕中心轴旋转，在样品台上装好试样后要求试样表面严格地与侧角仪中心轴重合，误差小于0.1mm。入射X射线从X射线管焦点F发出，经入射光阑系统 S_1、H投射到试样表面产生衍射。衍射线经接收光阑系统M、S_2、G进入计数器D。X射线管焦点F和接收光阑G位于同一圆上，这个圆称为测角仪（或衍射仪）圆，半径为 R，对某一衍射仪来说，R 为常数。把该圆所在的平面称为测角仪平面。样品台和计数器（探测器）分别固定在两个同轴的圆盘上，由两个步进电机驱动。在测量时，光源不动，试样绕测角仪中心轴转动，不断地改变入射X射线与试样表面的夹角 θ，计数器（探测器）沿测角仪圆运动，接收各衍射角 2θ 所对应的衍射强度。根据需要，θ 角和 2θ 角可以单独驱动，也可以机械联动。θ 和 2θ 角以1∶2的角速度机械联动时常称为 θ-2θ 联动。需要注意的是，根据测角仪结构不同，有两种运动方式：θ-2θ 联动扫描是光源固定不动，样品和探测器按1∶2的角速度转动；θ-θ 联动扫描则是样品表面保持水平不动，光源和探测器相对于样品做等速相向运动。在进行测试工作时，探测器沿着测角仪圆移动，逐一扫描整个衍射花样；扫描速率可在很大范围内调节。测角仪的扫描范围：正向可达165°，负向可达−100°。角测量的绝对精度可达0.01°，重复精度可达0.001°。

测角仪的衍射几何是按照Bragg-Brenton聚焦原理设计的，即衍射几何既要满足布拉格方程的反射条件，又要满足衍射线的聚焦条件。X射线管的焦点F（光源）、计数器的接收狭缝G和试样表面位于同一个聚焦圆上，如图3-6(a)所示。在测量过程中，随着入射角 θ 的变化，聚焦圆的半径是一直变化的，聚焦圆的半径 r 随 θ 角的增大而减小，其定量关系为

$$r=R/2\sin\theta \tag{3-1}$$

式中，R 为测角仪圆半径。

在理想情况下，试样应是弯曲的，且曲率与聚焦圆相同。那么对于粉末多晶体试样，任

何方位上总会有一些晶面满足布拉格方程而产生反射，而且反射方向是四面八方的，但是只有那些平行于试样表面的晶面（hkl）满足“入射角=反射角=θ”的条件，此时反射线夹角为$\pi-2\theta$，$\pi-2\theta$正好为聚焦圆的圆周角，由平面几何可知，位于同一圆弧上的圆周角相等，所以，试样不同位置处，只要是平行于试样表面的晶面，就可以把各自的反射线汇聚到G点，这样就达到了聚焦的目的。因此，可以使由F点发出的发散束经试样衍射后的衍射束在G点聚焦。但实际上只有O点在聚焦圆上，因此，衍射线并非严格地聚焦在G点上，而是分散在一定的宽度范围内，只要宽度不大，在应用中是可行的。

按聚焦条件的要求，试样表面应永远保持与聚焦圆有相同的曲面。但由于聚焦圆曲率半径在测量过程中不断变化，而试样表面却无法实现这一点，因此只作近似处理，采用平板试样；使试样表面始终保持与聚焦圆相切，即聚焦圆圆心永远位于试样表面的法线上。为了做到这一点，必须让试样表面与计数器（探测器）同时绕测角仪中心轴向同一方向转动，并保持1∶2的角速度关系，即当试样表面与入射线成θ角时，计数器（探测器）正好处在2θ角的方位，如图3-6(a)所示。由此可见，粉末多晶衍射仪所探测的始终是与试样表面平行的衍射面，如图3-7所示。在某个θ角度下，不与试样表面平行的晶面也可能满足布拉格方程，发生衍射现象，但是由于反射线不在聚焦圆上，不能被探测器接收，如图3-6(b)所示。

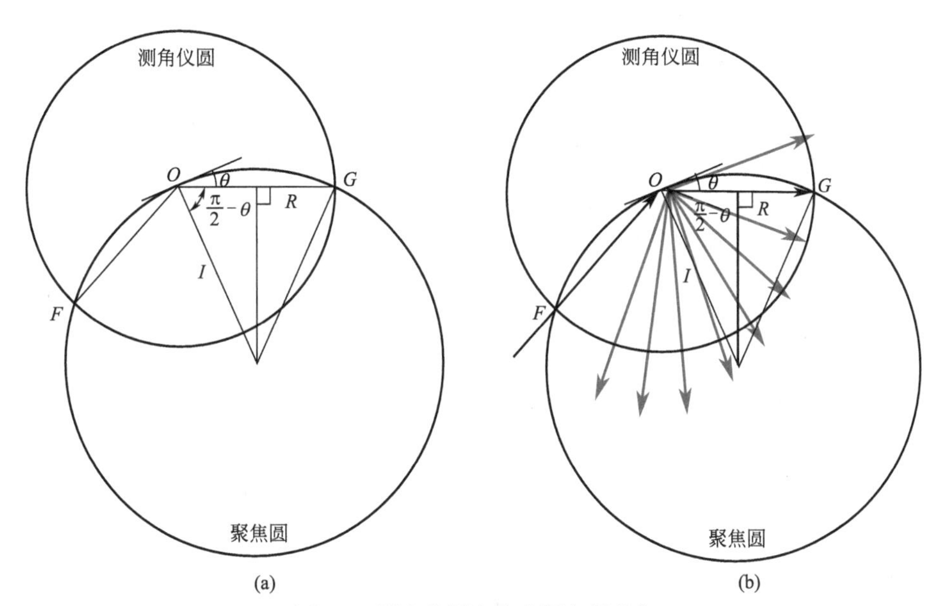

图3-6　测角仪圆和聚焦圆衍射几何

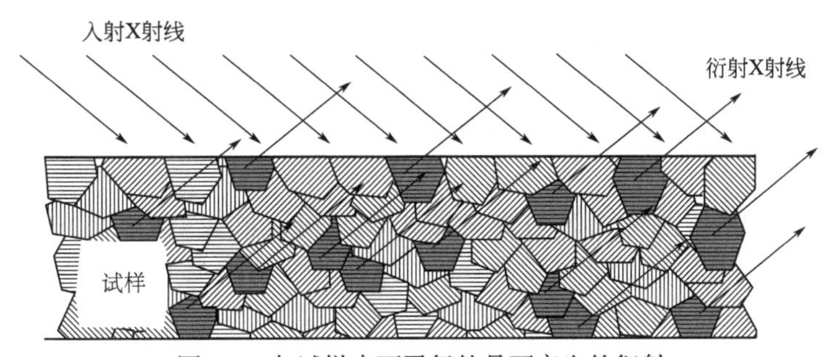

图3-7　与试样表面平行的晶面产生的衍射

（3）狭缝系统

测角仪光路上配有一套狭缝系统，由狭缝光阑和梭拉（soller）光阑组成，见图 3-8。

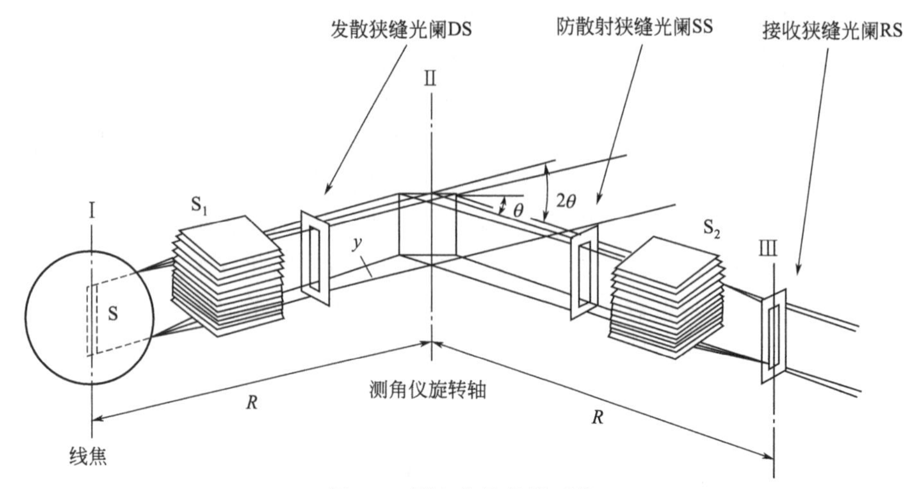

图 3-8　测角仪的狭缝系统

梭拉光阑由 S_1 和 S_2 两个光阑构成。梭拉光阑由一组互相平行、间隔很密的重金属（Ta 或 Mo）薄片组成，用来限制 X 射线在测角仪轴向的发散，使 X 射线束可以近似地看作仅在扫描圆平面上发散的发散束。这两个光阑分别设在射线源与试样和试样与探测器之间。安装时要使薄片与测角仪平面平行，这样可将垂直测角仪平面方向的 X 射线发散度控制在 2°左右。因此，轴向发散引起的衍射角测量误差较小，峰形畸变也较小，可以获得较佳的峰形和衍射角分辨率。梭拉光阑对每台设备来说是固定不变的。

发散狭缝光阑 DS 的作用是控制入射线发散角度，即决定了入射线的强度和照射在试样上的面积。发散狭缝光阑 DS 有 1/30°、1/12°、1/6°、1/4°、1/2°、1°、4°可供选择。对发散狭缝光阑 DS 的选择应以入射线的照射面积不超出试样的工作表面为原则。因为在发散狭缝光阑尺寸不变的情况下，2θ 角越小，入射线在试样表面的照射面积越大，所以发散狭缝光阑的宽度应以测量范围内 2θ 角最小的衍射线为依据来选择。

防散射狭缝光阑 SS 的作用是挡住衍射线以外的寄生散射（如各狭缝光阑边缘的散射、光路上其他金属附件的散射）进入探测器，有助于降低背景。它的宽度一般选择与发散狭缝光阑 DS 相同的宽度。

接收狭缝光阑 RS 是用来控制衍射线进入计数器的能量的。接收狭缝光阑 RS 对衍射线峰高度、峰-背景比以及峰的积分宽度都有明显的影响。接收狭缝光阑有 0.05mm、0.1mm、0.2mm、0.3mm、0.4mm、2.0mm 等尺寸可选择。当接收狭缝光阑 RS 加大时，可以增加衍射线的强度，但也增加了背底强度，降低了峰-背景比，所以，接收狭缝光阑要根据衍射工作的具体目的来选择。如果主要是为了提高分辨率，则应选择较小的接收狭缝光阑；如果主要是为了测量衍射强度，则应适当加大接收狭缝光阑。

（4）滤波系统

由 X 射线管产生的 K 系特征 X 射线主要由 K_α 和 K_β 谱线组成，K_α 又由 $K_{\alpha1}$ 和 $K_{\alpha2}$ 谱线组成。$K_{\alpha1}$ 和 $K_{\alpha2}$ 谱线的波长非常接近，$K_{\alpha1}$ 谱线的强度约是 $K_{\alpha2}$ 的 2 倍，K_α 与 K_β 谱线的强度比由原子序数决定，其平均值约为 5∶1。

当 K_α 与 K_β 波的射线都参与衍射时，会得到非常复杂的衍射信息。为了获得单一波长的衍射信息，通常采用插入滤波片或者加装单色器的方法来去除 K_β 辐射。滤波片和单色器一般设置在试样与接收狭缝之间。对滤波片材料的选择就要利用 K 吸收限的特性。如果我们选择这样一种物质做滤波片，它的 K 吸收限刚好位于入射 X 射线 K_α 与 K_β 线波长之间，K_β 线就能被强烈吸收，而获得近乎单色的 K_α 辐射。选择滤波片的原则是，滤波片材料的原子序数应比阳极靶材原子序数小 1 或 2，应该指出，选择阳极和滤波片必须同时兼顾。应先根据试样选择阳极，再根据阳极选择滤波片，而不能孤立地选择哪一方。例如，拍摄钢铁材料，可选用 Cr 或 Co 靶，与此对应，必须选择 V、Mn 及 Fe 滤波片等。对于不同靶材常采用的滤波片见表 3-1。

表 3-1　几种常用阳极靶材采用的滤波片

阳极靶材				滤波片				
靶材	原子序数	K_α/Å	K_β/Å	材料	原子序数	λ_K/Å	厚度/mm	$I/I_0(K_\alpha)$
Cr	24	2.2909	2.08480	V	23	2.2690	0.016	0.50
Fe	26	1.9373	1.75653	Mn	25	1.8964	0.016	0.46
Co	27	1.7902	1.62075	Fe	26	1.7429	0.018	0.44
Ni	28	1.6591	1.50010	Co	27	1.6072	0.013	0.53
Cu	29	1.5418	1.39217	Ni	28	1.4869	0.021	0.40
Mo	42	0.7107	0.63225	Zr	40	0.6888	0.180	0.31
Ag	47	0.5609	0.49701	Rh	45	0.5338	0.079	0.29

注：滤波后 K_β 与 K_α 强度比为 1∶600。
1Å=0.1nm。

（5）X 射线探测器

探测器是用来记录衍射谱图的。探测器的主要功能是将 X 射线光子的能量转换成电脉冲信号。最初的探测器是盖革计数器，但它的时间分辨率不高，计数的线性范围不大。后来，正比计数器和闪烁体探测器（计数器）取代了盖革计数器，成为应用最广泛的探测器。随着技术的发展，近几十年又发展出固体探测器和阵列探测器等新型探测器。

① 正比计数器。图 3-9 为正比计数器的结构示意图。它是由一个充满惰性气体的圆筒形金属套管（阴极）和一根与圆筒同轴的细金属丝（阳极）构成的。圆筒的一端用一层对 X 射线透明的材料（云母或玻片）封住，作为计数器的窗口。阴阳极之间加上 600～900V 的电压。

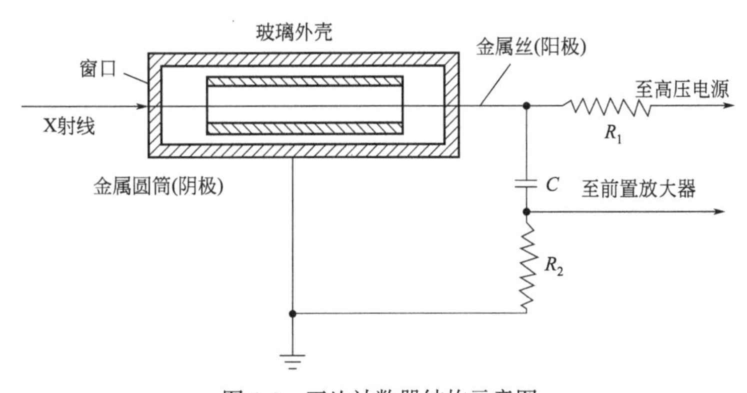

图 3-9　正比计数器结构示意图

X射线光子能使气态原子电离，所产生的电子在电场的作用下向阳极做加速运动。由于电场很强，电离的电子可获得足以使其他中性气态原子继续电离的动能，新产生的电子又可引起更多的气态原子电离，于是出现了电离过程的连锁反应，形成“电子雪崩”。在极短时间内，产生的大量电子会涌向阳极金属丝，从而出现一个可以测量到的电流脉冲。如果一个X射线光子能使 n 个原子电离，在一定电压下，其脉冲的大小与每个X射线光子所形成的初次电离原子数 n 成正比，即与光子能量成正比。正比计数器所给出的脉冲大小和它所吸收的X射线光子能量成正比，故用作衍射线强度测定，而且可与脉冲高度分析器联用。正比计数器反应极快，由于“雪崩”仅发生在局部区域内，因此对两个连续到来的脉冲的分辨时间只需 10^{-6}s。此外，它的性能稳定，能量分辨率高，背底脉冲极低，光子计数率很高，在理想情况下可认为没有计数损失。但对温度较敏感，因此正比计数器需高度稳定的电压。

② 闪烁体探测器。闪烁体探测器（计数器）是各种晶体X射线衍射仪上通用性最好的探测器。它的主要优点是：对于晶体X射线衍射工作使用的各种X射线波长，均具有很高的效率；稳定性好，使用寿命长；具有很短的分辨时间（10^{-8}s级）。

闪烁体探测器（计数器）的主要结构示意图如图3-10所示。它由闪烁晶体、光电倍增管及其他辅助部件组成，并一起置于密封套子内，以防可见光进入。闪烁晶体常用0.5%的Ti激活的NaI晶体，它的作用是将入射的每束X射线光转换成突发的可见光子群。光电倍增管的作用是将这些光子转换成光电子并经过联极倍增而形成一个电脉冲，测定脉冲数目，就可得到衍射线的强度。光电倍增管中通常有十个以上的联极，一个电子可倍增到 10^6～10^7 个电子，于是在不到一微秒内就能产生一个很大的电流脉冲。闪烁体探测器反应快，其分辨时间可达 10^{-8}s数量级，当计数率在 10^5 次/秒以下时，不至于有计数损失。闪烁体探测器输出的脉冲像正比计数器一样，其大小与所吸收的光子能量成正比，但其正比性远不及正比计数器那样界线分明。其不足之处是，背底脉冲过高，即使在没有X射线光子射进探测器内时，也会产生“无照电流”的脉冲，其来源为光敏阴极因热离子发射而产生的电子。

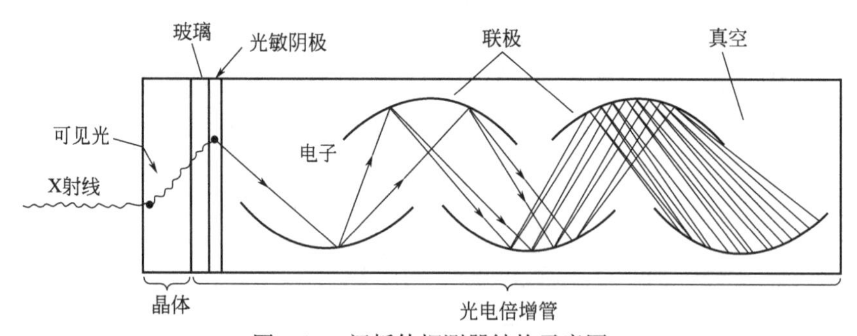

图3-10 闪烁体探测器结构示意图

③ 锂漂移硅半导体探测器。Si(Li)探测器（锂漂移硅半导体探测器）由锂向硅中漂移制作而成。当光子进入探测器后，在Si(Li)晶体内激发出一定数目的电子空穴对。产生一个电子空穴对的最低平均能量 ΔE 是一定的，因此由一个能量为 ΔE 的X射线光子造成的电子空穴对的数目 $N=\Delta E/\varepsilon$。入射X射线光子的能量越高，N 就越大。利用加在晶体两端的偏压收集电子空穴对，经过前置放大器转换成电流脉冲，电流脉冲的高度取决于 N 的大小。电流脉冲经过主放大器转换成电压脉冲进入多道脉冲高度分析器，脉冲高度分析器按高度把

脉冲分类计数，这样就可以输出一张X射线按能量大小分布的图谱。锂漂移硅半导体探测器的优点是分辨能力高，分析速度快，检测效率100%。

早期的Si(Li)探测器需在低温下（−90℃）工作，以避免Li的反向迁移，因此并未在衍射仪中广泛使用。然而，近年发展起来的硅漂移探测器（silicon drift detector，简称SDD）通过将场效应管（FET）和Peltier效应器件整合到一起，可在室温下或通过电制冷满足其制冷需求，因其优良的性能，在衍射仪中的应用日益增加。

④ 阵列探测器。一般的探测器也称为“点探测器”，即在任何时刻只能接收一个2θ角的衍射线。现代衍射仪通常配置一维或二维阵列探测器，在任何时刻可同时接收多个2θ角的衍射线，其探测强度相对于点探测器可提高100倍以上。如理学公司的D/Tex Ultra一维阵列探测器、布鲁克公司的万特探测器以及帕纳科公司的超能探测器。普通探测器需要测量一个小时的样品使用阵列探测器只需要几分钟就可以完成测量，极大地提高了工作效率。

3.1.2.2　X射线衍射谱图的测量方法

(1) 多晶衍射试样的制备方法

多晶X射线衍射仪的基本特点是所用的测量试样是由粉末（许多小晶粒）晶体聚集而成的。要求试样中所含小晶粒的数量很大。小晶粒的取向是完全混乱的，则在入射X射线束照射范围内找到任一取向的任一晶面（hkl）的概率可认为是相同的。这是一切多晶衍射的基础。使用聚焦衍射几何时，满足准聚焦几何的试样的表面应当平整紧密，表面应准确与测角仪轴相切，以准确位于聚焦圆上，如表面不平整，试样颗粒处于不同的平面上，那些不在聚焦圆上的试样颗粒产生的衍射线就不会落在聚焦点上，就会增加衍射峰宽度，降低分辨率。另外，试样最好有较大吸收率，若吸收率小，X射线的透入深度大，会在试样的深度方向产生衍射，也偏离了聚焦条件。

① 制备和应用块状试样时应注意以下几个方面。

a. 试样大小：块状试样一般都用带空心试样槽的铝试样架固定测量，块状试样只需要一个测量面，不同衍射仪使用的试样框大小略有不同，为获得最大衍射强度，试样大小应与试样框大小一致，至少不小于10mm×10mm。因为衍射强度与试样参与衍射的体积成正比；当厚度一定时，实际上与试样测量面的面积成正比。

b. 块状试样的平整度：测量面必须是平面，不得有弧度或凹凸不平的现象。因此，在条件允许的情况下，应该对试样的表面（X射线照射的面）进行研磨，研磨时先用粗砂纸粗磨，然后再用不低于320号的砂纸研磨。

需要注意的是，块状试样由于存在各向异性，因此，一般只适用于物相的鉴定，而不适用于物相定量分析。但残余应力测量、织构测量和薄膜测量则必须是块状试样。

② 粉末试样的制备。

X射线衍射的粉末试样要求有：a. 粒度均匀；b. 粒度在45μm左右；c. 试样用量一般不少于0.5g。为了获得粒度均匀，且粒度在45μm左右的颗粒，需要对试样进行研磨，并过325目左右的筛子。需要注意的是，小于10μm的材料会产生对X射线的微吸收，使衍射强度降低。如果颗粒太细，达到100nm以下，则会造成衍射峰宽化；相反，如果颗粒太粗，参与衍射的晶粒数目不够，也会降低衍射强度。

(2) 测量方式和参数的选择

衍射仪扫描方式有连续扫描和步进扫描两种。连续扫描适合于物质的预检，特别适用于物相鉴定；步进扫描对衍射花样局部或全局做非常慢的扫描，适合于精细区分衍射花样的细节，适用于定量分析、精确的晶面间距测定、晶粒尺寸和点阵畸变的研究等。

① 连续扫描：试样和探测器按 1∶2 的角速度比均以固定速度转动（θ-2θ 联动测角仪）。在转动过程中，探测器连续测量 X 射线的散射强度，各晶面的衍射线依次被接收。现代衍射仪均采用步进电机来驱动测角仪转动，因此实际上转动并不是严格连续的，而是一步步地步进式转动的。每一步转过的角度称为步长，连续扫描方式和步进扫描方式都要适当选择采集数据的“步长”。定性分析时步长一般选择 0.02°，精确测定衍射峰形时步长可以设置为 0.005°～0.01°。探测器及测量系统是连续工作的。连续扫描的优点是工作效率高。例如：扫描速度为 8°/min、扫描范围为 10°～90°的衍射图 10min 即可完成，而且也有不错的分辨率和精确度，对大量的日常工作（一般是物相鉴定工作）是非常合适的。

② 步进扫描：试样每转动一定的 $\Delta\theta$ 角就停止，测量记录系统开始工作，测量一段固定时间内的总计数（或计数率），并将此总计数与此时的 2θ 角记录下来。然后试样再转动一定的步长进行测量。如此一步步进行下去，完成衍射图的扫描。步进扫描获得的衍射花样质量高，但是耗时较长。例如：扫描范围为 10°～90°，步长（$\Delta\theta$）为 0.02°，每步长停留 1s，扫描一张衍射谱图耗时 4000s。

3.1.2.3 X 射线衍射谱图分析

连续扫描和步进扫描两种方法得到的衍射谱图（衍射花样）本质上并无不同，只是精细程度上有所差别。X 射线衍射谱图的横坐标为 2θ 角度（或 d 值），纵坐标为 X 射线的强度 I，单位为计数率（CPS）。如图 3-11 所示，该图为 $CaCO_3$ 的衍射谱图，获得该谱图的测量条件为：扫描角度范围为 10°～90°，光源为 Cu-K_α 射线，扫描速度为 8°/min。可以看到，衍射谱图是由多个衍射峰构成的，每个衍射峰由 2θ 角度（或 d 值）和强度 I 两个值构成。谱图中的每一个衍射峰都是由该晶体材料的某个晶面（hkl）产生的。通过物相鉴定，查阅

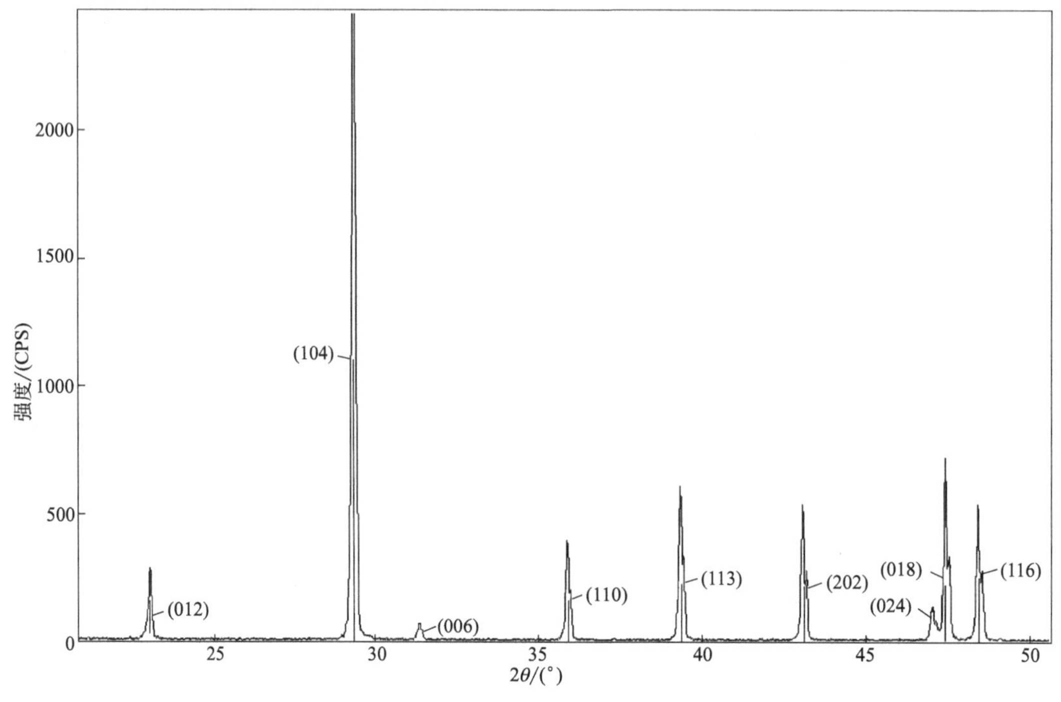

图 3-11 $CaCO_3$ 的衍射谱图

其 PDF 卡片，可以知道 $CaCO_3$ 属于三角晶系，以及每个衍射峰的晶面指数，比如其最强峰位于 $2\theta=29.404°$处，是由（104）晶面产生的。另外，通过衍射谱图，还可以知道每个衍射峰的角度及相应的晶面间距、相对强度、半高宽等信息，如图 3-12 所示。

Peak Search Report (32 Peaks, Max P/N = 27.6) - [test1.tx...

Close | Print | Save | Copy | Erase | Customize | Rescale | Help

#	2-Theta	d(?)	BG	Height	I%	Area	I%	FWHM
1	23.017	3.8608	6	290	9.5	2104	9.2	0.123
2	29.358	3.0397	6	3062	100.0	22790	100.0	0.127
3	31.384	2.8480	5	64	2.1	493	2.2	0.131
4	35.918	2.4982	3	396	12.9	3084	13.5	0.132
5	39.374	2.2865	6	601	19.6	4856	21.3	0.137
6	43.115	2.0964	5	539	17.6	4108	18.0	0.130
7	47.062	1.9294	7	132	4.3	1352	5.9	0.174
8	47.459	1.9141	8	749	24.5	5761	25.3	0.131
9	48.459	1.8769	9	522	17.0	4450	19.5	0.145
10	56.516	1.6270	6	103	3.4	733	3.2	0.121
11	57.342	1.6055	9	248	8.1	1600	7.0	0.110
12	57.500	1.6014	6	161	5.3	1417	6.2	0.150
13	58.023	1.5883	6	26	0.8	196	0.9	0.128
14	60.619	1.5263	6	164	5.4	1009	4.4	0.105

图 3-12 $CaCO_3$ 每个衍射峰的角度及相应的晶面间距、相对强度、半高宽信息

需要注意的是，把 $CaCO_3$ 的衍射谱图的 2θ 高角度部分放大，会发现每个晶面对应着两个分开的衍射峰，且强度比接近 2∶1。这是因为 X 射线衍射仪中，用到的特征 X 射线 K_α 由 $K_{\alpha1}$ 和 $K_{\alpha2}$ 谱线组成。$K_{\alpha1}$ 和 $K_{\alpha2}$ 谱线的波长非常接近，比如 $K_{\alpha1}(Cu)=0.154050nm$，$K_{\alpha2}(Cu)=0.154434nm$，$K_{\alpha1}$ 谱线的强度是 $K_{\alpha2}$ 的 2 倍左右。但因为 $K_{\alpha1}$ 和 $K_{\alpha2}$ 谱线的波长相差不多，低角度对于波长差异小的 X 射线分辨能力不好，就不会显示出两个峰，而高角度对于不同波长的 X 射线分辨能力较好，就能表现成两个裂开的峰。如图 3-13 所示。

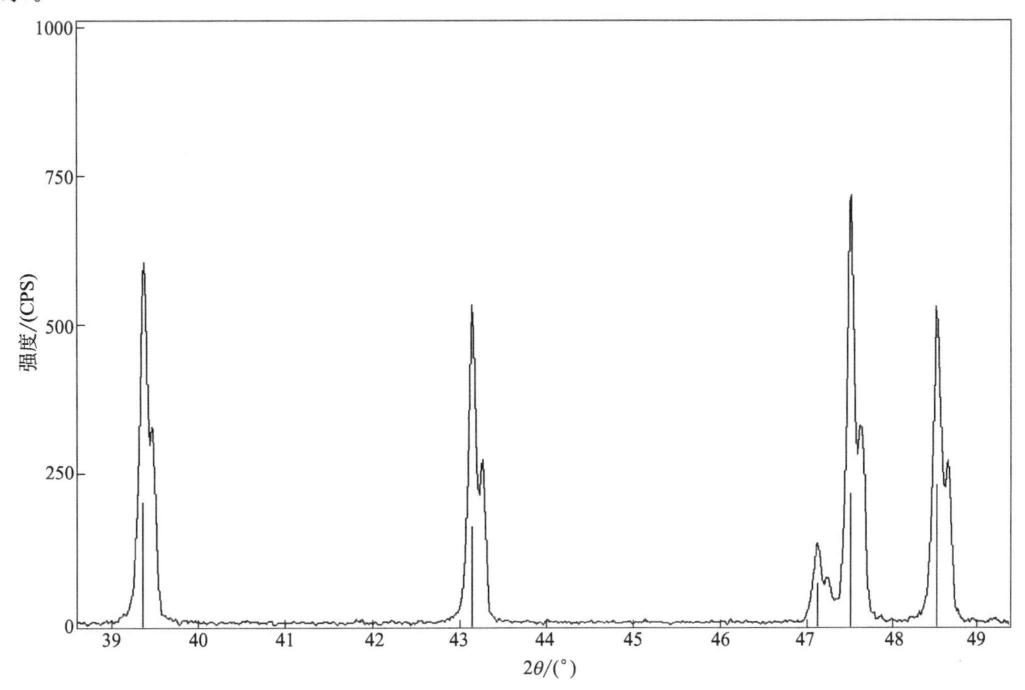

图 3-13 $CaCO_3$ 高角度衍射谱图

3.1.2.4 衍射花样的指标化

对于已知物相，通过 PDF 卡片，软件可以自动标定出晶面指数，那么对于未知物相，如何对各个衍射峰进行指数化标定呢？不同晶系的指数化方法是不同的，金属及其合金研究中经常遇到的是正方、六方和立方晶系的衍射花样，这里以立方晶系为例介绍衍射花样指数化的方法。

将立方晶系晶面间距的公式 $d_{hkl}=\dfrac{a}{\sqrt{h^2+k^2+l^2}}$ 代入布拉格方程得

$$\sin^2\theta=\frac{\lambda^2}{4a^2}(h^2+k^2+l^2) \tag{3-2}$$

式(3-2) 中存在 a 和 hkl 两组未知数，同一个方程是不可解的，可以寻找同一性，消掉一个参数。这里由于任何衍射峰所反映的点阵参数 a 和测试条件均相同，所以可以考虑消掉 a，为此，把得到的几个 $\sin^2\theta$ 都用 $\sin^2\theta_1$ 来除［式中下脚标 1 表示第 1 条（θ 最小）衍射峰］。这样可以得到一组数列（d 值数列）：

$$\sin^2\theta_1:\sin^2\theta_2:\sin^2\theta_3\cdots=N_1:N_2:N_3\cdots \tag{3-3}$$

式中，N 为整数，$N=h^2+k^2+l^2$。

这个数列对于分析计算有很大的帮助，把全部干涉指数 hkl 按 $h^2+k^2+l^2$ 由小到大的顺序排列，并考虑到系统消光可以得到下面的结果，具体见表 3-2。

表 3-2　d 值数列与系统消光规律

hkl	100	110	111	200	210	211	220	221,300	310	311	…	点阵
N	1	2	3	4	5	6	8	9	10	11	…	简单
	—	2	—	4	—	6	8	—	10	—	…	体心
	—	—	3	4	—	—	8	—	—	11	…	面心

这些特征反映了系统消光的结果，即晶体结构的特征间接反映到 $\sin^2\theta$ 的顺序比数列中来了。对于体心立方点阵，这一数列为 2∶4∶6∶8∶10∶12∶14∶16∶18…，而面心立方点阵的特征是 3∶4∶8∶11∶12∶16∶19∶20∶24…，在进行指数化时，只要首先算出各衍射线的 $\sin^2\theta$ 顺序比，然后与上述顺序比相对照，便可确定晶体结构类型和推断出各衍射线的干涉指数。

表 3-3 列出了几种立方晶体前 10 条衍射线的干涉指数、干涉指数平方和以及干涉指数平方和的顺序比（等于 $\sin^2\theta$ 的顺序比），更详细的数据可查相关的表。

表 3-3　衍射线的干涉指数、干涉指数平方和以及干涉指数平方和的顺序比

衍射线序号	简单立方			体心立方			面心立方			金刚石立方		
	hkl	*N*	N_i/N_1	*hkl*	*N*	N_i/N_1	*hkl*	*N*	N_i/N_1	*hkl*	*N*	N_i/N_1
1	100	1	1	110	2	1	111	3	1	111	3	1
2	110	2	2	200	4	2	200	4	1.33	220	8	2.66
3	111	3	3	211	6	3	220	8	2.33	311	11	3.66
4	200	4	4	220	8	4	311	11	3.66	400	16	5.33
5	210	5	5	310	10	5	222	12	4	331	19	6.33

续表

衍射线序号	简单立方			体心立方			面心立方			金刚石立方		
	hkl	*N*	N_i/N_1	*hkl*	*N*	N_i/N_1	*hkl*	*N*	N_i/N_1	*hkl*	*N*	N_i/N_1
6	211	6	6	222	12	6	400	16	5.33	422	24	8
7	220	8	8	321	14	7	331	19	6.33	333,511	27	9
8	300,211	9	9	400	16	8	420	20	6.66	440	32	10.66
9	310	10	10	411,330	18	9	422	24	8	531	35	11.66
10	311	11	11	420	20	10	333,511	27	9	621	40	13.33

从表 3-3 中可以看出，四种结构类型的干涉指数平方和的顺序比是各不相同的，在算出 $\sin^2\theta$ 的顺序比后，就容易判断出物质的点阵类型。但有时也会遇到一些困难，例如，要判别简单立方与体心立方点阵，如果线条多于 7 根，则间隔比较均匀的是体心立方点阵，而出现线条空缺的为简单立方点阵，因为后者不可能出现指数平方和 7，15，23 等数值的线条。当衍射线较少时，可以用前两根线的衍射强度作为判别。由于相邻线条，角相差不大，在衍射强度影响因子中，多重性因子将起主导作用。简单立方点阵的前两根线的晶面指数分别为 100 及 110，而体心立方点阵则为 110 和 200。100 与 200 的多重性因子为 6，而 110 的多重性因子为 12，故简单立方衍射花样中第二根线应较强，而体心立方衍射花样中第一根线应较强。例如，CsCl 为简单立方结构，其前两根线的强度比为 45∶100，而体心立方结构的 α-Fe，其前两根线的强度比则为 100∶19。

得到一个未知物相的衍射谱图后，就可以利用上述规律对衍射花样中的每个衍射峰指数化标定，从而确定晶体结构类型，原则上讲，一张精确的高质量的 X 射线衍射谱反映了物质的晶体结构，通过 X 射线衍射谱图可以获得晶体材料的所有结构信息。下一章中，对晶体材料的结构分析全都是基于 X 射线衍射谱图获得的信息。

3.2 单晶 X 射线衍射分析方法

从材料的角度出发，可以把材料分为单晶体、多晶体和非晶体材料，不同类型的材料产生的衍射线的特点不一样。在多晶衍射中，研究对象多晶体中各个晶粒的取向在空间是随机分布的，所以其晶面也是随机分布的。使用特征单色 X 射线从任意方向照射粉末材料（或多晶体材料）时，总会有足够多的晶面（*hkl*）满足布拉格方程（如前所述）；单晶衍射分析的研究对象是单晶体。若将一束单色 X 射线照射到固定不动的单晶体上，入射线与其晶粒内部的晶面族均有一定的夹角 θ，其中只有很少数晶面符合布拉格方程而发生衍射。为了获得单晶体各个晶面的衍射线，发展出了多种单晶体衍射方法，它们分别是劳埃（Laue）法、周转晶体法、四圆单晶衍射仪法。

劳埃法改变波长、以光源发出连续 X 射线照射置于样品台上静置的单晶体样品，用平板底片记录产生的衍射线。根据底片位置的不同，劳埃法可以分为透射劳埃法和背射劳埃法。背射劳埃法不受样品厚度和吸收的限制，是常用的方法。劳埃法的衍射花样由若干劳埃斑组成，每一个劳埃斑对应于晶面的 1～*n* 级反射，各劳埃斑的分布构成一条晶带曲线（图 3-14）。

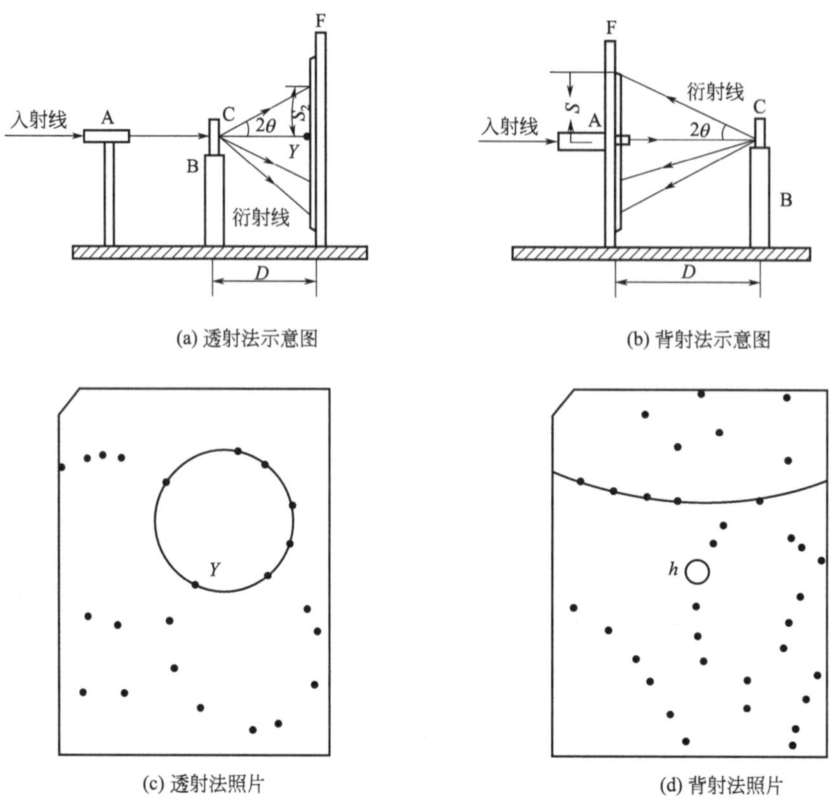

图 3-14　劳埃法示意图与照片

周转晶体法是以单色 X 射线照射转动的单晶体样品，用以样品转动轴为轴线的圆柱形底片记录产生的衍射线，在底片上形成分立的衍射斑。这样的衍射花样容易准确测定晶体的衍射方向和衍射强度，适用于未知晶体的结构分析。周转晶体法很容易分析对称性较低的晶体（如正交、单斜、三斜等晶系晶体）。

四圆单晶衍射仪法是在综合衍射仪法和周转晶体法的基础上发展起来的。它是目前单晶体结构测定的主要工具。四圆单晶衍射仪利用特征 X 射线逐点记录衍射强度，这种方法记录的衍射强度数据准确，灵敏度高，并且能够利用计算机通过程序控制来完成衍射的自动寻峰、晶胞参数的计算、衍射强度数据的收集以及根据消光条件来确定空间群等工作。本节主要简单介绍四圆单晶衍射仪法。

3.2.1　四圆单晶衍射仪简介

四圆单晶衍射仪通过探测器上的计数器来逐点记录衍射点的强度（单位时间内衍射光束的光子数）。入射 X 射线和探测器在一个平面内，称赤道平面。晶体位于入射光与探测器的轴线的交点，探测器可在此平面内绕交点旋转。因此只有那些法线在赤道平面内的晶面族才可能通过试样和探测器的旋转在适当位置发生衍射并被记录。如何让那些法线不在赤道平面内的晶面族也发生衍射并能被记录呢？办法是让晶体做三维旋转，就有可能将那些不在赤道平面内的晶面族法线转到赤道平面内，让其发生衍射，四圆单晶衍射仪正是按此要求设计的。四圆单晶衍射仪的构造示意如图 3-15 所示，其核心为一个尤拉环，其轴线即为测角仪的轴。单晶试样置于载晶头上，需要调整试样到尤拉环的中心，同时也在测角仪轴上。试样可以绕载晶头的轴线旋转（Φ），整个载晶头可在尤拉环内绕环心旋转（χ），而整个尤拉环还可绕测角仪轴旋转（ω）。这三个旋转可将空间任一方向的衍射线转到赤道平面内，即入射光和探测器轴线构成的平面内。入射光和探测器轴线的交点与尤拉环的中心（即单晶试样的位置）相重合。探测器可在赤道平面内绕交点旋转，此为第四圆（2θ），故可顺序记录下所有的衍射数据。这种转动和记录方式比较复杂，通常使用计算机进行控制。

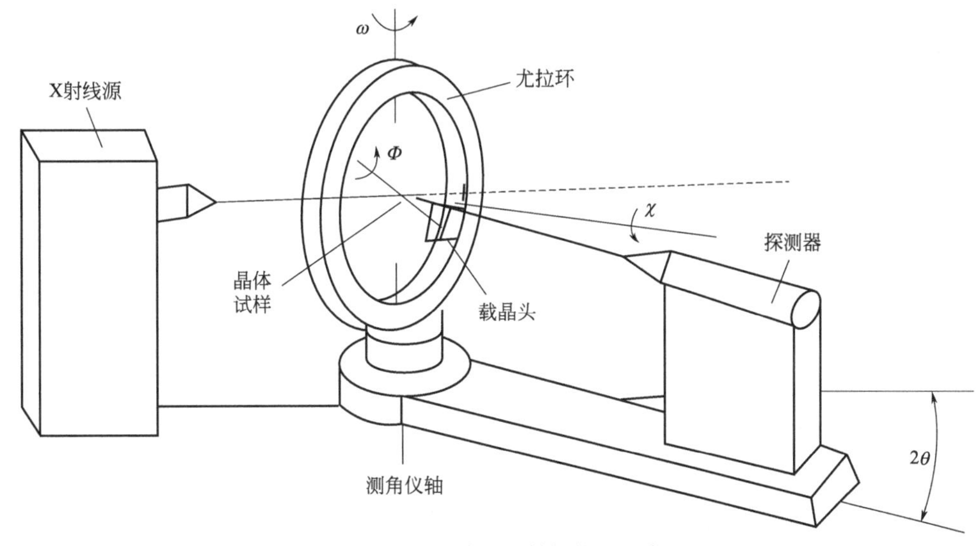

图 3-15　四圆单晶衍射仪构造示意图

四圆单晶衍射仪包括 X 射线发生装置、四圆测角仪、探测器和计算机控制系统。四圆单晶衍射仪的每个圆都由一个独立的步进电机带动运转，通过计算机控制系统控制，调整晶体坐标轴和入射 X 射线的相对取向以及 X 射线探测器的位置，使各个晶面满足衍射条件，产生衍射，并记录它们的强度。

3.2.2　四圆单晶衍射仪的构造

3.2.2.1　X 射线发生装置

X 射线发生装置是为了提供稳定的特征 X 射线，以满足分析工作的要求。初期多使用封闭 X 射线管，而随着转靶 X 射线发生器的研发，亮度高出传统 X 射线管一个数量级的光源得以面世，故后来的设备中多使用转靶 X 射线发生器。

3.2.2.2　四圆测角仪

四圆测角仪是四圆单晶衍射仪的核心部件。它具有加工精度高且旋转轴相交于同一点的四个圆，这是保证衍射强度数据准确性的关键。四圆测角仪的结构示意图如图 3-15 所示。

四圆测角仪由四个圆组成，它们分别是 Φ 圆、χ 圆、ω 圆和 2θ 圆。Φ 圆是载晶头绕晶轴自转的圆，即载晶头可在这个圆上运动；χ 圆是安放载晶头的垂直大圆（尤拉环），χ 圆的轴是水平方向的；ω 圆是使尤拉环垂直转动的圆，也就是晶体绕垂直轴转动的圆；2θ 圆是与切圆同轴并带动探测器转动的圆。

Φ 圆和 χ 圆的作用是调节晶体的取向，把晶体中某一组晶面转到适当的位置，以使其衍

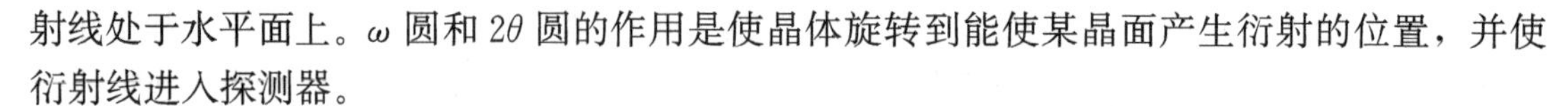

射线处于水平面上。ω 圆和 2θ 圆的作用是使晶体旋转到能使某晶面产生衍射的位置，并使衍射线进入探测器。

四个圆共有三个轴。这三个轴与入射 X 射线在空间交于一点。对于商用的四圆单晶衍射仪，其交点的误差在 $20\mu m$ 以内，晶体安放在这三个轴的交点上。由高稳定的 X 射线发生器发出的 X 射线照射样品后进入测角仪，按测角仪中限制光路的安排，测得样品在衍射角的光子数。测角仪的运动由步进电机驱动。仪器在工作过程中，通过四个圆的配合，将晶体的倒易点阵结点旋转到衍射平面并与反射球相交，通过探测器检测到所有衍射点的衍射角和强度。

测角仪的坐标系是以四个圆的旋转轴的交点为原点的右手坐标系，通常，坐标系的取向是以 ω 圆和 2θ 圆的共同轴线为 Z 轴，入射 X 射线的方向为 Y 轴，按右手定则，$2\theta=90°$ 的方向为 X 轴。

3.2.2.3 探测器

在 X 射线衍射仪中 X 射线不能直接测量，必须把它转换成可测量的电信号，然后经过计数器转换成可以记录的数字。探测器就是用来测量 X 射线强度的装置。探测器的种类很多，探测器和测角仪的详细内容，已在上一节中介绍。

3.2.2.4 计算机控制系统

除四圆测角仪外，计算机控制系统也非常重要，其作用主要是控制仪器运转以及进行晶体学数据的计算。现代计算机控制系统能够完成衍射的自动寻峰、晶胞参数的测定、衍射强度数据的收集，以及根据消光条件确定空间群等工作。计算机控制系统能够引导用户以最少量的用户输入和最大量的图形反馈来完成整个实验，使用户能够集中精力于眼前的结构测定，而不要求用户对仪器几何原理或数据收集策略具备太多的知识。

3.2.3 单晶样品的选择

样品要求：测试样品必须为单晶。选择晶体时要注意所选晶体应表面光洁，颜色和透明度一致，表面不附着小晶体，没有缺损、重叠、裂缝等缺陷。晶体长、宽、高均为 0.1～0.4mm，即晶体对角线长度不超过 0.5mm。

培养单晶后挑选优质单晶，将它正确安装在测角仪上，并进行对心操作。优质单晶一般是在近于理想的情况下成核和生长的，其内部原子排列比较紧密、整齐，缺陷少。在显微镜下观察优质单晶呈透明、光亮状态，晶棱、晶面平整而呈一定的外形对称。对于非理想晶体，由于衍射强度与参与衍射的晶体的体积成正比，重原子衍射能力强，所以含重原子的晶体可适当小一些；有机化合物和蛋白质晶体中参与衍射的大多是碳、氮、氧、氢等原子，散射能力弱，因此晶体需要大一些。由于整颗晶体都要暴露在 X 射线下，而一般 X 射线束的尺寸在 0.5mm 左右，因此晶体各方面的线度一般在 0.5mm 以下，光源的强度越强，相应的晶体就可越小。因为 X 射线通过晶体时会发生吸收现象，用于结构分析的单晶最好各个方向有近于相等的线度，外形各方向线度相差很大的晶体必须进行适当的切割。在显微镜下挑好晶体后，一般要视晶体是否稳定，将晶体用胶水粘在玻璃丝的顶端或封在薄壁的硼玻璃毛细管中，如图 3-16 所示；也可在晶体外面涂一层胶水保护，然后固定在测角头的轴心上，按衍射方法的要求，将测角头安装在衍射仪或照相机上，并进行适当的调整。

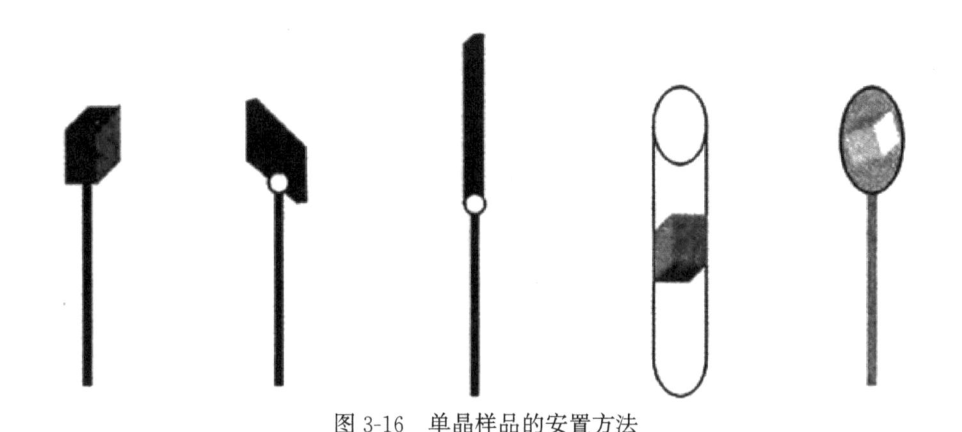

图 3-16 单晶样品的安置方法

3.2.4 四圆单晶衍射仪的晶体结构分析过程

晶体结构测定的核心问题是求得原子在晶体结构中的排列，并了解原子间结合的方式和规律。四圆单晶衍射仪的晶体结构分析步骤如下：

① 选择大小适度、晶质良好的单晶体作样品，转动晶体，改变各晶面族与 X 射线入射线的夹角，使其符合布拉格方程，产生衍射，并收集衍射数据。

② 指标化衍射数据，求出晶胞常数，依据全部衍射数据，总结出消光规律，推断晶体所属的空间群。

③ 在衍射强度收集阶段，通过实验只能获得晶体的衍射强度数值 I_{hkl}。对衍射强度数据作吸收校正、洛伦兹校正等各种处理后，可求得结构振幅$|F_{hkl}|$。

④ 相角和初结构的推测。当晶体产生衍射时，晶胞中全部原子在（hkl）晶面方向产生衍射的周相与处于原点的原子在该方向散射光的周相之差称为相角。相角 α_{hkl} 的数据不能直接测得，实际上它是隐含在衍射强度数据之中的。计算相角时，首先需要知道原子的坐标，所以解决相角问题就是结构测定的关键。

⑤ 结构的精修。由相角推出的结构是较粗糙的，故需要对此初始结构进行完善和精修。常用的完善结构的方法为电子密度及差值电子密度图，常用的精修结构参数的方法是最小二乘法，经过多次重复最后可得精确的结构。同时需计算各原子的各向同性或各向异性温度因子及位置占有率等因子。

⑥ 结构的表达。在获得精确的原子位置以后，要把结构完美地表达出来，包括键长、键角的计算，绘出分子结构图和晶胞图，并从其结构特点探讨晶体某些可能的性能。

3.3 X 射线荧光光谱分析法

X 射线荧光光谱（X-ray fluorescence spectrometer，简称 XRF）分析技术主要用于固体、液体、气体试样元素的定性和定量分析。其分析元素的范围为 B～U。X 射线荧光光谱分析法具有如下几个突出的特点：①分析速度快，几十秒至几分钟内可同时分析样品中多个元素。②分析准确度高，误差一般在 5%以内。③分析灵敏度高，检出限达到 10^{-8}～10^{-5}g/g，且与元素化学状态没有关系。④试样制备简单。鉴于以上突出优点，X 射线荧光光谱分析法目前已成为各种材料的主量、次量和痕量组分高精度的分析技术，是目前材料化学元素分析方法中发展最快、应用领域最广、最常用的分析方法之一，并在常规生产中很大程度上取代了传统的湿法化学分析方法。

3.3.1 X射线荧光光谱分析的基本原理

当使用高能X射线（能量要高于原子内层电子的结合能）照射物质时，物质中原子的内层电子被高能X射线逐出原子之外，在内层电子层上即出现一个“空穴”；具有较高能量的外层电子立即补充这一空穴而发生跃迁，发生跃迁的电子将多余的能量（两个电子层能量之差）释放出来；当较外层的电子跃迁到空穴时，所释放的能量随即在原子内部被吸收而逐出较外层的另一个次级光电子，此称为俄歇效应，亦称次级光电效应或无辐射效应，所逐出的次级光电子称为俄歇电子。它的能量是特征的，与入射X射线的能量无关。当较外层的电子跃入内层空穴所释放的能量不在原子内被吸收，而是以辐射形式放出，便产生X射线荧光（又称次级X射线），其能量等于两能级之间的能量差。因此，X射线荧光的能量或波长是特征性的，与元素有一一对应的关系。图3-17给出了X射线荧光和俄歇电子产生过程示意图。

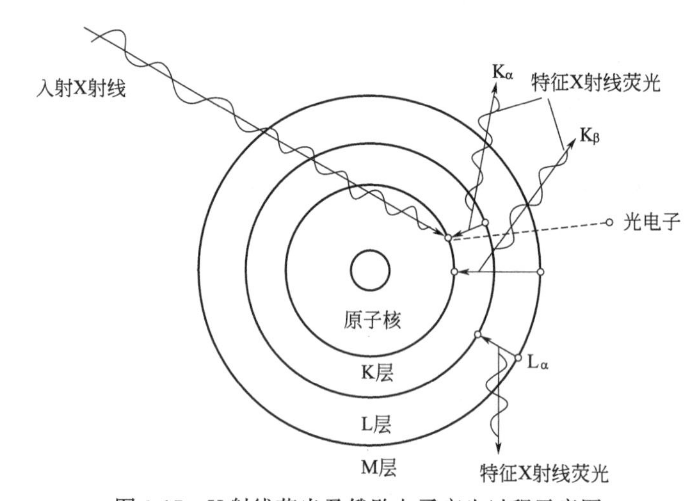

图3-17 X射线荧光及俄歇电子产生过程示意图

K层电子被逐出后，其空穴可以被外层中任一电子所填充，从而可产生一系列谱线，称为K系谱线：由L层跃迁到K层辐射的X射线叫K_{α}射线，由M层跃迁到K层辐射的X射线叫K_{β}射线……同样，L层电子被逐出可以产生L系辐射。

根据莫斯莱定律，X射线荧光的波长λ与元素的原子序数Z有关，其数学关系如下：

$$\lambda=K(Z-S)^{-2} \tag{3-4}$$

式中 K和S——常数。

而根据量子理论，X射线可以看作由一种量子或光子组成的粒子流，每个光子具有的能量为

$$E=h\nu=hc/\lambda \tag{3-5}$$

式中 E——X射线光子的能量keV；

h——普朗克常数；

ν——光波的频率；

c——光速。

因此，只要测出 X 射线荧光的波长或者能量，就可以知道元素的种类，这就是 X 射线荧光定性分析的基础。表 3-4 给出了部分元素的 X 射线荧光的波长和能量。此外，X 射线荧光的强度与相应元素的含量有一定的关系，据此，可以进行元素定量分析。需要注意的是，X 射线荧光光谱多采用 K 系和 L 系荧光，其他系荧光较少采用。

表 3-4 部分元素的 X 射线荧光波长和能量

晶体 LiF_{200}				$(2d-0.40267)$nm		
$2\theta/(°)$	原子序数	元素符号	谱线	级数	波长/nm	能量/keV
57.42	84	Po	$L_{\beta6}$	2	0.09672	12.76
57.46	60	Nd	$L_{\gamma5}$	1	0.19355	6.38
57.47	90	Th	$L_{\alpha2}$	2	0.09679	12.75
57.48	59	Pr	$L_{\lambda8}$	1	0.19362	6.37
57.52	26	Fe	K_{α}	1	0.19373	6.37
57.55	82	Pb	$L_{\beta3}$	2	0.09691	12.73
57.68	44	Ru	$K_{\alpha2}$	3	0.06474	19.06
57.81	62	Sm	$L_{\beta6}$	1	0.19464	6.34
57.87	47	Ag	$L_{\beta2}$	4	0.04870	25.34
57.87	77	Ir	$L_{\gamma8}$	2	0.09741	12.67

3.3.2 X 射线荧光光谱仪的构造与工作原理

用 X 射线（一级 X 射线或原级 X 射线）照射试样时，试样被激发出各种波长和能量的 X 射线荧光，需要把混合的 X 射线荧光按波长（或能量）分开，分别测量不同波长（或能量）的 X 射线荧光的强度，以进行定性和定量分析。由于 X 射线荧光具有一定波长，同时又有一定能量，因此，X 射线荧光光谱仪有两种基本类型：波长色散型和能量色散型。波长色散型 X 射线荧光光谱仪具有分辨率好、灵敏度高等优点，使用比较广泛。本节主要介绍波长色散型 X 射线荧光光谱仪。

波长色散型 X 射线荧光光谱仪主要由 X 射线管、准直器、分光系统和探测器等主要部件组成，如图 3-18 所示。能量色散型荧光光谱仪与波长色散型 X 射线荧光光谱仪相比，少了分光晶体。

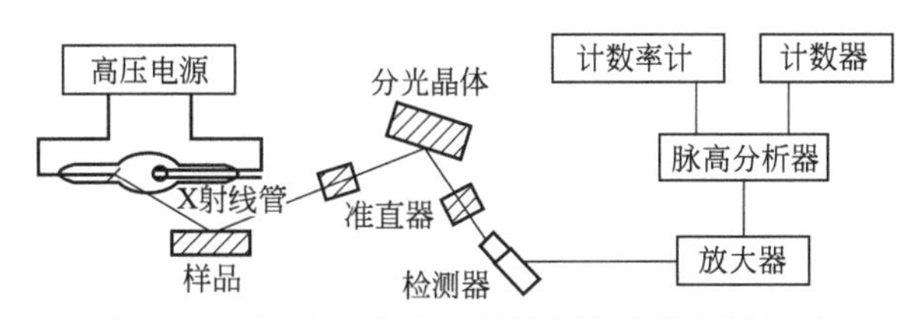

图 3-18 波长色散型 X 射线荧光光谱仪结构图

（1）X 射线管

X 射线管是用来产生高能 X 射线的。X 射线管产生的一次 X 射线，作为激发 X 射线荧光的辐射源，其与 X 射线衍射仪的 X 射线管构造基本一样，在此不再累述。需要注意的是：

只有当一次 X 射线的能量足够大时，才能有效地激发出试样元素的特征 X 射线荧光。X 射线管靶材元素可以有多种，例如 Cr、Cu、Mo、Rh、Au 和 W 等。近代 X 射线荧光光谱仪普遍选用 Rh 靶 X 射线管。因为它的 K 系线能激发中等原子序数的原子电子，而它的 L 系线能有效地激发轻元素原子电子。

（2）准直器

准直器又称梭拉狭缝。它由间隔平行的金属薄片组成。分为一级准直器和次级准直器（探测器准直器）。准直器的作用是滤掉发散的 X 射线，使来自试样的 X 射线成为基本平行的光束，以平行方式投射到分光晶体表面。在分光晶体表面按布拉格条件发生衍射，衍射的 X 射线与晶体散射线一起，通过次级准直器或次级狭缝进入探测器，进行光电转换。

（3）分光系统

分光系统是 X 射线荧光光谱仪的核心，其主要部件是晶体分光器，它的作用是通过晶体衍射现象把不同波长的 X 射线分开。根据布拉格方程 $2d\sin\theta=n\lambda$，当波长为 λ 的 X 射线以 θ 角射到晶体上，如果晶面间距为 d，则在出射角为 θ 的方向，可以观测到波长为 $\lambda=2d\sin\theta$ 的一级衍射及波长为 $\lambda/2$、$\lambda/3$ 等高级衍射。改变 θ 角，可以观测到另外波长的 X 射线，因而使不同波长的 X 射线分开。分光晶体靠一个晶体旋转机构带动。因为试样位置是固定的，为了检测到波长为 λ 的 X 射线荧光，分光晶体转动 θ 角，检测器必须转动 2θ 角。也就是说，一定的 2θ 角对应一定波长的 X 射线荧光，连续转动分光晶体和检测器，就可以接收到不同波长的 X 射线荧光，从而进行元素分析，如图 3-19 所示。

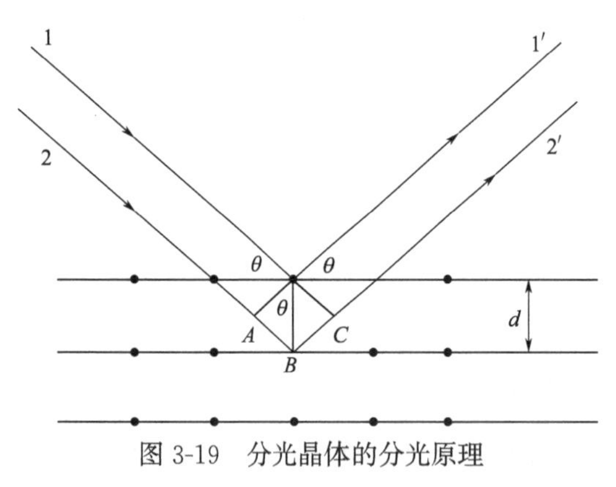

图 3-19　分光晶体的分光原理

一种分光晶体具有一定的晶面间距，因而有一定的应用范围，目前的 X 射线荧光光谱仪备有多种不同晶面间距的分光晶体，用来分析不同范围的元素（见表 3-5）。

表 3-5　常用晶体的 $2d$ 值及使用元素范围

晶体	$2d$ 值	适用范围	
		K 系线	L 系线
LiF(200)	0.180	Te-Ni	U-Hf
LiF(220)	0.285	Te-V	U-La
LiF(420)	0.403	Te-K	U-In
Ge(IH)	0.653	Cl-P	Cd-Zr
InSb(HI)	0.748	Si	Nb-Sr
PE(002)	0.874	Cl-Al	Cd-Br
PX_1	5.020	Mg-O	
PX_2	12.000	B-C	
PX_3	20.000	B	
PX_4	12.000	C-(N、O)	

续表

晶体	2*d* 值	适用范围	
		K 系线	L 系线
PX_5	11.000	N	
PX_6	30.000	Be	
TIAP(IOO)	2.575	Mg-O	
OVO55	5.500	(Mg、Na)-F	
OVO100	10.000	C-O	
OVO160	16.000	B-C	

上述分光系统是依靠分光晶体和检测器的转动，使不同波长的特征 X 射线按顺序被检测，这种光谱仪称为顺序型光谱仪。另外还有一类光谱仪，分光晶体是固定的，混合 X 射线经过分光晶体后，在不同方向衍射，如果在这些方向上安装检测器，就可以检测到这些 X 射线。这种同时检测多种波长 X 射线的光谱仪称为同时型光谱仪，同时型光谱仪没有转动机构，因而性能稳定，但检测器通道不能太多，适合于固定元素的测定。

此外，有的光谱仪的分光晶体不用平面晶体，而用弯曲晶体，所用的晶体点阵面被弯曲成曲率半径为 $2R$ 的圆弧形，同时晶体的入射表面研磨成曲率半径为 R 的圆弧，第一狭缝、第二狭缝和分光晶体放置在半径为 R 的圆周上，使晶体表面与圆周相切，两狭缝到晶体的距离相等。用几何方法可以证明，当 X 射线从第一狭缝射向弯曲晶体各点时，它们与晶体点阵平面的夹角都相同，且反射光束又重新会聚于第二狭缝处。由于对反射光有会聚作用，因此这种分光器称为聚焦法分光器，以 R 为半径的圆称为聚焦圆或罗兰圆。当分光晶体绕聚焦圆圆心转动到不同位置时，得到不同的掠射角 θ，检测器就检测到不同波长的 X 射线。当然，第二狭缝和检测器也必须做相应转动，而且转动速度是晶体速度的两倍。聚焦法分光器的最大优点是 X 射线荧光损失少，检测灵敏度更高。

(4) 检测记录系统

探测器是将不可测量的 X 射线荧光光子信号转变为一定形状和数量的可测量的电脉冲信号，表征 X 射线荧光的能量和强度。它实际上是一个光电传感器，即将 X 射线荧光光子信号转变为电脉冲信号。通常用电脉冲的数目表征入射 X 射线光子的数目，脉冲幅度表征入射 X 射线光子的能量。波长色散型 X 射线荧光光谱仪常用的探测器有三种：流气式正比计数管、封闭式正比计数管和闪烁计数管。能量色散型 X 射线荧光光谱仪常用的探测器为半导体探测器。探测器的输出脉冲经放大器幅度放大和脉冲高度分析器幅度甄别后，即可通过定标器进行测量，由计算机进行数据处理，输出结果，即 X 射线荧光谱图。波长色散型 X 射线荧光光谱仪得到的 X 射线荧光谱图是 2θ-X 射线强度关系曲线，横坐标为 2θ 角度，纵坐标为 X 射线的强度，如图 3-20 所示。能量色散型 X 射线荧光光谱仪得到的 X 射线荧光谱图是光电子能量 (keV)-X 射线强度关系曲线，横坐标为光电子能量，纵坐标为 X 射线荧光的强度，是另一种形式的 X 射线荧光谱图。

3.3.3 试样制备要求

X 射线荧光光谱定量分析是一种相对分析技术，要有一套已知含量的标准试样（经化学分析过的或人工合成的），通过测量标准试样和未知试样的 X 射线强度并加以比较进行定量

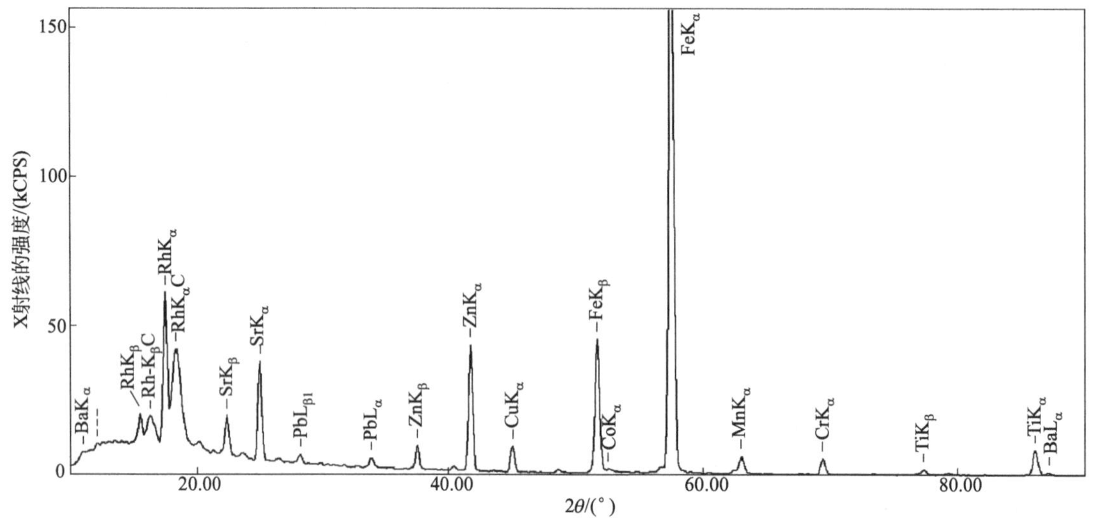

图 3-20　一种合金的 X 射线荧光谱图

分析。定量分析对试样有很严格的要求，这些要求因试样形态不同而异。

（1）块状试样

对各种块、板或铸件等不定形试样，可用切割机、研磨机等加工成一定尺寸的试样；金属粒、丝等可经重熔，铸成平块试样；试样照射面应能代表试样整体。

（2）膜状试样

用薄膜材料制备膜状试样时要特别注意薄膜厚度的一致性及薄膜组成的均匀性。测量时为使薄膜平整铺开，可加内衬材料作为支撑物，尽量选取背景低的内衬材料。

（3）粉状试样

粉末、颗粒以及组成不均匀的块状试样可用粉碎机、研磨机等研磨至一定的粒度，取适量直接压片，必要时可加稀释剂混匀或加黏合剂加压成具有光洁表面的试样，也可用硼酸盐等作为熔剂熔解试样，铸成均匀性好的玻璃熔块，或再粉碎熔块加压成型。

（4）液体试样

测量液体试样时要定量分取试液装入液杯。测量时要注意避免试液出现挥发、泄漏、产生气泡或沉淀等现象。也可取液体试样滴加到适当载体（如滤纸）上干燥后测量。

3.3.4　元素定性、定量分析方法及注意事项

定性分析：根据扫描测量的光谱的波长或能量进行谱峰的检索，并与标准谱进行比对确定试样的元素（或化合物）组成。

定量分析：利用按预先汇编的分析程序测量的一系列标准试样各组成元素的光谱强度和相应的元素浓度，通过线性回归法绘制工作曲线，确定未知试样的元素浓度。通常有内标法、外标法和散射内标法。

① 外标法（工作曲线法）：以一组标样的分析元素测量强度对元素浓度绘制校准曲线（最小二乘法）进行未知试样的定量分析。这种方法也称校准曲线法。常用的外标法有直接校准法、稀释法、加入法和薄试样法等。

② 内标法：试样中定量加入某种已知的元素，作为参比物，以分析线与参比线的强度

比对分析元素浓度绘制校准曲线，分析未知试样的浓度。这种方法的优点：能有效地补偿基体的吸收-增强效应和试样状态变化的影响。校准效果主要取决于内标的合理选择。内标的选择原则：a. 内标元素与分析元素的分析线波长和吸收限尽量接近，彼此不干扰。b. 内标的加入量应与分析浓度相当，内标分析线应具有足够的强度，以满足分析精度要求。一般来说，内标元素与分析元素的原子序数相差±1 最佳。

③ 散射内标法。以波长与分析线相近的散射线和背景作为比较线，以分析线与散射线的强度比对分析元素浓度绘制校准曲线，分析未知试样的浓度。

3.4 X 射线吸收精细结构分析方法

X 射线穿过厚度为 d 的试样后，其强度 I_0 会因为试样的吸收而衰减为 I，由此可以定义试样的 X 射线吸收系数：

$$\mu(E)=-\frac{\ln(I/I_0)}{d} \tag{3-6}$$

X 射线吸收谱就是 X 射线吸收系数随 X 射线能量的变化曲线。假设有一束单色 X 射线入射到某物质上，逐渐提高 X 射线光子的能量，当达到某原子的某个能级时，光子就会被某原子共振吸收，形成吸收系数的突变——吸收边。吸收边之后，会出现一系列的摆动或者振荡，这种小结构一般为吸收截面的百分之几，即 X 射线吸收精细结构（X-ray absorption fine structure，简称 XAFS），XAFS 谱仅仅对目标原子的邻近结构敏感而不依赖于长程有序结构，合理地分析 XAFS 谱，能够获得关于材料的局域几何结构（如原子的种类、数目以及所处的位置等）以及电子结构信息，在物理、化学、生物、材料、环境等众多学科领域有着重要意义。XAFS 分析方法对试样形态要求不高，可测试样包括晶体、粉末、薄膜以及液体等，同时又不破坏试样，可以进行原位测试，具有其他分析技术无法替代的优势。

3.4.1 XAFS 谱

XAFS 谱主要包括两部分：X 射线吸收近边结构（XANES）和扩展 X 射线吸收精细结构（EXAFS），如图 3-21 所示。

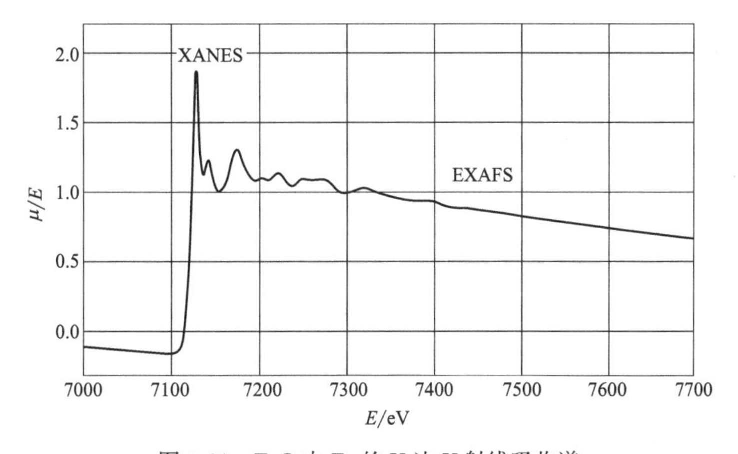

图 3-21 FeO 中 Fe 的 K 边 X 射线吸收谱

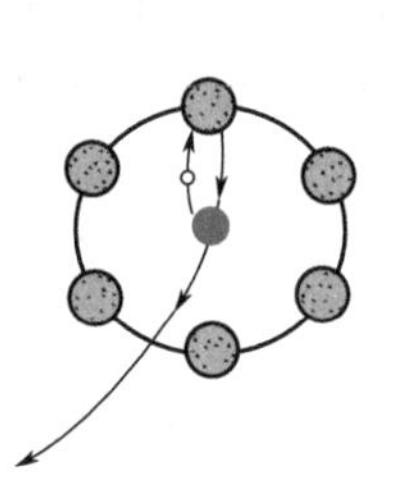

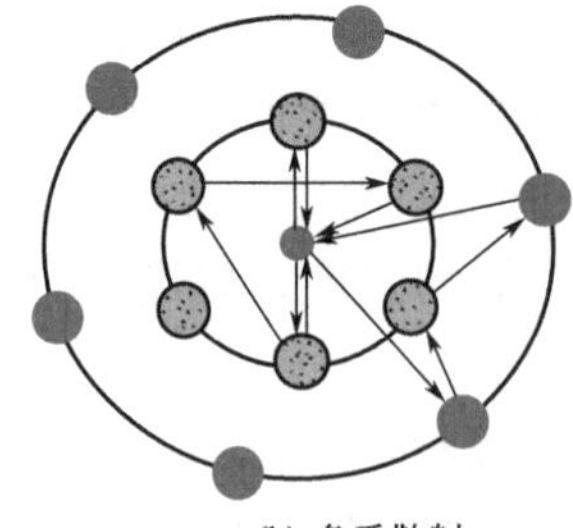

(a) 单次散射　　(b) 多重散射

图 3-22　光电子单次散射和多重散射示意图

EXAFS 的能量范围大概在吸收边后 50eV 到 1 000eV，来源于 X 射线激发出来的内层光电子在周围原子与吸收原子之间的单电子单次散射效应。20 世纪 70 年代，Sayers 等基于单电子单次散射的理论［见图 3-22(a)］推出的理论表达式通过傅立叶变换后，发现傅立叶空间上的峰的位置刚好对应着吸收原子周围邻近配位原子的位置，而峰的高度则与配位原子的种类和数量相关，这一推论也得到了实验证实。这个工作的完成，证实了 EXAFS 的短程有序理论，即 EXAFS 信号的产生是由邻近原子对光电子的散射而对光电子的终态波函数进行调制形成的。自此，EXAFS 分析方法广泛地应用于各个领域的研究，能够定量地得到吸收原子周围的局域结构信息，能够提供出吸收原子邻近配位原子的种类、键长、配位数和无序度因子等结构信息。

XANES 的能量范围在吸收边前约 10eV 至吸收边后约 50eV，其主要来源于 X 射线激发出的内层光电子在周围原子与吸收原子之间的单电子多重散射效应［见图 3-22(b)］，可以确定价态、表征 d 带特性、测定配位电荷、提供轨道杂化、配位数和对称性等结构信息。

XAFS 分析方法成为受众多领域科学家欢迎的结构测量方法，主要是由于 XAFS 分析方法具有以下特点：

① XAFS 现象来源于吸收原子周围最邻近的几个配位壳层原子，它的发生主要取决于短程有序作用，不依赖晶体结构，因此可用于非晶态材料的研究，例如催化剂上的活性中心和表面层结构的研究、生物酶中金属蛋白和无定形材料的研究，以及溶液的研究等，比普通 X 射线衍射的应用要更加广泛。

② X 射线吸收边具有原子特征，可以调节 X 射线光子能量到某一特定原子的吸收边处，只测量感兴趣原子的局域环境，而不受其他元素原子的干扰。对于不同种类的原子，因吸收边位置不同分别研究，进而得到更全面的信息。

③ 由散射振幅对于配位原子的依赖性可以探测配位原子的种类；由散射振幅的大小可知配位原子的个数，由 Debye-Waller 因子可知原子围绕其平衡位置的变化，对原子间距的测定可精确到 0.01Å。

3.4.2　XAFS 实验方法

XAFS 实验能够以亚原子的分辨率提供吸收原子周围的局域结构信息，所有原子对 XAFS 实验都是响应的，其对样品的状态没有特殊要求，既可以是固体和液体，也可以是气体，既可以是晶体，也可以是非晶体。XAFS 实验主要使用透射法、荧光法和全电子产额法。

透射法是最早使用、应用最多的实验方法。透射法的原理是直接通过对入射 X 射线和透过样品后剩余 X 射线的强度进行测量，计算出样品对入射 X 射线的吸收。透射法的实验原理图如图 3-23(a) 所示。经双晶单色器后，入射的 X 射线成为波长可调的单色光。利用前后电离室分别测量通过厚度 d 的样品前后的 X 射线强度 I_0 和 I_1，利用式(3-6) 就可以计算得到样品的 X 射线吸收系数 $\mu(E)$。透射法通常用于待测元素质量分数大于 5%的样品。实验过程中，前电离室吸收的入射 X 射线强度 I 约为总入射 X 射线强度 I_0 的 20%的时候信

噪比较好。一般情况下，根据待测元素的吸收边能量的不同，前后电离室需要通入不同比例的气体，从而保证适当的光子被吸收。

荧光法的实验方法如图 3-23(b) 所示。荧光法利用荧光探测器收集到的样品发出的荧光信号 I_f，除以前电离室的信号 I_0 来获得吸收系数，如式(3-7) 所示：

$$\mu(E) \propto \frac{I_f}{I_0} \tag{3-7}$$

为了保证荧光探测器有最大的接收角，同时散射光强度最小，样品与入射的 X 射线成 45°角，荧光探测器与样品也成 45°角，并且垂直于入射 X 射线方向。荧光法常使用的探测器为 Lytle 探测器和固体探测器。实验中为了减少散射的 X 射线对荧光信号造成的影响，根据要探测元素的不同，采用不同的滤波片、具有能量分辨的固体探测器或分析晶体来减少背底，这样能在很大程度上提高信噪比。荧光法很适合于低浓度样品的 XAFS 实验，特别是生物环境体系中的一些样品。

全电子产额法（TEY）与荧光法类似，是通过测量样品目标元素被激发后产生的二次电子和俄歇电子形成的电流来获得 XAFS 信号。俄歇电子的数量远远多于二次电子，所以在 TEY 模式下测量的有用信息主要是俄歇电子的信息。在这些电子中，俄歇电子和其他二次电子也与吸收系数 $\mu(E)$ 成正比，因此可以通过探测二次电子和俄歇电子来获得 XAFS 信号。全电子产额法的优点是装置简单，有一定的表面分析能力，缺点是要求样品导电，有较大的背底，不适合于高浓度厚样品。

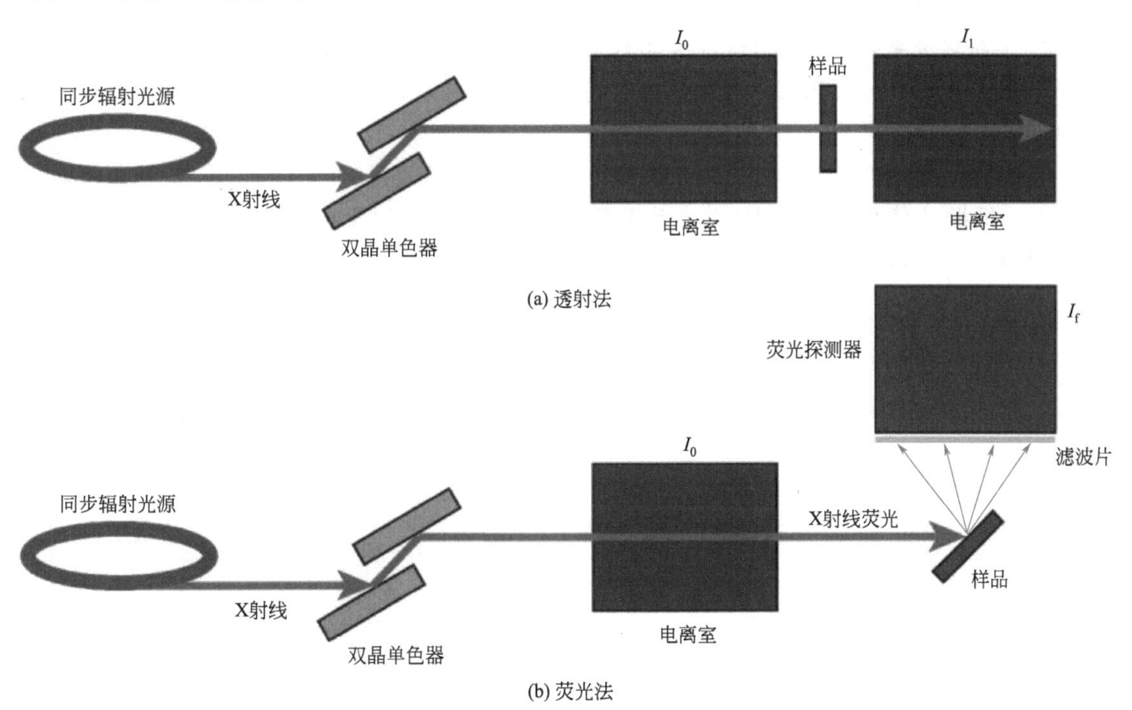

图 3-23 XAFS 透射法实验示意图和 XAFS 荧光法实验示意图

3.4.3 国内 XAFS 光束现状

目前国内共有三条正在运行的 XAFS 光束线站，分别是北京同步辐射装置（BSRF）、上海光源（SSRF）以及中国科学技术大学的国家同步辐射实验室（NSRL）。国家同步辐射实验室是我国第一个国家实验室并拥有第一台专用型同步辐射装置，也是我国重要的同步辐射研究中心，为国内外科学家提供性能优良的研究平台。NSRL XAFS 光束线站储存环电子能量为 800MeV，使用三极 6T 的超导 Wiggler 插入件，使用 Si(111) 双晶单色器，可以提供最高 15keV 的 X 射线。北京同步辐射装置是我国大型公共科学仪器之一，是我国材料科学、物理、化学、生命科学以及环境科学等交叉学科的重要研究基地，为我国的科学发展做出了很大的贡献。目前 BSRF 已经建有多条光束线和同步辐射实验站，储存环的电子能量为 2.5GeV，其中 1W1B -XAFS 光束线是 BSRF 的 XAFS 专用光束线，它是从一个七周期永磁 Wiggler1W1 中引出，采用 Si(111) 双晶单色器对入射 X 射线进行单色化。上海光源（SSRF）是 2009 年新建成的第三代同步辐射光源，性能指标可以和世界上其他先进的同步辐射光源媲美。BL14W1 光束线站是一个通用的高性能 X 射线吸收光谱实验装置，它从 38 级 Wiggler 引出，实验装置有 Si(111) 和 Si(311) 两种双晶单色器，可进行透射、荧光、掠入射、快时间分辨、高低温原位 XAFS 等实验。BL14W1 光束线站目前已稳定运行了多年，使得国内的 XAFS 实验变得更加便捷，被越来越广泛地应用于各个学科的研究之中。

习　题

1. 什么是劳埃法、周转晶体法？详细说明多晶（粉末）法的原理。

2. 分别说明单晶衍射法和多晶衍射法对样品的要求。

3. 简述 X 射线衍射仪的主要构造和各部分的功能。

4. X 射线荧光光谱法利用特征 X 射线进行元素分析的定性、定量依据是什么？

5. X 射线衍射仪法记录的衍射谱图在高角度会出现分峰现象，试说明造成这种现象的原因。

6. 使用 X 射线衍射仪得到某立方晶系物质如下角度的谱线（θ，CuK_α），试计算出其 d 值数列，根据 d 值数列查表判断其点阵类型，标定每条谱线的晶面指数。

13.673°，15.840°，22.707°，26.914°，28.214°，33.087°，36.505°，37.614°，41.959°

第 4 章 多晶X射线衍射的应用分析

通过多晶 X 射线衍射仪，获得的材料的 X 射线衍射谱图，是研究多晶材料结构的重要依据。如图 4-1 所示，通过材料的 X 射线衍射谱图上各个衍射峰的强度和位置，可以对该材料进行定性分析和定量分析；利用晶面间距 d 可以计算物相的点阵参数；利用 d 值的变化可以计算材料的残余应力或进行固溶体分析；利用衍射峰的半高宽，可以计算材料的晶粒大小和晶粒畸变；利用晶体衍射峰和非晶峰的积分强度计算材料的结晶度；还可以利用是否存在衍射峰来判断试样是晶态还是非晶态；等等。本章将就多晶 X 射线衍射在物相的定性定量分析、点阵常数的精密化计算方面进行讲述，简略介绍 Rietveld 全谱拟合结构精修的相关内容。

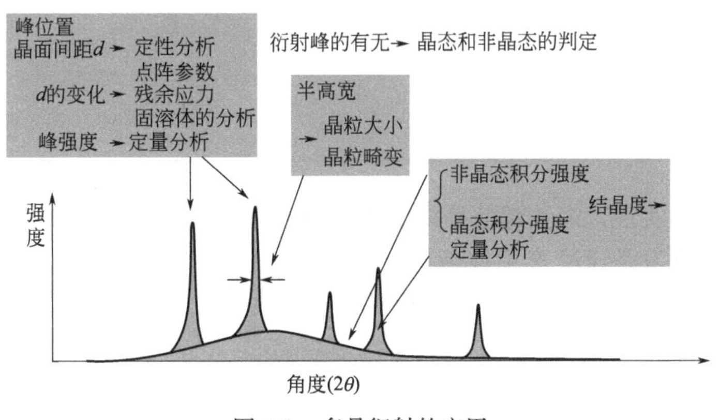

图 4-1 多晶衍射的应用

4.1 点阵常数精密计算

4.1.1 点阵常数精密计算原理

晶体的点阵常数是随其化学成分和外界条件（温度和压力）的变化而变化的。晶体的键合能、密度、热膨胀、固溶体类型、固溶度、固态相变、宏观应力等，都与点阵常数的变化密切相关。所以，可通过点阵常数的变化揭示晶体的物理本质及变化规律。

在对某种合金进行物相检索时，经常会发现很难将其衍射谱图与 PDF 卡片标准谱图完全对应起来，角度上总有一些偏差。其原因就是合金通常情况下都是固溶体，由于固溶体中溶入了异类原子，而这些异类原子的原子半径与基体的原子半径存在差异，从而导致了基体的晶格畸变，基体的点阵常数就会增大或缩小。另外，点阵常数还与温度、压力有关。需要注意的是，点阵常数随着各种条件的变化而变化的数量级是极其微小的，约为 10^{-5}nm。因而需要对点阵常数进行精确测定，才能反映出点阵常数的变化规律。

点阵常数精确测定的步骤如下：

① 获取待测试样的高质量的衍射谱图。

② 根据衍射角计算晶面间距 d。各种晶系晶面间距的计算公式见表 4-1。

③ 标定各衍射线的晶面指数 hkl（指标化）。

④ 由 d 及相应的 hkl 计算出点阵常数。

⑤ 消除误差，得到精确的点阵常数值。

表 4-1 各晶系晶面间距计算公式

晶系	晶面间距计算公式
单斜	$1/d^2=\left(\frac{h^2}{a^2}+\frac{l^2}{c^2}+\frac{2hl\cos\beta}{ac}\right)/\sin^2\beta+\frac{k^2}{b^2}$
正交	$1/d^2=\frac{h^2}{a^2}+\frac{k^2}{b^2}+\frac{l^2}{c^2}$
六方和三方	$1/d^2=\frac{4}{3}\times\frac{h^2+hk+k^2}{a^2}+\frac{l^2}{c^2}$
四方	$1/d^2=\frac{h^2+k^2}{a^2}+\frac{l^2}{c^2}$
立方	$1/d^2=\frac{h^2+k^2+l^2}{a^2}$

前四步都很容易实现，最关键的是第五步，如何消除误差，得到精确的点阵常数。

我们知道点阵常数是通过 X 射线衍射线的位置（θ 角度）的测定而计算获得的，以立方晶系为例，测定 θ 后，即可按照式(4-1) 得到点阵常数（a）的值，如下：

$$a=\frac{\lambda}{2\sin\theta}\sqrt{h^2+k^2+l^2} \tag{4-1}$$

式(4-1) 中的波长 λ 是经过精确测定的，有效数字可以达到七位，可以认为是常数；hkl 是整数，也不存在误差，因此点阵常数的精度主要取决于 $\sin\theta$ 的精度，即衍射角 θ 值的精度。

从原理上来看，在衍射花样中，通过任何一条衍射线的衍射角 θ 都可以计算出一个点阵常数值。但是，通过不同衍射线的衍射角 θ 计算出来的点阵常数总会有微小的差别，如表 4-2 所示，多晶硅不同的衍射线计算出来的点阵常数 a_i 略有差别。这是由测量误差造成的。

表 4-2 多晶硅不同衍射线计算出的点阵常数值

a_i/nm	θ/(°)	hkl
0.543144	47.4705	333
0.543142	53.3475	440
0.543126	57.0409	531
0.543119	63.7670	620

对布拉格方程两边进行微分，可得

$$\Delta d/d=-\cot\theta\Delta\theta$$

对立方晶系而言，$\Delta a/a=\Delta d/d$，所以

$$\Delta a/a=-\cot\theta\Delta\theta \tag{4-2}$$

从上面的计算公式也可以看出，当相对误差 $\Delta\theta$ 一定时，点阵常数的误差 $\Delta a/a$ 与 $\cot\theta$ 成正比，理论上，当 θ 趋近于 90°时，由测量衍射角度 θ 引起的误差将趋于零。所以在实验中应尽可能采用高角度的衍射线计算点阵常数。

在实际的测量中，$\theta=90°$的衍射线是不存在的，但是可以通过选择适当的波长，获得尽可能靠近 90°的衍射线，选择高角度衍射线的 θ 值计算点阵常数来减少误差。

4.1.2 测量点阵常数的误差来源

误差主要来自偶然误差和系统误差。偶然误差可以通过多次重复，降到最低。系统误差通常来自实验仪器和试样。对粉末照相法来说，测量误差主要来自相机半径误差、底片伸缩误差、试样偏心误差和试样吸收误差。对 X 射线衍射仪来说，来自仪器的误差包括测角仪的机械零点误差、$2\theta/\theta$ 驱动匹配误差、轴向发散误差（由于梭拉狭缝的片间距离和长度有限，入射线和衍射线都存在一定的轴向发散）；来自试样的误差主要包括平板试样误差（采用平板试样时，除了与聚焦圆相切的中心点外，其他点都不满足聚焦条件，会产生误差）、试样表面离轴误差（试样不平整造成的误差）和试样吸收误差。另外，还有 X 射线折射误差及温度误差。以上提到的误差只是用 X 射线衍射仪时的一些主要的误差，实际细分的话可达 30 多项。在实际的测量中，不能消除所有的系统误差，而只能侧重于消除某几方面的主要误差。

4.1.3 外推法消除系统误差

4.1.3.1 外推法的原理

上述各项误差中试样吸收误差、平板试样误差、轴向发散误差的一部分、机械零点误差、试样离轴误差，都有这样的特点，即当衍射角 θ 值趋于 90°时，它们造成的点阵常数误差趋近于零，因此，可以利用这一规律来进行数据处理以消除其影响。

由上面的分析可知，当相对误差 $\Delta\theta$ 一定时，点阵常数的误差 $\Delta a/a$ 随着 θ 的增大而减小。理论上，当 θ 趋近于 90°时，由测量衍射角度 θ 引起的误差将趋于零。在实际的测量中，$\theta=90°$的衍射线是不存在的，如何处理？采用外推法进行数据处理。

例如，先测出同一物质的多条衍射线，并按每条衍射线 θ 角计算出相应的点阵常数 a，再以衍射角 θ 为横坐标，以点阵常数 a 为纵坐标，在所有 a 的坐标点之间连成一条光滑曲线，曲线与纵轴的交点（$\theta=90°$）即为精确点阵常数 a_0。这就是外推法，需要注意的是，

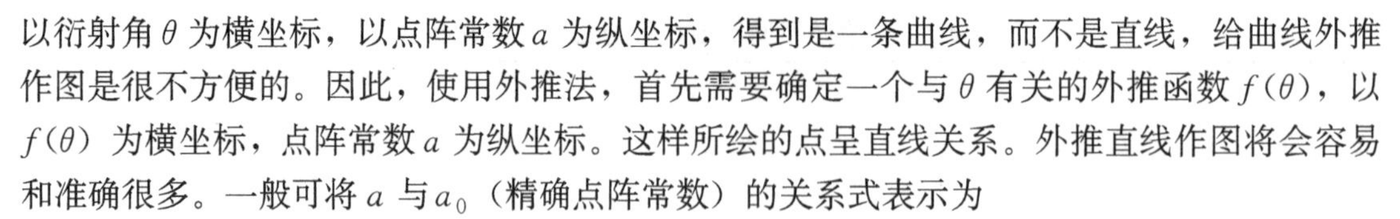

以衍射角θ为横坐标，以点阵常数a为纵坐标，得到是一条曲线，而不是直线，给曲线外推作图是很不方便的。因此，使用外推法，首先需要确定一个与θ有关的外推函数$f(\theta)$，以$f(\theta)$为横坐标，点阵常数a为纵坐标。这样所绘的点呈直线关系。外推直线作图将会容易和准确很多。一般可将a与a_0（精确点阵常数）的关系式表示为

$$a=a_0+bf(\theta) \tag{4-3}$$

4.1.3.2 外推函数的选择

在不同的几何条件下，主要的误差来源不同，外推函数也是不同的。即$f(\theta)$的形式不是唯一的，在文献中有各种形式的$f(\theta)$，都是不同的研究者在不同条件下得出的。使用时要注意其适用条件。对于粉末照相法，通过误差分析发现，$\Delta d/d=\cos^2\theta$，对于立方晶系，$\Delta a/a=\Delta d/d=\cos^2\theta$，即外推函数：

$$f(\theta)=\cos^2\theta \tag{4-4}$$

使用该外推函数时，$\cos^2\theta$为横坐标，a为纵坐标，取点作图，外推至$\cos^2\theta=0$，即$\theta=90°$，直线与纵坐标轴的交点即为精确点阵常数a_0。

该外推函数适用于待测物相在$\theta \geqslant 60°$有多条衍射线，而且在$\theta > 80°$最少有一条衍射线的情况。

由于在大多数的实验条件下，很难满足上述要求，故必须寻找一种可包含低角衍射线的直线外推函数。J. B. Belson 等用尝试法找到了外推函数$f(\theta)$，如式(4-5)所示，该函数称为尼尔逊函数。这个函数在很广的θ范围内有较好的直线性。

$$f(\theta)=\frac{\cos^2\theta}{2}\left(\frac{1}{\sin\theta}+\frac{1}{\theta}\right) \tag{4-5}$$

需要注意的是，采用同样的实验数据，使用不同的外推函数得到的点阵常数是不一样的，因此，在实际的测量中，首先应该分析误差的主要来源，选择恰当的外推函数来得到点阵常数的精确值。

4.1.4 最小二乘法

如上所述，外推法是通过式(4-3)表达的a-$f(\theta)$直线利用作图的方法外推得到a_0，通过选择适当的外推函数$f(\theta)$消除了大部分系统误差；降低了偶然误差的比例，降低偶然误差的程度取决于画最佳直线的技巧。由数理统计知识可知，以最小二乘法处理衍射测量数据，确定式(4-3)中的截距a_0与斜率b，所得的a-$f(\theta)$直线回归方程满足“各测量值误差平方和最小”的原则，这样计算求得点阵常数a_0误差最小。最小二乘法的实质就是使用精确的数学公式代替了画图，最大程度地降低了人为和偶然因素造成的误差。使用最小二乘法求a_0的方程如式(4-6)所示。在数学上称为正则方程，通过正则方程可以计算出直线回归方程的截距a和斜率b。

$$\sum Y=\sum a+b\sum X$$

$$\sum XY=a\sum X+b\sum X^2 \tag{4-6}$$

式中，Y即为点阵常数值；X为外推函数值。

下面以钨的衍射数据为例（$\lambda_{WK\alpha1}=0.15405981\text{nm}$），采用$\cos^2\theta$为外推函数，使用最小二乘法计算精确点阵参数，表4-3列出了相关的数据。

表 4-3 钨的衍射数据

hkl	$2\theta/(°)$	a_i/nm	$\cos^2\theta_i$
310	100.325	0.316545	0.40783
222	114.914	0.316540	0.28937
321	131.159	0.316538	0.17093
400	153.522	0.316532	0.05245

把表中的数据代入式(4-6)，得：

$1.266155=4a+0.92058b$

$0.291401671=0.9205a+0.282028373b$

解方程得：$a=0.316531$nm。

此时，a 值就是 $\theta=90°$时的 Y 值，大部分的系统误差已通过外推函数消除，而用最小二乘法所选的直线也最大限度地消除了人为因素造成的偶然误差，故 a 就是准确的点阵常数值 a_0。

需要注意的是，外推法和最小二乘法只是一种数学处理方法，它必须建立在准确的测量数据的基础上。

4.1.5 标准样品校正法

目前还没有公认的适合于 X 射线衍射仪法的外推函数，但是，X 射线衍射仪的测量精度要比德拜相机高一个数量级。我们可用标准样品（晶胞参数已经精确测定，而且不容易随环境变化的物质）来修正仪器而消除误差，使用修正后数据做晶胞精修得到的点阵常数即为精确点阵常数。标准样品一般用标准 Si 粉（纯度大于 99.9%）。

标准样品校正法分为内标法和外标法。所谓内标法就是将标准物质粉末（Si 粉）加入待测样品中来修正仪器的误差，当样品中存在多种物相或者样品本身的衍射峰较多时，再加入标准物质必然增加谱线重叠，造成分峰困难。显然内标法只适用于谱线较少的粉末样品。

所谓外标法就是事先测量出标准物质粉末（Si 粉）的全谱，通过这个全谱建立函数：

$$\Delta(2\theta)_{2\theta}=\sum A_i \times (2\theta)^i \quad (i=0,1,\cdots,N) \tag{4-7}$$

式中，A_i 为常数。

将这个函数保存成一个参数文件，那么在读入一个样品的测量图谱时，就可以使用这个函数来校正仪器误差。

以软件 Jade 为例讲述，外标法具体实验方法如下：

① 测量出标准物质粉末（Si 粉）的全谱，一般测量范围为 20°～100°。

② 完成物相检索和图谱拟合（图 4-2）。

③ 峰位校正。显示峰位校正的对话框。选定“Parabolic Fit”，再单击“Calibrate”，显示出角度校正曲线，如图 4-3 所示。

④ 保存角度校正曲线。单击“Save Curve”命令，将当前角度校正曲线保存起来（图 4-4）。

保存起来的角度校正曲线可用于实验样品图谱的角度校正。

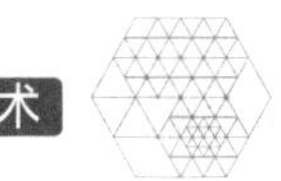

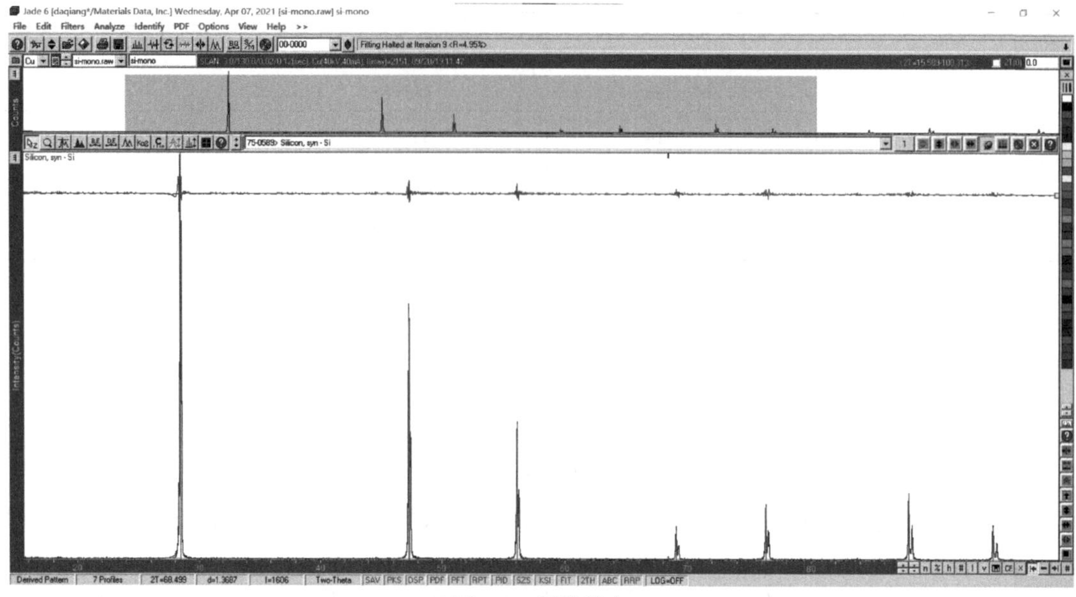

图 4-2　图谱拟合

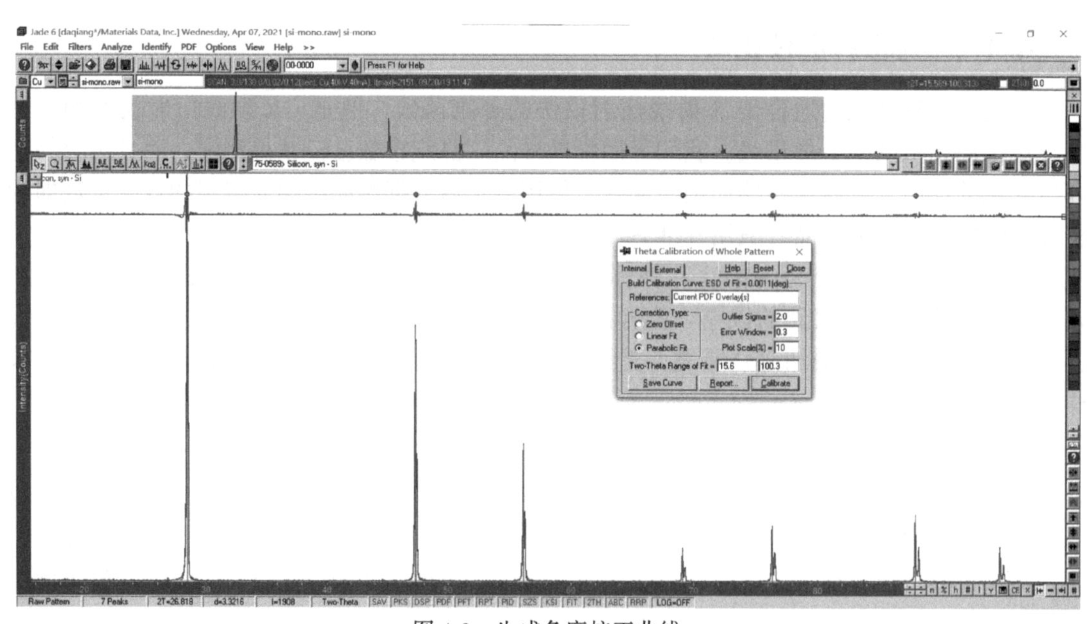

图 4-3　生成角度校正曲线

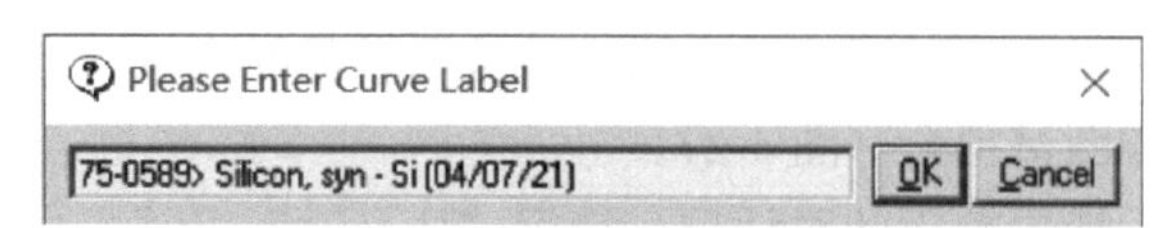

图 4-4　保存角度校正曲线

⑤ 选定外标曲线的使用方式。单击对话框中的“External”，显示“External”页。在下拉列表中选定刚刚保存的角度校正曲线“75-0589 Silicon，syn-Si（04/07/21）”，然后选定“Replace the Original with the Calibrated”和“Calibrate Patterns on Loading Automatical-

ly”（图 4-5），这样，在每次读入一个新的图谱时，软件将对图谱进行自动校正，并用校正后的图谱替换原始图谱。

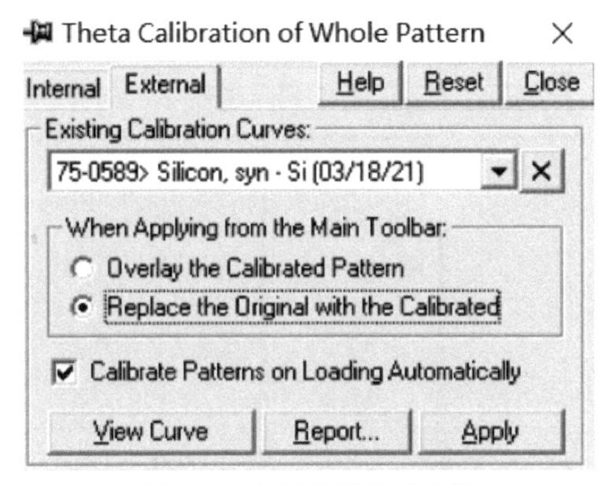

图 4-5　应用角度校正曲线

下面以 $LiMnPO_4$ 为例，说明保存的外标曲线的使用方法和点阵常数的精确计算方法。

① 用与测量标准曲线相同的实验条件扫描图谱，并打开图谱（图 4-6）。注意，由于在上面的步骤中选中了“Calibrate Patterns on Loading Automatically”，因此，在读入 $LiMn-PO_4$ 的图谱时，Jade 会自动读入角度校正曲线，图谱的角度被校正。

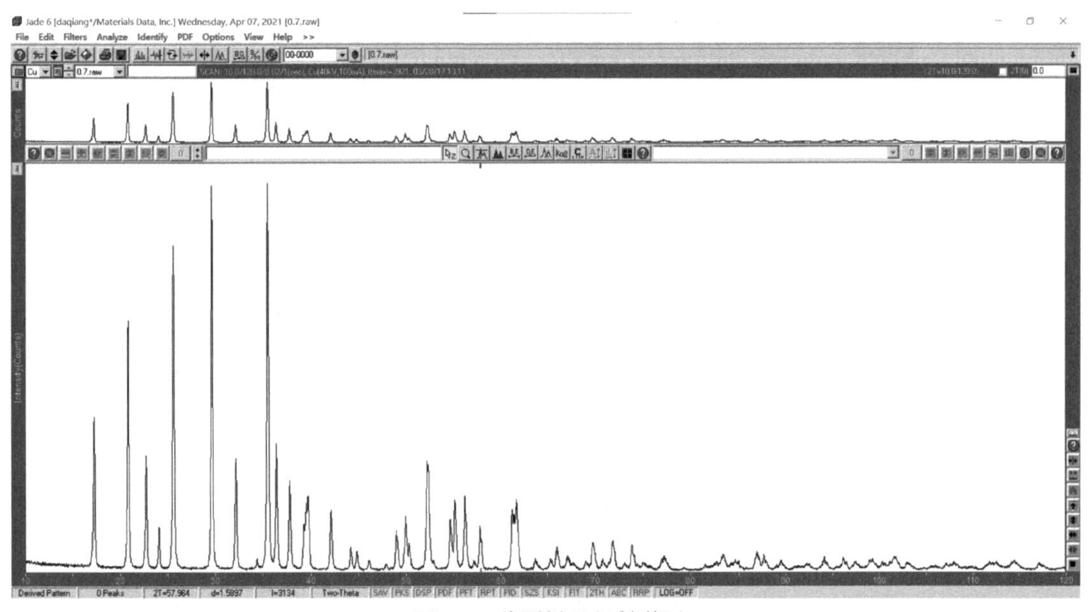

图 4-6　待测样品衍射谱图

② 物相检索、扣背景和 $K_{\alpha2}$、平滑。如果图谱本身质量很好，可不做平滑和扣背景。

③ 图谱拟合。拟合时不必做“全谱拟合”，只需选择重叠峰少、峰强度高的一部分衍射谱图（图 4-7）。

④ 选择菜单“Options-Cell Refinement”命令，打开晶胞精修对话框，点击“Refine”按钮，就完成了点阵常数的精确计算（图 4-8）。

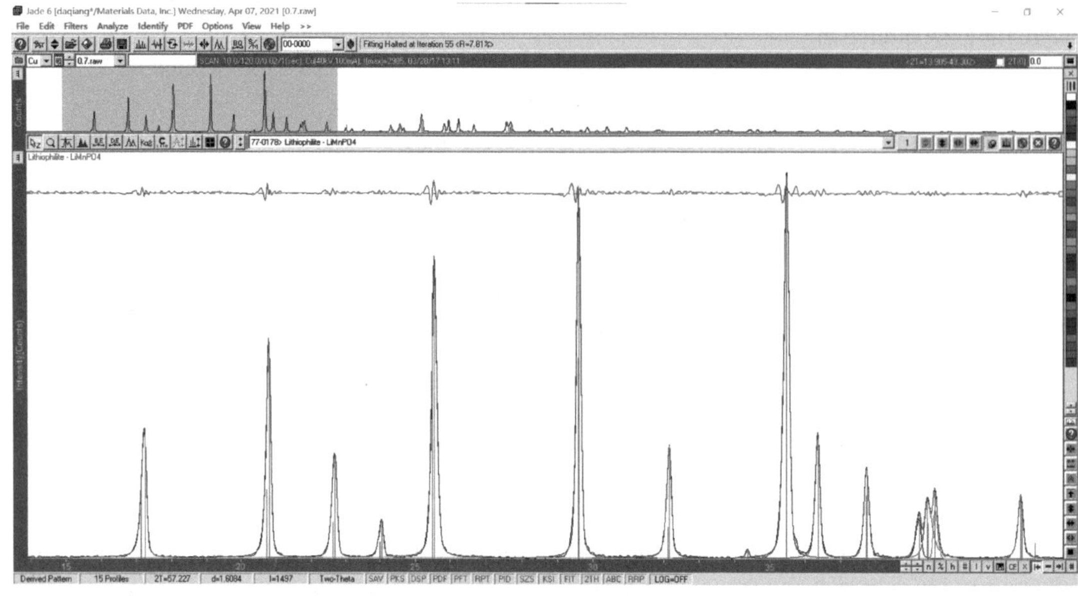

图 4-7 图谱拟合

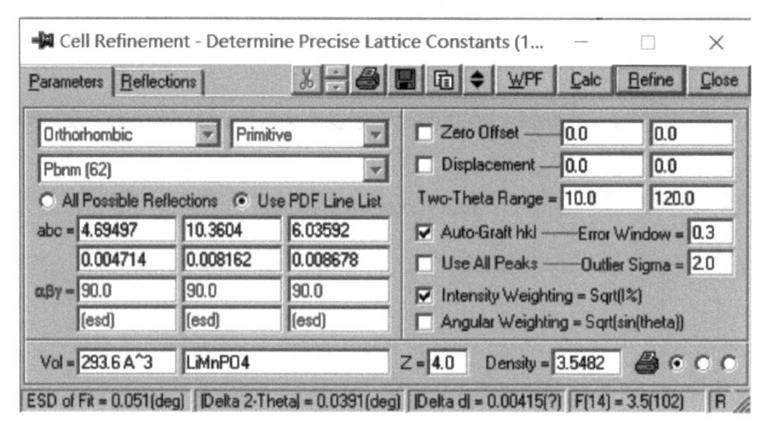

图 4-8 待测样品的点阵常数计算结果

4.2 物相定性分析

相是材料中由各元素作用形成的具有同一聚集状态、同一结构和性质的均匀组成部分；分为单质、化合物和固溶体三类。物相分析，是指确定材料由哪些相组成（或称物相定性分析）和确定各组成相的含量（常以体积分数或质量分数表示，即物相定量分析）。物相是决定或影响材料性能的重要因素（相同成分的材料，相组成不同则性能不同），利用 X 射线衍射法对物相进行定性分析就是对试样中由各种元素形成的具有固定结构的化合物、单质和固溶体进行鉴别，判断试样是何种物质。物相分析在材料、冶金、机械、化工、地质、纺织、食品等行业中得到广泛应用。

4.2.1 物相定性分析基本原理

物相定性分析是指以试样的 X 射线衍射数据（X 射线衍射谱图）为基本依据来得到试样物相组成的分析工作。任何一种结晶物质（包括单质、固溶体和化合物）都具有特定的晶体结构（包括结构类型，晶胞的形状和大小，晶胞中原子、离子或分子的品种、数目和位置）。在一定波长的 X 射线照射下，每种晶体都给出自己特有的衍射花样（衍射线的数目、位置和强度），每一种物质和它的衍射花样都是一一对应的，不可能有两种物质的衍射花样完全相同。这类似于人的指纹，没有两个人的指纹是完全相同的。

在进行物相定性分析时，为了便于对比和存储，通常用 d（晶面间距表征衍射线位置）和 I（衍射线的相对强度）的数据组代表衍射花样。决定 X 射线衍射谱中衍射方向（衍射峰位置）和衍射强度的一组 d 和 I 数值是与一个确定的晶体结构相对应的。这就是说，任何一个物相都有一组 d-I 特征值，两种不同物相的结构稍有差异，其衍射谱中的 d-I 值将有区别。这就是 X 射线衍射分析和物相鉴定的根本依据。

如果在试样中存在两种以上不同结构的物质，每种物质所特有的衍射花样不变，多相试样的衍射花样只是由它所含物质的衍射花样机械叠加而成。应用 X 射线衍射花样就可以将多种物相全部分析出来。

需要注意的是，虽然没有任何两种物相的衍射谱图（或衍射花样）是完全一样的，但是很多种物相的衍射谱图是十分相似的。这是物相定性分析需要特别注意的地方。

物相定性分析的基本方法，是将由试样测得的 d-I 数据组（即衍射谱图）与已知结构物质的标准 d-I 数据组（即标准衍射谱图）进行对比，从而鉴定出试样中存在的物相。为此，就必须收集大量的已知结构物质的 d-I 数据组，作为被测试样 d-I 数据组的对比依据。这种已知结构物质的标准数据称为 PDF（powder diffraction file）卡片。每张卡片上列出粉末衍射图样的基本数据：各条衍射线的指数、晶面间距和衍射线相对强度。物相分析就是从试样衍射图样中取得上述各类数据，并将其与卡片进行比较，找到相对应的物相。

4.2.2 ICDD-PDF 卡片

PDF 卡片的收集最早由 J. D. Hanawalt 等于 1938 年发起，以 d-I 数据组代替衍射花样，制备衍射数据卡片。1942 年美国材料试验协会（ASTM）出版了大约 1300 张衍射数据卡片，称为 ASTM 卡片，这种卡片的数量逐年增加。1969 年成立了国际性组织粉末衍射标准联合委员会（Joint Committee on Powder Diffraction Standards，JCPDS），由它负责编辑和出版的粉末衍射卡片，称为 JCPDS 卡片。现在由美国的一个公司 ICDD（the international centre for diffraction data）负责这项工作，其制作的卡片称为 ICDD-PDF 卡片。目前我们所说的 PDF 卡片通常指的就是 ICDD-PDF 卡片。PDF 卡片是全世界科学家多年积累的成果。伴随新的衍射数据的相继发表，PDF 卡片数量也在不断地增加。同时，原有不够精确和数据不完整的 PDF 卡片不断被删除、被更精确和更完整的 PDF 卡片所替代。ICDD 公司每年 9 月份出版最新版本的 PDF 卡片数据库，2020 版 PDF 卡片数据库包含无机物、有机物在内的 PDF 卡片共计 1 004 568 张。目前出版发行的 PDF 卡片数据库类型有 PDF-4＋、PDF-4＋/Web、PDF-4/Minerals、PDF-4/Axiom、PDF-4/Organic 和 PDF-2 数据库。不同类型的 PDF 卡片数据库收录的卡片数量和种类不同，其应用范围也不同。PDF4 卡片比 PDF2 卡片包含更多的物相信息，包括电子衍射图片、晶体结构图等。下面以 PDF2 卡片为例，说明 PDF 卡片所包含的信息，见图 4-9。

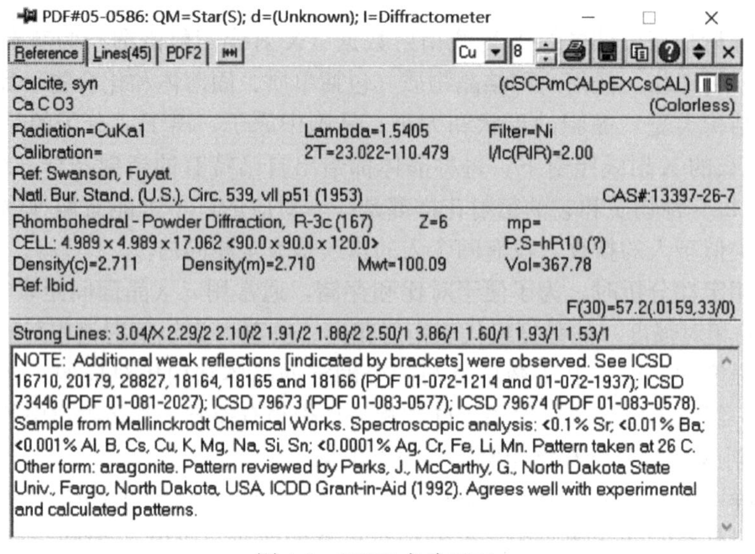

图 4-9　PDF2 卡片正面

图 4-9 包括 6 栏数据：

① 卡片号和数据来源。卡片号由组号（01～99）和组内编号（0001～9999）组成。数据来源是指卡片数据是由实验测得的还是通过计算得来的。卡片库中前 59 组的卡片数据是实验测得的，60 组以后的卡片数据是计算得到的，或者是由国际晶体学数据库卡片（ICSD）转换过来的。卡片的可靠程度用一个符号或字符表示。比如“*”表示最高可靠性；“i”表示重新检查了衍射线强度，但数据的精确度比星级低；“C”表示用计算方法得到的数据；等等。

② 物相的化学组成、化学名称。其中 Syn 表示人工合成的晶体。

③ 测量条件和 RIR 值及数据引源。包括采用的靶材、X 射线的波长、滤波片的材质；参考比强度（RIR）值，该值在定量计算时会用到；最后是参考文献，即该数据的来源。

④ 晶体结构和晶体学数据。包括晶型、晶胞参数、Z 值（一个晶体单胞内含有的结构单元数）。$Z=6$，表示一个 $CaCO_3$ 晶体单胞中包含 6 个 $CaCO_3$ 结构单元。

⑤ 8 强线数据。即该物相衍射谱图中最强的 8 条衍射线位置和相对强度。

⑥ 衍射谱图或者对物相的进一步说明。

图 4-10 所示是 PDF 卡片的第 2 页。这个页面就是物相的 d-I 列表，即列出了该物相所有衍射峰的角度和相对强度值。卡片中晶面间距 d 的单位是埃，相对强度 $I(f)$ 是指规定最强峰的强度值为 100，其他衍射峰的强度值都是相对于最强峰而言的。(hkl) 表示产生衍射的衍射面指数。

需要说明的是，PDF 卡片的收集经历了几十年的发展，其数据来源有两种：一种是由全世界的科学家通过实验检测得到的衍射数据，该数据被 ICDD 公司校验、确认为正确的数据，就会被收录到 PDF 卡片数据库中；另一种是通过国际晶体学数据库发表的晶体结构换算出来的衍射数据，即计算得到的数据。在使用 PDF 卡片数据库检索物相的过程中，会经常发现一种物相存在多张 PDF 卡片，如图 4-11 所示。$CaCO_3$ 的 PDF 卡片多达几十张。这是因为同一种物相有不同的科学家多次发表的实验数据或计算数据，ICDD 公司可能都收录进来。这些卡片上的数据并无本质的区别，只是由于测量条件、计算精度不同而存在微小的差别。

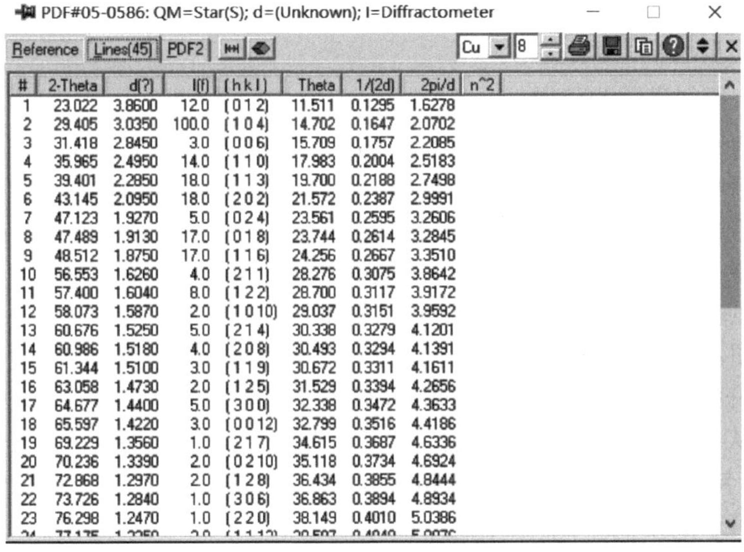

PDF#05-0586: QM=Star(S); d=(Unknown); I=Diffractometer

Reference | Lines(45) | PDF2 | Cu | 8

#	2-Theta	d(?)	I(f)	(h k l)	Theta	1/(2d)	2pi/d	n^2
1	23.022	3.8600	12.0	(0 1 2)	11.511	0.1295	1.6278	
2	29.405	3.0350	100.0	(1 0 4)	14.702	0.1647	2.0702	
3	31.418	2.8450	3.0	(0 0 6)	15.709	0.1757	2.2085	
4	35.965	2.4950	14.0	(1 1 0)	17.983	0.2004	2.5183	
5	39.401	2.2850	18.0	(1 1 3)	19.700	0.2188	2.7498	
6	43.145	2.0950	18.0	(2 0 2)	21.572	0.2387	2.9991	
7	47.123	1.9270	5.0	(0 2 4)	23.561	0.2595	3.2606	
8	47.489	1.9130	17.0	(0 1 8)	23.744	0.2614	3.2845	
9	48.512	1.8750	17.0	(1 1 6)	24.256	0.2667	3.3510	
10	56.553	1.6260	4.0	(2 1 1)	28.276	0.3075	3.8642	
11	57.400	1.6040	8.0	(1 2 2)	28.700	0.3117	3.9172	
12	58.073	1.5870	2.0	(1 0 10)	29.037	0.3151	3.9592	
13	60.676	1.5250	5.0	(2 1 4)	30.338	0.3279	4.1201	
14	60.986	1.5180	4.0	(2 0 8)	30.493	0.3294	4.1391	
15	61.344	1.5100	3.0	(1 1 9)	30.672	0.3311	4.1611	
16	63.058	1.4730	2.0	(1 2 5)	31.529	0.3394	4.2656	
17	64.677	1.4400	5.0	(3 0 0)	32.338	0.3472	4.3633	
18	65.597	1.4220	3.0	(0 0 12)	32.799	0.3516	4.4186	
19	69.229	1.3560	1.0	(2 1 7)	34.615	0.3687	4.6336	
20	70.236	1.3390	2.0	(0 2 10)	35.118	0.3734	4.6924	
21	72.868	1.2970	2.0	(1 2 8)	36.434	0.3855	4.8444	
22	73.726	1.2840	1.0	(3 0 6)	36.863	0.3894	4.8934	
23	76.298	1.2470	1.0	(2 2 0)	38.149	0.4010	5.0386	

图 4-10 PDF 卡片反面

ICDD/JCPDS PDF Retrievals [Level-2 PDF, Sets 1-54 (03/18/04)]

ICSD Patterns (89/59522 | 00-0000 | CaCO3 | 4 | 100 | Tip: you can resize this dialog if desired

27 Hits Sorted on Ph...	Chemical Formula	PDF-#	J	D	#d/I	RIR	P.S.	Space Group	a	b	c	c/a	Alpha	Beta	Gamma	Z	Volume	Density	CSD#
Aragonite	CaCO3	71-2396	C	C	86	1.13	oP20	Pmcn (62)	4.962	7.970	5.739	1.157	90.00	90.00	90.00	4	227.0	2.928	15198
Aragonite	Ca(CO3)	76-0606	C	C	86	1.14	oP20	Pmcn (62)	4.960	7.964	5.738	1.157	90.00	90.00	90.00	4	226.6	2.947	34308
Aragonite	Ca(CO3)	75-2230	C	C	87	1.14	oP20	Pmcn (62)	4.961	7.967	5.741	1.157	90.00	90.00	90.00	4	226.9	2.929	32100
Aragonite	Ca(CO3)	71-2392	C	C	95	1.05	oP20	Pmcn (62)	4.961	8.967	5.740	1.157	90.00	90.00	90.00	4	255.4	2.603	15194
Calcite	Ca(CO3)	86-2341	?	C	30	2.82	hR10	R-3c (167)	4.978	4.978	17.354	3.486	90.00	90.00	120.00	6	372.4	2.677	40114
Calcite	CaCO3	72-1937	C	C	33	3.23	hR10	R-3c (167)	4.994	4.994	17.081	3.420	90.00	90.00	120.00	6	368.9	2.702	20179
Calcite	Ca(CO3)	86-2340	?	C	27	2.92	hR10	R-3c (167)	4.980	4.980	17.224	3.459	90.00	90.00	120.00	6	369.9	2.695	40113
Calcite	Ca(CO3)	83-0578	C	C	33	3.21	hR10	R-3c (167)	4.989	4.989	17.053	3.418	90.00	90.00	120.00	6	367.5	2.713	79674
Calcite	CaCO3	72-1652	C	C	33	3.20	hR10	R-3c (167)	4.990	4.990	17.002	3.407	90.00	90.00	120.00	6	366.6	2.719	18166
Calcite	CaCO3	72-1651	?	C	33	3.21	hR10	R-3c (167)	4.991	4.991	16.972	3.401	90.00	90.00	120.00	6	366.1	2.723	18165
Calcite	CaCO3	72-1650	?	C	33	3.22	hR10	R-3c (167)	4.993	4.993	16.917	3.388	90.00	90.00	120.00	6	365.2	2.730	18164
Calcite	Ca(CO3)	86-2342	?	C	32	2.72	hR10	R-3c (167)	4.978	4.978	17.462	3.508	90.00	90.00	120.00	6	374.7	2.661	40115
Calcite	Ca(CO3)	83-1762	C	C	33	3.25	hR10	R-3c (167)	4.990	4.990	17.061	3.419	90.00	90.00	120.00	6	367.9	2.710	100676
Calcite	Ca(CO3)	86-2334	C	C	33	3.15	hR10	R-3c (167)	4.988	4.988	17.061	3.420	90.00	90.00	120.00	6	367.6	2.710	40107
Calcite	Ca(CO3)	83-0577	C	C	33	3.21	hR10	R-3c (167)	4.989	4.989	17.053	3.418	90.00	90.00	120.00	6	367.5	2.713	79673
Calcite, syn	Ca(CO3)	81-2027	C	C	33	3.23	hR10	R-3c (167)	4.991	4.991	17.062	3.419	90.00	90.00	120.00	6	368.1	2.709	73446
Calcite, syn	CaCO3	72-1214	C	C	33	3.20	hR10	R-3c (167)	4.989	4.989	17.062	3.420	90.00	90.00	120.00	6	367.8	2.711	16710
Calcite, syn	Ca(CO3)	86-0174	C	C	33	3.23	hR10	R-3c (167)	4.988	4.988	17.068	3.422	90.00	90.00	120.00	6	367.8	2.710	80869
Calcium Carbonate	Ca(CO3)	86-2339	?	C	33	3.13	hR10	R-3c (167)	4.984	4.984	17.121	3.435	90.00	90.00	120.00	6	368.3	2.707	40112
Calcium Carbonate	Ca(CO3)	86-2343	?	C	31	2.65	hR10	R-3c (167)	4.976	4.976	17.488	3.514	90.00	90.00	120.00	6	375.0	2.659	40116
Calcium Carbonate	CaCO3	85-1108	C	C	30	3.39	hR10	R-3c (167)	4.980	4.980	17.019	3.417	90.00	90.00	120.00	6	365.6	2.727	37241
Calcium Carbonate	CaCO3	85-0849	C	C	33	3.12	hR10	R-3c (167)	4.980	4.980	17.019	3.417	90.00	90.00	120.00	6	365.6	2.727	28827
Calcium Carbonate	CaCO3	70-0095	?	C	96	2.09	mP20	P21/c (14)	6.334	4.948	8.033	1.268	90.00	107.90	90.00	4	239.6	2.774	150
Calcium carbonate - III	Ca(CO3)	87-1863	?	C	102	2.01	mC30	C2 (5)	8.746	4.685	8.275	0.946	90.00	94.40	90.00	6	338.1	2.949	83607
Vaterite, syn	CaCO3	74-1867	C	C	58	1.13	oP20	Pbnm (62)	4.130	7.150	8.480	2.053	90.00	90.00	90.00	4	250.4	2.654	27827
Vaterite, syn	CaCO3	72-1616	C	C	100	7.93	hP40	P63/mmc (194)	7.148	7.148	16.949	2.371	90.00	90.00	120.00	8	750.0	2.600	18127
Vaterite, syn	CaCO3	72-0506	C	C	30	1.14	hP10	P63/mmc (194)	4.130	4.130	8.490	2.056	90.00	90.00	120.00	2	125.4	2.600	15879

图 4-11 碳酸钙的 PDF 卡片

PDF 卡片还包含一些其他信息，在此不再一一说明。

4.2.3 物相定性分析方法

物相定性分析方法实质就是把获得的未知样品的 X 射线衍射谱图与 PDF 卡片数据库中的卡片进行检索比对。PDF 卡片检索的发展已经历了三代：第一代是通过检索工具书来检索纸质卡片，这个过程中最常用的方法是三强线法，即通过最强的三条衍射峰对应其中的某一物相。随着计算机的应用普及，第二代是通过一定的检索程序，按给定的检索窗口条件对光盘卡片库进行检索，如 PCPDFWin 程序。第三代是使用自动检索匹配软件，通过图形对比方式检索多物相样品中的物相。从 PDF 卡片库中检索出与被测图谱匹配的物相的过程称为“检索与匹配”。X 射线衍射仪设备的生产厂家都会开发自己的检索匹配软件，所以检索

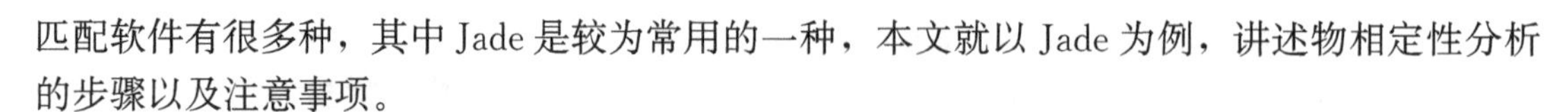

匹配软件有很多种，其中 Jade 是较为常用的一种，本文就以 Jade 为例，讲述物相定性分析的步骤以及注意事项。

4.2.3.1 衍射谱图的获得

想要对某种未知的样品进行准确的物相鉴定，首先需要获得该样品的全谱 X 射线衍射谱图。目前最常用的方法就是利用 X 射线衍射仪获得样品的衍射谱图。所谓全谱，并不是真正意义上的全部谱线，是指包含样品全部特征信息的谱图。通常物相的特征信息都是在小角度衍射区。除了铜、铁一类的金属外，一般不需要扫描 90°以上的谱图。

不同材料的衍射峰位区域是不同的，应该根据材料选择测量范围（2θ）。通常，有机材料、水泥等无机材料和黏土矿物的晶面间距大，应选择较小角度衍射区域，使用铜靶辐射时，选择从 3°开始扫描；金属材料的晶面间距较小，应当选择较大衍射角和较宽的衍射角范围扫描，一般从 10°开始扫描。总的来说，为了节省时间，同时保证数据的正确性，实验前应当查找 PDF 卡片，了解样品中可能物相的衍射角范围。总的选择原则是就小不就大不能漏掉小角度的特征衍射峰。

物相鉴定对 X 射线衍射谱图的质量要求不是很高，扫描方式采取连续扫描，步长 0.02°，扫描速度 8°/min，获得的衍射谱图就可以满足要求。把得到的衍射谱图读入检索软件 Jade，如图 4-12 所示。

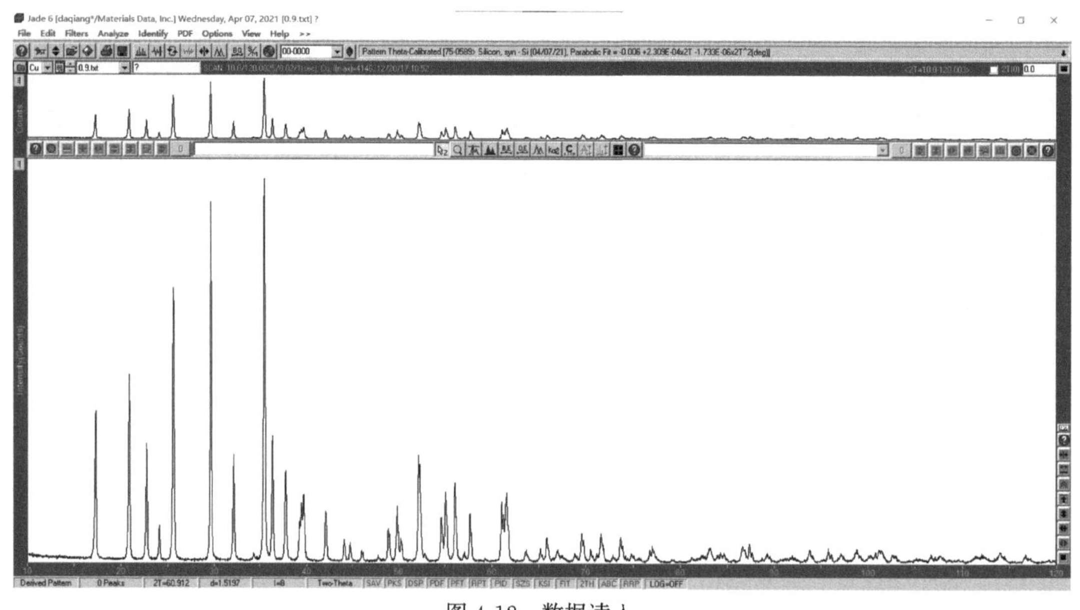

图 4-12　数据读入

4.2.3.2 检索条件的设置

把未知样品的衍射谱图读入 Jade 后，为了增加检索匹配的正确率，需要对检索条件进行设置。检索条件的设置主要包括检索子库和样品中可能存在的元素的设置。

① 检索子库设置。为了方便检索，PDF 卡片数据库按样品的种类分为：无机物、矿物、合金、陶瓷、水泥、有机物等多个子数据库。检索时，可按照样品的种类，选择在一个或几个子库内检索，以缩小检索范围，提高检索的命中率。具体操作为：鼠标右键点击“S/M”按钮，打开检索条件设置对话框，如图 4-13 所示。

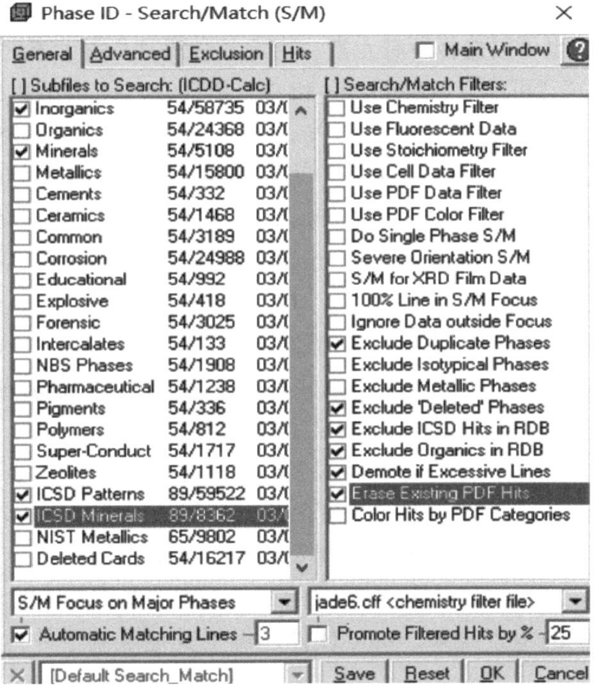

图 4-13 物相检索条件设置对话框

在图 4-13 所示的对话框中，左上角为 PDF 卡片子库的选择，应当根据样品的情况选择不同的子库。一般选择原则是尽可能少选子库，以提高检索命中率。比如，对于矿物样品，一般选择 Minerals 和 ICSD Minerals 数据子库。对于有机物样品，则应当只选择“Organics”子库。对于一般样品，通常选择 Minerals、Inorganics、ICSD Minerals 和 ICSD Inorganics 四个子数据库。需要注意的是，如果对样品所属类型不够了解，也可以选择所有的子库。

② 元素限定设置。在做 X 射线衍射实验前应当先检查样品中可能存在的元素种类，在检索 PDF 卡片数据库时，选择可能存在的元素，以缩小元素检索范围。图 4-13 所示的对话框的右边框中列出了多个“过滤器”。其中最重要的是“Use Chemistry Filter”选项。选中该项，将进入“元素周期表”对话框，如图 4-14 所示。

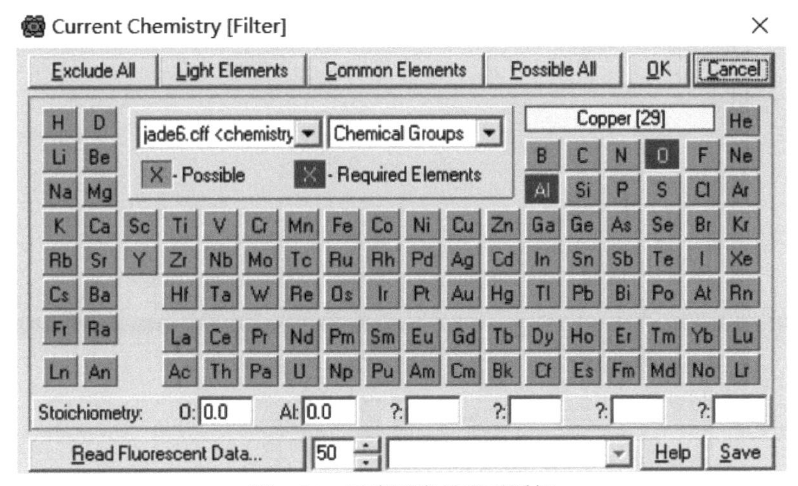

图 4-14 元素限定设置对话框

在选择元素时，可以选择排除所有元素，即不选择任何元素；也可以选择所有轻元素；也可以选择常见元素；也可以选择所有元素。指定某种或某几种元素时有三种选择方法，即“不可能（Impossible）”“可能（Possible）”和“一定存在（Required elements）”。“Impossible”就是不存在，也就是不选该元素。“Possible”就是被检索的物相中可能存在该元素，也可能不存在该元素。“Required elements”表示被检索的物相中一定存在该元素。“Possible”的标记为蓝色字体，“Required elements”的标记为绿色背景。在图 4-14 的元素选择中，“O”和“Al”选定为“Required elements”，这样，检索目标就只是含有“O”和“Al”的物相，而不考虑其他物相。

③ 限定检索的焦点。图 4-13 所示对话框的左下角有一个列表：Search Focus on Major/Minor/Trace/Zoom Window/Painted。这里共有 5 种选择，它们分别表示检索时主要着眼于“主要相/次要相/微量相/全谱检索/选定的某个峰”。

④ 其他过滤器。在元素限定下面还有很多其他过滤器。

a. Exclude Duplicate Phases：排除重复的相，一般情况下都不用勾选。

b. Exclude Isotypical Phases：排除同类型的相，一般不勾选。

c. Exclude Deleted Phases：排除被删除的相。否则那些被删除的卡片会被显示出来。

为了获得更加准确的检索结果，Jade 软件还做了其他限制条件检索的功能，在此不再一一讲述。

4.2.3.3 检索结果的分析

设定好检索条件后，点击“OK”，软件就会自动按照设定的条件匹配物相。如图 4-15 所示，检索软件给出了多达十几种检索结果；并且按照 FOM 值从小到大进行排列，FOM 值是匹配率的倒数，值越小，说明匹配度越高。从中可以知道，检索软件只能将 PDF 卡片数据库中符合检索条件的 PDF 卡片列出来，但不能确定样品中存在何种或哪几种物相。确定物相是需要检索者自己做的。如果 S/M 列表中的某个 PDF 卡片的所有谱线都能对上实验谱的衍射峰，而且强度也基本匹配，同时物相化学成分也相符，则可以考虑这种物相在样品

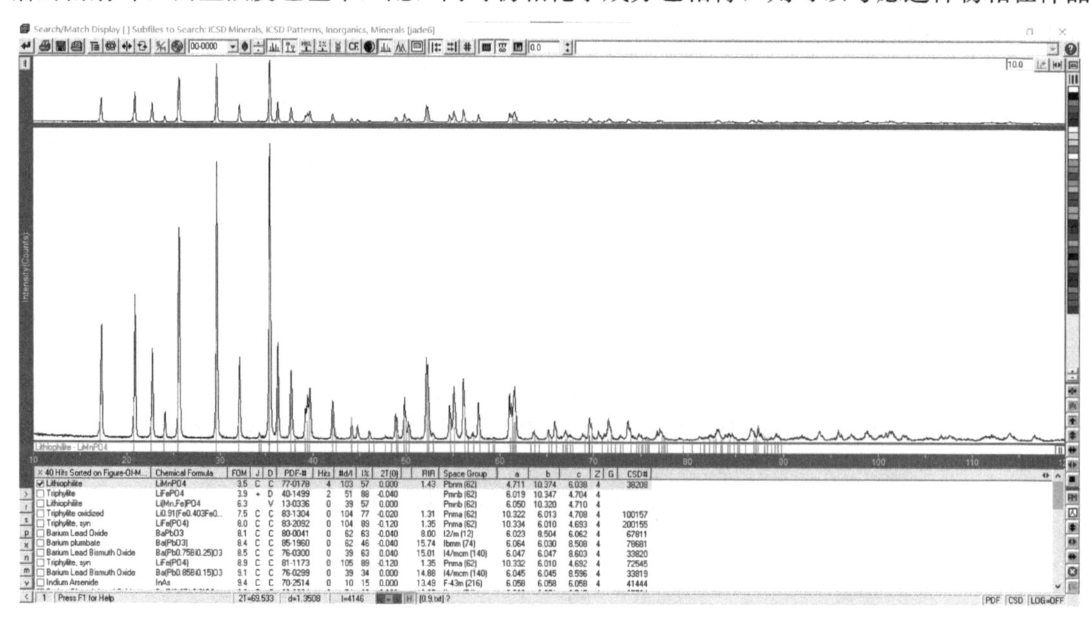

图 4-15 检索结果列表

中是存在的。如果样品中含有多种物相，而且有多个 PDF 卡片符合确定物相的条件，则可以同时选择它们。当样品中存在多种物相时，很有可能一次检索不能全部检索出来。这时，需要改变检索条件再检索。例如，缩小 PDF 子库的范围、缩小元素的选择范围或者使用不同的元素组合、设定检索对象为微量相等。需要说明的是，计算机仅仅是根据检索者给出的检索条件来检索物相。给出不同的检索条件时，可能得到不同的检索结果。如何有技巧地设置和运用这些检索条件是正确和完全检索出物相的关键。限定检索条件的目的是缩小程序的搜索范围，从而增大检索结果的可靠性。不同的限定条件，程序可能会检出不同的物相列表。因此，当某些峰的物相检索不出来时，不妨改变检索条件。其他的限定条件还有“错误窗口大小”，也是值得注意的。限定条件越严格，程序的搜索范围越小，检索出来的物相可能越正确，但也可能出现某些物相检索不出来的情况。

4.2.4 物相定性分析注意事项及局限性

① 样品必须是晶态的（如粉末、块状金属或液体中晶体悬浮物）。气体、液体、非晶态固体都不能用 X 射线衍射分析方法做物相分析。

② 难以检测出混合物中的微量相，检测极限因被检测对象而异。一般为 0.1%～10%。有些元素对 X 射线的吸收强，反射弱，则难以检测出来；而有些元素则相反，对 X 射线的反射强。例如，样品中含有 0.01%（质量分数）的 Ag 都可能检测出来，而有些物相质量分数达到 5%时都难以检测出来。所以，X 射线衍射物相分析只能判断某种物相的存在，而不能确定一种物相是否“真正”不存在。为了更好地检测出微量物相，一方面需要提高光管的功率（转靶光管）和接收效率（高能探测器），另一方面需要延长扫描时间。

③ 当 X 射线衍射强度很弱时难以做物相分析。单纯依靠 X 射线衍射做物相分析时，对于含量低的物相是难以完成的，因为微量相的衍射强度很弱，某些衍射峰可能不会出现。这时，可结合其他测得的信息，如电子探针、X 射线荧光分析测得的元素信息，则比较容易做物相分析。

④ 对于没有录入 ICDD 卡片内的物质无法做物相分析。粉末 X 射线衍射物相检索是一种“对卡”过程，如果数据库中没有记录下该物相的数据，当然无法检索出来。

⑤ 相当多的晶体的点阵常数比较接近，因此其 X 射线衍射谱图很像，例如，合金钢中经常碰到的碳化物 TiC、VC、ZrC、NbC 等都是 NaCl 型晶体结构，其点阵常数比较接近。同时，它们的点阵常数又因固溶其他合金元素而有所变化。对于这类物质，若单靠 X 射线衍射来确定物相是很困难的。常需与电子探针、X 射线荧光等工具分析元素组成，才能得出正确的结论。

4.3 定量分析

4.3.1 定量分析原理

物相定量分析的基本原理是，物质的衍射强度与该物质参加衍射的体积成正比。一般来说，试样中某一物相的某条特征衍射线的强度，是随该物相在试样中的含量递增而增强的，但两者之间不是线性（正比）关系。这是因为，试样中各相分物质不仅是产生相干散射的散射源，而且也是产生 X 射线衰减的吸收体。由于各物相的吸收系数不同，会影响试样中各相分的衍射线强度的对比，所以需要进行修正。设试样是由 n 个相组成的混合物，其质量吸收系数为 μ，则其中 α 相的 hkl 晶面衍射线强度为

$$I_{hkl}=\frac{I_0}{32\pi R}\times\frac{e^4}{m^2c^4}\times\lambda^3\frac{1}{V_0^2}F_{hkl}^2P_{hkl}\times\frac{1+\cos^2\theta}{\sin^2\theta\cos\theta}\times e^{-2M}\times\frac{V}{2\mu} \tag{4-8}$$

令：

$$C=\frac{I_0}{32\pi R}\times\frac{e^4}{m^2c^4}\lambda^3$$

其中 C 所表示的参数与衍射仪的几何光学有关，可以看作常数。

令：

$$B=\frac{1}{V_0^2}F_{hkl}^2P_{hkl}\times\frac{1+\cos^2\theta}{\sin^2\theta\cos\theta}\times e^{-2M}$$

其中 B 所表示的参数与被分析物相的结构有关，又称为强度因子。

μ 是混合物对 X 射线的质量吸收系数。混合物的质量吸收系数为各组成相的质量吸收系数的加权代数和。所以，衍射强度公式中除了 μ（质量吸收系数）以外均与各组成相含量无关，合并其他项（与含量无关的项）为 K，那么，对于由多种物相组成的混合物，其中任何一种物相 α 的衍射强度与该物相所占的体积分数的关系可表示为

$$I_\alpha=K_\alpha\frac{1}{\mu}V_\alpha$$

其中，V_α 为 α 的体积分数。

或者：

$$I_\alpha=K_\alpha\frac{w_\alpha}{\rho_\alpha\mu} \tag{4-9}$$

其中，w_α 为 α 相的质量分数。

式(4-9) 直接把第 α 相的某条衍射线的强度与该相的质量分数联系起来了。

从上述公式中，可以看到，在物相定量分析中，即使对于最简单的情况，即待测样为两相混合物，也不能直接从衍射强度计算某种物相的质量分数，因为方程式中含有未知常数 K 和试样的质量吸收系数 μ，要想消掉 K，可以用待测相的某条衍射线的强度与该相标准物质的同一条衍射线的强度相除，从而消掉 K。由于使用的标准物质和方法不同，可以分为外标法、内标法、K 值法和直接对比法（绝热法）等几种方法。

4.3.2 定量分析方法

4.3.2.1 外标法

外标法又叫作单线条法，是用对比样品中待测的 α 相的某条衍射线的强度和纯 α 相同一条衍射线的强度来获得 α 相含量的方法。某混合相中 α 相的某条衍射线的衍射强度为

$$I_\alpha=K_\alpha\frac{w_\alpha}{\rho_\alpha\mu}$$

纯 α 相的同一条衍射线的衍射强度为

$$(I_\alpha)_0=K_\alpha\frac{1}{\rho_\alpha\mu_\alpha}$$

由此可得

$$\frac{I_\alpha}{(I_\alpha)_0}=w_\alpha\frac{\mu_\alpha}{\mu} \tag{4-10}$$

从式(4-10) 可以知道，对于两相混合物，在知道两种物相的质量吸收系数的情况下，可以求出每种物相的质量分数。

若不知道两种物相的质量吸收系数，欲求质量分数则需要做标准曲线，需要用纯 α 和 β 相配制一系列不同质量分数的样品，以及一个纯 α 相样品。在完全相同的条件下，分别测定各个样品中 α 相的同一条衍射线的强度，然后以相对强度比 $I_\alpha/(I_\alpha)_0$ 和质量分数 w_α 作图，从而绘出标准曲线。

对于同素异构体（化学组成相同但结构不同，如 α-SiO_2 和 β-SiO_2、α-Al_2O_3 和 γ-Al_2O_3），由于质量吸收系数相同，$\mu=\mu_\alpha$，故可直接根据试样中 α 相和纯 α 相的同一条衍射线的相对强度比求出 α 相质量分数。这种样品的外标法标准曲线是直线。由此可见，外标法主要适用于测定同素异构体和两相混合物的相组成。

4.3.2.2 内标法

在样品中加入一定比例的该样品中原来没有的纯的标准物质 S（即内标物），把样品中待测相（α 相）的某条衍射线的强度与加入的标准物质 S 的某条衍射线的强度相比较，从而获得被测相的质量分数。待测 α 相与基体（原样品）以及质量分数为 w_S 的内标物组成新的多相混合物，在其中 S 和 α 相的某条衍射线强度分别为

$$I_S=K_S\frac{w_S}{\rho_S\mu}$$

$$I_\alpha=K_\alpha\frac{w'_\alpha}{\rho_\alpha\mu}$$

两者之比等于：

$$I_\alpha/I_S=K\rho_S w'_\alpha/\rho_\alpha w_S$$

上式中 $K=\frac{K_\alpha}{K_S}$，w'_α为 α 相在混合物中的质量分数，w_α 为原样中 α 相的质量分数。$w'_\alpha=w_\alpha(1-w_S)$，若 w_S 一定，则 $(1-w_S)$ 也为常数，故有：

$$I_\alpha/I_S=Kw_\alpha(1-w_S)\rho_S/(\rho_\alpha w_S) \tag{4-11}$$

在这种情况下，I_α/I_S 与 w_α成正比，只要知道系数 K 就可根据 I_α/I_S 求出 w_α。先配制一系列含有已知的、不同质量分数的 α 相的标准混合样品，在这些标准混合样品中加入相同质量比例的内标物 S，然后测定各标准样品中 α 相及 S 相的某一对特征衍射线的强度 I_α和 I_S，作$(I_\alpha/I_S)-w_\alpha$图得标准曲线（直线），回归，求得斜率 K。

内标物的选择原则：化学性质稳定，成分和晶体结构简单，衍射线少而强，所用衍射线靠近待测相选用的衍射线，且尽量不与其他衍射线重叠，不产生 K 系荧光。常见的内标物有：NaCl、MgO、SiO_2、KCl、γ-Al_2O_3、KBr、CaF_2 等。

内标法的优点：只要实验条件相同，内标法的标准曲线对于成分不同的样品组是通用的。特别适用于待测样品数量多、样品成分变化大或者无法知道样品的物相组成的情况。缺点：做标准曲线较烦琐，工作量大；需加入高纯度的内标物，有时难选到合适的内标物；不能用于分析块状样品。

4.3.2.3 K值法

K 值法是对内标法的改进，目的是去掉制作标准曲线的烦琐过程，它结合了内标法和外标法的优点，是一种标准的方法，又叫基体冲洗法。与内标法一样，在样品中加入参比物S相，那么：

$$\frac{I_\alpha}{I_S}=\frac{K_\alpha w'_\alpha}{\rho_\alpha \mu}\bigg/\frac{K_S w_S}{\rho_S \mu}$$

把 ρ_α、ρ_S 等常数项合并，有：

$$\frac{I_\alpha}{I_S}=K_S^\alpha \frac{w'_\alpha}{w_S}$$

把待测相和参比相按照质量比1∶1混合，测量两相的衍射强度 I_α 和 I_S，I_α/I_S 即为 K_S^α（简称 K）值。

在待测样品中加入一定量的（w_S）的参比物S相（不一定是50%），测出待测相和S相的衍射线强度，则：

$$w'_\alpha=w_S\cdot(I_\alpha/I_S)\cdot(1/K_S^\alpha)$$

$$w_\alpha=w'_\alpha/(1-w_S)=\frac{w_S(I_\alpha/I_S)}{K_S^\alpha(1-w_S)} \tag{4-12}$$

由于 K_S^α 与 w_S 已知，测定 I_α/I_S，即可求得 w_α。

使用这种方法需要找到一种结构稳定的S相，且其衍射线不与混合物中的任何一相的衍射线重叠。如果对于任何物相，都选择同一种S相作为参比，则可以求出任何一种物相相对于这种S相的 K 值。

事实上，从1978年开始，ICDD发表的物相PDF卡片上就附加有 K 值，它是将被测物相与 α-Al_2O_3 按照质量比1∶1混合后，测量出被测物相的最强衍射峰的积分强度/α-Al_2O_3（刚玉）最强衍射峰的积分强度。

K 值简单的理解就是两相质量分数相等时两相的衍射强度比。因此，说某物相的 K 值时，总要提到另一种用来比较的物相，因为刚玉的结构稳定，常会用来做“参比物相”。在PDF卡片上通常表示为 I/I（reference intensity ratio，RIR）。

K 值法定量分析的实验方法。假设待测样品中含有 α 相，需要计算 α 相的质量分数。计算步骤如下：

① 获得 α 相的 K 值。查找 α 相的PDF卡片，找到 α 相的 K 值。或者取 α 相的纯物质粉末与刚玉粉末按1∶1的质量比配制成混合样品，扫描获得混合物的衍射谱图，测出两相最强衍射峰的积分强度，计算出比值 K。

② 称取一定量的待测样品和一定量的参比相（通常为刚玉）粉末，混合均匀后，扫描获得新样品的衍射谱图。测出两相最强衍射峰的积分强度。按式(4-12）计算待测试样质量分数。

K 值法简化了分析程序，不需要制作标准曲线，计算也比较简单，分析方法易掌握，结果可靠性较好，而且可求出样品中所有相的质量分数（若能确定所含物相），K 值法是目前最常用的X射线衍射物相定量分析方法。如果PDF卡片中没有该物相的RIR值，这种方法同样存在需要提供纯样品物质这一缺点。

4.3.2.4 绝热法（直接比较法）

内标法、外标法和 K 值法均需要向待测样品中加入某种标准物质，只适用于粉末样品，

不适用于块状样品。所谓绝热法就是不加任何参比物相（标准物质）到样品中，而是用样品中的某种相作为参比物相（标准物质），根据每一种相的 RIR 值（相对于刚玉参比强度，该值可以在 PDF 卡片中查出）计算出样品中所有相相对于样品中某一相的 K 值，从而计算出样品中各种物相的质量分数。

如果样品中含有 N 种物相，且这 N 种物相都被鉴定出来了，那么每种相的 K 值都可以从 PDF 卡片上查到（或者通过与刚玉配制质量比 1∶1 混合样品测量出来）。选用混合物中的 β 相作为参比物相，那么样品中每一相 α 相对于 β 相的 K 值就是：

$$K_{\beta}^{\alpha}=\frac{K_{Al_2O_3}^{\alpha}}{K_{Al_2O_3}^{\beta}}$$

$$\frac{I_{\alpha}}{I_{\beta}}=K_{\beta}^{\alpha}\frac{w_{\alpha}}{w_{\beta}}$$

$$w_{\alpha}=\frac{I_{\alpha}}{I_{\beta}}\times\frac{w_{\beta}}{K_{\beta}^{\alpha}} \tag{4-13}$$

由于 $\sum w_{\alpha}=1$，所以有：

$$\sum_{N=1}^{N}\frac{I_{\alpha}}{I_{\beta}}\times\frac{w_{\beta}}{K_{\beta}^{\alpha}}=1,\quad w_{\beta}=\frac{I_{\beta}}{\sum\limits_{N=1}^{N}\frac{I_{\alpha}}{K_{\beta}^{\alpha}}}$$

代回到式(4-13)，可得到样品中任一物相的质量分数为：

$$w_{\alpha}=\frac{I_{\alpha}}{K_{\beta}^{\alpha}\sum\limits_{N=1}^{N}\frac{I_{\alpha}}{K_{\beta}^{\alpha}}} \tag{4-14}$$

这就是绝热法的定量方程，其中 α 相可表示样品中任何一种物相。从这个方程可以看出：欲求出各相的质量分数，需要得到每一种相的 K 值和每一种相衍射线的衍射强度。

绝热法定量分析的实验步骤如下：

(1) 扫描待测样品的全谱，鉴定出各种物相，查找全部物相的 PDF 卡片，获得每种物相的 K 值；

(2) 计算出各种物相最强衍射峰的积分强度；

(3) 选择其中某种物相为参比物相，转换每种物相的 K 值；按式(4-14) 计算出各种物相的质量分数。

以上的实验步骤是手工计算步骤，现代 X 射线数据处理软件都能自动计算结果。下面就以 Jade 软件为例，讲述绝热法（直接对比法）物相定量分析的过程。

4.3.3 Jade 定量分析过程

① 使用 X 射线衍射仪扫描未知样品，获得该样品的 X 射线衍射谱图，需要注意的是，定量分析主要依赖于各种物相衍射峰的强度，所以为了获得不同物相各个衍射峰准确的强度，扫描速度应该较慢或使用步进扫描的方式。

② 把 X 射线衍射谱图读入 Jade，进行物相鉴定。一种物相往往有多张 PDF 卡片。定量分析需要含有 RIR 值的 PDF 卡片，因此，做物相鉴定时，建议选择 ICSD 的两个子数据库，

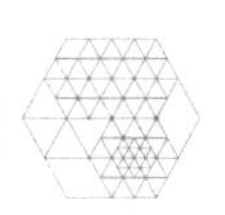

这两个子数据库中的 PDF 卡片都有 RIR 值。经定性分析，该样品由碳酸钙和氯化钠两种物相构成。如图 4-16 所示。

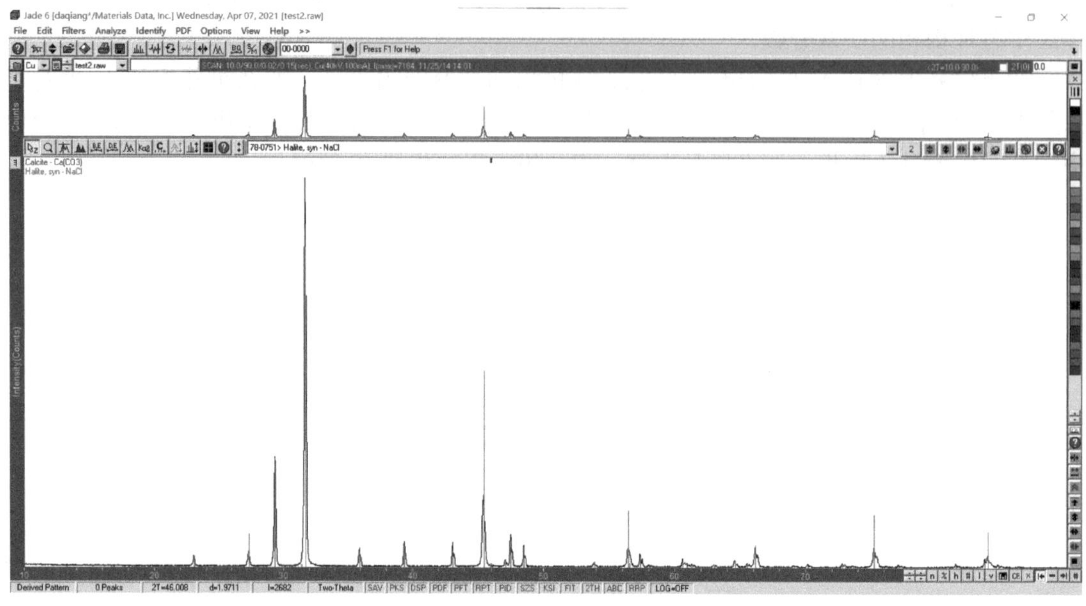

图 4-16　物相鉴定结果

③ 衍射峰拟合，拟合时，可以只选每种相的主峰或任意非重叠的衍射峰进行拟合，软件会自动矫正强度，如果样品存在择优取向，建议对某种物相多选几个衍射峰进行拟合，以求得准确的强度。选中衍射峰后，点击拟合图标，软件自动完成拟合。如图 4-17 所示。

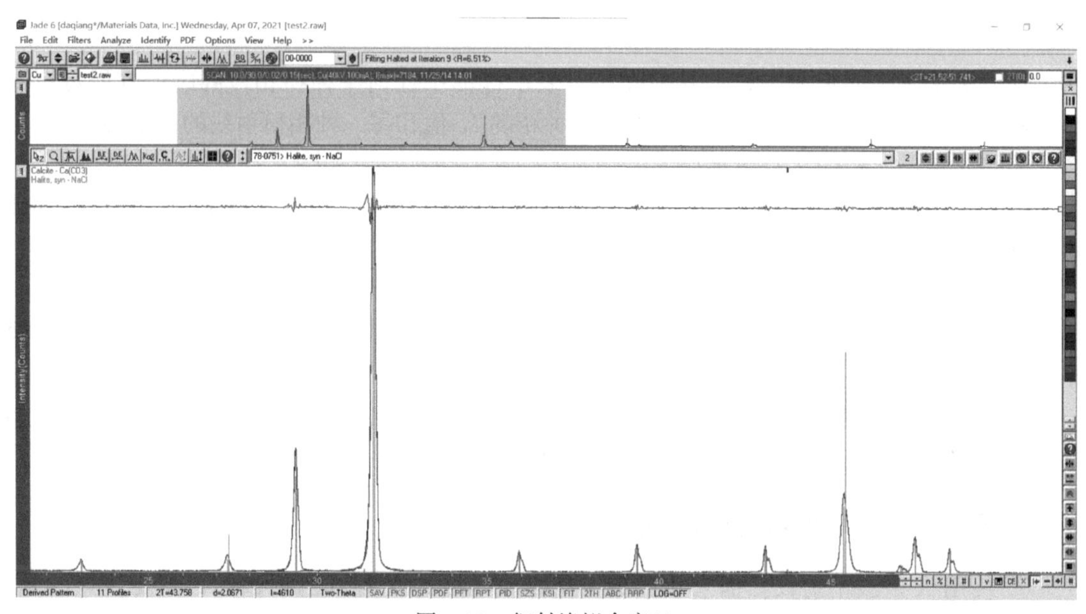

图 4-17　衍射峰拟合窗口

④ 定量计算。拟合完成后，点击软件上方 Options-Easy quantative，就会弹出定量分析的对话框，然后点击 CaleWt%就可以看到计算结果了。如图 4-18 所示。

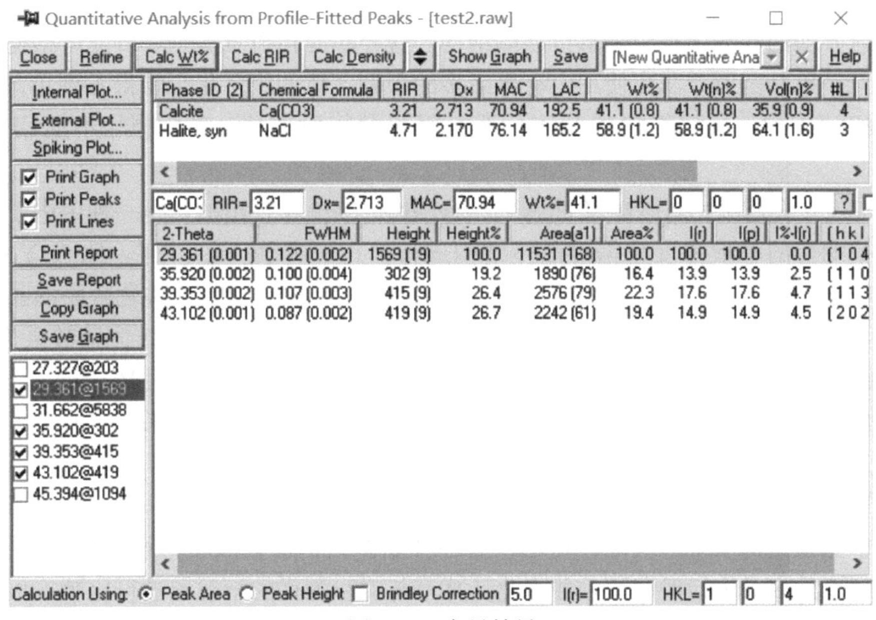

图 4-18　定量结果

需要注意的是，这种利用绝热法原理的简单定量分析方法，对存在重叠峰、择优取向以及非晶相的样品并不适用，这种情况下可以选择 Rietveld 全谱拟合（WPF）精修方法做定量分析。限于篇幅有限，在此不再讨论。

4.3.4　定量分析应注意的问题

① 要有足够的样品大小和厚度：保证 X 射线始终扫描在样品表面之内，且不穿透样品（10μm 以上）。

② 适当的晶粒尺寸范围：0.2～10μm。晶粒太小会使衍射峰宽化；太大会偏离粉末晶体，衍射线过少。

③ 尽量避免晶粒择优取向。侧装法制样，使用旋转样品台。若存在取向现象，应对结果进行修正。样品表面要平整。不要有表面残余应力，若有可通过退火消除。

④ 定量分析对衍射谱图的质量要求较高，宜采用步进扫描法测定衍射谱图，可选步长小些（如 0.01Å），步进时间大些（如 2s 或 4s）。

⑤ 用全自动衍射仪测定衍射峰扣除背底后的累积强度作为净峰强度（积分强度法）。

⑥ 尽量选择强度高、不存在重叠的衍射峰测量，而且各物相所用衍射峰尽量靠近。当两种相的晶体结构相近时，主要的衍射峰容易发生重叠，通常要对衍射峰进行分峰及合理扣除背底，进行衍射强度的修正。

⑦ 对于含非晶相的样品，应通过拟合扣除非晶相的“馒头峰”。

4.4　Rietveld 全谱拟合结构精修简介

多晶衍射方法将三维倒易空间投影到一维，三维空间的衍射信息被压缩成一维的数据，使数千衍射点重叠为几十个，从而丢失了大量的隐藏在多晶衍射谱图中丰富的结构信息。因此多晶衍射方法的数据很难用来解析晶体结构。曾经单晶衍射方法是解析晶体结构的最常用的方法，但是单晶衍射方法在使用中有着诸多的限制，比如很多化合物得不到单晶体；缺陷结构、反相畴结构、层错结构的晶体、不能用单晶衍射方法；混合物相不能用单晶衍射方法。

Rietveld 方法是荷兰晶体学家 H. M. Rietveld 在 1969 年提出的，是一种由中子粉末衍射仪阶梯扫描测得的峰形强度数据对晶体结构进行修正的方法。1979 年，R. A. Young 等将 Rietveld 方法应用于 X 射线衍射领域，并对属于 15 种空间群的近 30 种化合物的晶体结构成功地进行了修正。Rietveld 方法克服了在晶体结构修正中复杂的衍射线信息被丢失的缺点。目前，Rietveld 全谱拟合法已经渗透到粉末衍射应用的各个领域。使用 Rietveld 全谱拟合法做物相定量分析，晶粒大小和点阵畸变等的计算可以获得更准确的结果。

4.4.1 Rietveld 全谱拟合结构精修原理

以一个晶体结构模型为基础，利用它的各种晶体结构参数及峰形函数计算一张在大 2θ 范围内的理论的多晶体衍射谱图，并将此计算谱与实验测得的衍射谱进行比较，根据其差别修改结构模型、结构参数和峰形参数，在此新模型和参数的基础上再计算理论谱，再比较理论谱与实验谱，再修改参数……这样反复进行多次，以使计算谱和实验谱的差最小（最小二乘法），这种逐渐趋近的过程就称为拟合。因拟合目标是整个衍射谱的线形，拟合范围是整个衍射谱，而不是个别衍射峰，故称为全谱拟合法。在拟合过程中需要不断调整峰形函数和晶体结构参数的值，以使计算强度值一步一步地向实验强度值靠近，拟合直到两者的差值 M 最小，即：

$$M=\sum W_i(Y_{io}-Y_{ic}) \tag{4-15}$$

式中，$W_i=1/Y_i$ 为标度因子；Y_i 为衍射峰 $(2\theta)_i$ 处衍射峰的强度值；Y_{io} 为第 i 步实测强度值，在反复循环中不变；Y_{ic} 是依据模型计算出来的强度值，在每次参数修改后，此值都会变化。

为了判断精修过程中各参数调整是否合适，设计出一个判别因子，即 R 因子，一般地，R 值越小，峰形拟合就越好，晶体结构的正确性就越大。下面列出了常用的几种 R 因子的公式。

$$R_{\mathrm{P}}=\frac{\sum|Y_{io}-Y_{ic}|}{\sum Y_{io}}$$

$$R_{\mathrm{wp}}=\sqrt{\frac{\sum w_i(Y_{io}-Y_{ic})^2}{\sum w_i Y_{io}}}$$

$$R_{\mathrm{exp}}=\sqrt{\frac{N-P}{\sum w_i Y_{io}}}$$

$$\mathrm{GofF}=\left(\frac{R_{\mathrm{wp}}}{R_{\mathrm{exp}}}\right)^2=\frac{\sum w_i(Y_{io}-Y_{ic})^2}{N-P}$$

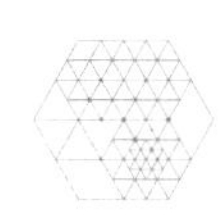

$$R_B=\frac{\sum|I_{ko}-I_{kc}|}{\sum I_{ko}}$$

上述式子中，GofF（goodness of fitting）为拟合正确性，GofF越小，拟合越正确；Y_{io}为第i个计数点的强度测量值；Y_{ic}为第i个计数点的强度计算值；I_{ko}为第k个衍射峰的积分强度测量值；I_{kc}为第k个衍射峰的积分强度计算值；N为数据点个数；P为可精修的变量个数；$w_i=1/Y_{io}$为统计权重因子。

4.4.2　Rietveld全谱拟合结构精修步骤

进行Rietveld结构精修应视情况决定步骤，不可能有一成不变的同一步骤，下面介绍的是大致的步骤。

① 采集衍射谱图，Rietveld结构精修对衍射谱图的质量要求很高，需要一张高分辨、高准确度的数字粉末衍射谱。其测试条件通常可以如下设置，扫描方式：步进扫描；步长：0.01°～0.02°，每步长停留时间1～10s；DS(SS)狭缝：1/2°～1°，RS狭缝：0.15mm；角度范围：10°～130°。

② 选择结构模型。在精修以前，必须选择一个合适的初始结构模型。初始结构模型包括正确的空间群、相当精确的点阵常数、近似的原子坐标和占有率、各向同性温度因子，等等。峰形参数可用相同实验条件下得到的标准样品的峰形函数。衍射仪零点和样品位移量置为0。如果有些参数的初值设置得与真实值差别较大，修正很难进行下去。

③ Rietveld的精修参数优化。Rietveld分析的优化参数主要有两类：结构参数和非结构参数。结构参数包括晶胞参数、晶胞中每个原子的坐标、温度因子、位置占有率、标度因子、样品衍射峰的半高宽、总温度因子、择优取向、晶粒大小和微观应力、消光、微吸收。非结构参数包括2θ零点、仪器参数、衍射峰的非对称性、背景、样品位移、样品透明性、样品吸收。

一般先优化非结构参数，然后才优化结构参数。由于Rietveld分析是在假定结构已知的情况下进行的，所以往往非结构参数的优化要比结构参数的优化重要一些。

在具体的拟合过程中，并不是每一次拟合都同时改变很多参数，应视具体情况而定，如其中有些参数已知时就不需要改变。比较好的精修方法是逐步放开参数，开始先修正一两个线性或稳定的参数，然后再逐步放开其他参数一起修正，最后一轮的修正应放开所有参数。同时，在修正的过程中，应经常利用图形软件显示修正结果，从中可获得一些有关参数的重要信息，以便进行进一步精修，直到得到很好的结果。

4.4.3　Jade全谱拟合结构精修过程简介

利用Jade的全谱拟合功能，可以对测量数据进行全谱拟合以及对晶体结构进行Rietveld精修。我们可以把Jade的全谱拟合功能看作Rietveld方法的基础，对于结构已知的物相，使用完整的物理模型可以进行Rietveld精修，得到非常精确的晶体结构的参数，甚至允许调整原子坐标、占有率和热参数；对于结构未知的物相，也可以根据d-I数据和晶胞参数对图谱进行精修。将Rietveld全谱拟合法和Jade全谱拟合法两种方法结合能得到多相材料样品中各种相精确的晶体结构和相应的物相成分以及微结构参数。下面简单介绍Jade中全谱拟合精修的应用方法。

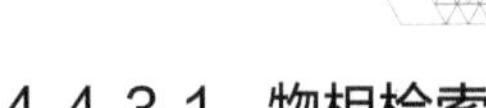

4.4.3.1 物相检索

物相在这里被分为两类：第一类是没有晶体结构信息的相，称为“非结构相”。例如，从 ICDD-PDF 数据库中检索到的大多数物相，这些物相有完整的 *d-I* 列表、晶胞参数和晶面指数。第二类是 ICSD 物相，这些物相有详细的晶体结构参数，称为“结构相”。从 PDF 数据库检索到的一些物相，带有 CSD＃，这些物相的晶体结构参数将被作为理论谱图计算的模型。结构相可以是从 PDF 卡片库中检索到的某张卡片数据，也可以是从国际晶体学数据库（ICSD）中检索到的晶体结构文件，因此，它们与非结构相不同，它们的衍射数据信息是通过晶体结构计算出来的。

精修之前，一般都会先做物相检索，以鉴定出样品中的物相种类。这些被检索出来的物相将被自动读入 WPF-R（WPF refine）窗口。如图 4-19 所示。选择这些物相的时候，建议首先选择带有 CSD＃的物相，这些物相的晶体结构将被读入精修窗口；其次选择计算卡片（C），这些计算卡片的晶胞参数被认为比实验卡片（1～54 组）更加准确。

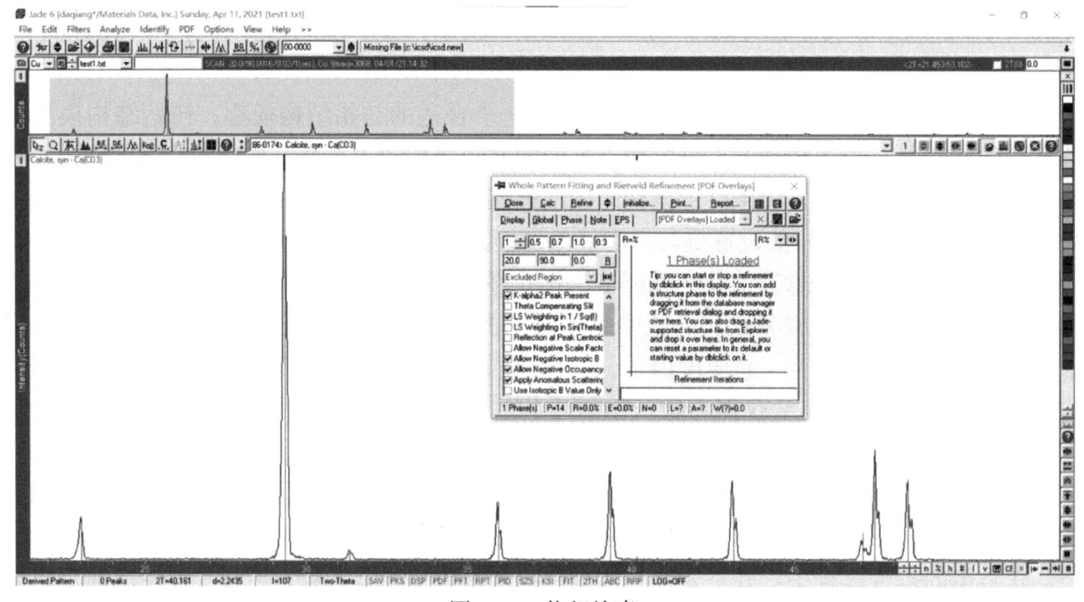

图 4-19　物相检索

4.4.3.2 全局变量精修

完成物相鉴定后，点击 Option-WPF Refinement 进入精修界面。点击 Global 进入全局精修。图 4-20 是全局变量窗口，在全局变量窗口可以显示、选择和修改全局变量参数。全局精修主要包括背景精修、无定形峰精修以及样品和仪器校正。

通常在 WPF-R 之前不将背景扣除，而是将背景包含在模型中。Jade 的背景精修包括两种方式：如果没有给出背景曲线，则选择背景函数为二次函数（Polynomial）计算背景强度；如果在 WPF-R 之前，绘出了背景曲线，则选择固定背景方式（Fixed-BG）计算背景强度。

当测量谱图中有明显的非晶峰存在时，要插入一个或者几个非晶峰模型，非晶峰的峰形函数可选择为 Pearson-Ⅶ或者 Pseudo-Voigt，视拟合 *R* 因子的大小而定。图 4-21 为非晶散射峰的拟合函数的选择和精修。

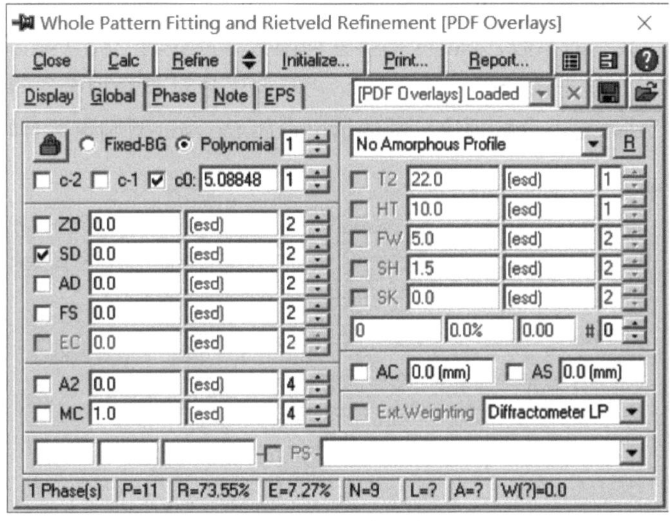

图 4-20　全局变量窗口

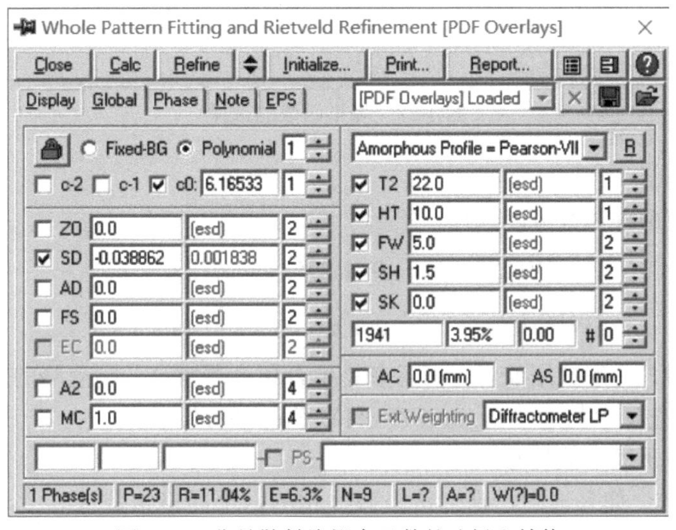

图 4-21　非晶散射峰拟合函数的选择和精修

插入非晶峰时，建议使用固定背景（在做精修之前，标出背景线，必要的时候需要手动调整背景线位置，但不能扣除背景），否则，自动建模背景和非晶峰可能产生相互作用。

样品和仪器校正。Z0：测角仪零点偏移，该参数将使计算的反射移动 $\Delta 2\theta$；SD：样品偏移，该参数将使计算的反射移动 SD×$\cos 2\theta$；MC：单色器校正，该参数用来校正由入射光束单色器引起的 X 光偏极化，当使用石墨弯晶单色器时，输入值为 0.8003。

还有其他一些参数，与衍射仪数据无关，在此不做介绍，另外，Z0 和 SD 不能同时做精修（同时被勾选），否则，两者会相互作用。

4.4.3.3　物相参数精修

在“Phase”页中的参数是物相的参数，从精修的级别来看，可以分为原子级的精修和非原子级的精修；从相之间的关系来看，可以分为共有的和独有的，如峰形函数种类的选择是各种相共同的参数，是共有的，而各种相的晶胞参数是独有的。

（1）峰形函数的选择

峰形函数是物相共有的参数，Jade 6 提供三种函数（Pearson-Ⅶ、Pseudo-Voigt、Guassian）选择。如图 4-22 所示。至于选择哪一种函数，一种方法是对单峰拟合，得到更低的 R 因子。一般来说，Pseudo-Voigt 更适合峰顶比较圆的情况，而 Pearson-Ⅶ则更适合峰顶比较尖的情况。

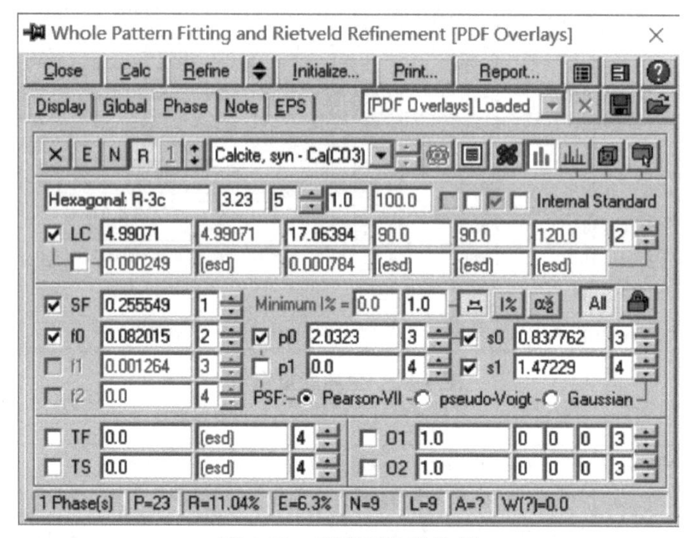

图 4-22　峰形函数的选择

（2）半高宽精修

半高宽计算有两种函数可以选择：

$$\mathrm{FWHM}=f_0+f_1+2\theta(c)+2\theta(c)^2 \quad \text{或}$$

$$\mathrm{FWHM}=t_0+t_1+\tan[\theta(c)]+t_2+\tan[\theta(c)]^2$$

对于常规衍射，一般选用前者，而后者是拟合角度非常高的衍射峰的首选，此时，要在“Display”的参数选项中勾选“Caglioti FWHM Function”。

（3）其他非原子级参数精修

LC：晶格常数。如果选中，则会精修该物相的六个晶格常数（a，b，c，α，β，γ），同时在倒易空间中精修。根据晶格对称性，相关晶格常数会以灰色标出。

SF：比例因子。该参数解释了混合物中 X 射线强度和物相浓度的变化。它与这两个变量的乘积呈线性关系。由于 X 射线强度对混合物中所有物相都是相同的，因此，可以从 SF 和 RIR 值导出物相的浓度（质量分数）。

TF：全局温度因子。该参数使得一种物相中所有原子的热振动统一起来。它提供了一种简单有效的模型以削弱高角度反射而不需要调整单个原子的热参数。如果精修的目的是质量分数或晶格常数，则精修该参数非常有用。

TS：薄样品的吸收校正。适用于薄膜样品或无反射样品架上的粉末层。此参数对于低密度样品（如有机物）非常有用，但是，常规粉末样品不需要精修该参数。

O1，O2：择优取向校正。Jade 6 可以指定两个方向的择优取向。取值小于 1 时，表示该方向上有强择优取向，取值大于 1 则表示该方向上的取向比正常水平低。当出现择优取向时，在其文本框中输入一个数据，然后以此为模型进行精修。

物相原子级参数精修只有结构相才可以进行，在此不再讨论。

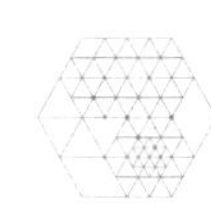

在精修的任何阶段，都可以按下“Display”来观察精修情况，图4-23是R因子的下降过程和规律。

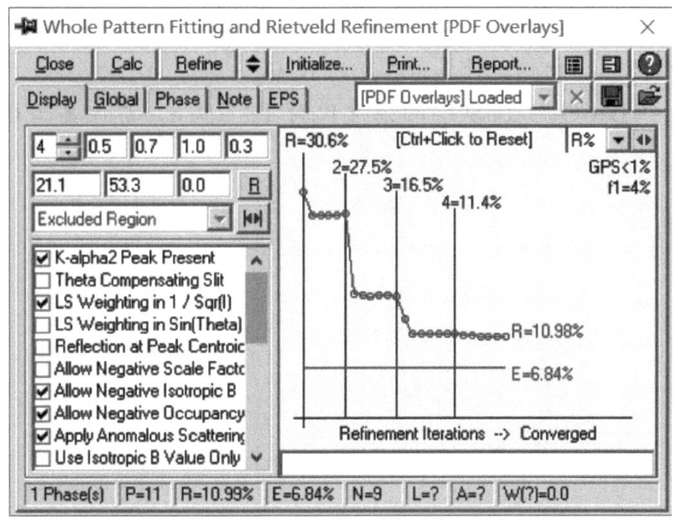

图4-23 通过“Display”页面观察精修过程

4.4.3.4 精修报告

按下“Report”，在弹出菜单中选择“Create Report”，则自动生成一个扩展名为“.rrp”的文件。该文件保存了晶体结构、物相成分、晶粒大小、原子位置等信息。

精修的过程就是对要精修的参数最小二乘循环以使得测量谱和计算谱之间的差异最小化。这些最小二乘循环也称为“精修的轮回”。精修变量必须都有一个合适的初始值，变量之间也会相互影响。因此，先精修什么，后精修什么，应当有所设定。一般来说，首先精修的是背景、每种物相的比例因子；然后精修的是峰形相关的参数、样品位移、零点漂移、晶格常数等影响计算的反射位置的参数；最后精修的才是那些调整较小的影响计算反射强度的原子级参数等。上述讨论的内容只是Jade精修的简单过程，其中大量的参数调整和选择并没有涉及。更多详细的内容建议参考本书所列参考文献[10]。

习　题

1. 什么是物相分析，物相定性分析的基本依据是什么？

2. 简述Jade进行物相定性分析的步骤。

3. 使用下表列出的多晶硅衍射数据（$\lambda_{CuK\alpha1}=0.15405981\text{nm}$），以$\cos^2\theta$为外推函数，使用最小二乘法计算多晶硅精确点阵常数$a_0$。

hkl	$\theta/(°)$	a_i/nm	$\cos^2\theta_i$
333	47.4705	0.543144	0.45694
440	53.3475	0.543142	0.35636
531	57.0409	0.543126	0.29598
620	63.7670	0.543119	0.19538
533	68.4440	0.543104	0.13499
444	79.3174	0.543091	0.03436

4. 比较四种定量分析方法的优缺点。

5. 用绝热法分析含有 $CaCO_3$、$BaCO_3$ 和 $BaSO_4$ 这三种化合物的混合试样的含量。

a. 请由 PDF 卡片检索手册查出各种物相的参考强度比 RIR 值。

b. 以 $CaCO_3$ 作为参比物相，计算出各相的 K 值。

c. 测得 $CaCO_3$ ∶ $BaCO_3$ ∶ $BaSO_4$ 的强度比为 1∶2∶3，请计算三者在混合试样中的含量。

第 5 章 电子显微学物理基础

光究竟是一种波还是一种粒子？对这个问题曾经进行了长期的争论。牛顿和爱因斯坦，也在这个问题的解释上做出了各自的贡献。牛顿根据光的直线传播规律，在 1675 年提出光是从光源发出的一种物质微粒的假说。粒子说对光的直进性、光的反射等现象进行了很好的解释，却在解释一束光照射到两种介质分界面处会同时发生反射和折射、不同光源的光交叉相遇后不会互相干扰等现象时发生了很大困难。此后，牛顿的追随者们对粒子说提出了补充说明，但复杂的解释不仅使粒子说显得笨重偏执，而且在一百多年里也制约了光学的进一步发展。1818 年，菲涅尔向法国科学院提交了关于光线衍射的论文，泊松在菲涅尔理论的基础上，进行了计算推论，发现如果在光束的传播路径中设置一块不透明的圆板，光在圆板边缘的衍射会在一定距离的圆板阴影中央出现一个亮斑，随即泊松宣布推翻了光的波动理论。然而，菲涅尔利用实验非常精彩地验证了光斑的存在，证实了光的波动说理论，也将光的粒子说打入深渊。当光的波动说变成似乎是不可动摇的真理的时候，爱因斯坦对光电效应的研究重新将粒子说带上了舞台。光电效应的光量子解释，使得人们开始意识到光同时具有波和粒子的双重特性。1924 年，德布罗意提出了“物质波”的假说，认为一切物质和光一样，都具有波粒二象性，而这一假说也在电子衍射实验中被证实。光的研究是显微学的基础，而当光学显微镜达到极限后，人类使用电子来对微观世界进行进一步的探索。当微观世界呈现出来之时，大家是否也对本章所介绍的电子显微学基础产生了兴趣？让我们一起来学习一下。

5.1 历史上的显微镜

5.1.1 光学显微镜

光学显微镜来自人类探索自然的需求。早在公元前一世纪，人们在日常生活中就已通过球形透明物体去观察微小物体。球形透明物体起到了放大成像的效果，这也为镜头设计奠定了基础。1625 年，斯泰卢蒂通过使用单式显微镜，对蜜蜂身体的各部分进行了详细绘图。这些图形由意大利拾荆学院出版，成了人类历史上关于显微镜研究的第一部著作。

第一架真正意义上的显微镜是荷兰眼镜工匠詹森父子在 1590 年前后制成的。初期的复式显微镜存在严重的缺陷，荷兰的列文虎克将其毕生精力放在优化单式显微镜上，通过优秀的手磨镜片技艺，制成了单组元放大镜式的高倍显微镜，并将它用于生物观察，打开了人类对微观世界认识的大门。列文虎克也由此成了传奇的显微镜学家和微生物学的开拓者。

此后，英国科学家胡克通过自制显微镜来观察细小物体，并在 1665 年出版的《显微图谱》一书中引入“细胞”概念。1835 年，英国科学家爱里利用光的波动说，提出了“爱里斑”的概念，即一个无限小的发光点，由于光的衍射，在通过透镜成像时，都会形成一个弥散的光斑，光斑中心即被称为“爱里斑”。1873 年，阿贝发现正弦条件，并从他的成像理论（后被称为“阿贝成像原理”）推导出关于显微镜分辨距离的公式，首先引用“数值孔径”。阿贝与著名企业家卡尔·蔡司合作设计制成油浸显微镜，此时光学显微镜的分辨率已达到光的理论极限（0.2μm）。

5.1.2 阿贝成像原理

阿贝在德国蔡司光学器械公司研究提高显微镜分辨本领的问题时，认识到了相干成像原理。其研究不仅利用波动光学解释了显微镜的成像机理，更确定了限制显微镜分辨本领的根本原因为显微镜（物镜）两步成像的本质，就是两次傅里叶变换，这也被认为是现代傅里叶光学的开端。阿贝所提出的显微镜成像原理以及随后的阿贝-波特实验，奠定了其在傅里叶光学早期发展历史上的重要地位。其理论和实验简单漂亮地对相干光成像的机理和频谱分析做出了完善的解释。

通过有意识地改变像的频谱而改变像是空间滤波的主要目的。而光学信息处理则是显微分析的基础。光学信息处理基于光学频谱分析，利用傅里叶方法，进而通过空域或频域的调制，借助空间滤波技术，实现对光学信息进行处理。利用阿贝-波特实验装置和空间滤波系统，可以从频谱入手改变光学图像，从而进行光学信息处理。阿贝成像就是在透镜后焦面上进行光场空间频率分布的傅里叶变换，成像时再进行一次逆变换，这些变换可由傅里叶变换（FFT）轻松实现。

在相干平行光照射下，阿贝认为显微镜的成像可分为两个步骤。步骤 1：通过物的衍射在物镜后焦面上形成一个初级干涉图（频谱面）；步骤 2：物镜后焦面上的初级干涉图复合为像。这两步被称为阿贝成像原理，而阿贝成像的这两步本质上是两次傅里叶变换。如果物的复振幅分布是 $g(x_0,y_0)$，则在物镜的后焦面(x_f,y_f)上的复振幅分布是 $g(x_0,y_0)$的傅里叶变换 $G(x_f,y_f)$（令 $f_x=x_f/\lambda_f$，$f_y=y_f/\lambda_f$；其中 λ 为光的波长，f 为物镜焦距）。由此可知：步骤 1 是把光场分布变为空间频率分布，而步骤 2 是利用傅里叶变换将 $G(x_f,y_f)$ 又还原到空间分布。

图 5-1 显示了阿贝成像两次变换步骤。如果假定以一个光栅作为观察物，当平行光照在光栅上后，光的衍射导致光分解为不同方向传播的多束平行光（此时每束平行光均对应于特定的空间频率）。此后多束平行光经过物镜分别聚焦在后焦面上形成点阵，最终代表不同空间频率的光束重新在像平面上复合成像。在理想情况下，经过两次傅里叶变换后，光束携带的观察物信息在变换过程中是没有损失的，这种情况下像和物完全相似。但在实际应用中，

透镜的孔径是有限的。因此部分衍射角度较大的高次成分（高频信息）会因为无法进入物镜而导致丢失所携带的信息，进而导致物像不包含观察物的所有信息。同时高频电子衍射束在传递过程中，穿过电子透镜时会产生很大的相差，参与合成图像时会造成图像失真。在光的传播中，高频信息主要反映物的细节。如果这些丢失的高频信息没有到达像平面，则会导致无论显微镜的放大倍数有多大，都不能在像平面上分辨这些细节。这就是光学显微镜分辨率受到理论极限限制的根本原因。

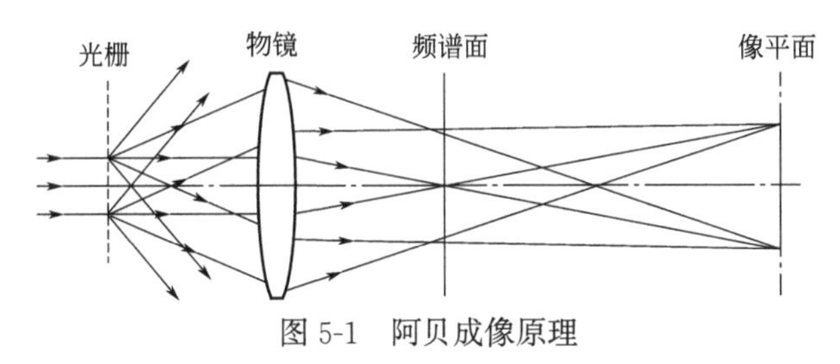

图 5-1　阿贝成像原理

如果观察物的结构非常精细（例如很密的光栅），或者物镜的孔径非常小，此时甚至只有 0 级衍射（直流成分）能通过透镜，那么像平面上会只有光斑而完全不能形成图像。显微镜中的物镜的孔径此时起到了低通滤波（高频滤波）的作用，这也从另一个角度说明，如果在焦平面上人为地插上一些滤波器（吸收板或移像板），就可以改变焦平面上的光的振幅和相位，进而可以根据需要改变像平面上光的频谱，得到需要的物相。常用的滤波方法如下所述。

（1）低通滤波

低通滤波目的是滤去高频成分，保留低频成分。由于光的低频成分集中在频谱面的光轴附近，而高频成分则落在远离光轴的地方，故圆形光孔为低通滤波器的常见形态。高频成分的信息为图像的精细结构及突变部分，所以通过低通滤波器后，图像的精细结构会消失，观察不到，同时黑白、突变处会变模糊。

（2）高通滤波

高通滤波的目的是滤去低频成分，保留高频成分。经过高通滤波器的处理，图像的精细结构、轮廓、突起等会更加明显。

（3）方向滤波

方向滤波器通常是一个狭缝。将狭缝沿水平方向放置，则只有水平方向的光能携带信息通过。此时像平面上垂直方向的线条会更加突出。

5.1.3　光学显微镜分辨率极限

光学显微镜在人类科技的发展过程中发挥了巨大的作用，并已成为材料生产和科研的常用工具。随着科技的发展，人们观察的对象也越来越微小，因此对显微分析技术的要求也不断提高。但光学显微镜通过叠加镜片、扩大视角等方式可提高的放大倍数不是无止境的。显微镜的最小分辨距离由瑞利公式得出：

$$\Delta r_0 = \frac{0.61\lambda}{n\sin\alpha} \tag{5-1}$$

式中　Δr_0——成像物体（试样）上能分辨出来的两个物点间的最小距离，用它来表示透镜分辨本领的大小，Δr_0 越小，透镜的分辨本领越高；

λ——光源的波长；

n——物点和透镜之间的折射率；

α——孔径半角，即透镜对物点的张角的一半；$n\sin\alpha$ 被称为数值孔径。

分辨本领是指成像物体上能分辨出来的两个物点间的最小距离。式(5-1) 说明，显微镜的分辨本领与人眼没有任何关系。光学显微镜的分辨本领取决于式(5-1) 中的三个参数，其中常见孔径半角 α 最大可以达到 70°～75°，n 的值也不可能很大。因此有的书上将分辨率写成不超过所用光源波长的 1/2，即 $\Delta r_0 \approx 0.5\lambda$。由此可以看出，光源的波长 λ 是影响显微镜分辨距离的最主要的因素。

对于光学显微镜而言，可见光的波长在 390～760nm 之间，也就意味着可见光的波长是有限的。光具有粒子和波动两相性，而光的波动性所决定衍射现象，这些原因使光学显微镜的分辨本领不能小于 0.2μm 的限度。这也在原理上限制了光学显微镜的分辨本领的上限。

实际生活中，人眼的正常分辨能力接近 0.1mm。在自然光下，要使人眼能清楚地区分两个点，分辨率达到 0.2mm 就足够了。光学显微镜的放大倍率达到 1000 倍已够用，但考虑到人的个体差异，一般光学显微镜的最大放大倍数为 1500～2000 倍。

5.2 电磁透镜

5.2.1 电磁透镜与光学透镜比较

一般的光学显微镜，已经逐渐无法满足科研中提出的要求。例如，光学显微镜已无法分辨高碳钢中隐晶马氏体、低碳钢中粒状贝氏体等组织的特征，也就无法解释这些组织的形成原因及其对性能的影响规律。既然是光源的波长限制了显微镜的放大倍数，那么要造出放大倍数更大的显微镜，提高显微镜的分辨本领，关键是寻找具有足够短的波长、又能聚焦成像的照明光源，而电子波正是这样一种理想的光源。

只要能够将光波（无论是可见光还是电子波）会聚或者发散，无论是光线还是电子波，都可以做成透镜。而用磁场来使电子波聚焦成像的装置是电磁透镜。透镜的几何光学成像原理都是相同的，所以对于电子显微成像的光路，我们可以像分析可见光一样来处理。与光学透镜相似，电磁透镜的物距（d）、像距（l）和焦距（f）三者之间的关系式及放大倍数为

$$\frac{1}{f}=\frac{1}{d}+\frac{1}{l} \tag{5-2}$$

放大倍数（M）与三者之间的关系为

$$M=\frac{l}{d};\ M=\frac{f}{d-f};\ M=\frac{l-f}{f} \tag{5-3}$$

电磁透镜的焦距可由式(5-4) 近似计算：

$$f\approx K\ \frac{U_r}{(IN)^2} \tag{5-4}$$

式中　K——常数；

U_r——经相对论校正的电子加速电压；

I——通过线圈的电流强度；

N——线圈每厘米长度上的圈数。

由式(5-4) 可见，磁场电流方向的变化不会导致焦距的变化。这意味着焦距永远是正的，也就意味着电磁透镜总是会聚透镜。同时可以看出电磁透镜焦距 f 与 $(IN)^2$ 成反比，所以改变激磁电流，电磁透镜的焦距和放大倍数将发生相应变化。一般情况下，电磁透镜中的激磁线圈匝数是由仪器构造决定的，不发生变化。所以，可通过调节激磁电流的大小来改变电磁透镜的焦距和放大倍数。又由于电磁透镜焦距与 U_r 成正比，所以，电磁透镜在使用过程中要有稳定的电子加速电压。由上可知，电磁透镜是一种可变焦距或变倍率的会聚透镜，这是它有别于光学透镜的一个重要特点。表 5-1 为电子显微镜与光学显微镜的具体比较。

表 5-1 光学显微镜与电子显微镜的比较

项目	光学显微镜	电子显微镜
光源	可见光	电子束
光源波长	390～760nm(可见光)	0.0687nm(1000kV)～0.589(20kV)
显微镜介质	空气	真空
透镜类型	玻璃透镜	电磁透镜
孔径半角	约 70°～75°	约几度
分辨本领	200nm(可见光)	点分辨率 0.1～0.3nm,线分辨率 0.05～0.2nm
放大倍数	0～2000 倍	数十～数百万倍
聚焦方式	机械、人工操作	电磁、计算机控制
衬度	吸收、反射衬度	质厚、衍射、相位、Z-衬度

5.2.2 电子波波长

由式(5-1) 可知，在光学显微镜到达物理极限后，为进一步提高显微镜的分辨本领，电子束有可能成为新的照明光源，制备出电子显微镜。与可见光相似，运动电子同样具有粒子性和波动性。电子波的波长取决于电子的运动速度和质量，即

$$\lambda=\frac{h}{mv} \tag{5-5}$$

式中 h——普朗克常数；

m——电子的质量；

v——电子的速度。

电子速度和加速电压 U 之间存在如下关系：

$$\frac{1}{2}mv^2=eU \tag{5-6}$$

即

$$v=\sqrt{\frac{2eU}{m}} \tag{5-7}$$

式中 e——电子所带的电荷。由式(5-5)～式(5-7) 可得

$$\lambda=\frac{h}{\sqrt{2emU}} \tag{5-8}$$

如果电子速度较低，则它的质量 m 和静止质量 m_0 相近，即 $m\approx m_0$。如果加速电压很

高，此时电子具有极高的速度，则必须经过相对论校正，此时有

$$m=\frac{m_0}{\sqrt{1-\left(\frac{v}{c}\right)^2}} \tag{5-9}$$

式中　c——光速。

表 5-2 列出了经过相对论修正而计算出来的电子波长与加速电压的关系，当加速电压达到 100kV 时，此时电子波长 $\lambda=0.37\text{nm}$，约为可见光波长的十万分之一。由于大幅提高加速电压就可得到很短的电子波，所以近代电子显微镜的最重要特点就是使用高电压加速电子。用极短的电子波作为光源，就可大幅提高显微镜的分辨本领。

表 5-2　常见电子波长与加速电压的关系

加速电压/kV	电子波长/nm	加速电压/kV	电子波长/nm
1	3.88	50	0.536
3	2.44	60	0.487
5	1.73	80	0.418
10	1.22	100	0.370
20	0.589	200	0.251
30	0.698	500	0.142
40	0.601	1000	0.0687

5.2.3　电磁透镜结构分析

近代电子显微镜的核心在于能否制造出使电子波聚焦成像的透镜。1924 年，法国科学家德布罗意在博士论文中，首次提出了“物质波”的概念，这一概念也成为电子显微镜的基础。1926 年，德国科学家布施提出了用轴对称的电场和磁场来聚焦电子束。1933 年，德国物理学家鲁斯卡等在此基础上设计制造了世界上第一台电子显微镜。经过近一个世纪的发展，电子显微镜已广泛应用于学科研究和工业领域，也已经成为材料学科中联系材料性能和内在结构的最重要的“桥梁”。

电子显微镜的核心是电磁透镜，而电磁透镜的核心是对电子的控制。电子是带负电的粒子，其运动方向会在静电场中的电场力的作用下发生偏转。因此通过设计静电场的大小和形状，可实现电子的聚焦和发散。利用静电场制成的透镜称为静电透镜，在电子显微镜中，发射电子的电子枪就是利用静电透镜。

运动的电子在磁场中也会受磁场力的作用产生偏转，也可以实现电子聚焦和发散，而利用磁场制成的透镜称为磁透镜。利用通电线圈产生的磁场使电子波聚焦成像的装置叫电磁透镜。由于电磁透镜相比静电透镜，具有表 5-3 所列的优点，所以其得到了广泛的应用。

表 5-3　静电透镜和电磁透镜对比

项目	静电透镜	电磁透镜
焦距和放大率控制方式	改变加速电压	改变线圈中的电流强度
电压	数万伏	几十～几百伏
有无击穿	常会引起击穿	无击穿
像差	像差较大	像差较小

图 5-2 是电磁透镜的聚焦原理示意图，从图中可以看出电子束通过透镜时的受力情况。通电流的圆柱形轴对称线圈产生磁场，而轴对称磁场能使电子束聚焦成像，对电子束起到了透镜的作用。电磁透镜聚焦成像的工作原理可以利用最简单的电磁透镜（短线圈磁场的聚焦成像）聚焦成像为例进行分析。

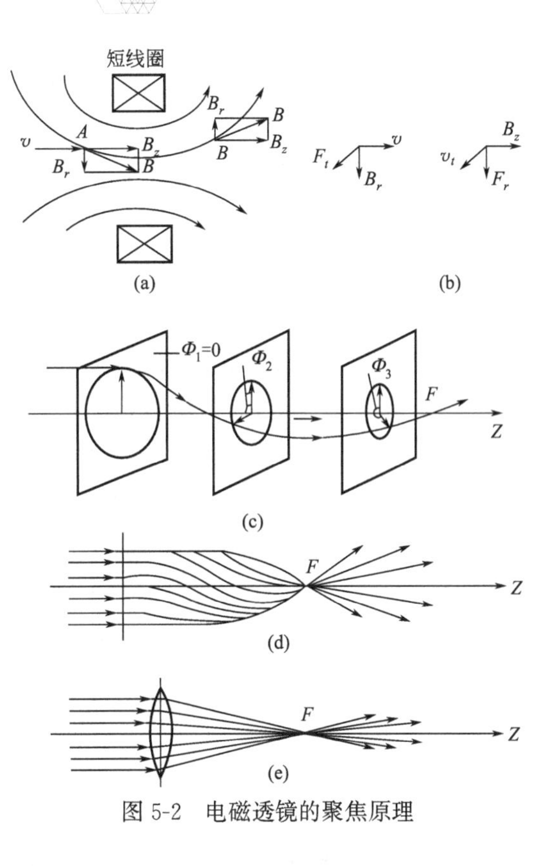

图 5-2 电磁透镜的聚焦原理

根据场的对称性，可以将磁场中任意一点 A 的场强 B 分解成纵向分量 B_z 和径向分量 B_r，如图 5-2(a) 所示。通电的短线圈形成的电磁透镜，产生一种轴对称不均匀分布的磁场。如果速度为 v 的电子沿主轴方向射入透镜，此时在轴线上磁场强度的径向分量 B_r 为零，电子不受磁场力的作用，运动方向不变。如果电子沿平行于主轴方向入射透镜，利用右手法则，可知电子受到所处点磁场强度径向分量 B_r 的作用，进而受到切向力 $F_t=ev_tB_z$ 的作用，使电子获得切向速度 v_t，如图 5-2(b) 所示。电子在切向力 F_t 的作用下，开始进行圆周运动，由于 v_t 垂直于 B_z，进而产生径向力 $F_r=ev_tB_r$，最终导致电子向轴偏转。当电子穿过线圈到达 B 点位置时，B_r 的方向翻转，改变了 180°，此时切向力 F_t 随之反向，但是 F_t 的反向只会使 v_t 变小，并不会改变 v_t 的方向，因此穿过线圈的电子仍然趋向于向主轴方向靠近。

根据上面的受力情况分析，可以知道电子束在通过电磁透镜时的运动方式，如图 5-2(c) 所示。比较电子波在电磁透镜和光学透镜的传播方式，电磁透镜中电子波的传播特点如图 5-2(d) 所示，光学透镜中电子波的传播特点如图 5-2(e) 所示。其中需要指出的是，电子波只有在电磁透镜中进行传播时，才会发生图 5-2 的旋转。当电子波离开电磁透镜以后，还是会沿直线运动，这点会有助于对磁转角的理解。

图 5-3 为实际应用的具有软磁铁壳的电磁透镜示意图。由于在短线圈产生的磁场中，线圈外的部分磁力线对电子束的聚焦成像不起作用，导致磁感应强度比较低。实际应用中常由软磁材料（常为低碳钢或纯铁）制成具有内环形间隙的壳子，并把短线圈装在软磁铁壳里。

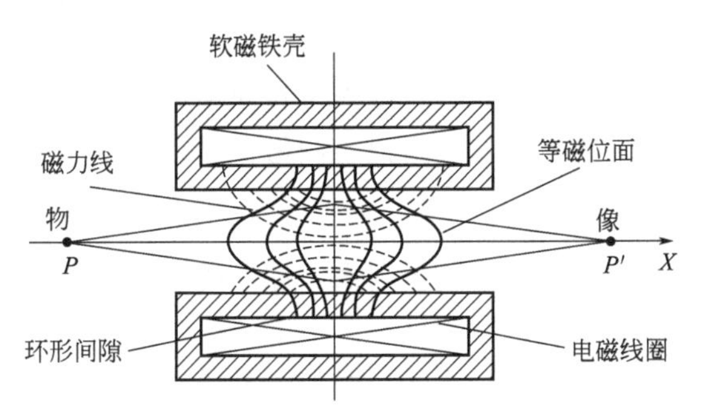

图 5-3 具有软磁铁壳的电磁透镜示意图

较小的软磁壳的内孔和环形间隙尺寸能提高间隙附近区域磁场强度，进而提高磁场对电子的折射能力。软磁铁壳可以将短线圈激磁产生的磁力线集中在铁壳的中心区域，从而提高区域磁场强度，其等磁位面形状与光学透镜的界面相似，起到了透镜的作用。

现在的电磁透镜在软磁铁壳外还会有一个非常重要的部件——极靴。在铁壳狭缝两边加上一对顶端呈圆锥状的极靴可以进一步缩小磁场的轴向宽度，如图5-4(a)所示。极靴常用高磁导率的纯铁、坡莫合金等制成。有极靴的电磁透镜中，极靴使得磁场被聚焦在极靴上下的间隔间，一般是在沿电磁透镜轴向几毫米的范围之内。极靴的上下间隔可以非常小，进而使有效磁场尽可能集中。极小的极靴间隔使磁场强度极大加强，也使透镜的球差大大减小。现在实际应用的电磁透镜，极靴之间的距离都非常小。如常见的高分辨电镜，由于其物镜的极靴的距离太小，所以不允许出现过大的倾转角。图5-4(b)给出了裸线圈、加铁壳和极靴三种透镜轴向磁场强度分布的曲线。

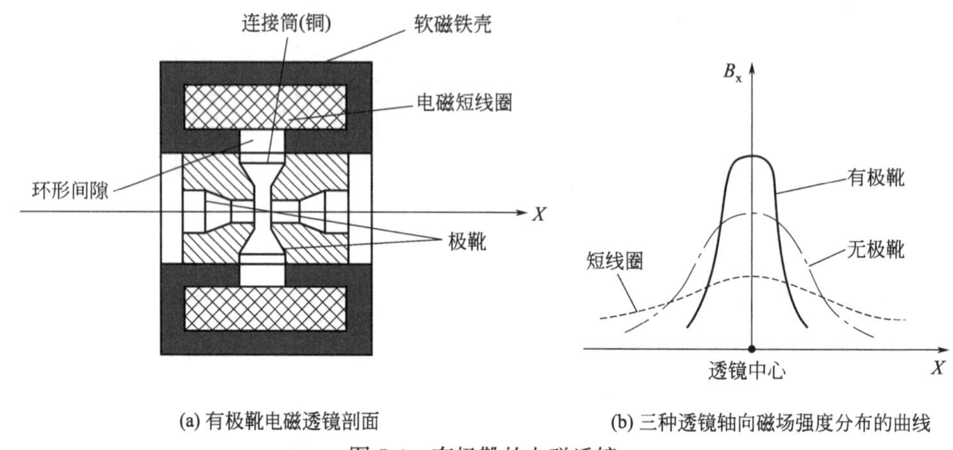

图5-4　有极靴的电磁透镜

5.3　电磁透镜像差对分辨率的影响

5.3.1　电磁透镜像差

电磁透镜和光学透镜一样，除了衍射效应（物质波、光波）对成像质量的影响外，也存在各种缺陷。这些缺陷使得电磁透镜的实际分辨距离远远小于其理论分辨距离。想要一个物平面上的所有质点均能被单值、无变形地在像平面上成像，则电磁透镜中所有参加成像的电子轨迹均必须满足旁轴条件。但实际应用中很难严格满足旁轴条件，这也导致了像的畸变。这种像差严重影响电磁透镜成像质量，其中影响电磁头分辨本领较大的像差主要包括几何像差（球差、像散等）和色差。

几何像差是由于旁轴条件不满足时产生的像差。这主要是透镜磁场几何形状上的缺陷造成的，主要指球差和像散。

色差是由于电子波的波长或能量并非单一性的，电子波的波长或能量在使用过程中不断发生一定幅度的改变，最终引起的像差。由于其与多色光相似，所以也叫做色差。

5.3.1.1　球差

光学透镜表面一般为球面，但球面并不能够得到理想图像的折射面。球形透镜的边缘部分对光线的折射能力比旁轴区域强，最终导致图像的缺陷，称为球差。电磁透镜中的球差是由于电磁透镜的中心区域和边缘区域对电子的折射能力不同造成的。类似光学透镜，电磁透镜磁场对远轴区域电子束的折射能力比近轴区域要强，因此造成的球差被称为正球差。如图

5-5 所示，当入射电子束经过一个理想的物点 P 后，所散射的不同方向的电子射线会经过具有球差的电磁透镜。距离电磁透镜主轴较远的电子（远轴电子）受到的折射程度比主轴附近的电子（近轴电子）受到的折射程度大。因此经过物点 P 的电子在通过透镜成像后，无法会聚在同一个像点上，而是分别会聚在一定的轴向距离 P' 内。如果像平面在远轴电子的焦点和近轴电子的焦点之间做水平移动，那么在此距离范围内，可以找到一个最小的散焦斑，其对电磁透镜的分辨本领具有极大影响。

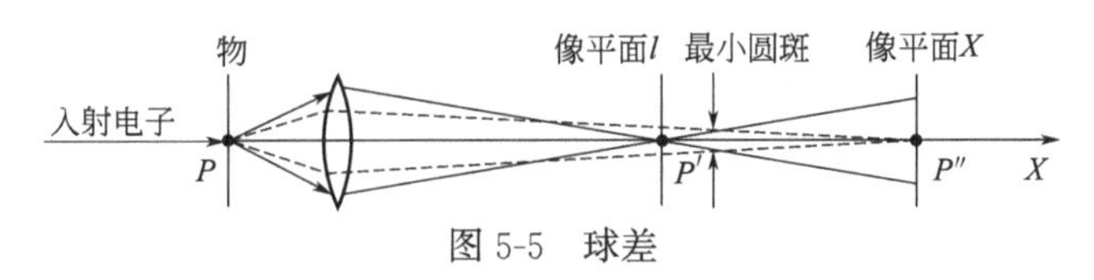

图 5-5　球差

此最小散焦斑的半径用 R_S 表示。若用 R_S 除以放大倍数 M，则可以把最小散焦斑半径 R_S 折算到物平面上去，其对应大小 $\Delta r_S = R_S/M$。Δr_S 为物平面上球差造成的散焦斑半径。这意味着当物平面上两点距离小于 $2\Delta r_S$ 时，则该电磁透镜不能分辨这两点，即在透镜的像平面上得到的是一个点。Δr_S 可通过式(5-10) 计算：

$$\Delta r_S = \frac{1}{4} C_S \alpha^3 \tag{5-10}$$

式中　C_S——电磁透镜球差系数；

α——电磁透镜孔径半角。

通常情况下，电磁透镜球差系数 C_S 与它的焦距在数值上相似。当前常用的普通电磁透镜物镜的焦距一般在 2～4mm，而球差系数最小为 0.5mm，一般电镜球差系数为 1～3mm。根据式(5-10)，减小球差可以通过减小球差系数 C_S 和缩小孔径半角 α 来实现。因为 Δr_S 和孔径半角 α 成三次方的关系，所以用小孔径角成像时，可使球差明显减小。而球差系数 C_S 一般随电磁透镜的励磁电流增大而减小，所以现在常见的高分辨电镜的物镜都是强励磁低放大倍数的电磁透镜。

球差除了影响透镜的分辨本领外，还能导致图像畸变。像的放大倍数随离轴径向距离的增加而变化，这种情况下图像虽然保持清晰，但由于离轴径向距离的不同造成了图像不同程度的位移，这种畸变称为图像畸变。一般情况下，正球差产生枕形畸变；负球差则产生桶形畸变。同时由于电磁透镜存在磁转角，所以图像还会产生旋转畸变。

5.3.1.2　像散

像散是由电磁透镜磁场的非旋转对称性所引发的，其对显微镜高分辨率下成像的影响极为严重。由于电磁透镜磁场的对称性被破坏，电子束的成像也表现在电磁透镜在不同方向上有不同的聚焦能力，如图 5-6 所示。

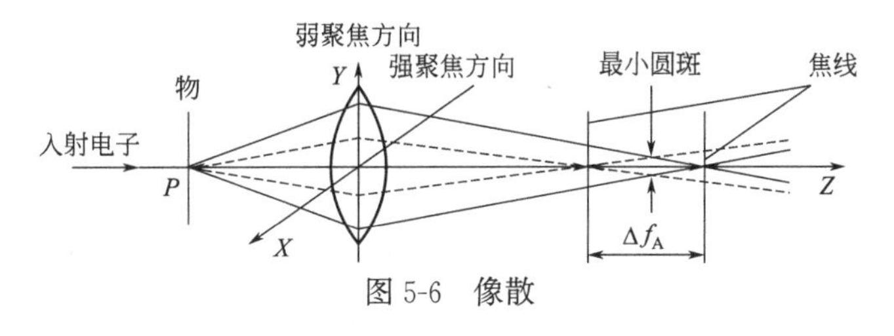

图 5-6　像散

入射电子束经过一个理想物点 P 散射出来的电子射线通过电磁透镜磁场，在电磁透镜的不同方向上聚焦能力不同（设 X 方向较强，Y 方向较弱），也会导致电子束不能聚焦于一个像点上。也就是说，同一发散角的电子束不仅不能聚焦于一个像点上，还会在一轴向距离上聚焦。来自 X 方向的电子，聚焦在与 X 方向垂直的一条线上；而来自 Y 方向的电子，则聚焦在与 Y 方向垂直的另一条线上。这使得两条焦线之间存在像散焦距差 Δf_A。不管聚焦情况怎么改变，在这两个方向上始终不能获得清晰的像。但在两条焦线之间的轴上总可以找到一个最小的圆斑，此最小散焦斑的半径为 R_A。若把 R_A 除以放大倍数 M，则可以把最小散焦斑半径 R_A 折算到物平面上去，其对应大小 $\Delta r_A = R_A / M$。Δr_A 为物平面上像差造成的散焦斑半径，可以用来表示像散的大小。Δr_A 可通过式(5-11) 计算：

$$\Delta r_A = \Delta f_A \alpha \tag{5-11}$$

式中　Δf_A——电磁透镜出现椭圆度时造成的焦距差；

α——电磁透镜孔径半角。

引起电磁透镜磁场不对称的常见原因有：①极靴质量差，即极靴孔不呈圆形，上、下极靴孔不同轴，极靴间端面不平行；②极靴被污染，极靴表面的污染也会导致磁场畸变；③极靴材料各向磁导率有差异等。这些原因都会引起像散，进而降低电磁透镜的分辨本领。为了矫正像散，可以引入一个强度和方位都可调节的矫正磁场，而这个产生矫正磁场的装置称为矫正电磁消像散器。

5.3.1.3　色差

色差是入射电子能量（或波长）的变化造成的，与旁轴条件无关。一个理想物点 P 散射出具有不同能量的电子，通过电磁透镜磁场后，折射能力不同。能量大的电子的焦距较长，而能量小的电子的焦距较短。这使得电子不能聚焦在一个像点，而是分别聚焦在一定的轴向距离范围内，如图 5-7 所示。

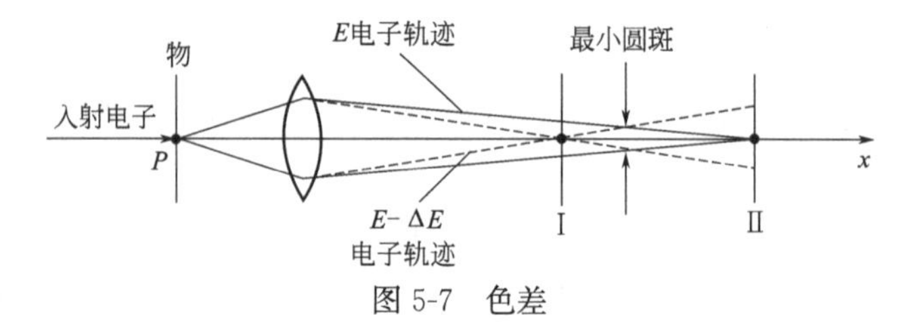

图 5-7　色差

在该轴向距离范围内存在着一个最小散焦斑，也被称为色差弥散斑，将其约化到物平面上的半径为

$$\Delta r_C = C_C \alpha \left| \frac{\Delta E}{E} \right| \tag{5-12}$$

式中　C_C——电磁透镜的色差系数，取决于加速电压的稳定性，随激磁电流增加而减小；

α——孔径半角；

$\Delta E / E$——成像电子束的能量变化率。

在电磁透镜中，引起成像电子束能量波动的主要原因是：①入射电子束受到的加速电压不稳定，引起电子束的能量波动；②入射电子束照射试样时，与试样中原子的核外电子相互作用，导致部分电子发生非弹性散射，进一步导致部分入射电子的能量损失。

正常情况下，试样越厚，越可能引起电子的非弹性散射，电子能量的损失幅度也越大，则色差越大；当试样很薄时，由于非弹性散射引起的能量变化很小，可以忽略非弹性散射的影响。由此可知，使用薄试样和小孔径光阑将散射角大的非弹性散射电子挡掉，将有助于减

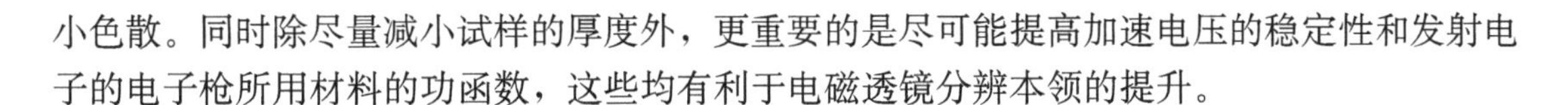

小色散。同时除尽量减小试样的厚度外，更重要的是尽可能提高加速电压的稳定性和发射电子的电子枪所用材料的功函数，这些均有利于电磁透镜分辨本领的提升。

5.3.2 像差对分辨率的影响

分辨本领是电磁透镜最重要的性能指标。在上一节中分析的电磁透镜的分辨本领的三种主要影响因素中，像差中的像散是可以消除的，而色差对分辨率的影响相对球差来说，要小得多。所以像差对分辨率的影响主要来自球差。电磁透镜的分辨本领由衍射效应和球差来决定。

5.3.2.1 衍射效应对分辨率的影响

由衍射效应所限定的分辨本领在理论上可由瑞利公式计算，在本章中第一节已经进行过介绍，如式(5-1) 所示。

$$\Delta r_0=\frac{0.61\lambda}{n\sin\alpha}$$

由式(5-1) 可知，为了提高电磁透镜的分辨率，从衍射的角度来看，在照明光源和介质一定的条件下，应尽量增大孔径半角 α。孔径半角 α 越大，电磁透镜的分辨本领越高。

5.3.2.2 球差对分辨率的影响

电磁透镜是会聚透镜，而至今还没有方法能有效矫正球差，所以球差也成为限制电磁透镜分辨本领的主要因素之一。由球差造成的散焦斑半径的表达式在本章第三节进行过介绍，如式(5-10) 所示。

$$\Delta r_S=C_S\alpha^3$$

从球差对散焦斑的影响来看，则应该尽量减小孔径半角 α。这显然与衍射效应对孔径半角 α 的要求相反。在同时考虑衍射效应和球差对电磁透镜的分辨本领的影响时，为了使球差变小，可通过减小孔径半角 α 来实现，但从衍射效应来看，孔径半角 α 的减小将使 Δr_S 变大，电磁透镜分辨本领下降。这就意味着改善其中一个因素同时也会使另一个因素变坏，因此两者必须兼顾、同时考虑，也意味着合适的孔径半角的选择要保持球差和衍射效应两者所造成的散焦斑半径相等。

可以看出关键是确定电磁透镜的最佳孔径半角 α_{best}，它使得衍射效应埃利斑和球差散焦斑尺寸大小相等，表明两者对透镜分辨本领影响效果一样。

在电子显微镜中，孔径半角 α 的值一般很小（一般为 0.001～0.01rad)，根据式(5-1)，此时 $\sin\alpha\approx\alpha$(数学上)；而电子显微镜中电子波是在真空中传播，故 $n=1$，瑞利公式可以改写为

$$\Delta r_0=\frac{0.61\lambda}{\alpha} \tag{5-13}$$

式中，λ 为光源的波长；α 为孔径半角，最佳孔径半角 α_{best} 可以由式(5-14) 推算出：

$$\alpha_{best}=K\left(\frac{\lambda}{C_S}\right)^{\frac{1}{4}} \tag{5-14}$$

式中，K 为常数；C_S 为电磁透镜球差系数。

将最佳孔径半角 α_{best} 的值带入球差散焦斑半径的表达式，即可得到电镜的理论分辨率的表达式，如式(5-15) 所示。

$$\Delta r_0 = A \times C_S^{\frac{1}{4}} \lambda^{\frac{3}{4}} \tag{5-15}$$

式中，A 为常数，一般 A 取 0.65。而目前的电磁透镜的最佳分辨本领已经达到 10^{-1}nm 数量级。

5.4 电磁透镜的景深和焦长

电磁透镜的分辨本领与景深和焦长有关，当电磁透镜的分辨本领越大时，其景深越大、焦长越长。这是由于电磁透镜所用的孔径半角非常小的缘故，这种特点在电子显微镜的结构设计上具有重大意义。

5.4.1 电磁透镜的景深

电磁透镜的景深（或场深）是在保持像清晰的前提下，试样在物平面上下沿镜轴可移动的距离，也就是试样超越物平面所允许的厚度。当电磁透镜的焦距（不同于焦长）一定时，物距和像距的值是确定的，这时只有一层试样平面与电磁透镜的理想物平面相重合。而偏离理想物平面的其他点都会存在不同程度的失焦，从而在电磁透镜的像平面上产生一个尺寸不定的失焦圆斑。如果失焦圆斑的尺寸不超过由衍射效应和球差引起的散焦斑，则不会影响电磁透镜（简称电镜）的分辨率。

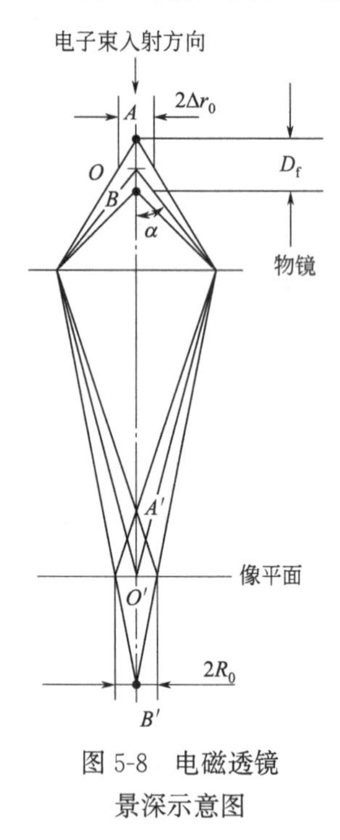

图 5-8 电磁透镜景深示意图

在理想情况下，物平面上 O 点在像平面上成像为 O'，如图 5-8 所示。由于像差和衍射的综合影响，像点 O'实际上是一个半径为放大倍数 M 与分辨率 Δr_0 乘积的漫散圆斑。当试样向上方移动至 A 点，或向下方移动至 B 点时，如果像平面的位置保持不变，A 点和 B 点的像在像平面上散焦成一漫散圆斑；如果此圆斑半径小于或等于 $M \times \Delta r_0$，则像平面上的图像仍能保持清晰。所以，在这种情况下，试样在 A 点和 B 点的范围内移动时，并不影响物像的清晰度，AB 间的这段距离称为景深。即将电磁透镜物平面允许的轴向偏差定义为电磁透镜的景深，用 D_f 表示。它与电磁透镜最小分辨距离 Δr_0、孔径半角 α 之间的关系为

$$D_f = \frac{2\Delta r_0}{\tan\alpha} \approx \frac{2r_0}{\alpha} \tag{5-16}$$

式(5-16) 说明，对于特定的光源，孔径半角 α 越小，景深 D_f 越大；显微镜的分辨率 Δr_0 越小，景深 D_f 也越大。由于电磁透镜的孔径半角 α 都很小，一般为 0.001～0.01rad，则电磁透镜的景深为 $D_f=(200\sim2000)\Delta r_0$。如果电磁透镜的分辨本领是 0.1nm，景深为 20～200nm。在使用物镜光阑的前提下，一般采用较小的孔径半角。因此通过电镜观察试样时，试样厚度在 100～200nm 时就能得到清晰的像。电磁透镜的景深大，对于图像的聚焦操作（尤其是高放大倍数下）是非常有利的。常见金属薄膜试样的厚度只要保证在这个景深范围内，就可以保证试样各个结构细节都可以清晰地被观察到。

5.4.2 电磁透镜的焦长

电磁透镜的焦长（焦深）是指在保持像清晰的前提下，像平面沿镜轴可移动的距离，或者说观察屏或照相底版沿镜轴方向所允许的移动距离。当透镜焦距和物距一定时，像平面在一定的轴向距离内的移动，也会引起失焦。同样，如果失焦引起的失焦斑大小不超过透镜因衍射和像差引起的散焦斑大小，那么像平面在一定的轴向距离内移动，也不会影响电磁透镜的分辨率和图像质量。

把透镜像平面允许的轴向移动距离定义为透镜的焦长，用 D_L 表示，如图 5-9 所示。则透镜焦长 D_L 与分辨本领 Δr_0，像点所张的孔径半角 β 之间的关系为

$$D_L=\frac{2\Delta r_0 M}{\tan\beta}\approx\frac{2\Delta r_0 M}{\beta} \tag{5-17}$$

因为 $\tan\beta=\frac{L_1}{L_2}\tan\alpha=\frac{\tan\alpha}{M}\beta\approx\frac{\alpha}{M}$，所以：

$$D_L=\frac{2\Delta r_0 M^2}{\alpha}=D_f M^2 \tag{5-18}$$

对于由多级电磁透镜组成的电子显微镜来说，其最终放大倍数等于各级透镜放大倍数的乘积，此时电镜的焦长就更长了。电镜焦长较长的特点给电子显微镜图像的照相记录带来了极大的便利。只要保证荧光屏上的图像是清晰的，那么在荧光屏上下偏离不远的位置进行拍照，所拍摄的图像也将是清晰的。

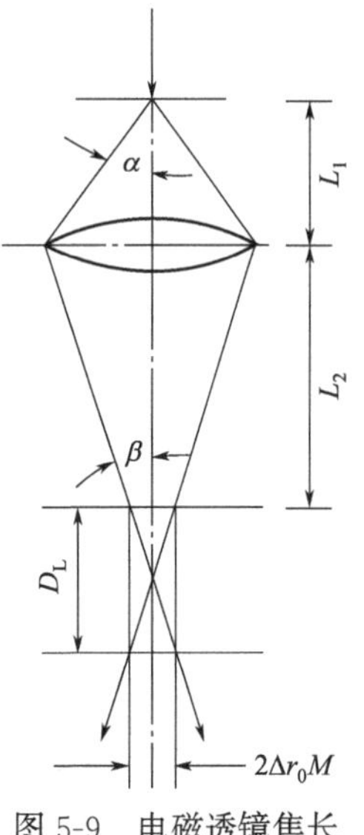

图 5-9 电磁透镜焦长

习 题

1. 简述电子显微镜相对于光学显微镜的优势。

2. 解释阿贝成像原理。为何在高频电子衍射束会降低图像的质量的情况下，不能只收集低角度的电子束？高频电子衍射束为何会导致图像传递质量降低？

3. 在考虑相对论效应和不考虑相对论效应的情况下，计算电子分别在 0.5kV、1kV、100kV、1000kV 加速电压下的波长，并对结果进行对比分析。

4. 简述影响空间分辨率的因素。

第6章 透射电子显微镜结构及其制样要求

1897年，J. J. Thompson发现电子，打破原子不可分的物质观；1924年，德布罗意提出物质波的概念，将波粒二象性推广到一切实物粒子，由此得到计算电子波长的公式：$\lambda=h/p$。由于显微镜分辨率和光波长成正比，基于光学显微镜波长的局限性，光学显微镜的分辨极限为0.2μm。如能发射高能电子，可得到比光波小得多的波长，提高显微镜的分辨率就成为可能。但如何将电子波聚焦限制了电子显微镜的出现。1926年，轴对称非均匀磁场能够使电子波聚焦的技术出现，磁透镜的发明实现了电子束聚焦技术。基于大量前期技术基础，1932～1933年，德国电气工程师诺尔和物理学家鲁斯卡等，成功研制出世界上第一台透射电子显微镜，鲁斯卡也因此获得1986年诺贝尔物理学奖。

透射电子显微镜（简称透射电镜）结构是实现电子显微观察和电子衍射分析技术的物质基础，其各部件实现其功能精细化，同时也是成像模式有效保障的可靠物质基础。透射电镜的衍射斑点分析、显微像衬度分析等都对样品状态有着严格要求，透射电镜技术的制样要求远高于其他显微或物相观察的制样要求。本章详细论述透射电子显微镜结构及透射样品准备技术。

6.1 透射电子显微镜结构

透射电子显微镜（transmission electron microscope，TEM）是利用高能电子束充当照明光源而进行放大成像的大型显微分析设备。近些年，透射电子显微镜发展迅速，在对样品进行形貌观察的同时，还可获得晶体结构、化学成分、磁结构及晶体缺陷等方面的信息，在材料科学、物理、化工、生物、医学及冶金矿产等领域广泛应用。

透射电子显微镜外形如图6-1和图6-2所示。虽然外形存在较大差异，但其内部结构都是由电子光学系统、真空系统、供电控制系统三大部分构成的。其中电子光学部分是透射电镜结构的核心部分，完成电子产生、电子聚焦、电子与样品作用、透射束和衍射束成像采集等功能，包括照明系统、成像系统、样品室、观察记录系统等；真空系统主要保证透射电镜内部的真空环境，保证电子运动不受杂质分子的影响；供电控制系统为透射电镜提供稳定加速电压和电磁电镜电流控制等。真空系统与供电控制系统是两个辅助系统。透射电子显微镜内部结构示意图如图 6-3 所示。

图 6-1 日本透射电子显微镜

图 6-2 美国 FEI 透射电子显微镜

6.1.1 照明系统

照明系统主要由电子枪、聚光镜及相关平移倾斜调整装置组成。它的功能就是提供一束高亮度、平行度好、照明孔径角小、束流稳定，并可在一定范围内调整的电子束照明源。

(1) 电子枪

电子枪是透射电子显微镜的电子源，主要有钨灯丝枪、六硼化镧枪和场发射枪。其中热阴极三极电子枪，由发夹形钨丝阴极、栅极帽和阳极组成。图 6-4(a) 为电子枪的自偏压回路，自偏压回路可以起到限制和稳定束流的作用。图 6-4(b) 是电子枪结构原理图。在阴极和阳极之间的某一点，电子束会集成一个交叉点，这就是通常所说的电子源。交叉点处电子束直径约为几十个微米。

(2) 聚光镜

聚光镜用来会聚电子枪射出的电子束，以最小的损失照明样品，调节照明强度、孔径角和束斑大小。一般都采用双聚光镜系统（图 6-5），第一聚光镜是强激磁透镜，束斑缩小率为 10～50 倍，将电子枪第一交叉点束斑缩小为 1～5μm；而第二聚光镜是弱激磁透镜，适焦时放大倍数为 2 倍左右。结果在样品平面上可获得 2～10μm 的照明电子束斑。

6.1.2 样品室

样品室位于聚光镜之下，内部有装载样品的样品杆。透射电镜的样品放置在物镜的上下极靴之间（图 6-6），由于这里的空间很小，所以透射电镜的样品也很小，通常是直径 3mm 的薄片。样品放在样品杆的卡槽中（图 6-6），样品杆可实现样品在物镜极靴孔内平移倾斜旋转，以便选择感兴趣的样品区域进行晶体取向观察，获取合适的高分辨显微像的拍摄角度等。透射电镜样品可以是块状或粉末，块状样品需减薄成 Φ3mm 的薄片，粉体样品需分散

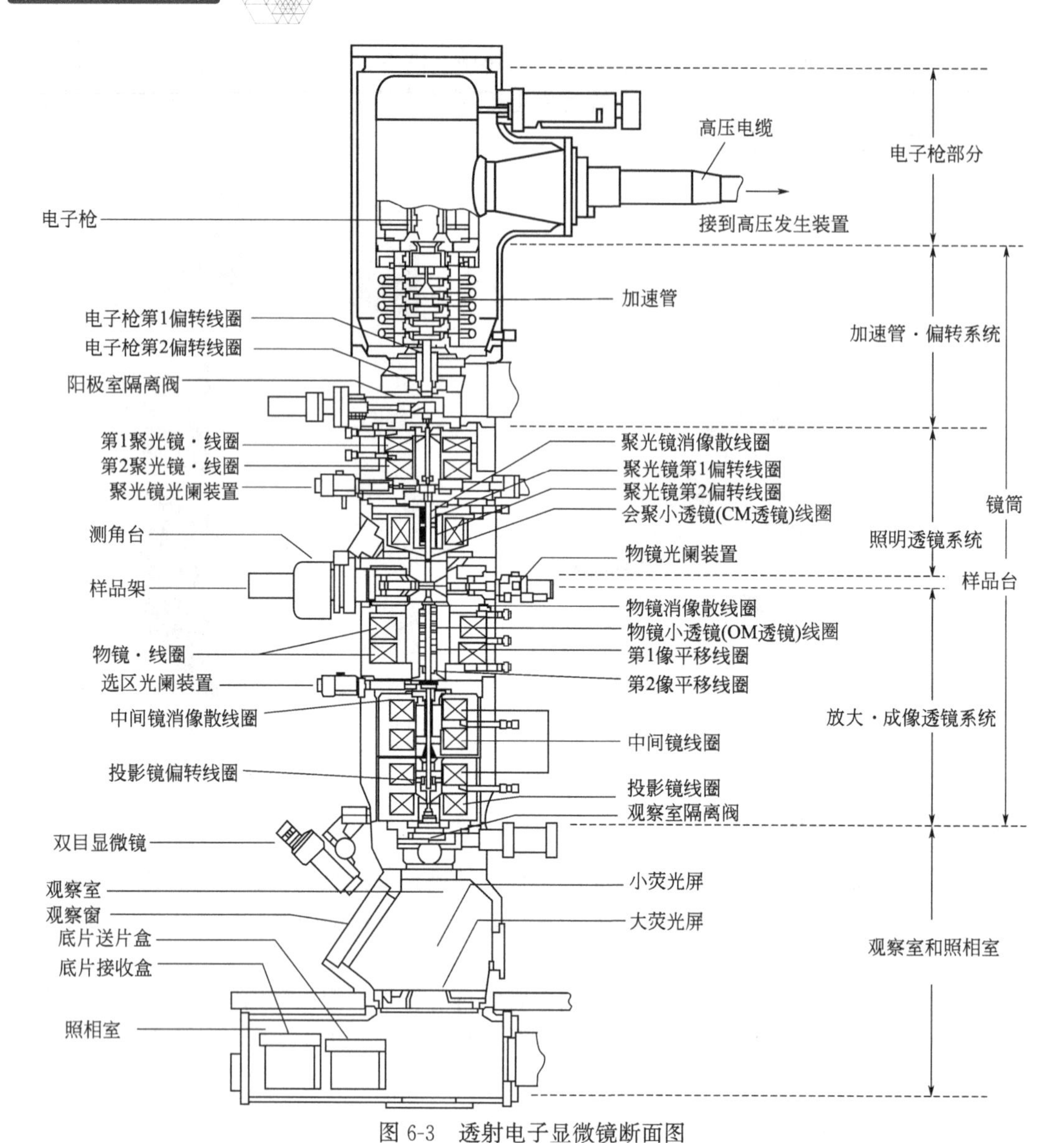

图 6-3　透射电子显微镜断面图

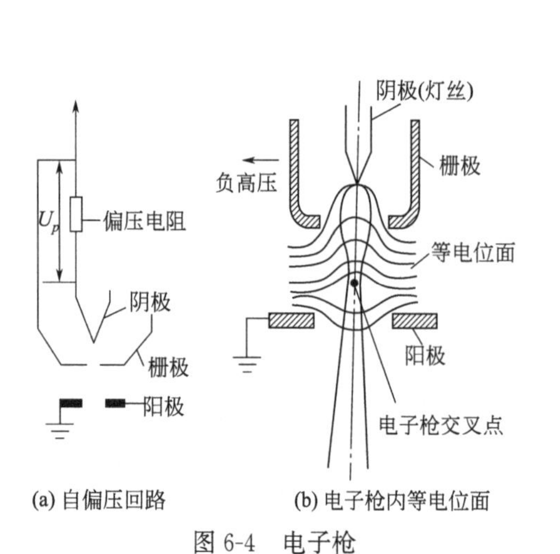

图 6-4　电子枪

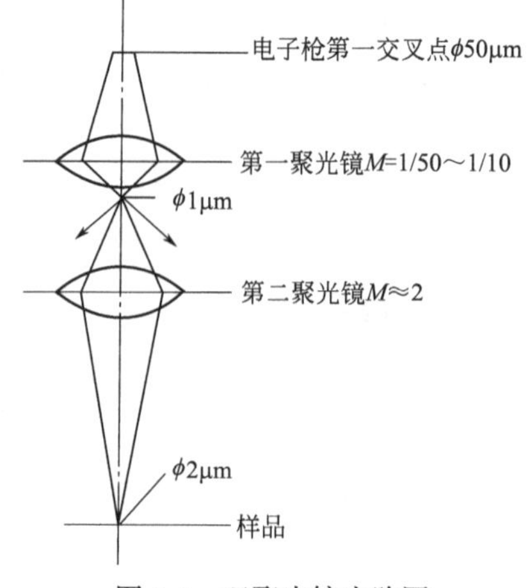

图 6-5　双聚光镜光路图

到 Φ3mm 含支持膜的铜网上。样品要牢固夹在样品杆上，同时保持良好的热、电接触，减少因电子照射引起的热或电累积对样品造成损伤或图像漂移。可通过平移样品杆选择不同感兴趣区域观察；由于晶体不同取向会影响显微衬度及衍射斑点，经常需要旋转样品杆。按旋转方式样品杆可分为单倾样品杆（只能在一个方向旋转调整样品方向）和双倾样品杆（可在两个方向旋转调整样品方向）。现在还发展了一些原位观察的样品杆，比如通过加热样品杆、冷冻样品杆、电化学样品杆等实现不同环境的原位观察。

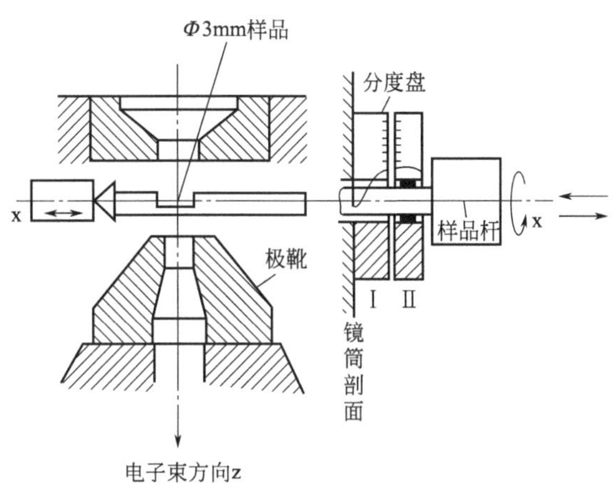

图 6-6　样品室结构

6.1.3　成像系统

成像系统主要由物镜、中间镜、投影镜及荧光屏组成。高性能的透射电镜大都采用五级透镜放大（图 6-7），其中中间镜和投影镜各有两级，分第一中间镜和第二中间镜、第一投影镜和第二投影镜。

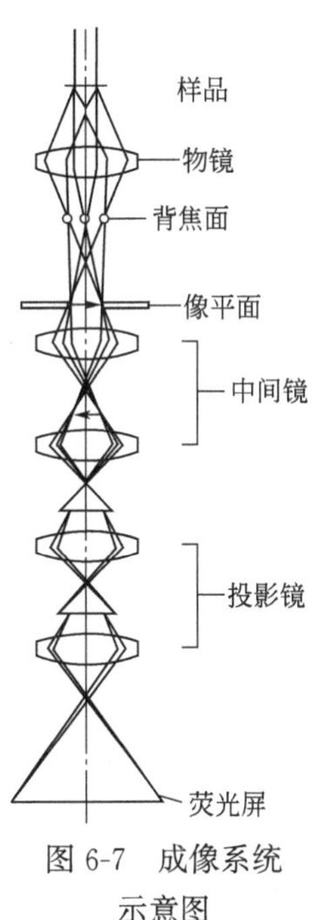

图 6-7　成像系统示意图

（1）物镜

物镜位于样品室下方，是用来形成第一幅高分辨率电子显微图像或电子衍射花样的透镜。透射电子显微镜分辨本领的高低主要取决于物镜。因为物镜的任何缺陷都被成像系统中其他透镜进一步放大。欲获得物镜的高分辨率，必须尽可能降低像差。通常采用强激磁、短焦距的物镜。

物镜是一个强激磁、短焦距的透镜，它的放大倍数较高，一般为 100～300 倍。目前，高质量的物镜的分辨率可达 0.1nm 左右。为了减少物镜的球差，往往在物镜的后焦面上安放一个物镜光阑。物镜光阑不仅具有减少球差、像散和色差的作用，而且可以提高图像的衬度。此外，物镜光阑位于后焦面的位置时，可方便地进行暗场及衬度成像的操作。

在用电子显微镜进行图像分析时，物镜和样品之间的距离总是固定不变的（即物距 L_1 不变）。因此改变放大倍数进行成像时，主要是通过改变物镜的焦距和像距（即 f 和 L_2）来满足成像条件。

电磁透镜成像原理：平行电子束与样品作用产生衍射波经物镜聚焦后，在物镜后焦平面形成衍射谱（衍射斑），这时候样品的结构信息就从衍射斑点上呈现出来（此过程可用傅里叶变换描述）。

通过衍射斑点信息可得到物质的结构信息：焦平面上的衍射斑点发出球面次级波通过干涉现象重新在像平面上形成反映样品特征的像（此过程可用傅里叶变换描述）。

通过干涉波成像得到物质的形貌信息。

（2）中间镜

中间镜是一个弱激磁的长焦距变倍透镜，可在 0～20 倍范围调节。当 $M>1$ 时，用来进

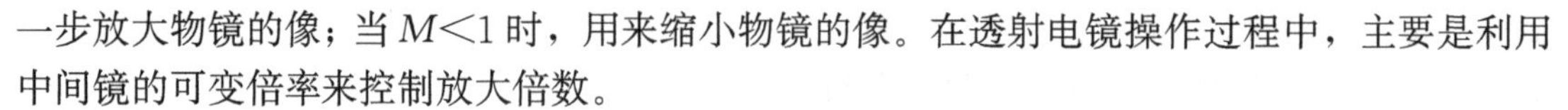

一步放大物镜的像；当 $M<1$ 时，用来缩小物镜的像。在透射电镜操作过程中，主要是利用中间镜的可变倍率来控制放大倍数。

（3）投影镜

投影镜的作用是把经中间镜放大（或缩小）的像（电子衍射花样）进一步放大，并投影到荧光屏上，它和物镜一样，是一个短焦距的强磁透镜。投影镜的激磁电流是固定的。因为成像电子束进入投影镜时孔镜角很小，所以它的景深和焦长都非常大。即使改变中间镜的放大倍数，使显微镜的总放大倍数有很大的变化，也不会影响图像的清晰度。

6.1.4 成像模式

透射电子显微镜基本成像模式包括显微成像模式和衍射斑点成像模式，如果把中间镜的物平面和物镜的像平面重合，则在荧光屏上得到一幅放大像，这就是电子显微镜中的成像操作，如图 6-8(a) 所示。

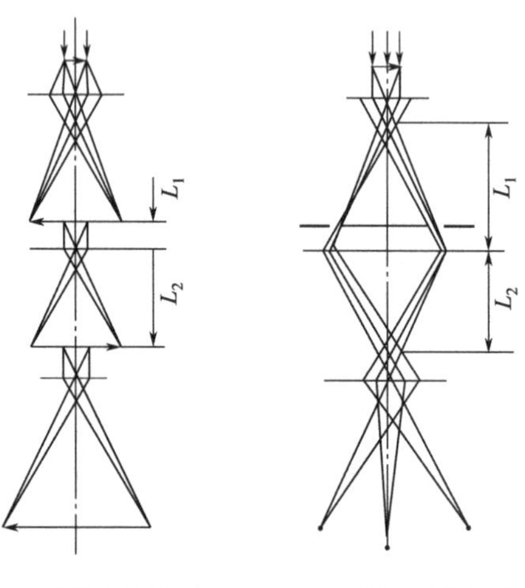

图 6-8　两种成像模式光路图

如果把中间镜的物平面和物镜的后焦面重合，则在荧光屏上得到一幅电子衍射花样，这就是电子显微镜中的电子衍射操作，如图 6-8(b) 所示。

6.1.5 观察记录系统

观察记录系统包括荧光屏和照相机构。在荧光屏下面放置一架可以自动记录的数码相机或摄像机，照相时只要把荧光屏竖起，电子束即可通过数码相机或摄像机记录图像。由于透射电子显微镜的焦长很大，虽然荧光屏和底片之间有数十厘米的间距，仍能得到清晰的图像。

6.1.6 校准系统

消像散器可以是机械式的，可以是电磁式的。机械式的是在电磁透镜的磁场周围放置几块位置可以调节的导磁体，用它们来吸引一部分磁场，把固有的椭圆形磁场校正成接近旋转对称的磁场。电磁式的是通过电磁极间的吸引和排斥来校正椭圆形磁场的。

在透射电子显微镜中有许多固定光阑和可动光阑。它们的作用主要是挡掉发散的电子，保证电子束的相干性和照射区域。其中三种主要的可动光阑是聚光镜光阑、物镜光阑和选区光阑。光阑都用无磁性的金属（铂、钼等）制造。

聚光镜光阑。四个一组的光阑孔被安装在一个光阑杆的支架上，使用时，通过光阑杆的分档机构按需要依次插入，使光阑孔中心位于电子束的轴线上（光阑中心和主焦点重合）。

聚光镜光阑的作用是限制照明孔径角。在双聚光镜系统中，它安装在第二聚光镜下方的焦点位置。光阑孔的直径为 20～400μm，作一般分析观察时，聚光镜的光阑孔径可用 200～300μm，若作微束分析时，则应采用小孔径光阑。

物镜光阑。物镜光阑又称为衬度光阑，通常它被放在物镜的后焦面上。常用物镜光阑孔的直径是 20～120μm。

电子束通过薄膜样品后产生散射和衍射。散射角（或衍射角）较大的电子被光阑挡住，

不能继续进入镜筒成像，从而就会在像平面上形成具有一定衬度的图像。光阑孔越小，被挡去的电子越多，图像的衬度就越大，这就是物镜光阑又叫作衬度光阑的原因。加入物镜光阑使物镜孔径角减小，能减小像差，得到质量较高的显微图像。物镜光阑的另一个主要作用是在后焦面上套取衍射束的斑点（即副焦点）成像，这就是所谓暗场像。利用明暗场显微照片的对照分析，可以方便地进行物相鉴定和缺陷分析。

选区光阑又称场限光阑或视场光阑。

为了分析样品上的一个微小区域，应该在样品上放一个光阑，使电子束只能通过光阑限定的微区。

对这个微区进行衍射分析叫做选区衍射分析。由于样品上待分析的微区很小，一般是微米数量级。制作这样大小的光阑孔在技术上还有一定的困难，加之小光阑孔极易污染。因此，选区光阑都放在物镜的像平面位置，这样布置达到的效果与光阑放在样品平面处是完全一样的。但光阑孔的直径就可以做得比较大。如果物镜的放大倍数是50倍，则一个直径为50μm的光阑就可以选择样品上直径为1μm的区域。

选区光阑同样是用无磁性金属材料制成的，一般选区光阑孔的直径在20～400μm，它可制成大小不同的四孔一组或六孔一组的光阑片，由光阑支架分档推入镜筒。

6.1.7　真空系统

真空系统由机械泵、扩散泵、换向阀、真空测量仪及真空管道等组成，其作用是为透射电镜提供高真空环境，防止气体粒子与电子碰撞，高真空是透射电镜开启和运行的必要条件。透射电镜真空度要求为1.33×10^{-5}～1.33×10^{-2}Pa。

6.1.8　电路及水冷系统

电路系统满足镜体和辅助系统的工作电源要求，尤其是电子枪和物镜的工作电源要求更为严格。

水冷系统保证透射电子显微镜正常工作，不因部件过热发生故障，一般水冷系统工作开始于透射电镜开启之前，结束于透射电镜关闭20min以后。

透射电子显微镜的设计和构建是系统工程，涉及材料学科、机械工程学科、仪器科学与技术、电气工程、控制科学与工程等学科，需要材料加工技术、材料学、机械自动化、精密仪器与机械、高电压与绝缘技术、检测技术与自动化装置等专业协调合作。透射电子显微镜的设计开发及应用是多学科背景下团队合作的结晶成果。

6.2　透射电子显微镜应用性能

6.2.1　分辨率

目前透射电子显微镜的分辨率可达0.2～0.3nm，分辨率一方面取决于物镜的球差、衍射像差、像散、色差等因素；另一方面与被观察物体的材料性质、衬度条件等因素有关。

6.2.2　放大倍数

电子显微镜的放大倍数指横向放大倍数，是成像系统中各级电磁透镜放大倍数的乘积。

每一级电磁透镜的放大倍数 M 等于该透镜成像的像距 L_2 和物距 L_1 之比（$M=L_2/L_1$）。像距与物距又取决于焦距（$1/f=1/L_1+1/L_2$），在透射电镜中，焦距可以由透镜的激磁电流和加速电压控制，进而调控放大倍数。目前透射电镜放大倍数可以达到几十倍到几十万倍。

6.3 透射电子显微镜样品制备技术

6.3.1 透射电子显微镜样品制备要求

透射电子显微镜通过让电子束（包括衍射束和透射束）透过样品，利用透过或衍射的电子束反映样品晶体结构及形貌。如需获取普通形貌相、衍射斑点，样品厚度要求小于200nm；如需获取高分辨形貌相、精细衍射花样，样品厚度一般要求小于10nm。

6.3.2 块体样品制备技术

（1）薄膜样品的制备要求

薄膜样品的组织结构必须和大块样品相同，在制备过程中，这些组织结构不能发生变化。样品相对于电子束必须有足够的“透明度”，因为只有样品能被电子束透过，才有可能进行观察和分析。薄膜样品应有一定强度和刚度，在制备、夹持和操作过程中，在一定的机械力作用下不会引起变形或损坏。在样品制备过程中不允许表面产生氧化和腐蚀。氧化和腐蚀会使样品的透明度下降，并造成多种假象。

（2）样品薄片的预先减薄

① 从大块样品上切割厚度为0.3～0.5mm厚的薄片。

a. 电火花线切割设备——导电样品。用一根往返运动的金属丝做切割工具。以被切割的样品作阳极、金属丝作阴极，两极间保持微小的距离，利用其间的火花放电进行切割。切割过程在冷却条件下进行。图6-9为线切割机。

电火花切割可切下厚度小于0.5mm的薄片，切割时损伤层比较浅，可以通过后续的磨制或减薄过程去除。

b. 金刚石切片机——不导电样品。针对不导电样品，利用金刚石刀片旋转，切割固定在夹具上的样品。为了防止样品过热，一般配有冷却液。图6-10为金刚石切片机。

图6-9 线切割机

图6-10 金刚石切片机

② 0.5mm左右薄片减薄成几十微米薄片。

a. 机械减薄法通过手工研磨来完成，把切割好的薄片一面用黏结剂黏在样品座表面，然后在水砂纸上研磨减薄。样品平放，不要用力太大，并使它充分冷却。压力过大和温度升高都会引起样品内部组织结构发生变化。研磨过程中要反复调换研磨面，使薄片两面摩擦磨损均匀，以免应力不均引起样品翘曲变形。薄片一般研磨至 50μm 左右；手工研磨时即使用力不大，薄片上的硬化层也会厚至数十个纳米。

b. 化学减薄法是把切割好的金属薄片放入配制好的化学试剂中，使其表面受腐蚀而继续减薄。合金中各组成相的腐蚀倾向是不同的，所以在进行化学减薄时，应注意减薄液的选择。化学减薄液成分请参见相关专业书籍。

化学减薄法的最大优点是表面没有机械硬化层，减薄后样品的厚度可以控制在 20～50μm，薄区面积大。但是，化学减薄时必须先把薄片表面充分清洗，去除污物，否则将得不到满意的结果。

③ 将几十微米薄片减薄到可进行透镜观察的样品。

a. 双喷电解减薄：将预减薄的样品剪成直径 3mm 的圆片，装入样品夹持器中。进行减薄时，样品两个表面的中心部位各有一个电解液喷嘴。从喷嘴中喷出的液柱和阴极相接，样品和阳极相接。电解液通过一个耐酸泵进行循环，在两个喷嘴的轴线上装有一对光导纤维，其中一个光导纤维和光源相接，另一个则和光敏元件相连。如果样品经抛光后中心出现小孔，光敏元件输出的电信号就可以将抛光线路的电源切断。图 6-11 为双喷式电解减薄装置示意图。

用这种方法制成的薄膜样品，中心穿孔附近有一个较大的楔形薄区，可以被电子束穿透。直径 3mm 圆片周边是一个厚度较大的刚性支架，可以保证样品夹持、搬运过程中不会被损坏。

b. 离子减薄：是物理方法减薄，原理是利用加速的离子轰击样品表面，使表面原子飞出（溅射出），最终使样品减薄到电子束可以通过的厚度。

图 6-12 为离子减薄装置示意图。样品放置于 10^{-3}～10^{-2}Pa 的高真空样品室中，离子束（通常是高纯氩离子束）从两侧在 3～5kV 加速电压加速下轰击样品表面，样品表面相对离子束成 0～30°的夹角。

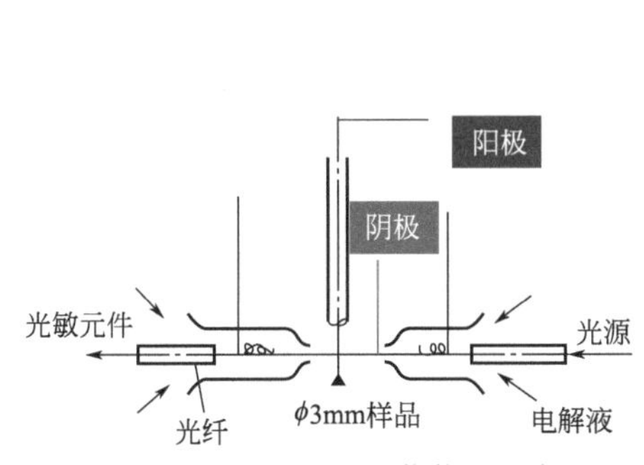

图 6-11 双喷式电解减薄装置示意图

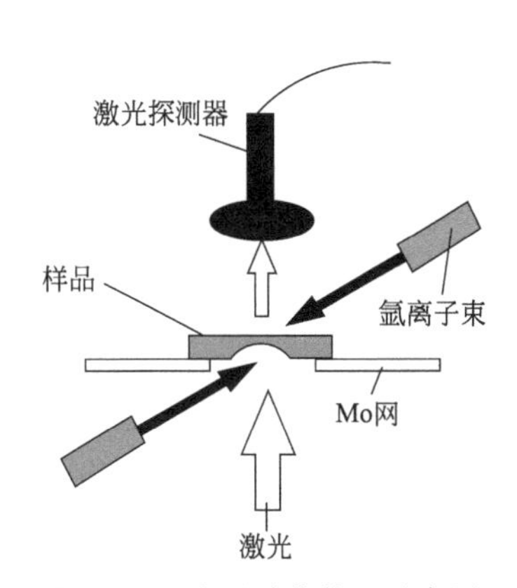

图 6-12 离子减薄装置示意图

离子减薄适用于矿物、陶瓷、半导体及多相合金等电解抛光所不能减薄的场合。离子减薄的效率较低，一般情况下 4μm/h 左右。但是离子减薄的质量高、薄区大。

6.3.3 粉末样品制备技术

(1) 胶粉混合法

在干净玻璃片上滴火棉胶溶液，然后在玻璃片胶液上放少许粉末并搅匀，再将另一玻璃片压上，两玻璃片相对研磨并突然抽开，稍候，膜干；用刀片将膜划成小方格，将玻璃片斜插入水杯中，在水面上下空插，膜片逐渐脱落，用铜网将方形膜捞出，待观察。

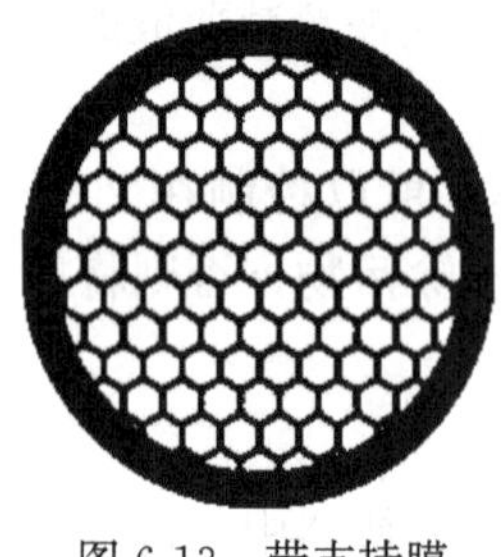

图 6-13 带支持膜的铜网

(2) 粉碎和分散法

需透射电镜分析的粉末颗粒一般都小于铜网小孔，因此要先制备对电子束透明的支持膜（图 6-13）。常用支持膜有火棉胶膜和碳膜。

粉末样品制备的关键取决于能否使其均匀分散到支持膜上。

将样品在玛瑙研钵中研碎。将研碎的粉末（如果样品是微细的粉末，就不用粉碎）放入与样品不发生反应的有机溶剂（例如丁醇、丙酮等）中，用超声波分散得到悬浊液，为了操作简单方便，也可以用玻璃棒搅拌。用滴管把所得的悬浊液放一滴在黏附有支持膜的铜网上，静置干燥后即可供观察。

透射晶体薄膜样品制备看似是一个简单的操作，其实不然。它的每一个操作环节需考虑是否影响材料本身的结构特征，需要深入理解工艺对材料结构特征的影响规律，必须注重细节，精益求精。

习 题

1. 详细阐述透射电子显微镜的电子光学系统。
2. 对比分析电子显微成像和电子衍射斑点成像的成像模式差异。
3. 分类说明各类光阑的作用。
4. 查阅资料阐述样品杆有哪些，分别能实现什么功能。
5. 简述透射晶体薄膜样品制备流程。

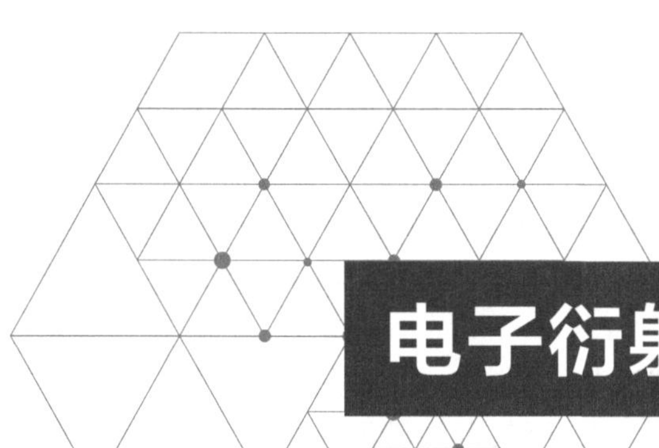

第 7 章 电子衍射分析技术

阿贝成像原理将成像分解成分频和成像，其意义在于它以一种新的频谱语言来描述信息，而这种频谱信息在数学上对应于倒易空间信息。电子衍射实验由材料晶面衍射产生的衍射斑点承载着材料晶体结构信息，对应于倒易空间点阵。因此衍射斑点组合分析将是解密材料物相及微结构的钥匙。电子衍射分析技术成为微观材料晶体结构分析必不或缺的工具，电子衍射分析技术也在不断丰富、深入发展。

电子衍射分析技术与前面学到的 X 射线衍射分析技术有着共同的衍射理论及晶体结构理论基础，即布拉格方程、衍射矢量方程、衍射强度理论、晶带定律等。由于电子束与 X 射线的性质差异，这两种技术在具体应用技术处理上还存在较大差异。本章论述电子衍射的产生及特点、推导电子基本衍射公式；介绍常见衍射斑点图谱；阐述单晶、多晶电子衍射斑点的标定程序；电子衍射斑点标定应用；分析绘制标准衍射斑点流程；简要介绍相干束微衍射、会聚束衍射、低能电子束衍射等相关技术。

7.1 电子衍射基本原理

7.1.1 电子衍射与 X 射线衍射辨析

(1) 电子衍射和 X 射线衍射的共同点

电子衍射的原理和 X 射线衍射类似，是以满足（或基本满足）布拉格方程作为产生衍射的必要条件。两种衍射技术得到的衍射花样在几何特征上也大致相似：多晶的电子衍射花样是一系列不同半径的同心圆环，单晶的衍射花样由排列呈现周期性、对称性的多个斑点组成，而非晶体的衍射花样只有一个漫散的中心斑点。

(2) 电子衍射和 X 射线衍射的不同点

电子和 X 射线与物质作用后散射规律不同。物质对电子的散射作用比对 X 射线的散射作用大约强 1 万倍。电子衍射束的强度有时和透射束一样，电子衍射有时需要考虑二次衍射。另外，X 射线散射强度和原子序数的平方（Z^2）成正比，重元素原子的散射能力强，材料中如存在原子序数差异大的原子时，轻元素的原子衍射信号可能会被重元素原子的衍射信号所掩盖。电子散射强度约与 $Z^{\frac{4}{3}}$ 成正比，电子衍射分析技术在轻元素鉴别上优于 X 射线衍射分析技术。由于电子的散射能力强，电子的穿透能力比 X 射线弱很多，电子衍射适用于微晶、表面、薄膜的晶体结构测定。如果采用底片获取衍射信息，电子衍射曝光时间远小于 X 射线衍射曝光时间。

电子波的波长（10^{-3}～10^{-2}nm）比 X 射线波长（0.05～0.25nm）短得多，在同样满足布拉格条件时，它的衍射角 θ 很小，约为 10^{-2}rad。而 X 射线满足条件产生衍射时，其衍射角最大可接近 $\pi/2$。由于电子衍射角 θ 很小，几乎平行于入射电子束的晶面才发生电子衍射，一个晶带（拥有同一晶带轴）的晶面才能同时满足衍射条件，形成衍射斑点谱。由于电子波的波长短，采用埃瓦尔德图解分析时，埃瓦尔德球半径（$1/\lambda$）很大，在透射束附近，埃瓦尔德球面可近似地看成是平面，从而也可认为电子衍射产生的衍射斑点大致分布在一个二维倒易截面内。这一结果使晶体产生的衍射花样能比较直观地反映晶体内各晶面的位向，给分析带来不少方便。

由于电子衍射经常采用薄膜样品，薄膜样品的倒易点阵会沿着薄膜厚度方向延伸成杆，增加了倒易球和埃瓦尔德球相交机会，所以稍微偏离布拉格条件，也可发生衍射。电子衍射灵敏度高，便于把几十纳米大小的微小晶体的显微像和衍射分析对应结合，便于微观物相晶体结构分析。由于显微像和衍射分析有机结合的突出优点，电子衍射分析技术广泛应用于材料研究中。但电子衍射精准度远不如 X 射线衍射，还不能像 X 射线衍射广泛地测定未知晶体结构；而且透射样品制备比较复杂。

7.1.2 埃瓦尔德球与矢量方程

电子束的衍射满足布拉格方程，布拉格方程只是衍射的几何表现形式，还存在对应的矢量表现形式，即衍射矢量方程：

$$\frac{\vec{S}-\vec{S}_0}{\lambda}=\vec{g}_{hkl}$$

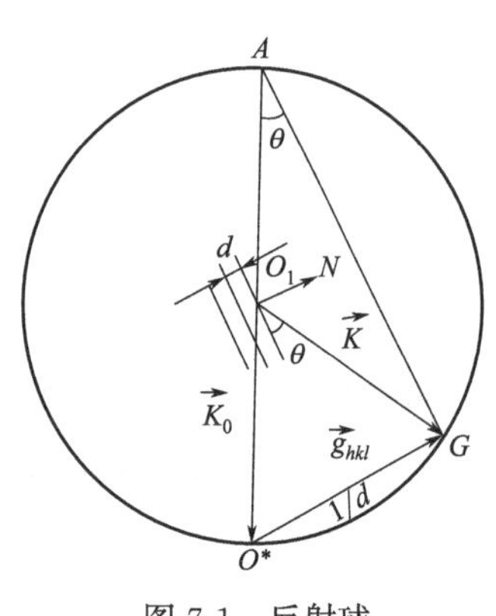

图 7-1　反射球

半径：$\frac{1}{\lambda}$

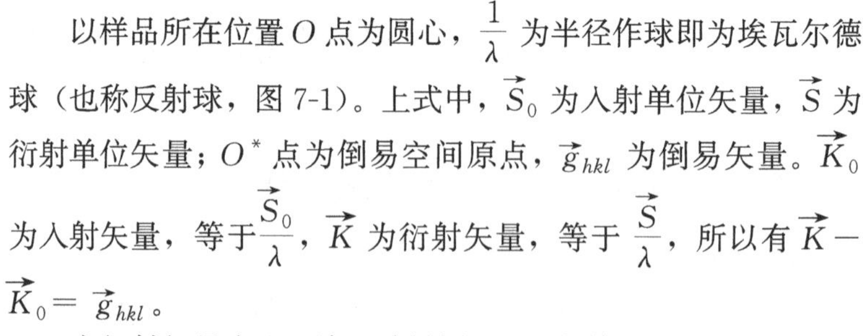
以样品所在位置 O 点为圆心，$\frac{1}{\lambda}$ 为半径作球即为埃瓦尔德球（也称反射球，图 7-1）。上式中，$\vec{S}_0$ 为入射单位矢量，$\vec{S}$ 为衍射单位矢量；O^* 点为倒易空间原点，$\vec{g}_{hkl}$ 为倒易矢量。$\vec{K}_0$ 为入射矢量，等于$\frac{\vec{S}_0}{\lambda}$，$\vec{K}$ 为衍射矢量，等于 $\frac{\vec{S}}{\lambda}$，所以有 $\vec{K}-\vec{K}_0=\vec{g}_{hkl}$。

由衍射矢量方程可知，倒易矢量只有落在埃瓦尔德球上，才能满足电子衍射条件。

衍射矢量方程把入射方向、衍射方向、倒易矢量和入射电子束波长联系起来，直观地描述电子发生衍射的矢量条件，是分析电子衍射图的基础。从几何意义上来看，电子束方向与晶带轴重合（对称入射）时，零层倒易截面上除原点 O^* 以外的各倒易阵点不可能与埃瓦尔德球相交，因此各晶面都不会产生衍射（倒易矢量斑点没有落在埃瓦尔德球上），如图 7-2(a) 所示。

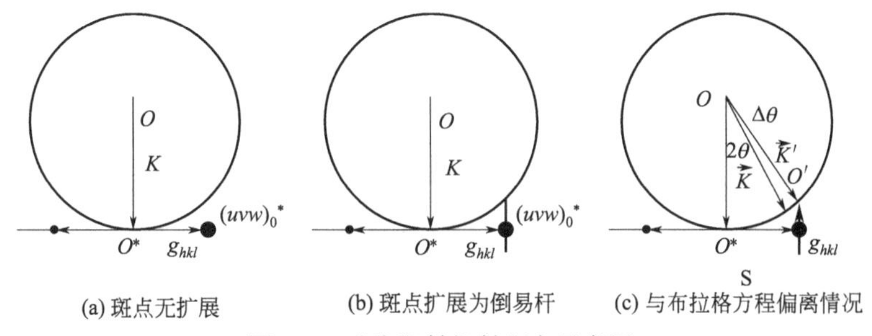

图 7-2　对称衍射衍射斑点示意图

由于实际的样品晶体都有确定的形状和有限的尺寸，因而它们的倒易阵点不是一个几何意义上的“点”，而是沿着晶体尺寸较小的方向发生扩展，扩展量为该方向上实际尺寸的倒数的 2 倍。薄片晶体的倒易阵点拉长为倒易杆。具体不同样品形状和尺寸对应倒易阵点的扩展形式如图 7-3 所示。

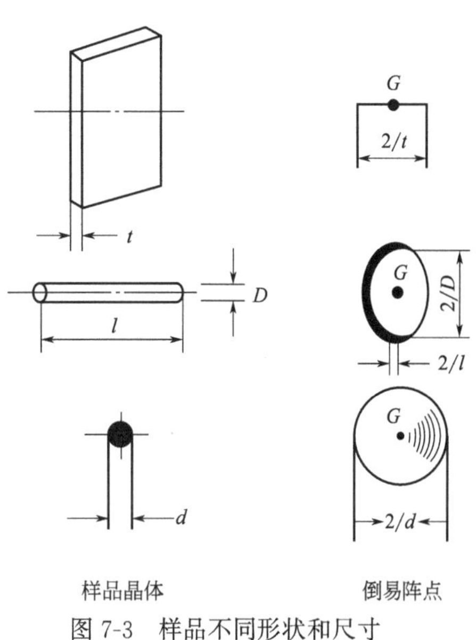

图 7-3　样品不同形状和尺寸倒易阵点的扩展形式

对称入射时，正常倒易衍射斑点不会落在埃瓦尔德球上［图 7-2(a)］。但当倒易阵点发生扩展时，g 矢量端点（倒易斑点扩展为倒易杆）可能落在在埃瓦尔德球面上，对应晶面就能够产生衍射，如图 7-2(b) 所示。对称入射偏离布拉格方程情况如图 7-2(c) 所示，$\vec{K}'$刚好满足布拉格方程，倒易矢量落在埃瓦尔德球上 O'点，$\angle O^*OO'=2\theta$ 满足布拉格方程。对称衍射不满足布拉格方程，向下偏离 $\Delta\theta$，$\Delta\theta=\angle O'Og_{hkl}$，由于倒易杆中心到倒易杆与埃瓦尔德球交点（$\overrightarrow{g_{hkl}O'}$）能代表衍射线相对布拉格方程的偏离程度，可用矢量 s 表示衍射相对于布拉格方程的偏离程度，$\vec{s}$ 称为偏移矢量。满足布拉格方程的 $\vec{K}'$矢量发生顺时针偏转时 $\Delta\theta$ 为负，对应的偏移矢量 $\vec{s}$ 为负偏移矢量，如图 7-2(c) 所示，其中 $\vec{s}$ 矢量由倒易点阵中心指向与埃瓦尔德球相交的倒易杆端头。满足布拉格方程的 $\vec{K}'$矢量发生逆时针偏转时 $\Delta\theta$ 为正，对应的偏移矢量 $\vec{s}$ 为正偏移矢量。图 7-4 给出负偏移矢量 $\vec{s}$、无偏移矢量和正偏移矢量 $\vec{s}$。$\Delta\theta$ 为正时，$\vec{s}$ 矢量为正，反之为负。精确符合布拉格方程时，$\Delta\theta=0$，$\vec{s}$ 也等于零。

7.1.3　电子衍射基本公式

由前面章节介绍的透射电镜成像原理可知，电子衍射成像操作是将后焦平面的衍射斑点（倒易空间的图像）进行空间转化放大，在正空间记录下来。

具体操作如下：样品放在埃瓦尔德球球心 O 点，入射电子束从上至下，与样品作用，

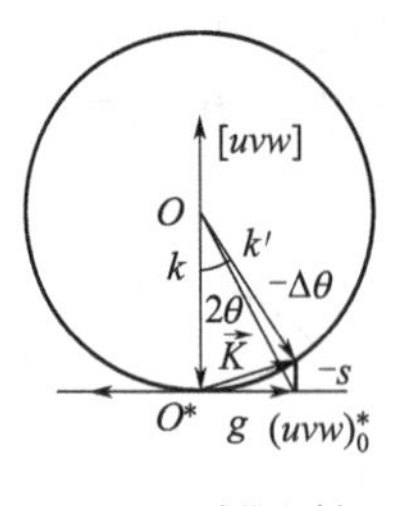

(a) 对称入射

$\Delta\theta<0, \vec{s}<0$

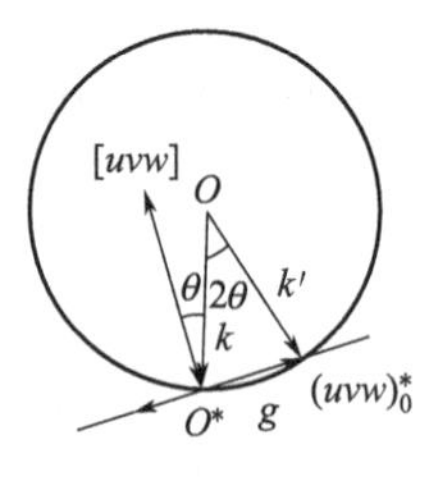

(b) 满足布拉格衍射条件

$\Delta\theta=0, \vec{s}=0$

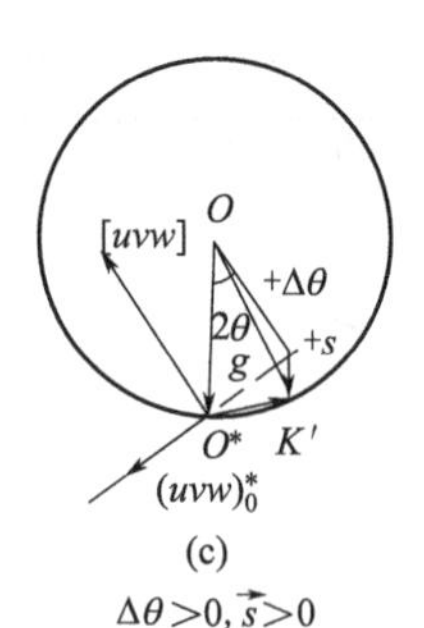

(c)

$\Delta\theta>0, \vec{s}>0$

图 7-4　倒易杆与埃瓦尔德球相交的三种情况

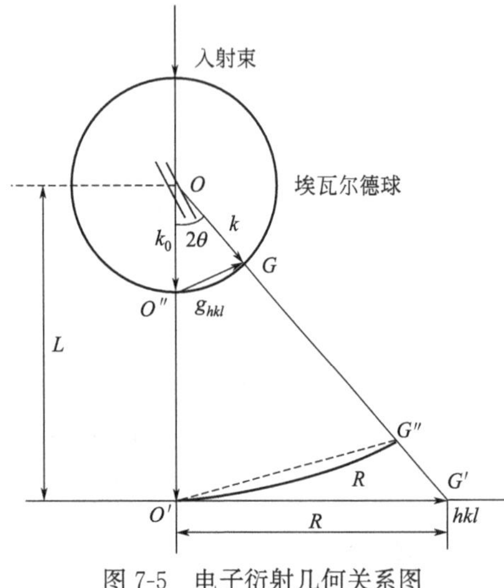

图 7-5　电子衍射几何关系图

满足衍射矢量方程的晶面发生衍射。以（hkl）晶面满足衍射条件为例，倒易矢量 $\vec{H}_{hkl}$ 一定落在埃瓦尔德球上，即图 7-5 的 G 点。

在样品中心下方 L 高度处，$O'G'$平面上放置底片（或其他记录装置），即可把透射束和衍射束同时记录下来。其中入射束形成的斑点为透射斑 O''（也叫中心斑点），以 O 为圆心，L 为半径做一个圆弧，与衍射束 OG 的延长线交于G''点，$O'G''$（长度为 R，图中为虚线表示）就是倒易矢量 g_{hkl} 的投影放大；$\triangle OO''G \backsim \triangle OO'G''$，故有

$$\frac{\frac{1}{\lambda}}{L}=\frac{g_{hkl}}{R}$$

以几何关系表示，因 $|g_{hkl}|=\frac{1}{d}$ 带入上式得

$$Rd=\lambda L \tag{7-1}$$

以矢量形式表示，

$$\vec{R}=\lambda L\vec{g}_{hkl}=K\vec{g}_{hkl} \tag{7-2}$$

式(7-1)、式(7-2) 分别是电子衍射基本公式几何形式和矢量形式，其中 $K=\lambda L$，称为电子衍射的相机常数，L 为相机长度。$\vec{R}$ 为正空间矢量，$\vec{g}_{hkl}$ 为倒易空间矢量。因此相机常数是协调正空间与倒易空间的比例常数。衍射斑点的$\vec{R}$ 矢量就是产生这一斑点的晶面族倒易矢量的比例放大，相机常数就是比例系数（放大倍数）。

衍射束 OG 延长线交底片于G'点，由于电子衍射角很小，$O'G' \approx O'G''$，因此 $O'G'$可以等同于$\vec{R}$。

前面分析得到$\vec{R}$ 矢量和倒易矢量$\vec{g}_{HKL}$ 之间的放大关系，但放大关系由相机常数 K 确定，而 K 由 λL 确定，如电压固定，电子束波长就固定，放大倍数变成相机长度 L 的调整，实际上电子透镜放大成像并不是靠相机长度 L 的调整，按照前面透射电镜结构描述，所有放大成像都由多级中间镜和投影镜完成。

后焦平面汇集的衍射花样与底片记录的衍射花样示意图如图 7-6 所示。其中$\triangle OAB \backsim \triangle O'A'B'$，正空间矢量 $\vec{R}$ 对应于透镜后焦平面上的斑点矢量$\vec{r}$，f_0 与相机长度 L 为对应边，故有比例式：$\frac{f_0}{L}=\frac{r}{R}$；

设 M_I 为中间镜的放大倍数，M_P 为投影镜的放大倍数，$R=rM_IM_P$，$L=f_0M_IM_P$。将两式带入式(7-2)，得到如下公式：

$$\vec{R}=\lambda f_0 M_I M_P \vec{g}_{hkl}=\lambda L' \vec{g}_{hkl}=K' \vec{g}_{hkl} \tag{7-3}$$

为了区别相机长度，用中间镜、投影镜放大倍数和焦距乘积反映的长度 L'，称为有效相机长度，对应的 K'为有效相机常数。

由于 f_0、M_I、M_P 可以分别通过物镜、中间镜、投影镜的激磁电流调整，因此 L'、K'也随之变化。只有在激磁电流固定时，L'、K'才是一个确定值；目前计算机系统可自动记录各透镜激磁电流，并存储在相关文件中。

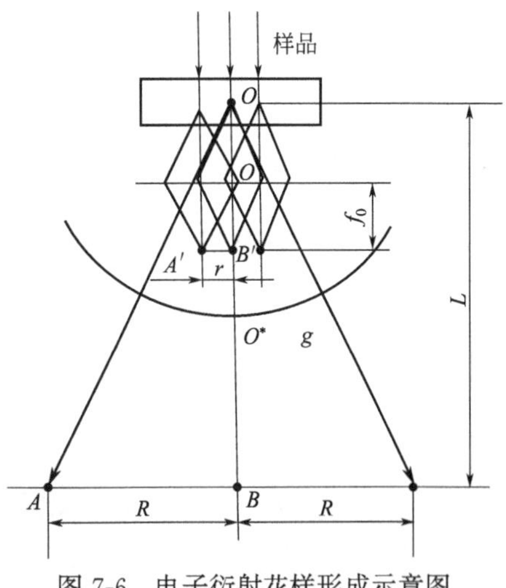

图 7-6 电子衍射花样形成示意图

7.2 电子衍射斑点分析

7.2.1 单晶衍射斑点几何特征及强度

由于电子波长很短，导致其衍射角很小，故发生衍射的晶面几乎平行于入射电子束。在晶体学中，平行于某一晶向［uvw］的一组晶面构成一个晶带，而这一晶向称为这个晶带的晶带轴。只有晶带轴几乎平行于入射电子束的晶带才能产生衍射。

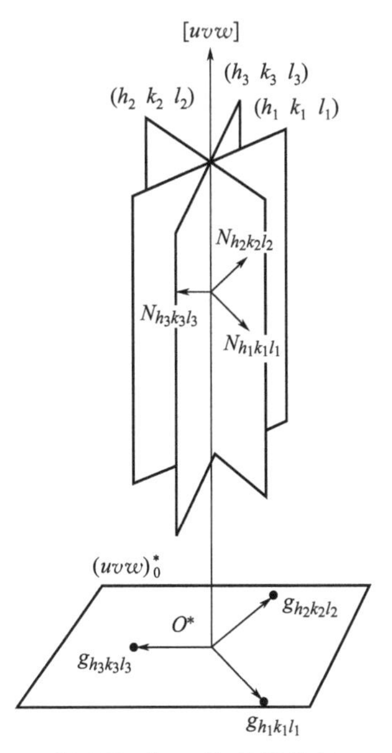

图 7-7 ［uvw］晶带轴与 $(uvw)_0^*$ 零层倒易面

如图 7-7 所示，晶带轴［uvw］的一组晶面，晶面 $(h_1k_1l_1)$、$(h_2k_2l_2)$、$(h_3k_3l_3)$ 的法向矢量和倒易矢量分别是 $\vec{N}_1$、$\vec{N}_2$、$\vec{N}_3$ 和 $\vec{g}_{h_1k_1l_1}$、$\vec{g}_{h_2k_2l_2}$、$\vec{g}_{h_3k_3l_3}$。

如果电子束沿晶带轴［uvw］的反向入射时，通过原点 O^* 的倒易平面只有一个，我们把这个二维平面叫做零层倒易截面，用 $(uvw)_0^*$ 表示（图 7-7）。$(uvw)_0^*$ 的法线正好和正空间中的［uvw］晶带轴重合。

由于$(uvw)_0^* \perp [uvw]$，故零阶倒易截面上的倒易矢量垂直于正空间的晶带轴［uvw］矢量$\vec{r}$，利用矢量点乘描述如下：

$$\vec{g} \times \vec{r}=0$$

故有：$(h\vec{a}^*+k\vec{b}^*+l\vec{c}^*)\times(u\vec{a}+v\vec{b}+w\vec{c})=0$

得到

$$hu+kv+lw=0 \tag{7-4}$$

这就是晶带定律，图 7-7 中的衍射斑点都是一个晶带的晶面发生衍射形成的斑点。

依据$\vec{R}=K\vec{g}_{hkl}$，可知电子衍射花样就是基本满足衍射条件的倒易点阵的放大像。晶体都具有对称性和周期平移性，故衍射斑点代表的倒易点阵也具有对称性和周期平移性。

电子衍射斑点除了表现出几何特征外，还表现出强度的差异。首先强度差异和晶体结构有关，某一晶面的结构因子大，它的衍射强度就大（结构因子的详细介绍见第 2 章）；电子衍射强度除了具有类似于 X 射线衍射强度的影响因素外，还与实验条件有关，轻微偏离严格的衍射条件，出现偏移矢量时，仍会发生衍射，但强度会减弱；偏移矢量 $\vec{s}=0$ 时，衍射强度最大。

7.2.2 单晶衍射斑点标定

单晶衍射斑点具有明显的对称性和周期平移性，呈现正方形、平行四边形、正六边形等（图 7-8），衍射斑点对称性反映材料的对称性，与材料的晶体结构有关，表 7-1 列出衍射斑点特征与七大晶系的对应关系。

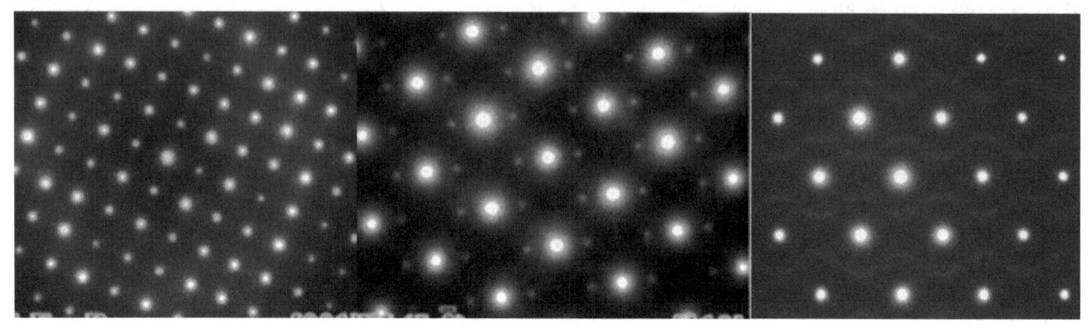

图 7-8 部分典型衍射斑点示意图

表 7-1 衍射斑点特征与晶系对应表

衍射斑点几何图形	晶系	衍射斑点几何图形	晶系
平行四边形 ▱	所有晶系	正方形 □	四方、立方
矩形 ▭	除了三斜之外的所有晶系	正六边形 ⬡	六方、三方、立方
有心矩形 ⊡	除了三斜之外的所有晶系		

标定单晶电子衍射花样的目的是确定零层倒易截面上各 g_{hkl} 矢量端点（倒易阵点）的指数，确定零层倒易截面的法向（即晶带轴 $[uvw]$），并确定样品的点阵类型、物相及位向。

电子衍射花样是倒易点阵的放大像，借助于倒易矢量分析有利于简化分析工作，倒易点阵平面任意点都可由任意两个不同方向的倒易基矢量表示，如：$g(m,n)=mg_1+ng_2$。

基于电子衍射基本公式 $\vec{R}=K\vec{g}_{hkl}$ 有

$$\vec{R}_3=\vec{R}_1+\vec{R}_2$$

其中，$\vec{R}_1$、$\vec{R}_2$、$\vec{R}_3$ 分别对应晶面 $(h_1k_1l_1)$、$(h_2k_2l_2)$、$(h_3k_3l_3)$，

根据矢量关系可得到：$h_3=h_1+h_2$，$k_3=k_1+k_2$，$l_3=l_1+l_2$。

只要确定两个斑点指数，即可求出所有斑点指数。

这里介绍 d 值比较法、R^2 比值法、标准衍射谱对照法三种单晶衍射斑点标定方法。

（1）d 值比较法

对于已知晶体结构，获取实际样品的一套衍射斑点（图 7-9）后，可按如下步骤进行衍射斑点的标定。

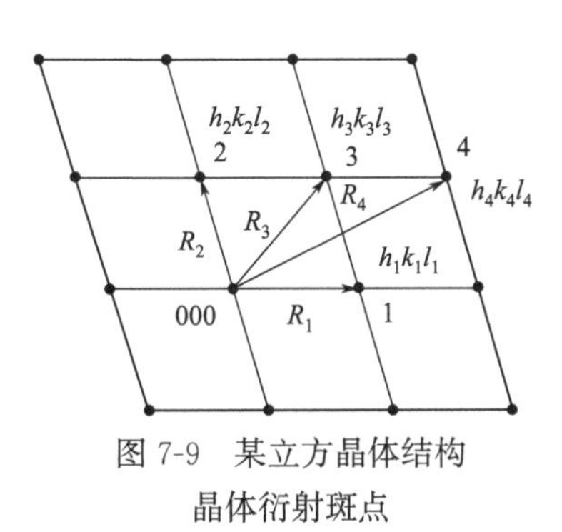

图 7-9 某立方晶体结构晶体衍射斑点

① 以中心斑点为原点，测量靠近中心斑点的几个衍射斑点至中心斑点的距离 $R_1, R_2, R_3, R_4, \cdots$

② 根据电子衍射基本公式转化式 $d=L\lambda/R$，求出相应的晶面间距 $d_1, d_2, d_3, d_4, \cdots$

③ 因为晶体结构是已知的，可根据实际测量计算的 d 值与标准物相 d 值表（PDF/ASTM 卡）对照，确定出相应的晶面族指数 $\{hkl\}$，即由 d_1 查出 $\{h_1k_1l_1\}$，由 d_2 查出 $\{h_2k_2l_2\}$，依此类推。d 值比对时应注意误差 $\delta_i=\frac{|d_i-d_{Ti}|}{d_{Ti}}<3\%$。

④ 测定 R_1、R_2 衍射斑点之间的夹角。

⑤ 确定离开中心斑点最近衍射斑点的指数。若 R_1 最短，则相应斑点的指数应为 $\{h_1k_1l_1\}$ 晶面族中的第一个。第一个斑点的指数可以选取 $\{h_1k_1l_1\}$ 晶面中的任意一个。

⑥ 确定第二个斑点指数。因为它和第一个斑点间存在取向关系，两个斑点对应晶面的夹角必须满足夹角公式(立方晶系的晶面间夹角可查阅参考文献 3)，第二个斑点的指数不能再任意选择，而是在 $\{h_2k_2l_2\}$ 晶面族里选择满足夹角关系的晶面指数。

立方晶系两晶面间夹角公式：

$$\cos\varphi=\frac{h_1h_2+k_1k_2+l_1l_2}{\sqrt{h_1^2+k_1^2+l_1^2}\times\sqrt{h_2^2+k_2^2+l_2^2}} \tag{7-5}$$

角度测量误差应控制在±0.2°。

⑦ 一旦确定两个斑点指数，其他斑点指数可根据矢量运算求得。

$$\vec{R}_3=\vec{R}_1+\vec{R}_2$$

⑧ 根据晶带定理求零层倒易截面法线的方向，即晶带轴的指数。

$$[uvw]=\vec{g}_{h_1k_1l_1}\times\vec{g}_{h_2k_2l_2}$$

$$u=k_1l_2-k_2l_1,\ v=l_1h_2-l_2h_1,\ w=h_1k_2-h_2k_1$$

将 $[uvw]$ 进行互质化处理，即为该衍射花样的晶带轴指数。

例 1：标定 α-Fe 电子衍射斑点（图 7-10），其中 $L\lambda=1.760\text{mm}\cdot\text{nm}$

解答：①经测得 $R_1=8.7\text{mm}$，$R_2=R_3=15.00\text{mm}$，R_1 与 R_2 的夹角 $\Phi=74°$。

②根据 $d_i=L\lambda/R_i$ 计算得 d，并与标准晶面间距比对，计算得到不同 R 值对应不同晶面间距 d，如表 7-2 第 2 行所示。

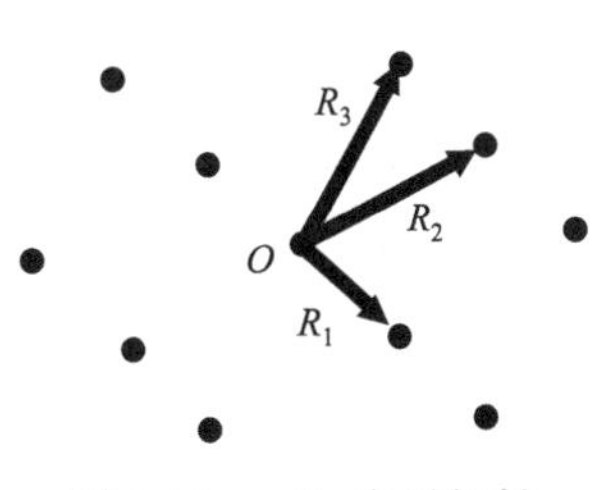

图 7-10 α-Fe 电子衍射斑点图

因为已知晶体结构为 α-Fe，查阅标准衍射数据，与计算数据比对，列在对应的表 7-2 第 3 行中，计算的 d 值与标准衍射数据 d 值允许有 3%误差；根据标准衍射数据，将各个晶面间距对应的晶面族指数写在表 7-2 第 4 行中。

因为第一个晶面指数可任意选定，这里选定为 (110)，第二个晶面指数应在 {112} 晶面族里选择。

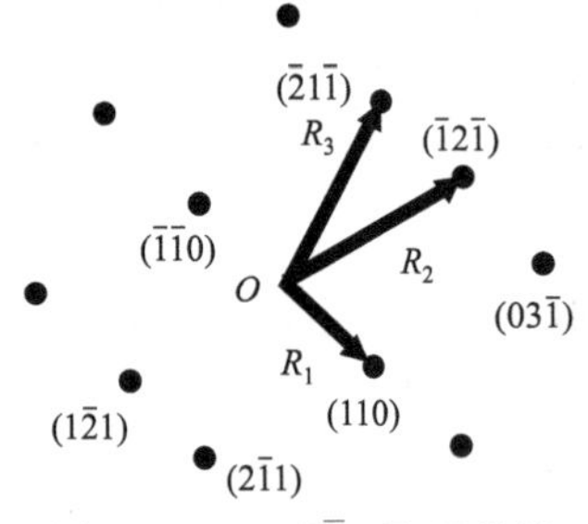

图 7-11 α-Fe$[\bar{1}13]$ 晶带轴电子衍射斑点指数

将｛112｝晶面族中每个晶面指数和（110）晶面带入晶面夹角公式计算夹角：

$$\cos\varphi=\frac{h_1h_2+k_1k_2+l_1l_2}{\sqrt{h_1^2+k_1^2+l_1^2}\times\sqrt{h_2^2+k_2^2+l_2^2}}$$

当夹角近似满足 74°时，此晶面指数即为符合条件的晶面指数，经计算（$\bar{1}2\bar{1}$）晶面指数满足要求，根据矢量运算关系，可以解得 R_3 对应的晶面指数为（$\bar{2}1\bar{1}$）

依此类推，可以计算出其他衍射斑点指数。

具体标定结果如图 7-11 所示。

表 7-2　晶面间距计算与标准数据比对及晶面指数确定

R_i	R_1	R_2	R_3
$d_i=L\lambda/R_i$	0.2022	0.1173	0.1173
d(α-Fe)	0.2027	0.1170	0.1170
$\{hkl\}_i$	110	112	112
(hkl)	(110)	$(\bar{1}2\bar{1})$	$(\bar{2}1\bar{1})$

确定［uvw］：

$$[uvw]=\vec{g}_{h_1k_1l_1}\times\vec{g}_{h_2k_2l_2}$$

$$u=k_1l_2-k_2l_1,\quad v=l_1h_2-l_2h_1,\quad w=h_1k_2-h_2k_1$$

得到晶带轴：$[uvw]=[\bar{1}13]$

由于第一个晶面选择的任意性，第二个晶面指数可能有多个晶面满足要求；电子衍射斑点标定具有不唯一性。

（2）R^2 比值法

依据电子衍射基本公式：$R=L\lambda g_{hkl}=L\lambda/d$，

所以有 $R^2=(L\lambda)^2/d^2$，对于立方晶系：

$$d=\frac{a}{\sqrt{h^2+k^2+l^2}}=\frac{a}{\sqrt{N}};\ d^2\propto\frac{1}{N},\ R^2\propto\frac{1}{d^2},\ R^2\propto N$$

其中 $N=h^2+k^2+l^2$，代表晶面族的整数指数。

在立方晶系中，同一晶面族的晶面间距相等。

若把测得的各个衍射斑点的 R_1，R_2，R_3，…取平方，则

$$R_1^2:R_2^2:R_3^2:\cdots=N_1:N_2:N_3:\cdots$$

前面介绍 X 射线衍射理论时，引入结构因子的概念，由此得到不同晶体结构有着不同结构消光规律。因此并非所有晶面都能发生衍射，考虑消光规律后，立方晶系的 N 的比值规律如下：

简单立方：N 的比值为 1∶2∶3∶4∶5∶6∶8∶9∶10∶…，无 7，15，23；

体心立方：N 的比值为 2∶4∶6∶8∶10∶12∶14∶16∶…；

面心立方：N 的比值为 3∶4∶8∶11∶12∶16∶19∶20∶…；

金刚石立方：N 的比值为 3∶8∶11∶16∶19∶24∶27∶…。

立方晶系衍射线整数指数规律如表 7-3 所示。

表 7-3 立方晶系衍射线整数指数规律

衍射线序号	简单立方			体心立方			面心立方		
	hkl	N	N_i/N_1	hkl	N	N_i/N_1	hkl	N	N_i/N_1
1	100	1	1	110	2	1	111	3	1
2	110	2	2	200	4	2	200	4	1.33
3	111	3	3	211	6	3	220	8	2.66
4	200	4	4	220	8	4	311	11	3.67
5	210	5	5	310	10	5	222	12	4
6	211	6	6	222	12	6	400	16	5.33
7	220	8	8	321	14	7	331	19	6.33
8	221,300	9	9	400	16	8	420	20	6.67
9	310	10	10	411,330	18	9	422	24	8
10	311	11	11	420	20	10	333	27	9

如果晶体不是立方晶系，其他晶系有不同的晶面间距公式和消光规律，导致它们衍射线的整数指数规律也不同。

对于四方晶系：

$$d=\frac{1}{\sqrt{\dfrac{h^2+k^2}{a^2}+\dfrac{l^2}{c^2}}}$$

故有，$\dfrac{1}{d^2}=\dfrac{h^2+k^2}{a^2}+\dfrac{l^2}{c^2}$

令，$M=h^2+k^2$，根据消光规律，四方晶体 $l=0$ 的晶面族有

$$R_1^2:R_2^2:R_3^2:\cdots=M_1:M_2:M_3:\cdots=1:2:4:5:8:9:10:13:16:17:18:\cdots$$

同理依据六方晶体的晶面间距公式及消光规律，六方晶体 $l=0$ 的晶面族有

$$R_1^2:R_2^2:R_3^2:\cdots=1:3:4:7:9:12:13:16:19:21:\cdots$$

下面以立方晶体为例，介绍 R^2 比值法标定衍射斑点。

例 2：低碳合金钢的薄膜试样衍射斑点如图 7-12 所示，请标定其衍射斑点指数。

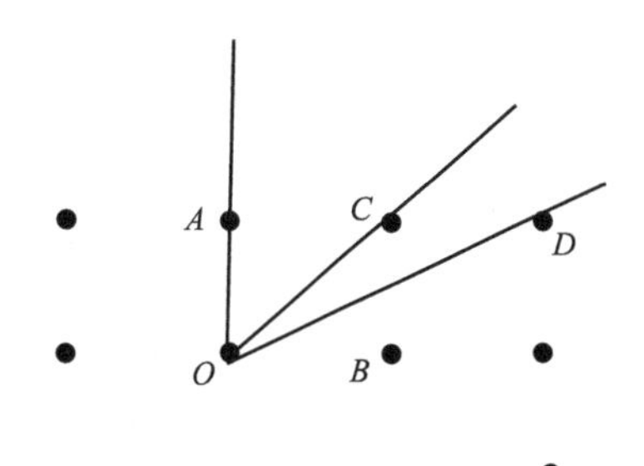

图 7-12 低碳合金钢衍射斑点

解答：① 选择中心斑点 O 点，在其附近不在一条直线上选择 A、B、C、D 点，分别测量 R_A、R_B、R_C、R_D 为 7.1、10、12.3、21.5mm。

② 求出 R_A^2、R_B^2、R_C^2、R_D^2，进而得到 $R_A^2:R_B^2:R_C^2:R_D^2=2:4:6:18$；

对照表 7-3，可知晶体为体心立方或简单立方。

按体心立方得对应晶面分别为{110}、{200}、{211}、{411}。

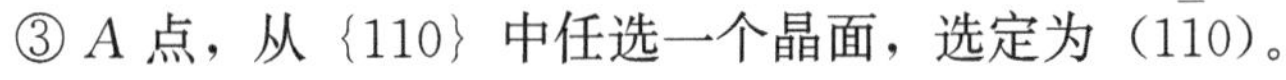
③ A 点，从 {110} 中任选一个晶面，选定为 $(1\bar{1}0)$。

④ 测量 R_A 和 R_B 夹角为 90°。

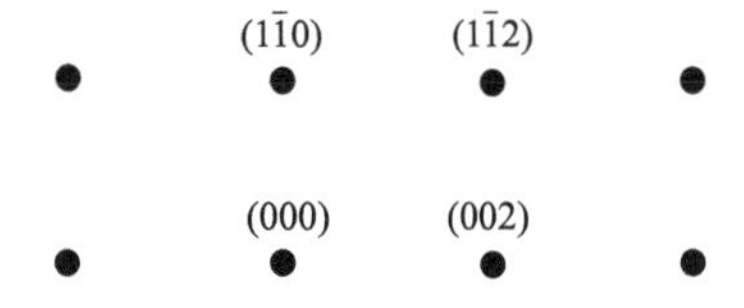

图 7-13 低碳合金钢衍射斑点标定结果

⑤ B 点，从 {200} 晶面族中选取满足与 (1$\bar{1}$0) 晶面夹角 $\angle AOB=90°$ 的晶面。

这就要将 {200} 晶面族里的每个晶面指数与 (1$\bar{1}$0) 晶面代入如下晶面夹角公式计算夹角：

$$\cos\varphi=\frac{h_1h_2+k_1k_2+l_1l_2}{\sqrt{h_1^2+k_1^2+l_1^2}\times\sqrt{h_2^2+k_2^2+l_2^2}}$$

经计算 (002) 晶面满足要求。

⑥ 由 R_A 和 R_B，利用矢量关系即可得其他斑点指数（低碳合金钢衍射斑点标定如图 7-13 所示）。

⑦ 确定 [uvw]：

$$[uvw]=\vec{g}_{h_1k_1l_1}\times\vec{g}_{h_2k_2l_2}$$

$$u=k_1l_2-k_2l_1,\ v=l_1h_2-l_2h_1,\ w=h_1k_2-h_2k_1$$

得到晶带轴：[uvw]=[$\bar{1}\,\bar{1}0$]

对比 d 值比较法和 R^2 比值法，它们仅在获取 R 对应晶面指数的方式不同，其他步骤都是一样的。

（3）标准衍射花样对照法

将实际观察、记录得到的衍射花样直接与标准衍射花样（可参考相关专业手册）对比，参照标准衍射斑点标识写出斑点的指数并确定晶带轴的方向。

所谓标准衍射花样就是各种晶体点阵主要晶带的零层倒易截面图，它可以根据晶带定理和相应晶体点阵的消光规律计算绘制。

7.2.3 单晶标准衍射谱绘制

借助标准衍射花样标定衍射斑点可以使标定工作变得简捷准确，因此根据晶带定理和相应晶体点阵的消光规律绘出标准衍射花样有着实际操作意义。

下面以体心立方晶体 [001] 晶带轴的标准衍射谱的绘制为例，讲解标准衍射谱的绘制过程。

例 3：绘制体心立方晶体 [001] 晶带轴的标准衍射谱

按照晶带定理 $hu+kv+lw=0$，又因为[uvw]=[001]，标准衍射谱所有斑点晶面类型应为 {$hk0$} 型。

对于体心立方晶体，不发生消光规律的条件是 $h+k+l$ 为偶数，因而 $h+k$ 为偶数，满足这一条件的晶面指数如图 7-14 所示。

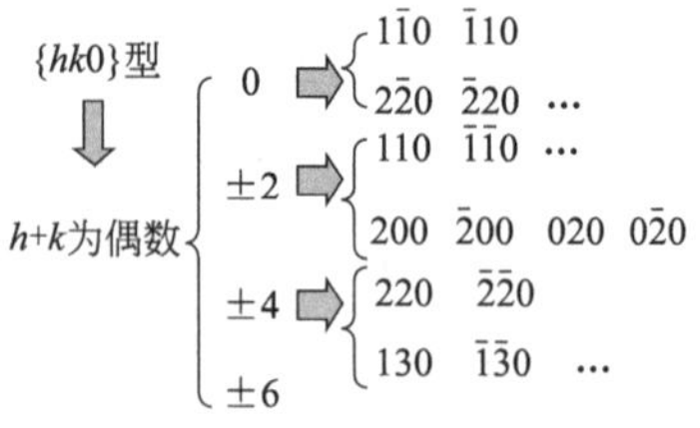

{hk0}型
h+k为偶数
0 ⇒ 1$\bar{1}$0 $\bar{1}$10 / 2$\bar{2}$0 $\bar{2}$20 …
±2 ⇒ 110 $\bar{1}\bar{1}$0 … / 200 $\bar{2}$00 020 0$\bar{2}$0
±4 ⇒ 220 $\bar{2}\bar{2}$0 / 130 $\bar{1}\bar{3}$0 …
±6

图 7-14 满足 $h+k$ 为偶数的 [001] 晶带轴的晶面指数

选取低指数的 8 个晶面：(110)、($\bar{1}\bar{1}$0)、($\bar{1}$10)、(1$\bar{1}$0)、(020)、(0$\bar{2}$0)、(200)、($\bar{2}$00)。

如图 7-15，设定中心点 O 点，确定 A 点为一个低指数斑点 (110)，OA 长度为 1。

依据晶面间夹角公式：$\cos\varphi=\dfrac{h_1h_2+k_1k_2+l_1l_2}{\sqrt{h_1^2+k_1^2+l_1^2}\times\sqrt{h_2^2+k_2^2+l_2^2}}$

确定其他斑点方向，如 (110) 与 ($\bar{1}$10) 垂直。依据晶面间距比例确定其他斑点对应长度：

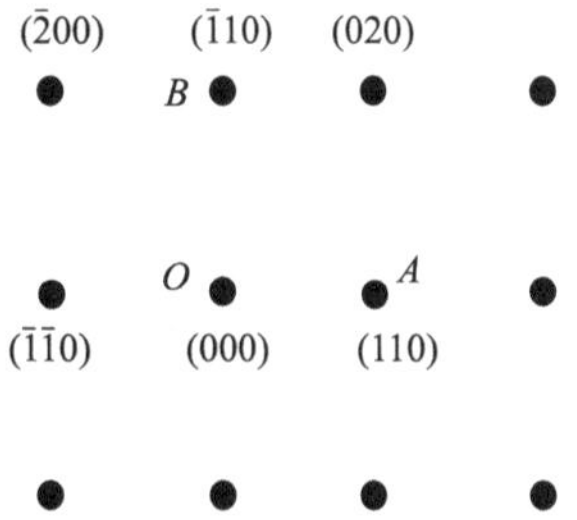

($\bar{2}00$)　($\bar{1}10$)　(020)

B

O　A

($\bar{1}\bar{1}0$)　(000)　(110)

图 7-15 [001] 晶带轴的标准衍射斑点

因为

$$d_{hkl}=\frac{a}{\sqrt{h^2+k^2+l^2}}$$

$$d_{110}=\frac{a}{\sqrt{1^2+1^2+0^2}}=\frac{\sqrt{2}}{2}a$$

$$OA=1/d_{110}=1;\ d_{110}=1$$

$$d_{\bar{1}10}=\frac{a}{\sqrt{(-1)^2+1^2+0^2}}=\frac{\sqrt{2}}{2}a$$

$d_{\bar{1}10}/d_{110}=1$；$OB=\dfrac{1}{d_{\bar{1}10}}=1$，确定 B 点位置如图 7-15 所示。

依据晶面族性质及矢量关系确定其他衍射斑点，如图 7-15。

其他晶带轴的标准衍射斑点也是一样，都是通过晶带定理和消光规律结合判断晶面指数特征，再利用晶面间距、晶面间夹角公式换算得到标准衍射谱图。

7.2.4 单晶衍射斑点分析应用

单晶衍射花样应用广，基础应用包括物相鉴定和晶体取向分析。

7.2.4.1 物相鉴定

X 射线衍射分析技术是物相鉴定的主要手段，但电子衍射物相鉴定有其自身优势。电子衍射物相分析可和形貌观察对应进行，确定指数微小区域晶体结构，可以鉴别析出相、沉淀相等微量物相的晶体结构；但是其缺乏宏观代表性，也是它不能代替 X 射线衍射分析的主要原因。

从鉴别物相的角度，电子衍射与 X 射线衍射鉴别原理一样，都是通过晶面间距 d 值和衍射强度两方面的信息来鉴别。前面学过的衍射斑点分析可以标定已知物相的晶体结构；对于未知物相，必须要获得前 8 个 d 值，一般一套单晶衍射花样都只含有某一晶带的衍射斑点，获得 d 值信息不完整。表 7-4 显示了面心立方低指数晶带轴能够获得的 d 值情况。从表中可知，任何一个晶带的衍射斑点都不能获得前 8 个 d 值。一次衍射操作不可能完成对未知物相的鉴别，通常需倾转晶体试样，拍摄不同晶带的衍射花样。从表 7-4 可以看出如果拍摄 [100] 和 [110] 两个晶带的衍射斑点，即可获得物相的前 8 个 d 值数据。利用计算机检索，像 XRD 衍射检索一样，即可确定待测物相。

表 7-4　面心立方低指数晶带轴获得的 d 值情况

面心立方		晶带轴[uvw]			
N	{hkl}	[100]	[110]	[111]	[112]
3	111		√		√
4	200	√	√		
8	220	√	√		√
11	311		√		√
12	222		√		√
16	400	√	√	√	
19	331		√		
20	420	√			√

单晶电子衍射花样中斑点强度计算，与 X 射线多晶衍射环强度计算不一样。电子衍射强度随晶体位向不同变化很大，当偏移矢量增大时，强度迅速减小，因此一般情况很难用电子衍射强度信息作为物相鉴别的主要证据。但在某些特殊情况下，强度分析在物相鉴别中还是起决定性作用。比如，点阵常数差别不大的两个晶体（例如碳化物 $M_{23}C_6$ 和 M_6C），两者都是面心立方，点阵常数在 1.08nm 左右。要进行电子衍射斑点强度分析时，电子衍射必须处于对称入射的条件，减少偏移矢量对强度的影响。

7.2.4.2 晶体取向分析

晶体取向分析分两种情况：一种是已知两相之间可能存在的取向关系，用电子衍射花样加以验证；另一种是对两种晶体取向关系的预测。

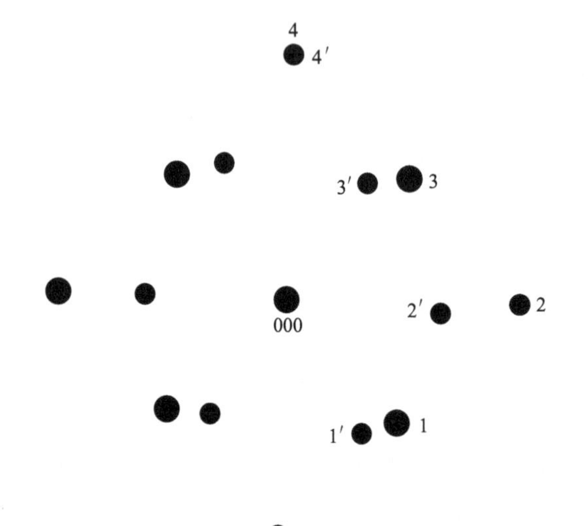

图 7-16 碳钒钢基体及其析出相衍射斑点示意图

在相变过程中两相之间常有固定的取向关系，这种关系常用一对相互平行的晶面及晶面上一对平行的晶向来表示。例如奥氏体转变为马氏体的西山取向关系为 $(1\bar{1}0)_\alpha // (1\bar{1}\bar{1})_\gamma$、$[001]_\alpha // [011]_\gamma$。

现举例说明，怎样用电子衍射花样进行取向关系验证。

例 4：某碳钒钢薄膜试样，已知 V_4C_3 是体心立方，点阵常数 $a=0.2866$nm，V_4C_3 析出相是面心立方，点阵常数 $a=0.4130$nm。两者选区衍射花样如图 7-16 所示。

对两相斑点分别指标化，计算过程分别统计在表 7-5 和表 7-6 中（已知相机常数 $K=2.065$mm·nm）。

表 7-5 V_4C_3 的[001]晶带轴衍射花样计算

斑点	R/mm	R_i^2/R_1^2	N	$\{hkl\}$	(hkl)	φ(测量)	φ(测量)	$d=K/R$/nm	$d_{标准}$/nm
1	10.1	1	2	110	$1\bar{1}0$			0.2044	0.2024
2	14.4	2.032	4	200	200	$45°_{1\text{-}2}$	$45°_{1\text{-}2}$	0.1434	0.1433
3	10.1	1	2	110	110	$90°_{1\text{-}3}$	$90°_{1\text{-}3}$	0.2044	0.2024
4	14.4	2.032	4	200	020	$135°_{1\text{-}4}$	$135°_{1\text{-}4}$	0.1434	0.1433

表 7-6 V_4C_3 析出相[011]晶带轴衍射花样计算

斑点	R/mm	R_i^2/R_1^2	N	$\{hkl\}$	(hkl)	φ(测量)	φ(测量)	$d=K/R$/nm	$d_{标准}$/nm
1′	8.7	1	3	111	$1\bar{1}1$			0.2374	0.2385
2′	10.1	1.35	4	200	200	$55°_{1\text{-}2}$	$55°_{1\text{-}2}$	0.2045	0.2065
3′	8.7	1	3	111	$11\bar{1}$	$90°_{1\text{-}3}$	$90°_{1\text{-}3}$	0.2374	0.2385
4′	14.4	2.73	8	220	$02\bar{2}$	$135°_{1\text{-}4}$	$135°_{1\text{-}4}$	0.1434	0.1460

由单晶衍射花样产生的几何条件可知，两套衍射花样的晶带轴都近似平行于电子束，因此$[001]_{\alpha}/\!/[011]_{V_4C_3}$。两套衍射斑点，某一对斑点重合（倒易矢量相等），即表示对应晶面法线平行，也就是晶面平行，由表7-5、表7-6可知，$(200)_{\alpha}/\!/(02\bar{2})_{V_4C_3}$。

因衍射斑点4-4′重叠，可看出基体相斑点$(200)_{\alpha}$与析出相斑点$(02\bar{2})_{V_4C_3}$重合。但从d值计算中可以看出两者之间有一定错配度，存在半共格关系，这种错配度导致局部畸变形成应变强化作用。

两者取向关系可以用一般化的晶面族和晶向族表示如下：

$$\langle 001\rangle_{\alpha}/\!/\langle 011\rangle_{V_4C_3},\ \{200\}_{\alpha}/\!/\{02\bar{2}\}_{V_4C_3}$$

在实际研究中，最简单有效的方法是标准衍射花样对照法。

7.2.5　多晶衍射斑点的标定及应用

多晶试样可看成是由许多取向任意的小单晶组成的。平行电子束照射在取向杂乱的多晶试样上，d值相同的$\{hkl\}$晶面族符合衍射条件，形成衍射束，构成图7-17所示的圆锥面，与底片或荧光屏相交形成一个衍射环，圆环的半径与衍射面的面间距有关。不同的晶面族衍射会得到一系列同心圆环，投影到荧光屏上，就是多晶衍射图谱。

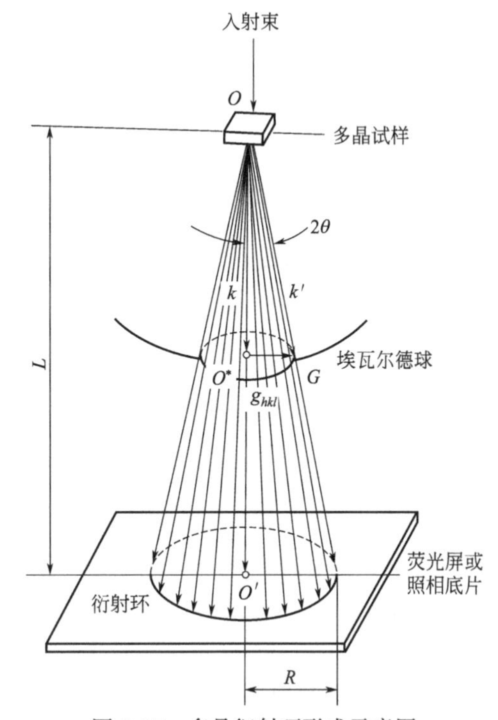

图7-17　多晶衍射环形成示意图

多晶衍射斑点标定就是确定产生一系列同心圆环的晶面族的指数，多晶衍射分析不涉及取向，分析简单，常用分析方法包括d值比较法和R^2比值法。

（1）d值比较法

① 测量圆环半径R_i（通常测量直径D_i，$R_i=D_i/2$）。

② 由公式$d=L\lambda/R$计算d_i。

③ 与已知晶体粉末卡片或d值表上的d_{Ti}比较，确定各环$\{hkl\}_i$。

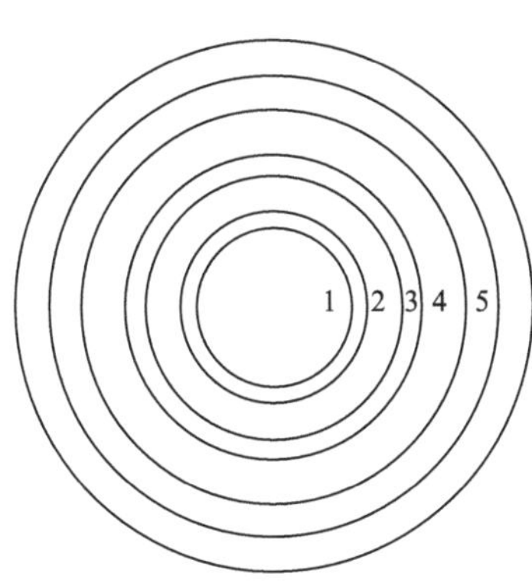

图7-18　多晶Au衍射环形成示意图

例5：标定图7-18所示的Au多晶衍射斑点，已知$L\lambda=1.707\text{mm}\cdot\text{nm}$。

解答：首先从小到大将各圆环编号，记录在表7-7中第1行。

① 测量出各个环的直径，为了防止环的圆度不足，可以多测几个直径取平均值，换算出各环半径的平均值R_i，见表7-7第2行。

② 利用电子衍射基本公式$R_i=L\lambda/d_i$，计算各个晶面间距d_i（表7-7第3行）。

③ 对照 Au 标准晶面间距 d 值（表 7-7 第 4 行）。

④ 根据标准衍射数据卡片对应写出各环的 $\{hkl\}_i$（表 7-7 第 5 行）。

表 7-7 Au 多晶衍射斑点的标定数据表

编号	1	2	3	4	5
R_i	7.5	8.5	12.4	14.4	19.0
$d_i=L\lambda/R_i$	0.2276	0.2008	0.1377	0.1185	0.0898
$d_{标准}$(Au)	0.23547	0.20393	0.1442	0.11774	0.09120
$\{hkl\}_i$	111	002	022	222	024

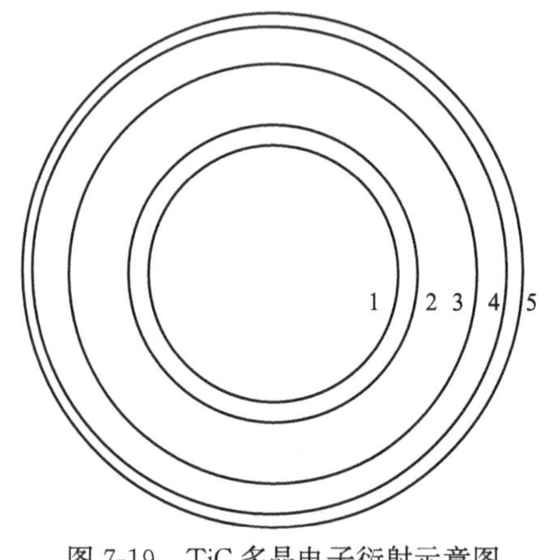

图 7-19 TiC 多晶电子衍射示意图

（2）R^2 比值法

标定步骤如下：

① 测量各环直径 D_i（可测多个取平均），算出半径 R_i；

② 计算 R_i^2、R_i^2/R_1^2；

③ 将 R_i^2/R_1^2 乘 2 或 3，使比值接近整数，取整；

④ 和已知各晶系 R^2 值比较，并写出相应的 $\{hkl\}_i$。

例 6：标定面心立方 TiC 多晶衍射斑点（图 7-19）。已知 $L\lambda=2.368\text{mm}\cdot\text{nm}$。

考虑到衍射环圆度不佳，先测量两个正交方向环的直径，测量值如表 7-8 第 2 行所示。

经换算表 7-8 第二行数据得到平均 R_i，进而计算 R_i^2、R_i^2/R_1^2，如表 7-8 第 4、5 行所示。根据 N 值的特征可以查表 7-3 立方晶系衍射线整数指数规律，填相应晶面族指数，如表 7-8 第 8 行所示。

表 7-8 TiC 多晶衍射斑点的标定计算数据表

编号	1	2	3	4	5
D_i	19.0 18.5	22.2 21.5	30.6 30.5	36.6 36.0	37.5 37.0
R_i	9.38	10.93	15.28	18.15	18.63
R_i^2	87.89	119.36	233.33	329.42	346.89
R_i^2/R_1^2	1	1.36	2.65	3.74	3.95
$(R_i^2/R_1^2)\times3$	3	4.07	7.96	11.24	11.84
N	3	4	8	11	12
$\{hkl\}_i$	111	200	220	311	222

7.3　其他电子衍射谱

7.3.1　孪晶电子衍射谱

材料在凝固、相变和变形过程中，晶体内一部分相对于基体按一定的对称关系生长，即形成了孪晶。图 7-20 显示面心立方（$1\bar{1}0$）面的原子（空心圆）排布，基体（111）面（AB 面：过水平线垂直于纸面的面）以下原子向右发生均匀变形得到黑点构成的孪晶部分。从图可知上部分基体和下半部分孪晶成对称关系。下半部分孪晶也可以看成是由绕垂直于（111）面法线方向旋转 180°得到。正空间的基体与孪晶呈对称关系，倒易空间的基体对应的衍射斑点和孪晶对应的衍射斑点也应该呈对称关系，如果晶带轴选择合适，衍射图谱应该显示基体和孪晶产生的两套对称斑点。

图 7-21 显示基体［$1\bar{1}0$］晶带轴（也是孪晶［$\bar{1}10$］晶带轴）的衍射花样，空心圆代表基体斑点，实心圆代表孪晶斑点，所有孪晶斑点指数都带有下标 T。可以明显看出两套斑点关于（111）面对称，与图 7-20 正空间斑点对称性相同。其中基体的（000）、（111）、（$\bar{1}\bar{1}\bar{1}$）斑点分别与孪晶的 $(000)_T$、$(\bar{1}\bar{1}\bar{1})_T$、$(111)_T$ 依次重合，如图 7-21 所示。

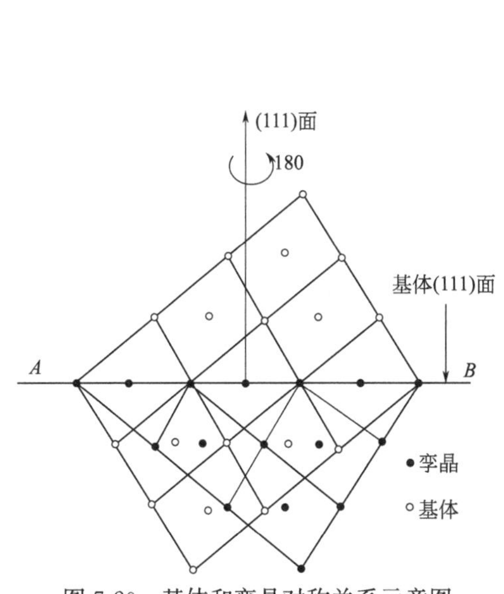

图 7-20　基体和孪晶对称关系示意图

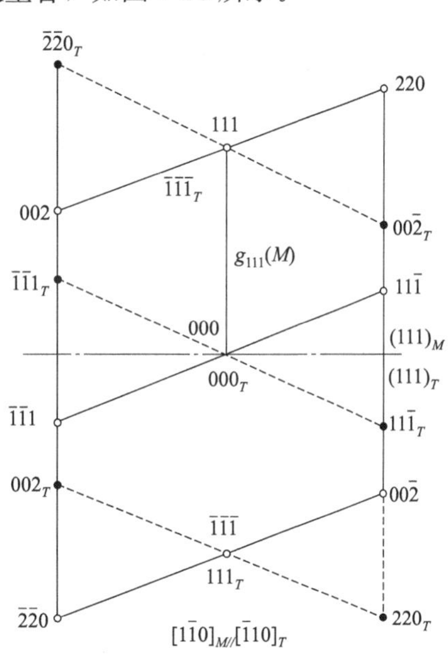

图 7-21　面心立方［$1\bar{1}0$］晶带轴衍射花样

如前面所述，在正空间中，将孪晶绕（111）面法线旋转 180°可以恢复到基体的晶体排布。那么观察一下，在倒易空间（图 7-21 倒易点阵空间），将孪晶的斑点绕倒易矢量 $g_{111}(M)$ 旋转 180°，你会发现孪晶的斑点和基体的斑点重合。

如果入射电子束和孪晶面不平行，得到的试样衍射花样就不能直观反映孪晶和基体间的取向对称性。此时需要先标定基体衍射花样，然后再根据矩阵代数导出重合孪晶衍射斑点结果，求出孪晶斑点的指数。

对于体心立方晶体，其基体与孪晶的计算转化公式为

$$\begin{cases} h^t=-h+\frac{1}{3}p(ph+qk+rl) \\ k^t=-k+\frac{1}{3}q(ph+qk+rl) \\ l^t=-l+\frac{1}{3}r(ph+qk+rl) \end{cases} \tag{7-6}$$

其中，$(h^tk^tl^t)$ 代表孪晶的衍射斑点指数，(hkl) 代表基体的衍射斑点指数，$(p\ q\ r)$ 是孪晶晶面指数。

例如，孪晶面$(p\ q\ r)=(\bar{1}12)$，基体衍射花样的晶面指数为$(hkl)=(2\bar{2}2)$，代入式(7-6)中，可以求得$(h^tk^tl^t)=(\bar{2}\bar{2}\bar{2})$，即基体的衍射斑点 $(2\bar{2}2)$ 与孪晶的衍射斑点 $(\bar{2}\bar{2}2)$ 重合。

对于面心立方晶体，其基体与孪晶的计算转化公式为

$$\begin{cases} h'=-h+\frac{2}{3}p(ph+qk+rl) \\ k'=-k+\frac{2}{3}q(ph+qk+rl) \\ l'=-l+\frac{2}{3}r(ph+qk+rl) \end{cases} \tag{7-7}$$

关于孪晶衍射斑点的进一步分析，大家可以参考其他相关专著。

7.3.2 超点阵电子衍射谱

当晶体内部的原子或离子产生有规律的位移或不同原子产生有序排列时，将引起其电子衍射结果变化，如使原本消光的斑点出现，这种额外的斑点称为超点阵斑点。

$AuCu_3$ 是一个典型例子，在 395℃以上是无序固溶体，每个原子位置上发现 Au 和 Cu 的概率分别为 0.25 和 0.75，这个平均原子的原子散射因子 $f(\text{平均})=0.25f(\text{Au})+0.75f(\text{Cu})$。无序态时，$AuCu_3$ 遵循面心点阵消光规律，在 395℃以下，$AuCu_3$ 便是有序态，此时 Au 原子占据晶胞顶角位置，Cu 原子则占据晶胞面心位置。Au 原子坐标为（000），Cu 原子坐标为(0,1/2,1/2)、(1/2,0,1/2)、(1/2,1/2,0)；$AuCu_3$ 有序结构与无序结构对比如图 7-22 所示。

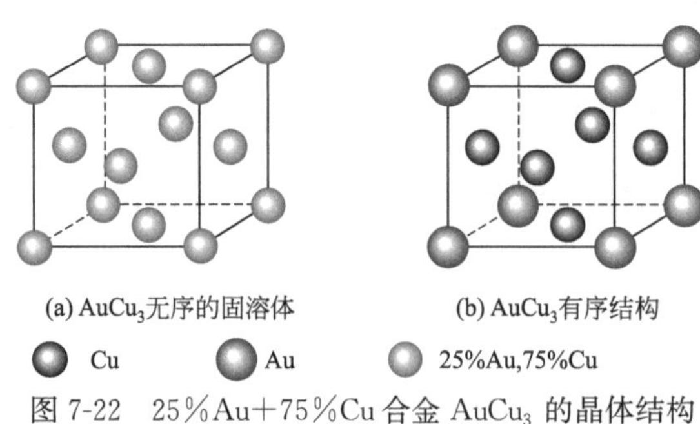

图 7-22　25%Au+75%Cu 合金 $AuCu_3$ 的晶体结构

结合面心立方结构因子计算，式(7-8) 给出无序 $AuCu_3$ 固溶体的结构因子、式(7-9) 给出有序 $AuCu_3$ 固溶体的结构因子。

$$F_{hkl}=f[1+\cos\pi(K+L)+\cos\pi(H+K)+\cos\pi(H+L)] \tag{7-8}$$

$$F_{hkl}=f_{Au}+f_{Cu}\cos\pi(K+L)+f_{Cu}\cos\pi(H+K)+f_{Cu}\cos\pi(H+L) \tag{7-9}$$

当有序化后，不同原子散射因子代入结构因子公式，其结果是：

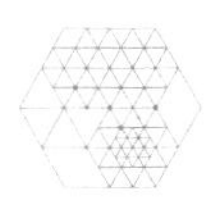

① 当 h、k、l 全奇或全偶时，$|F_{hkl}|=(f_{Au}+3f_{Cu})$；

② 当 h、k、l 奇偶混杂时，$|F_{hkl}|=(f_{Au}-f_{Cu})\neq 0$。

对于正常面心立方晶体，奇偶混杂晶面将发生消光规律，不产生衍射斑点，由于原子有序化排布后，奇偶混杂晶面的结构因子不再是零，图 7-23 显示出 $AuCu_3$ 有序固溶体的 (110) 等奇偶混杂的晶面衍射斑点。

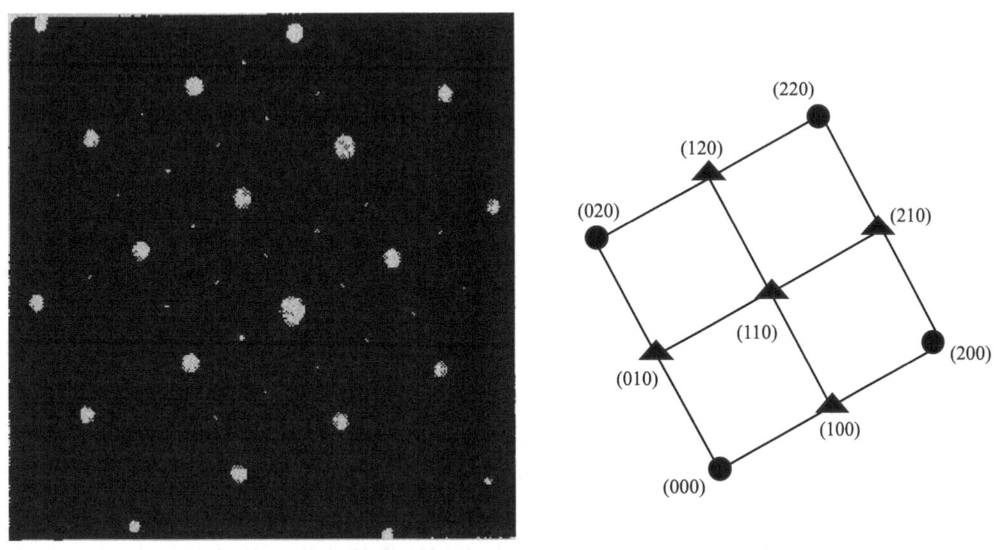

图 7-23 $AuCu_3$ 有序固溶体衍射斑点（左图），晶面指数标定结果（右图）

7.3.3 高阶劳厄带

一般单晶衍射斑点都与通过原点的倒易点阵平面 (uvw) 上的阵点对应，衍射斑点都满足晶带定理。但实际电子衍射谱中可能观察到多余的衍射斑点，由于反射球并不是无限大，球面有一定曲率。当实验晶体点阵常数较大时，倒易空间中倒易截面间距较小；如果晶体很薄，则倒易杆较长。此时与反射球面相接触的并不只是零层倒易截面，上层的倒易平面上的倒易杆均有可能和埃瓦尔德球面相接触（图 7-24），从而形成所谓高阶劳厄带。

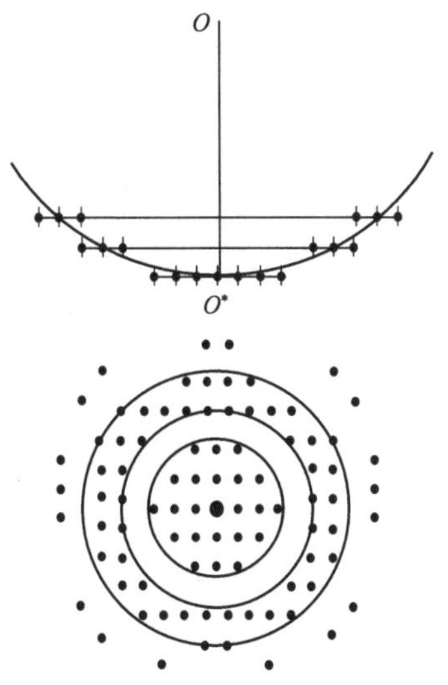

图 7-24 高阶劳厄带形成几何示意图

7.4　衍射分析技术

7.4.1　选区衍射分析技术

当平行电子束照射在试样上，选区形貌观察与微区电子衍射结构分析具有一致对应性，可实现晶体试样的形貌特征与晶体学性质的原位分析，称为选区衍射分析技术。重点在于把晶体试样的微观形貌与衍射斑点对应，得到有用的晶体学数据，例如微小沉淀相的结构、取向等各类晶体缺陷的几何和晶体学特征。

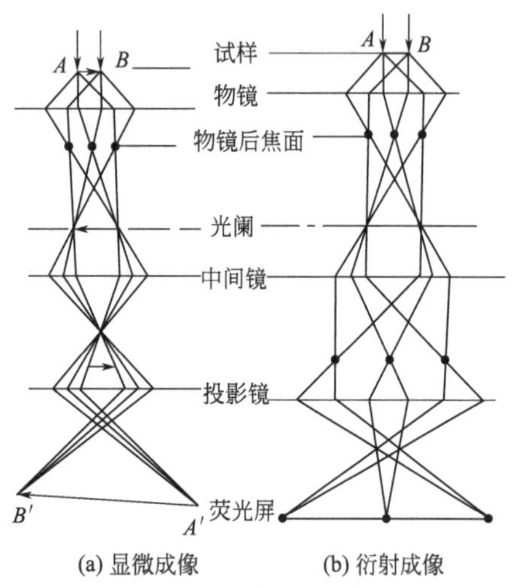

图 7-25　显微成像与衍射成像光路图

在前面的成像模式阐述中，当中间镜的物平面与物镜的像平面重合时，中间镜和投影镜将会把物镜产生的一次像再次放大在荧光屏上成像，如图 7-25(a)。此时，如在物镜像平面上放置一个选区光阑，光阑孔套住待分析的感兴趣区域，在物镜焦距适当条件下，试样平面相应区域的同一物点所散射的电子将会聚在像平面的对应点上。选区光阑在像平面选定的区域就是试样上对应区域物点散射波穿过光阑所形成的像的范围。被光阑挡住部分将不能成像。此时，降低中间镜的激磁电流，使中间镜的物平面与物镜的后焦平面重合时，电子显微镜变为衍射成像模式，如图 7-25(b) 所示。中间镜和投影镜把后焦平面的衍射花样放大（由于选区光阑的存在，这是一种选择性的放大，是放大像平面选区光阑对应的试样的物点区域产生的衍射斑点）。虽然后焦平面的衍射斑点是整个入射电子照射区域的晶体全部的衍射线产生的，但是只有在选区光阑选择的范围对应的试样物点的衍射波才能通过光阑进行放大。选区衍射花样就是光阑所选成像范围对应试样区域的衍射花样。

如果物镜放大倍数为 100 倍，选区光阑孔径为 50～100μm，选区对应实际试样微区范围为 0.5～1μm。

由于选区衍射所选区域很小，能够在多晶体中选出单个晶粒或析出相进行物相晶体结构分析。图 7-26 显示 $RE_2Fe_{14}B$ 基体中的三叉晶界相 $REFe_2$ 相及对应区域衍射斑点。图 7-26(a) 显示 $RE_2Fe_{14}B$ 基体显微形貌相，多个晶粒间夹着三叉晶界相。为了辨析基体和晶界相，分别对Ⅰ区、Ⅱ区做选区衍射，经检索标定得到浅色的Ⅰ区为 $RE_2Fe_{14}B$ 相的衍射斑点，晶带轴为［001］；深色的Ⅱ区为 $REFe_2$ 相的衍射斑点，晶带轴为［211］。

受到物镜聚焦精度和透镜球差影响，会产生选区误差，造成未被选择的区域物点的散射束也对衍射花样有贡献。如果我们知道物镜聚焦误差（$\Delta f_0\approx 3\mu m$）、球差系数（$C_s=3.5$）、孔径半角（$\alpha\approx 0.03°$）；可以利用如下公式计算选区误差：

$$\delta=\Delta f_0\alpha+C_s\alpha^3\approx 0.2\mu m$$

由此可见，如果光阑选区为 0.5μm，而选区误差就有 0.2μm，这就造成选区衍射可能不能代表观察的物相结构，通常选区范围约为 1μm。

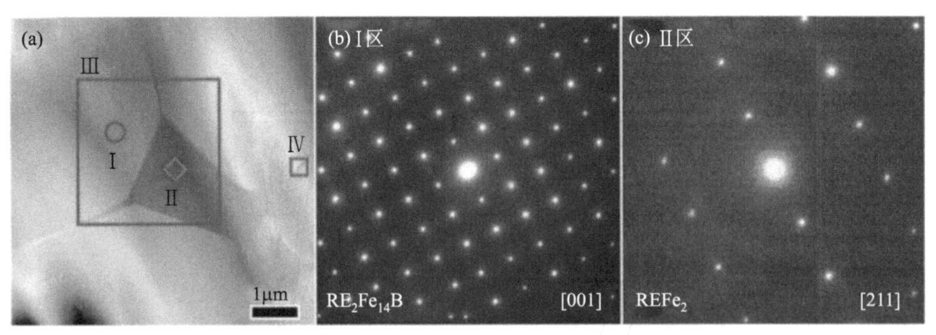

图 7-26 $RE_2Fe_{14}B$ 基体的三叉晶界相 $REFe_2$ 相

为了减少选区误差，应注意遵循如下操作步骤：

① 显微成像操作时要得到清晰图像。

② 插入选区光阑，选定感兴趣区域，调节中间镜激磁电流，使光阑边缘清晰成像，保证物镜像平面与选区光阑重合。

③ 插入物镜光阑，调节物镜激磁电流，使试样形貌清晰显示，保证物镜像平面与中间镜物平面重合，也和选区光阑重合。

④ 移去物镜光阑，减小中间镜电流，使中间镜的物平面上升到物镜后焦平面处，使荧光屏显示清晰的衍射花样（中心斑点最细小、最圆整）。

7.4.2 微束衍射分析技术

微束衍射，利用微束电子束照射薄晶体试样形成的衍射。所用的电子束比常规选区电子束更细，分析区域更小。常规选区电子衍射的分析区域一般为 0.1～4μm，而微束衍射中电子束小于 0.1μm，以至比选区光阑的直径还小。这种极细的电子束主要由聚焦针、聚焦光阑、摇摆束微衍射 3 种方式得到。微束衍射主要用于分析微小区域的晶体结构，尺寸范围可减小到纳米级，如微小析出相、微小畴结构和界面结构等。根据成像技术不同，微束衍射又分为相干束微衍射、会聚束微衍射以及柯塞尔-莫勒衍射。

相干束微衍射和一般选区衍射一样，入射电子束均为平面波，即 $2\alpha_i \ll 2\theta_0$。不同之处在于选区衍射使用两个聚光镜，电子束斑较大，而相干束微衍射利用有三个聚光镜的光学系统，它能强烈地缩小电子束光斑。在有些电子显微镜中，除两个聚光镜外还加上一个双物镜，将上物镜作为聚光镜用，试样置于上、下物镜之间，这样三个聚光镜形成的电子束斑可以缩小到 10～100nm 或更小的尺度，即比原来使用两个聚光镜时的电子束斑小 10 倍以上。

会聚束微衍射早期为柯塞尔-莫勒开发，但没有得到广泛的应用和发展，一是电子束斑太大，二是当时设备真空度差，因而会聚束微衍射极易受试样的污染而消失。近代由于设计出合理的电磁透镜，使电子束斑可达几个纳米，另外还由于高真空技术的改进，使会聚束微衍射成为可能。

会聚束微衍射使用非平行电子束，电子束以较大的会聚角聚焦在试样上，在后焦平面的透射斑点和衍射斑点扩展成一个衍射圆盘。图 7-27 给出选区衍射光路与会聚束微衍射光路对比示意图。

会聚束微衍射花样是会聚的电子束与试样相互作用的结果，给出绕各布拉格衍射轴及透射轴对称圆锥，使得在物镜后焦平面上的衍射斑点扩展成一个个相应的圆盘。会聚束微衍射

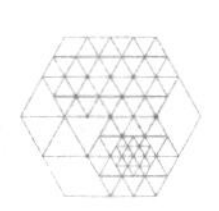

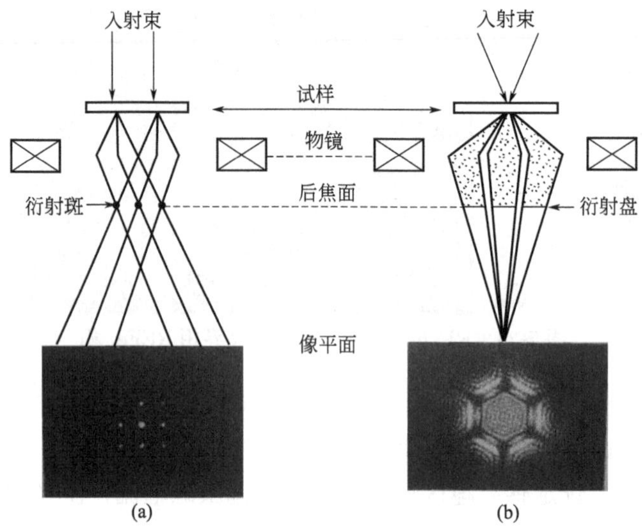

图 7-27　选区衍射光路（a）与会聚束微衍射光路（b）对比图

花样的晶面指数标定与一般选区衍射花样相同。利用会聚束微衍射花样及衍射盘内的菊池线对，可以精确测定微小晶区的结构和位向。由衍射盘结构及对称性分析可研究晶体结构点群及空间群的对称性。会聚束微衍射在晶体的任何取向都可获得，其衍射束的强度对试样厚度、取向及结构的微小差异都是很敏感的，常用来测定沉淀相以及难以区分的两相结构。

7.4.3　低能电子衍射分析技术

低能电子衍射（low-energy electron diffraction，LEED）分析技术是一种用以测定单晶表面结构的实验手段，使用准直的低能电子束（20～500eV）轰击试样表面（1～5 个原子层的结构信息），可在荧光屏上观测到被衍射的电子所形成的光斑，进而表征试样的表面结构。

低能电子衍射分析技术的应用大致分为两个方面：

① 定性分析：着眼于衍射图案与衍射光斑位置的分析，可获得材料表面结构的对称性。若材料表面有吸附物，定性分析可确定吸附物的单位晶格与基底的单位晶格的相对大小及方向。

② 定量分析：着眼于衍射电子束的强度与入射电子束的能量的关系，将此关系（LEED *I-V* 曲线）与理论预测相比较，可获得材料表面原子确切的位置信息、材料表面结构缺陷（点缺陷、应变结构、台阶表面畸界等）。

低能电子衍射分析技术能应用于半导体、金属及合金等材料的表面结构与缺陷的分析，能应用于吸附、偏析和重构相的分析；能应用于气体吸附、脱附及化学反应的分析；能应用于晶体外延生长和沉积、催化的过程研究。

习　题

1. 论述电子衍射与 X 射线衍射的异同点。

2. 推导证明电子衍射基本公式。

3. 用 d 值比较法标定图 7-28 中 γ-Fe 单晶电子衍射斑点及其晶带轴（标准），已知 $L\lambda=2.05\text{mm}\cdot\text{nm}$，$R_1=R_2=10\text{mm}$，$R_3=16.8\text{mm}$，$R_1$ 和 R_2 的夹角为 70°。表 7-9 为 γ-Fe 单晶 d 值表。

表 7-9 γ-Fe 单晶 d 值表

N	hkl	d/nm
1	111	0.20701
2	002	0.17928
3	022	0.12677
4	113	0.10811
5	222	0.10350
6	004	0.08964
7	133	0.08226

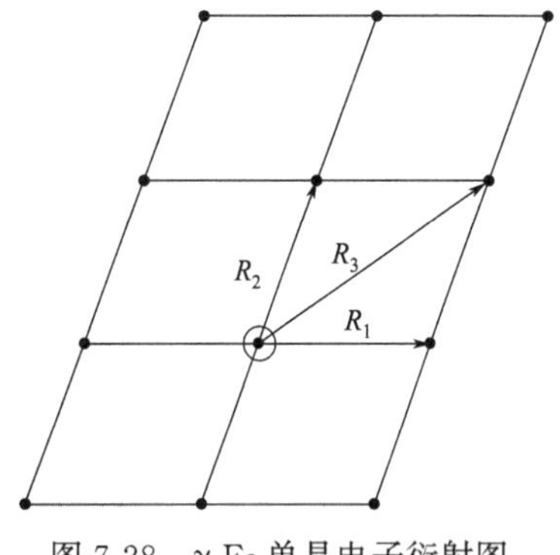

图 7-28 γ-Fe 单晶电子衍射图

4.绘制体心立方晶体［013］晶带轴的标准零层倒易截面图（要求有计算过程）。

5.有一材料为体心立方结构，其多晶粉末电子衍射花样为六个同心圆环，其半径分别是：8.42mm、11.88mm、14.52mm、16.84mm、18.88mm、20.49mm；相机常数 $L\lambda$ = 17.00mm·Å。请标定其衍射斑点并求晶格常数。

6.在透射电镜中，进行选区衍射分析，如何操作才能将物相的形貌观察及结构分析结合起来。

第 8 章 透射电子衬度分析

透射电子显微镜（TEM）图像的衬度来源于样品对入射电子束的散射。电子束在穿过样品时振幅和相位会发生变化，这两种变化都会引起图像衬度。因此，在 TEM 观察中对振幅衬度和相位衬度进行区别尤为重要。大多数情况下，两种衬度实际上对图像都有影响，但是通常会选择合适条件让其中一种起主导作用。本章首先介绍振幅衬度，包括质厚衬度和衍射衬度两种主要类型。先讨论质厚衬度的基本原理，随后讨论衍射衬度的基本原理。衍射衬度比较复杂，衍射束强度强烈依赖于偏离参量 S，而且晶体缺陷会导致缺陷附近衍射面发生旋转，衍射衬度发生明显变化，缺陷附近的衍射衬度依赖于缺陷的性质（尤其是应变场），人们对晶体缺陷认知的迫切需求促使衍射衬度成像迅速发展起来。最后介绍相位衬度以及如何运用它反映原子级的结构细节。

8.1 衬　度

衬度（C）通过两个相邻区域的衍射强度差（ΔI）定义：

$$C=\frac{(I_2-I_1)}{I_1}=\frac{\Delta I}{I_1} \tag{8-1}$$

实际上，人眼不能分辨<5%的强度变化，甚至分辨<10%的强度变化也比较困难。只有来自样品的衬度超过 5%～10%，荧光屏或者照相机记录的图像才能被观察到。对于数码存储的图像，可通过软件处理将低衬度提高到眼睛能够分辨的衬度。

在照相机底片或者计算机屏幕上，衬度表现为不同的灰度级别，而人眼只能识别其中的 16 级左右。如果要量化衬度，就需要直接测量亮度，比如使用显微光密度计直接测量胶片或者直接使用电荷耦合器件（CCD），但通常只需定性地判别衬度的差异。注意，在描述图像的时候，不要将“强度”和“衬度”混淆。衬度可以用强弱而不能用亮暗来形容。“亮”和“暗”是根据撞击到荧光屏或探测器上的电子密度（数量/单位面积）以及电子随后发出的可见光来判别的。事实上，最强的衬度一般是在总强度较低的辐照条件下产生的。相反，可以通过会聚电子束减小样品的辐照面积来增加撞击荧光屏的电子，但是这样做通常会降低图像衬度。图 8-1 鲜明显示了衬度和强度的差异。

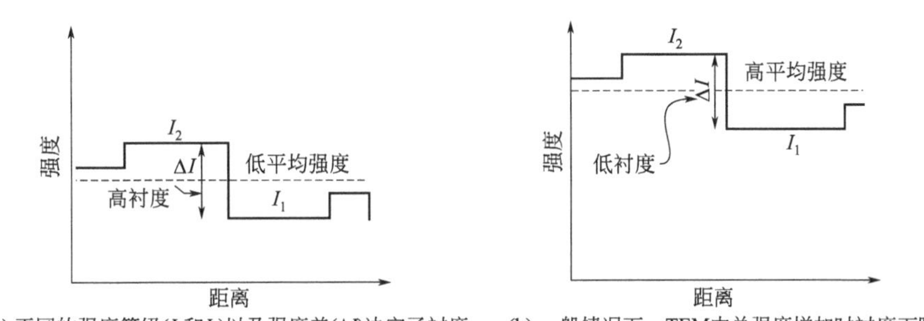

(a) 不同的强度等级(I_1和I_2)以及强度差(ΔI)决定了衬度　(b) 一般情况下，TEM中总强度增加时衬度下降

图 8-1　对图像进行强度扫描得到的曲线示意图

衬度分为振幅衬度和相位衬度。

振幅衬度是入射电子通过样品时，与样品内原子发生相互作用而发生振幅的变化，引起反差；其包括质厚衬度和衍射衬度两种。质厚衬度是由于样品的质量和厚度不同，各部分与入射电子发生相互作用，产生的吸收与散射程度不同，使得透射电子束的强度分布不同，形成反差。衍射衬度主要是由于样品满足布拉格条件程度差异以及结构振幅不同而形成电子图像反差。其中让透射束通过物镜光阑而把衍射束挡掉得到图像衬度的方法，叫做明场成像［图 8-2(a)］。用透射束形成的电子显微图像叫做明场像。让衍射束通过物镜光阑而把透射束挡掉得到图像衬度的方法，叫做暗场成像［图 8-2(b)］。用衍射束形成的电子显微图像叫做暗场像。

相位衬度由合成像的透射波和衍射波之间的相位差形成。需要在物镜的后焦面上插入大的物镜光阑，使两个以上的波（透射束和衍射束）合成（干涉）形成像的方法，称为高分辨显微成像法［图 8-2(c)］。利用透射波和衍射波合成作用成像，称为高分辨显微像。一般仅适于很薄的晶体样品（厚度约为 100Å）。

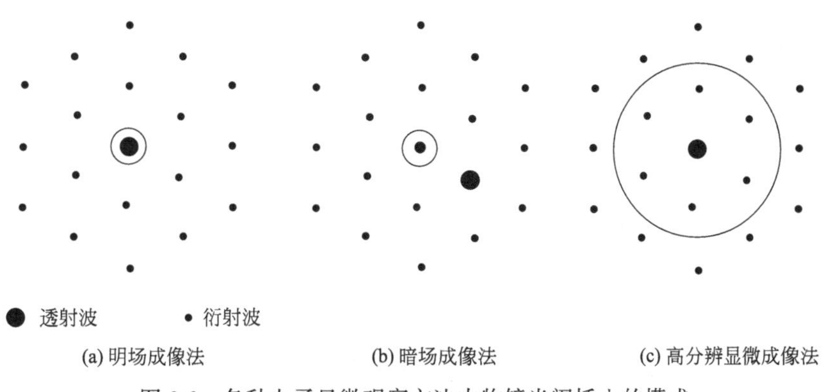

(a) 明场成像法　(b) 暗场成像法　(c) 高分辨显微成像法

图 8-2　各种电子显微观察方法中物镜光阑插入的模式

8.2　质厚衬度像

(1) 透射电子显微镜小孔径角成像

为了减小球差，提高透射电子显微镜的分辨本领，应采用尽量小的孔径角成像。小孔径

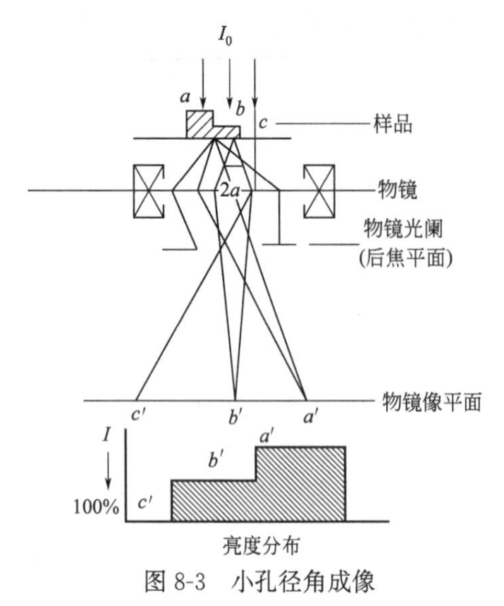

图 8-3　小孔径角成像

角成像是通过在物镜的后焦面上插入一个孔径很小的物镜光阑来实现的（图 8-3）。当电子束入射到样品上后，由于样品很薄，一部分电子直接透过样品，另一部分电子会受到样品中原子的散射。散射角小于 α 的一部分电子，通过物镜在像平面上成像；散射角大于 α 的电子，则被光挡住不能到达像平面上。一般物镜有较高的放大倍数，物平面接近于前焦面，因此物镜孔径半角 α 与焦距 f 及光阑直径 d 之间的关系为 $\alpha \approx \frac{d}{2f}$。

（2）质厚衬度原理

由于样品的质量和厚度不同，各部分与入射电子发生相互作用，产生的吸收与散射程度不同，使得透射电子束的强度分布不同，形成反差，称为质厚衬度。质厚衬度来源于电子的非相干弹性散射，电子穿过样品时与原子核的弹性作用被散射而偏离光轴，原子序数越高，产生弹性散射的比例越大，样品厚度增加，将发生更多的弹性散射。

设入射电子束强度为 I_0，透射电子束强度为 I。可以证明，对于非晶体样品，有

$$I = I_0 e^{-Qt}$$

$$Q = (N_A \rho / A)\sigma_0 \tag{8-2}$$

式中　Q——样品的总弹性散射截面积；

N_A——阿伏伽德罗常数；

σ_0——单个原子散射截面积；

A——原子量；

ρ——样品密度；

t——样品微区厚度。

样品上存在质量或厚度不等的两微区 A、B 区，如图 8-4 所示，则相应地通过 A 区和 B 区的电子强度不同。设 I_A、I_B 分别表示强度为 I_0 的入射电子通过样品 A 区和 B 区后，参与成像的电子强度，由于 A 区、B 区为同一复型样品，$Q_A = Q_B$，$t_A > t_B$；根据式 (8-2) 可知，$I_A < I_B$，由此得到的电子显微图像上，A 区暗，而 B 区亮，如图 8-4 所示。

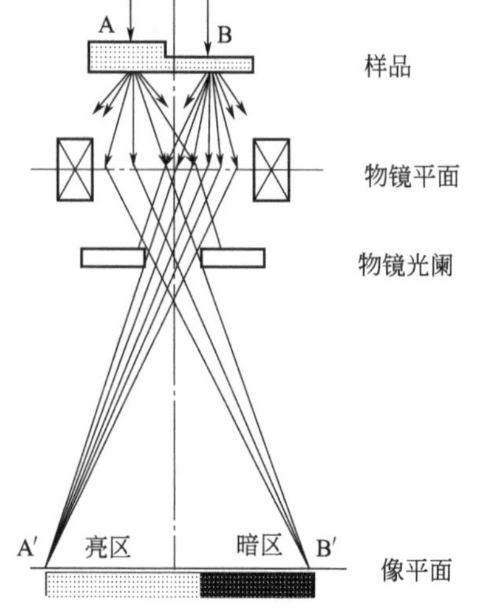

图 8-4　质厚衬度原理示意图

设投射到荧光屏或照相底片上的电子强度差为 ΔI_A，$\Delta I_A = I_B - I_A$，以 I_B 为像背景强度，则 A 区的像衬度 $\frac{\Delta I_A}{I_B}$ 为

$$\frac{\Delta I_A}{I_B} = \frac{I_B - I_A}{I_B} = 1 - \frac{I_A}{I_B}$$

将 $I_A = I_0 e^{-Q_A t_A}$，$I_B = I_0 e^{-Q_B t_B}$ 代入上式，有

$$\frac{\Delta I_{\mathrm{A}}}{I_{\mathrm{B}}}=1-\mathrm{e}^{-(Q_{\mathrm{A}}t_{\mathrm{A}}-Q_{\mathrm{B}}t_{\mathrm{B}})} \tag{8-3}$$

式(8-3) 说明，样品上的不同微区无论是质量还是厚度的差别，均可引起相应区域透射电子强度的改变，从而在图像上形成亮暗不同的区域，这一原理就是质厚衬度成像原理。利用这一原理观察金相复型样品，可以显示许多在光学显微镜下无法分辨的组织形貌细节。图 8-5 所示为 30CrMnSi 钢回火组织，可以清楚地看到回火组织中析出的颗粒状碳化物和解理断口上的河流花样。

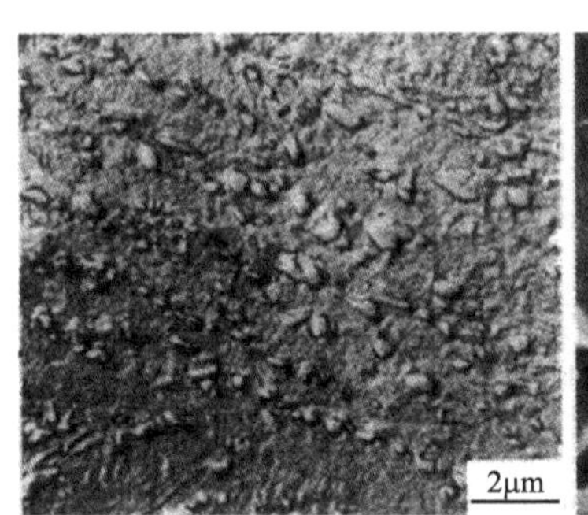

(a) 低碳钢冷脆断口

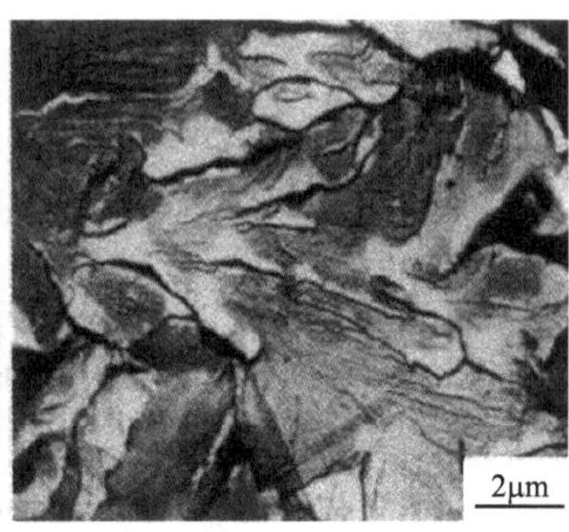

(b) 解理断口的河流花样

图 8-5　30CrMnSi 钢回火组织

8.3　衍射衬度像

非晶态复型样品是依据“质厚衬度”的原理成像的。晶体薄膜均匀，并且平均原子量也无差别的样品不可能利用质厚衬度来成像。晶体可依据衍射衬度原理成像，简称衍衬成像。衍衬成像主要取决于入射电子束与样品内各晶面的相对取向，由于晶粒间相对取向不同，导致电子衍射强度有差异，形成衍衬像。当电子束入射到晶体薄膜上时，满足布拉格条件的晶面将产生强衍射束，偏离布拉格条件的晶面将产生弱衍射束或不产生衍射束。

以单相多晶薄膜样品为例，图 8-6(a) 说明如何利用衍射成像原理获得图像的衍射衬度。设想薄膜内有两个晶粒 A 和 B，它们之间的唯一差别在于晶体学位向不同。如果在入射电子束照射下，B 晶粒的某（hkl）晶面族恰好与入射方向成布拉格角 θ_{B}，而其余的晶面均与衍射条件存在较大的偏差，即 B 晶粒的位向满足“双光束条件”。此时，在 B 晶粒的选区衍射花样中，hkl 斑点特别亮，也即其（hkl）晶面的衍射束最强。如果假定样品足够薄，入射电子吸收效应可不予考虑，且在所谓“双光束条件”下忽略所有其他较弱的衍射束，则强度为 I_0 的入射电子束在 B 晶粒区域内经过散射之后，将分成强度为 I_{hkl} 的衍射束和强度为 I_0-I_{hkl} 的透射束两个部分。

设想与 B 晶粒位向不同的 A 晶粒内所有晶面族，均与布拉格条件存在较大偏差，即在 A 晶粒的选区衍射花样中将不出现任何衍射斑点而只有中心透射斑点，或者说其所有衍射束的强度均可视为零。于是，A 晶粒区域的透射束强度仍近似等于入射束强度 I_0。

由于在电子显微镜中样品的第一幅衍射花样出现在物镜的背焦面上，参见图 8-6(b)。若在物镜的背焦面上加一个尺寸合适的物镜光阑，把 B 晶粒的 hkl 衍射束挡掉，而只让透射束通过光阑孔并到达像平面，则构成样品的第一幅放大像。此时，两颗晶粒的像亮度将不

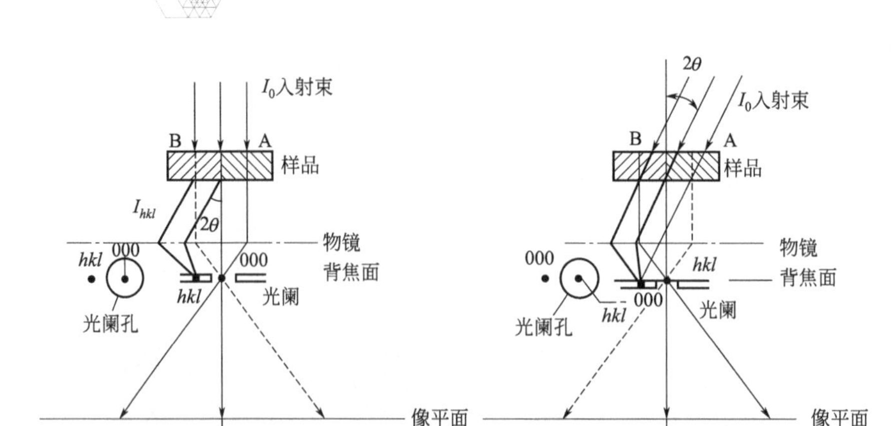

(a) 明场像　　(b) 中心暗场

图 8-6　衍射衬度成像原理

同，因为

$$I_A \approx I_0,\ I_B \approx I_0 - I_{hkl} \approx 0$$

如以 A 晶粒亮度 I_A 为背景强度，则 B 晶粒的像衬度为

$$\left(\frac{\Delta I}{I}\right)_B = \frac{I_A - I_B}{I_A} \approx \frac{I_{hkl}}{I_0}$$

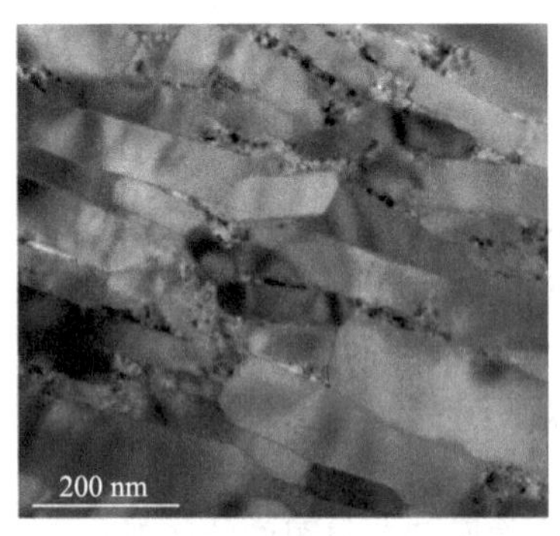

图 8-7　多晶 Nd-Fe-B 磁铁的明场像

于是在荧光屏上将会看到 B 晶粒较暗而 A 晶粒较亮（荧光屏上的图像只是物镜像面上第一幅放大像的进一步放大），如图 8-7 所示。这种由于样品中不同位向的晶体的衍射条件不同所造成的衬度差别叫做衍射衬度。把这种让透射束通过物镜光阑而把衍射束挡掉得到图像衬度的方法叫作明场（BF）成像，所得到的像叫作明场像。

如果把图 8-6(a) 中物镜光阑的位置移动一下，使其光阑孔套住 hkl 斑点，而把透射束挡掉，可得到暗场（DF）像。但是此时用于成像的是偏离光轴的光线，所得图像质量不高，有较严重的像差。习惯以另一种方式产生暗场像，即把入射电子束方向倾斜 2θ 角（通过照明系统的倾斜来实现），使 B 晶粒的（hkl）晶面族处于强烈衍射的位向，而物镜光阑仍在光轴位置。此时只有 B 晶粒的 hkl 衍射束正好通过光阑孔，而透射束被挡掉，如图 8-6(b) 所示，这种方法叫做中心暗场（CDF）成像方法。B 晶粒的像亮度为 $I_B \approx I_{hkl}$。而 A 晶粒由于在该方向的散射度极小，像亮度几乎近于零，图像的衬度特征恰好与明场像相反，B 晶粒较亮而 A 晶粒很暗。显然，暗场像的衬度将明显地高于明场像。在晶体薄膜的透射电子显微分析中，暗场成像是一种十分有用的技术。

以单相多晶薄膜的例子说明，在衍衬成像方法中，某一最符合布拉格条件的（hkl）晶面族强衍射束起着十分关键的作用，因为它直接决定了图像的衬度。特别是在暗场条件下，像点的亮度直接等于样品上相应物点在光阑孔所选定的那个方向的衍射强度，而明场像的衬度特征是与其互补的（至少在不考虑吸收的时候是这样）。因为衍衬图像完全由衍射强度的差别产生，所以这种图像必将是样品内不同部位晶体学特征的直接反映。

8.4 衍射衬度的运动学理论

衍射衬度实际上是入射电子束与薄晶样品相互作用后，成像电子束在像平面上强度差异的反映，这里所指的衬度是指像平面上各像点强度（亮度）差别。利用衍射衬度运动学理论可以计算各像点的衍射强度，从而可以定性地解释透射电子显微镜衍衬图像的形成原因。

薄晶电子显微图像的衬度可用运动学理论或动力学理论来解释。如果按运动学理论来处理，则电子束进入样品时随着深度增大，在不考虑吸收的条件下，透射束不断减弱，而衍射束不断加强。如果按动力学理论来处理，则随着电子束深入样品，透射束和衍射束之间的能量是交替变换的。虽然动力学理论比运动学理论能更准确地解释薄晶中的衍衬效应，但是这个理论数学推导较烦琐，且物理模型抽象，在有限的篇幅内难以把它阐述清楚，与之相反，运动学理论简单明了，物理模型直观，对于大多数衍衬现象都能很好地定性说明。下面将讲述衍衬运动学的基本概念和应用。

8.4.1 衍射衬度运动学理论基本假设

运动学理论有两个先决条件：首先是不考虑衍射束和入射束之间的相互作用，即衍射束和入射束两者间没有能量的交换。因为透射样品很薄、衍射过程存在一定偏移矢量，使得衍射强度比透射强度小得多，这个条件可近似满足。其次是不考虑电子束通过样品时引起的多次反射和吸收。换言之，由于样品非常薄，因此反射和吸收可以忽略。

在满足上述两个条件之后，运动学理论是以下面两个基本假设为基础的。

(1) 双光束近似

假定电子束透过薄晶样品成像时，除了透射束外只存在一束较强的衍射束，而其他衍射束却大大偏离布拉格条件，它们的强度均可视为零。这束较强衍射束的反射晶面位置接近布拉格条件，但不是精确符合布拉格条件（即存在一个偏离矢量 $\vec{S}$）。做这样的假定的目的有两个：首先，存在一个偏离矢量 $\vec{S}$ 要使衍射束的强度远比透射束弱，这就可以保证衍射束和透射束之间没有能量交换，如果衍射束很强，势必发生透射束和衍射束之间的能量转换。此时必须用动力学方法来处理衍射束强度的计算。其次，若只有一束衍射束，则可以认为衍射束的强度 I_g 和透射束的强度 I_T 之间有互补关系，即 $I_0=I_T+I_g$，I_0 为入射束强度。因此，只要计算出衍射束强度，便可知道透射束的强度。

(2) 柱体近似

所谓柱体近似就是把成像单元缩小到和一个晶胞相当的尺寸。可以假定透射束和衍射束都能在一个和晶胞尺寸相当的晶柱内通过，此晶柱的截面积等于或略大于一个晶胞的底面积，相邻晶柱内的衍射波不互相干扰，晶柱底面的衍射强度只代表一个晶柱内晶体结构的情况。因此，只要把各个晶柱底部的衍射强度记录下来，就可以推测出整个晶体下表面的衍射强度（衬度）。这种把薄晶下表面上每点的衬度和晶柱结构对应起来的处理方法称为柱体近似，如图 8-8 所示。图中 I_{g1}、I_{g2}、I_{g3} 三点分别代表晶柱Ⅰ、Ⅱ、Ⅲ底部的衍射强度。如果三个晶柱内晶体结构有差别，则 I_{g1}、I_{g2}、I_{g3} 三点的衬度就不同。由于晶柱底部的截面积很小，它比所能观察到的最小晶体缺陷（如位错线）的尺寸还要小一些，事实上每个晶柱

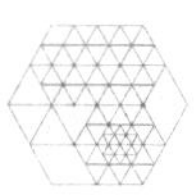

底部的衍射强度都可看作一个像点，这些像点连接成的图像，就能反映晶体样品内各种缺陷组织的结构特点。

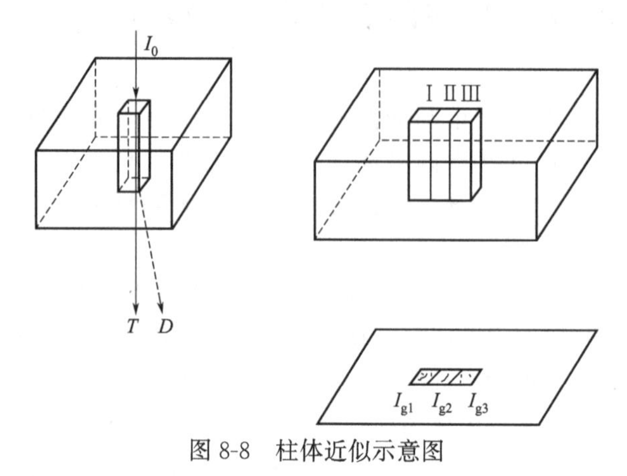

图 8-8　柱体近似示意图

8.4.2　理想晶体的衍射强度

计算图 8-9 所示的厚度为 t 的完整晶体内晶柱 OA 所产生的衍射强度，首先要计算出柱体下表面的衍射波振幅，由此可求得衍射强度。晶体下表面的衍射波振幅等于上表面到下表面各层原子面在衍射方向 K'上的衍射波振幅的总和，考虑到各层原子面衍射波振幅的相位变化，则可得到衍射波振幅表达式如下：

$$\Phi_g=\frac{in\lambda F_g}{\cos\theta}\sum_{柱体}\mathrm{e}^{-2\pi iK'r}=\frac{in\lambda F_g}{\cos\theta}\sum_{柱体}\mathrm{e}^{-\varphi i} \tag{8-4}$$

$$\varphi=2\pi K'r$$

式中　φ——r 处原子面衍射波相对于晶体上表面衍射波的相位角；

n——单位面积原子面内含有的晶胞数；

F_g——理想晶体的结构因子。

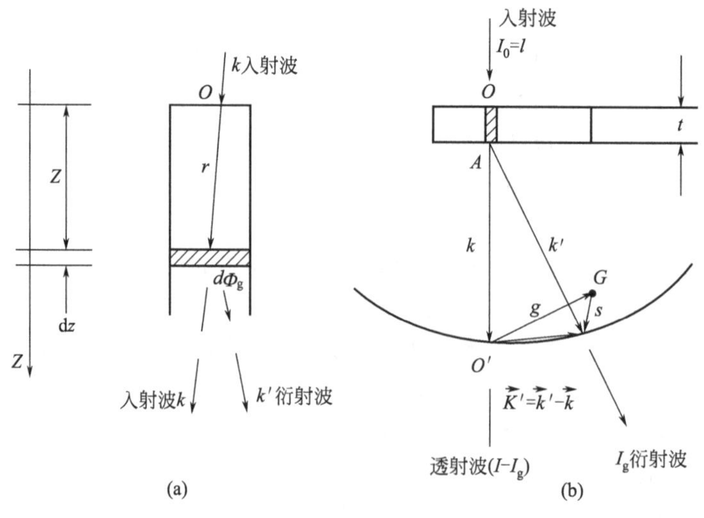

图 8-9　晶柱 OA 的衍射强度（$\vec{s}>0$）

引入消光距离 ξ_g，则由式(8-4) 得到

$$\Phi_g=\frac{i\pi}{\xi_g}\sum_{\text{柱体}} e^{-i\varphi} \tag{8-5}$$

考虑到偏离布拉格条件时，如图 8-9(b) 所示，衍射矢量 $\vec{K}'$为

$$\vec{K}'=\vec{k}'-\vec{k}=\vec{g}+\vec{s}$$

故相位角可表示为 $\varphi=2\pi K'r\approx 2\pi sr=2\pi sz$。其中 $gr=$整数（因为 $g=ha^*+kb^*+lc^*$，而 $\vec{r}$ 必为点阵平移矢量的整数倍，可以写成 $\vec{r}=u\vec{a}+v\vec{b}+w\vec{c}$)，$\vec{s}//\vec{r}//\vec{z}$。且 $r=z$，于是有

$$\Phi_g=\sum_{\text{柱体}}\frac{i\pi}{\xi_g}\exp(-2\pi isz)\mathrm{d}z=\frac{i\pi}{\xi_g}\sum_{\text{柱体}}\exp(-2\pi isz)\mathrm{d}z=\frac{i\pi}{\xi_g}\int_0^t\exp(-2\pi isz)\mathrm{d}z \tag{8-6}$$

其中的积分部分为

$$\sum_0^t\exp(-2\pi isz)\mathrm{d}z=\frac{1}{2\pi is}(e^{-2\pi is}+1)$$

$$=\frac{1}{\pi s}\times\frac{e^{\pi ist}-e^{-\pi ist}}{2i}\times e^{-\pi ist}=\frac{1}{\pi s}\sin(\pi st)\times e^{-\pi ist}$$

代入式(8-6)，得

$$\Phi_g=\frac{i\pi}{\xi_g}\times\frac{\sin(\pi st)}{\pi s}e^{-\pi ist} \tag{8-7}$$

而衍射强度

$$I_g=\Phi_g\times\Phi_g^*=\left(\frac{\pi^2}{\xi_g^2}\right)\frac{\sin^2(\pi st)}{\pi^2s^2} \tag{8-8}$$

由式(8-8) 可知，理想晶体的衍射强度 I_g 随样品的厚度 t 和衍射晶面与精确的布拉格位向之间的偏移矢量 $\vec{s}$ 而变化。由于运动学理论认为明暗场的衬度是互补的，故令 $I_T+I_g=I_0$，因此有

$$I_T=I_0-\left(\frac{\pi^2}{\xi_g^2}\right)\frac{\sin^2(\pi st)}{\pi^2s^2} \tag{8-9}$$

8.4.3 理想晶体衍衬运动学基本方程的应用

(1) 等厚条纹（衍射强度随样品厚度的变化）

如果晶体保持在确定的位向，则衍射晶面偏移矢量保持恒定，此时式(8-8) 可以改写为

$$I_g=\frac{1}{(s\xi_g)^2}\sin^2(\pi st) \tag{8-10}$$

把 I_g 随晶体厚度 t 的变化画成曲线，如图 8-10 所示。当 s 等于常数时，随样品厚度 t 的变化，衍射强度将发生周期性振荡，振荡周期为

$$t_g=\frac{n}{s}$$

这就是说，当 $t_g=\frac{n}{s}$（n 为整数）时，$I_g=0$；而当 $t_g=\left(n+\frac{1}{2}\right)/s$ 时，衍射强度 I_g 为最大。

$$I_{g\max}=\frac{1}{(s\xi_g)^2}$$

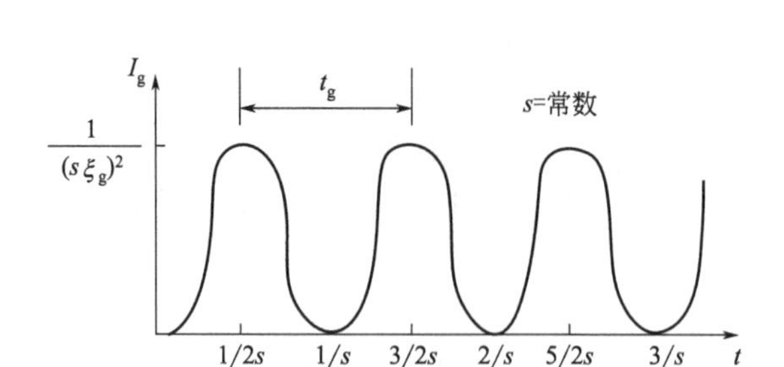

图 8-10　衍射强度 I_g 随晶体厚度 t 的变化

利用类似于图 8-11 的振幅-位相图，可以更加形象地说明衍射振幅在晶体内深度方向上的振荡情况。首先把式(8-5) 改写为

$$\Phi_g=\sum_{\text{柱体}}\frac{i\pi}{\xi_g}e^{-2\pi isz}dz=\sum_{\text{柱体}}d\Phi_g\times e^{-i\varphi} \tag{8-11}$$

$$\varphi=2\pi sz$$

式中　φ——深度为 z 处的衍射波相对于样品上表面原子层衍射波的位相角；

$d\Phi_g$——该深度处 dz 厚度单元衍射波振幅。

考虑 π 和 ξ_g 都是常数，所以

$$d\Phi_g=\frac{i\pi}{\xi_g}dz\propto dz \tag{8-12}$$

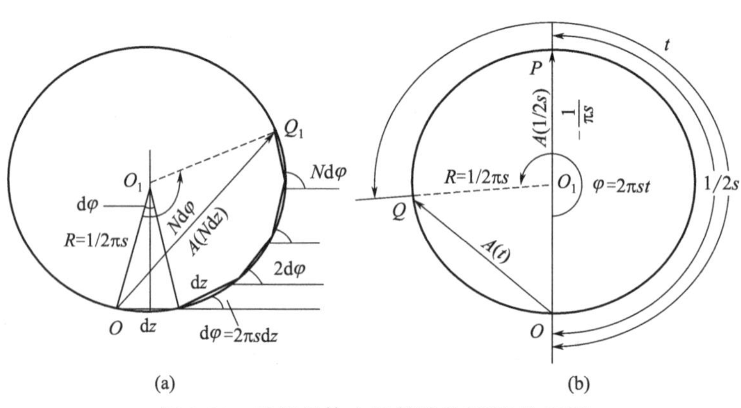

图 8-11　理想晶体内衍射波的振幅-位相图

如果取所有的 dz 都是相等的厚度元，则暂不考虑比例常数$\frac{i\pi}{\xi_g}$，而把 dz 作为每一个厚度单元 dz 的衍射振幅，逐个厚度单元的衍射波之间的相对位相角差为 $d\varphi=2\pi s dz$。于是，在 $t=Ndz$ 处的合成振幅为$A(Ndz)$，用 A-φ 图来表示就是图 8-11(a) 中的$|OQ_1|$，考虑到 dz 很小，A-φ 图就是一个半径$R=\frac{1}{2\pi s}$的圆周，如图 8-11(b) 所示。此时，晶体内深度为 t 处的合成振幅就是$A(t)=\frac{\sin(nts)}{\pi s}$，相当于从 O 点（晶体上表面）顺圆周方向 t 的弧段所张的弦长$|OQ|$。显然，该圆周的长度等于 $1/s$，就是衍射波振幅或强度振荡的深度周期 t_g；而圆的直径 OP 所对的弧长为$\frac{1}{2s}=\frac{1}{2}t_g$，此时衍射振幅为最大。随着电子波在晶体内

的传播，即随着 t 的增大，合成振幅 OQ 的端点 Q 在圆周上不断运动，每转一周相当于一个深度周期 t_g。同时，衍射波的合成振幅 $\Phi_g(\propto A)$ 从零变为最大又变为零，强度为 $I_g(\propto |\Phi_g|^2 \propto |A|^2)$，发生周期性振荡。如果 $t=nt_g$，合成振幅 OQ 的端点转了 n 圈以后恰与 O 点重合，$A=0$，衍射强度也为零。

I_g 随 t 周期性振荡这一运动学结果，定性地解释了晶体样品楔形边缘处出现的厚度消光条纹，并和电子显微图像上显示出来的结果完全相符。图 8-12 为薄晶等厚条纹形成的原理示意图，其中晶体一端是楔形的斜面，在斜面上的晶体的厚度 t 是连续变化的，故可把斜面部分的晶体分割成一系列厚度各不相等的晶柱。当电子束通过各晶柱时，柱体底部的衍射强度因厚度 t 不同而发生连续变化。在衍射图像上楔形边缘将得到几列亮暗相间的条纹，每一亮暗周期代表一个消光距离的大小，此时

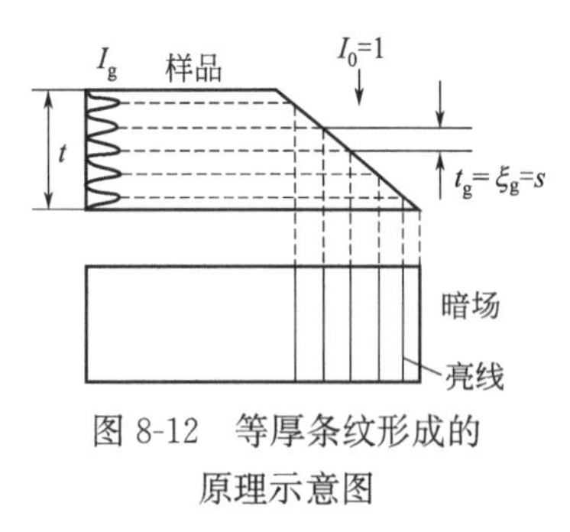

图 8-12 等厚条纹形成的原理示意图

$$t_g=\xi_g=\frac{1}{s} \tag{8-13}$$

因为同一条纹上晶体的厚度是相同的，所以这种条纹叫做等厚条纹，由式(8-13) 可知，消光条纹的数目实际上反映了薄晶的厚度。因此，在进行晶体学分析时，可通过计算消光条纹的数目来估算薄晶的厚度。

上述原理也适用于晶体中倾斜界面的分析。实际晶体内部的晶界、亚晶界、孪晶界和层错等都属于倾斜界面。图 8-13 是这类界面的示意图。若图中下方晶体偏离布拉格条件甚远，则可认为电子束穿过这个晶体时无衍射产生，而上方晶体在一定的偏差条件（$s=$常数）下可产生等厚条纹，这就是实际晶体中倾斜界面的衍衬图像。图 8-14 为 TiAl 合金倾斜晶界条纹照片，可以清楚地看出晶界上的条纹。

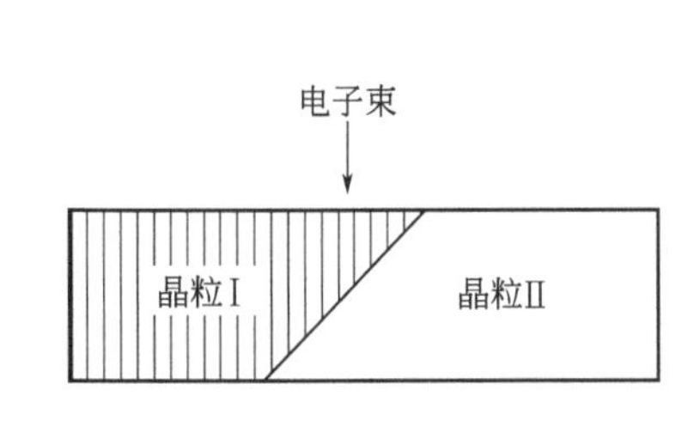

图 8-13 倾斜界面示意图

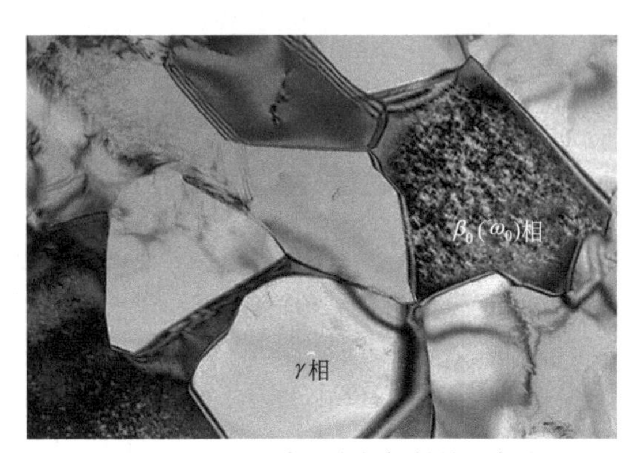

图 8-14 TiAl 合金中的倾斜晶界条纹

（2）等倾条纹

如果把没有缺陷的薄晶稍加弯曲，则在衍衬图像上可出现等倾条纹。此时薄晶的厚度可视为常数，而晶体内处在不同部位的衍射晶面因弯曲而使它们和入射束之间存在不同程度的偏离，即薄晶上各点具有不同的偏移矢量 $\vec{s}$。图 8-15 示意地说明了 $t=$常数，$\vec{s}$ 可以改变的情况。图 8-15(a) 为晶体弯曲前的状态。入射束和（hkl）晶面之间处于对称入射的位置，偏移矢量很大，为简化分析，可视为不发生衍射。因此在作明场像时，荧光屏上薄晶呈现出

均匀的亮度。图 8-15(b) 为晶体弯曲后的状态。由于样品上各点弯曲程度不同，各 (hkl) 晶面相对于入射束的偏离程度逐渐发生变化，随左右两边的晶面离开 O 点距离的增大，偏移矢量 $\vec{s}$ 的绝对值变小。当晶面处于 A、B 两点的位置时，$\vec{s}=0$。晶面和 O 点的距离继续增大，$\vec{s}$ 值又重新上升。因为 A、B 点的晶面和入射束之间正好精确符合布拉格条件，因此在这两点处电子束将产生较强的衍射束，其结果将使荧光屏上相当于 A、B 点的晶面处透射束的强度大为下降，而形成黑色条纹明场像。这就是由晶体弯曲引起的消光条纹。因为同一条纹上晶体偏移矢量的数值是相等的，所以这种条纹被称为等倾条纹。

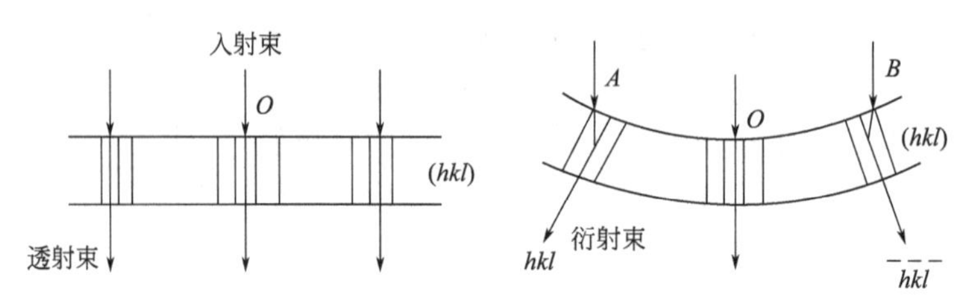

(a) 未经弯曲的晶体　　(b) 晶体弯曲后衍射条件的变化

图 8-15　等倾条纹形成原理示意图

在计算弯曲消光条纹的强度时，可把式(8-8) 改写为

$$I_g=\left(\frac{\pi t^2}{\xi_g^2}\right)\frac{\sin^2(\pi st)}{(\pi ts)^2} \tag{8-14}$$

因为 t 为常数，所以 I_g 随 s 而变，其变化规律如图 8-16 所示。由图可知，当 $s=\pm\frac{3}{2t}$，$\pm\frac{5}{2t}$，…时，I_g 有极大值，即 $I_g=\left(\frac{\pi t^2}{\xi_g^2}\right)\times\frac{1}{(\pi ts)^2}$。当 $s=\pm\frac{1}{t}$，$\pm\frac{2}{t}$，$\pm\frac{3}{t}$，…时，$I_g=0$。由于 $s=\frac{3}{2t}$时的二次衍射强度峰值已经很小，所以可以把$\pm\frac{1}{t}$的范围看作偏离布拉格条件后能产生衍射强度的界限。这个界限就是前面所述的倒易杆的长度，即 $s=\frac{2}{t}$。据此，可以得出，晶体越薄倒易杆越长的结论。

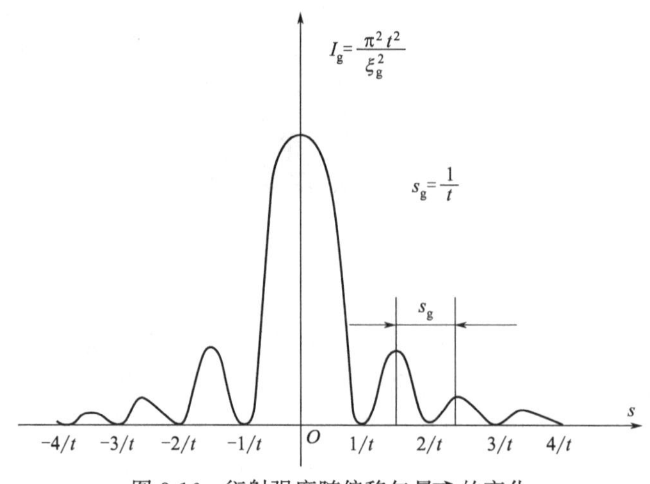

图 8-16　衍射强度随偏移矢量 $\vec{s}$ 的变化

由于薄晶样品在一个观察视野中弯曲的程度是很小的，其偏离程度大都位于$-\frac{3}{2t}\sim+\frac{3}{2t}$，加之二次衍射强度峰值要比一次衍射强度峰值低得多，所以，在一般情况下，在同一视野中只能看到$s=0$时的等倾条纹。

如果样品的变形状态比较复杂，那么等倾条纹大都不具有对称的特征。有时样品受电子束照射后，由于温度升高而变形，在视野中就可看到弯曲消光条纹的运动。此外，如果把样品稍加倾动，弯曲消光条纹就会发生大幅度扫动。这些现象都是由晶面转动引起偏离程度改变而造成的。

8.4.4 非理想晶体的衍射衬度

电子穿过非理想晶体的晶柱后，晶柱底部衍射波振幅的计算要比理想晶体复杂一些。这是因为晶体中存在缺陷时，晶柱会发生畸变，畸变的大小和方向可用缺陷矢量$\vec{R}$来描述，如图8-17所示。如前所述，理想晶体晶柱的位移矢量为$\vec{r}$，而非理想晶体晶柱的位移矢量应该是$\vec{r}'$。显然，$\vec{r}'=\vec{r}+\vec{R}$，则相应相位角φ'为

$$\varphi'=2\pi K'r'=2\pi[(g_{hkl}+s)(r+R)] \tag{8-15}$$

从图8-17中可以看出，$\vec{r}'$和晶柱的轴线方向z并不是平行的，其中$\vec{R}$的大小是轴线坐标z的函数。因此，在计算非理想晶体晶柱底部衍射波振幅时，首先要知道$\vec{R}$随z的变化规律。如果求出了$\vec{R}$的表达式，那么相位角φ'就随之而定。非理想晶体晶柱底部衍射波振幅可根据下式求出：

$$\Phi_g=\frac{i\pi}{\xi_g}\sum_{柱体}e^{-i\varphi'} \tag{8-16}$$

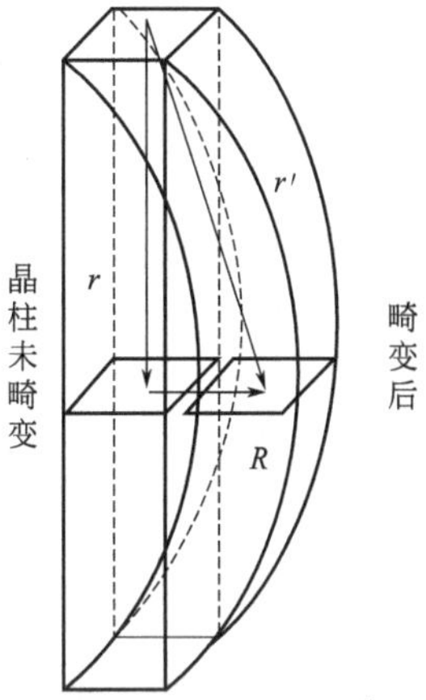

图8-17 缺陷矢量$\vec{R}$

其中，$e^{-i\varphi'}=e^{-2\pi i[(g_{hkl}+s)(r+R)]}=e^{-2\pi i[(g_{hkl}r+sr+g_{hkl}R+sR)]}$

因为$g_{hkl}r$等于整数，这一项对相位角的贡献是$2n\pi$，而$e^{-i\varphi'}$是以$2n\pi$为周期的函数，所以这一项可忽略；因为$\vec{s}$和$\vec{R}$接近垂直，$\vec{s}\times\vec{R}$数值很小，所以可以略去；又因$\vec{s}$和$\vec{r}$接近平行，故$\vec{s}\times\vec{r}=sr$，

所以

$$e^{-i\varphi'}=e^{-2\pi isr}e^{-2\pi ig_{hkl}R}$$

据此，式(8-16)可改写为

$$\Phi_g=\frac{i\pi}{\xi_g}\sum_{柱体}e^{-i(2\pi sr+2\pi g_{hkl}R)}$$

令$\alpha=2\pi g_{hkl}R$，则

$$\Phi_g=\frac{i\pi}{\xi_g}\sum_{柱体}e^{-i(\varphi+\alpha)} \tag{8-17}$$

比较式(8-17)和式(8-5)可以看出，α就是由于晶体内存在缺陷而引入的附加位相角。由于各自代表的两个晶柱底部衍射波振幅的差别，由此反映出晶体缺陷引起的衍射衬度。

8.5 晶体缺陷分析

8.5.1 堆积层错

堆积层错发生在确定的晶面上，层错面上、下方分别是位向相同的两块理想晶体，但下方晶体相对于上方晶体，存在一个恒定的位移 R。例如，在面心立方晶体中，层错面为 $\{111\}$，可由弗兰克不全位错或肖克莱不全位错围成，层错面的缺陷矢量对应于不全位错的柏氏矢量。弗兰克不全位错柏氏矢量为 $\pm\frac{1}{3}\langle111\rangle$，肖克莱不全位错柏氏矢量为 $\pm\frac{1}{6}\langle112\rangle$。因此，缺陷矢量 $\vec{R}=\pm\frac{1}{3}\langle111\rangle$，表示下方晶体向上移动，相当于抽去一层 $\{111\}$ 原子面后再合起来，形成内禀层错；$\vec{R}=-\frac{1}{3}\langle111\rangle$ 相当于插入一层 $\{111\}$ 面，形成外禀层错。缺陷矢量 $\vec{R}=\pm\frac{1}{6}\langle112\rangle$，表示下方晶体沿层错面的切变位移，同样有内禀和外禀两种，但包围着层错的不全位错与 $\vec{R}=\pm\frac{1}{3}\langle111\rangle$ 类型的层错不同。对于 $\vec{R}=\pm\frac{1}{6}\langle112\rangle$ 的层错。$\alpha=2\pi gR=2\pi(ha^*+kb^*+lc^*)\times\frac{1}{6}(a+b+2c)=\frac{\pi}{3}(h+k+2l)$。因为面心立方晶体衍射晶面的 h、k、l 为全奇或全偶，所以 α 只可能是 0、2π 或 $\pm\frac{2\pi}{3}$ 等。如果选用 $g=[11\bar{1}]$ 或 $[311]$ 等，层错将不显衬度；但若 g 为 $[200]$ 或 $[220]$ 等，$\alpha=\pm\frac{2\pi}{3}$，可以观察到这种缺陷。下面以 $\alpha=-\frac{2\pi}{3}$ 为例，说明层错衬度的一般特征。

(1) 平行于薄膜表面的层错

设在厚度为 t 的薄膜内存在平行于表面的层错 CD，它与上、下表面的距离分别为 t_1 和 t_2，如图 8-18(a) 所示。对于无层错区域，衍射波振幅为

$$\Phi_g \propto A(t)=\int_0^t e^{-2\pi isz}\,dz=\frac{\sin(\pi ts)}{\pi s} \tag{8-18}$$

而在存在层错的区域，衍射波振幅为

$$\Phi'_g \propto A'(t)=\int_0^{t_1} e^{-2\pi isz}\,dz+\int_{t_1}^{t_2} e^{-2\pi is} e^{-i\alpha}\,dz=\int_0^{t_1} e^{-2\pi isz}\,dz+e^{-i\alpha}\int_{t_1}^{t_2} e^{-2\pi is}\,dz \tag{8-19}$$

显然，在一般情况下，$\Phi'_g\neq\Phi_g$，衍衬图像存在层错的区域将与无层错区域出现不同的亮度，即构成了衬度。层错区显示为均匀的亮区或暗区。在振幅-位相图［图 8-18(c)］中，振幅 $A(t)$ 相当于 $|OQ|$。事实上，如果把无层错区域的晶柱也分成 t_1 和 t_2 两部分，则 $OQ=OS+SQ$，即 $A(t)=A(t_1)+A(t_2)$，其中 $A(t_1)$ 和 $A(t_2)$ 分别是厚度为 t_1 和 t_2 的两段晶柱的合成振幅。因为不存在层错，所有厚度元的衍射振幅 $d\Phi_g(\propto dz)$都在以 O_1 为圆

心的同一个圆周上叠加。可是，对于层错区域，晶柱在 S 位置（相当于 t_1 深度）以下发生整体位移 R，所以大部分晶体厚度元的衍射振幅将在另一个以 O_2 为圆心的圆周上叠加，在 S 点处发生 $\alpha=-\frac{2\pi}{3}$ 的位相角突变。于是，它的合成振幅 $A'(t)=A(t_1)+A'(t_2)$，相当于 $OQ'=OS+SQ'$。由此不难看出，尽管 $|A'(t_1)|=|A(t_2)|$，可是由于附加位相角 α 的引入，致使 $A'(t)\neq A(t)$。

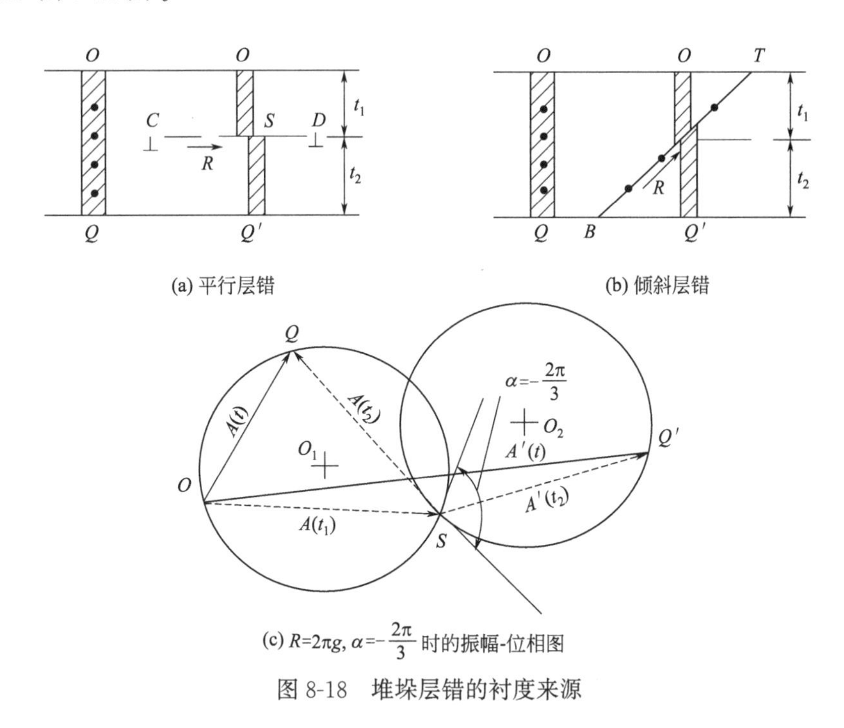

图 8-18 堆垛层错的衬度来源

作为一种特殊情况，如果 $t_1=nt_g=n/s$（其中 n 为整数），则在 A-φ 图上 S 点与 O 点重合，$A(t_1)=0$，此时 $A'(t)=A(t)$，层错也将不显示衬度。

(2) 倾斜于薄膜表面的层错

薄膜内存在倾斜于表面的层错［图 8-18(b)］，层错与上下表面的交线分别为 T 点和 B 点。此时层错区域内的衍射波振幅由式(8-19) 表示；晶柱上、下两部分的厚度 t_1 和 $t_2=t-t_1$ 是逐点变化的。在振幅-位相图中，t_1 的变化相当于 S 点在 O_1 圆周上运动，而 t_2 的变化相当于 O_1 点在 O_2 圆周上运动。如果 $t_1=n/s$，$A'(t)=A(t)$，此区域亮度与无层错区域相同，如果 $t_1=(n+1/2)/s$，则 $A'(t)$为最大或最小。基于上述分析，由运动学理论知，倾斜于薄膜表面的堆积层错与其他的倾斜界面（如晶界等）相似，显示为平行于层错与上、下表面交线的亮暗相交的条纹，其深度周期为 $tg=1/s$，因此层错是等间距的条纹。孪晶的形态不同于层错，孪晶是由黑白衬度相间、宽度不等的平行条纹构成的，相同衬度条带为同一位向，而另一衬度条带为镜像对称的位向。

8.5.2 位错

非完整晶体衍衬运动学基本方程可清楚地说明螺型位错线的成像原因。图 8-19 是与晶体表面平行的螺型位错线及畸变情况示意图。螺型位错线的应变场，使晶柱 PQ 畸变成 P′Q′。根据螺型位错线周围原子的位移情况，可确定缺陷矢量 $\vec{R}$ 的方向和柏氏矢量 $\vec{b}$ 方向一致。图中薄晶的厚度为t，x表示晶柱和位错线之间的水平距离，y表示位错线至晶体上表面的距离，z表示晶柱内不同深度的坐标。因为晶柱位于螺型位错线的应力场之中，晶柱内各点应变量都不相同，因此各点$\vec{R}$矢量均不相同，即R是z的函数。为了便于描绘晶体的畸变特点，把$\vec{R}$的长度坐标转换成角坐标β，其关系如下：

$$\frac{R}{b}=\frac{\beta}{2\pi}，即R=b\frac{\beta}{2\pi}$$

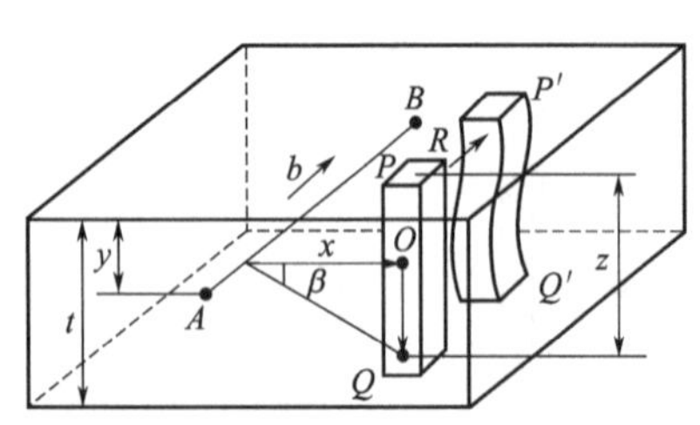

图 8-19 与晶体表面平行的螺型位错线引发晶柱 PQ 畸变示意图

这表示β转一周时，螺型位错线的畸变量正好是一个柏氏矢量长度。β角的位置已在图 8-19 表示出来了。由图可知，$\beta=\tan^{-1}\frac{z-y}{x}$，因此，

$$R=\frac{b}{2\pi}\tan^{-1}\frac{z-y}{x}$$

x和y一定，晶柱位置确定，R是z的函数。晶体中引入缺陷矢量后，其附加位相角$\alpha=2\pi g_{hkl}R$，故

$$\alpha=g_{hkl}b\tan^{-1}\frac{z-y}{x}=N\beta \tag{8-20}$$

式中，$g_{hkl}b=N$（整数）。如果$g_{hkl}b=0$，则附加位相角就等于零，此时即使有螺型位错线存在也不显示衬度。如果$g_{hkl}b\neq0$，则螺型位错线附近的衬度和完整晶体部分的衬度存在差别。

完整晶体，

$$\Phi_{\mathrm{g}}=\frac{i\pi}{\xi_{\mathrm{g}}}\sum_{柱体}\mathrm{e}^{-i\varphi} \tag{8-21}$$

有螺型位错线时，

$$\Phi'_{\mathrm{g}}=\frac{i\pi}{\xi_{\mathrm{g}}}\sum_{柱体}\mathrm{e}^{-i(\varphi+\alpha)}=\frac{i\pi}{\xi_{\mathrm{g}}}\sum_{柱体}\mathrm{e}^{-i(\varphi+N\beta)}$$

故

$$\Phi_{\mathrm{g}}\neq\Phi'_{\mathrm{g}}$$

$\vec{g}_{hkl}\times\vec{b}=0$称为螺型位错线不可见性判据，利用此判据，可确定螺型位错线的柏氏矢量。因为$\vec{g}_{hkl}\times\vec{b}=0$表示$\vec{g}_{hkl}$和$\vec{b}$垂直，如果选择两个$\vec{g}$矢量作衍射操作，螺型位错线均不可见，则可以列出两个方程，即

$$\begin{cases}\vec{g}_{h_1k_1l_1}\times\vec{b}=0\\ \vec{g}_{h_2k_2l_2}\times\vec{b}=0\end{cases}$$

联立后即可求得螺型位错线的柏氏矢量$\vec{b}$。

下面利用刃型位错引发偏移矢量变化定性讨论刃型位错线衬度的产生及其特征。如图 8-20 所示，设（hkl）晶面与布拉格条件的偏移矢量为$\vec{s}_0$，并假定$\vec{s}_0>0$，当（hkl）晶面由于位错线 D 区域引起局部畸变，并以 hkl 衍射斑进行衍射成像。在远离位错线 D 区域（如 A 和 C 位置，相当于理想晶体），衍射波强度为I（即暗场像中的背景强度）。位错引起它附近晶面局部转动，意味着在此应变场范围内，（hkl）晶面存在着额外的附加偏移矢量$\vec{S}'$。

离位错线越远，$\vec{S}'$越小。在位错线的右侧 $\vec{S}'>0$，在其左侧 $\vec{S}'<0$。于是，如图 8-20 所示，在右侧区域（如 B 位置），晶面的总偏差 $\vec{S}_0+\vec{S}'>\vec{S}_0$，使衍射强度 $I_B<I$；而在左侧区域，由于 $\vec{S}'$与 $\vec{S}_0$ 方向相反，总偏移矢量 $\vec{S}_0+\vec{S}'<\vec{S}_0$，且在某个位置（如 D′位置）恰巧使 $\vec{S}_0+\vec{S}'=0$，衍射强度 $I'_D=I_{max}$，这样在偏离位错线实际位置的左侧，将产生位错线的像（暗场像中为亮线，明场相反）。不难理解，如果衍射晶面的原始偏离参量 $S_0<0$，则位错线的像将出现在其实际位置的另一侧。

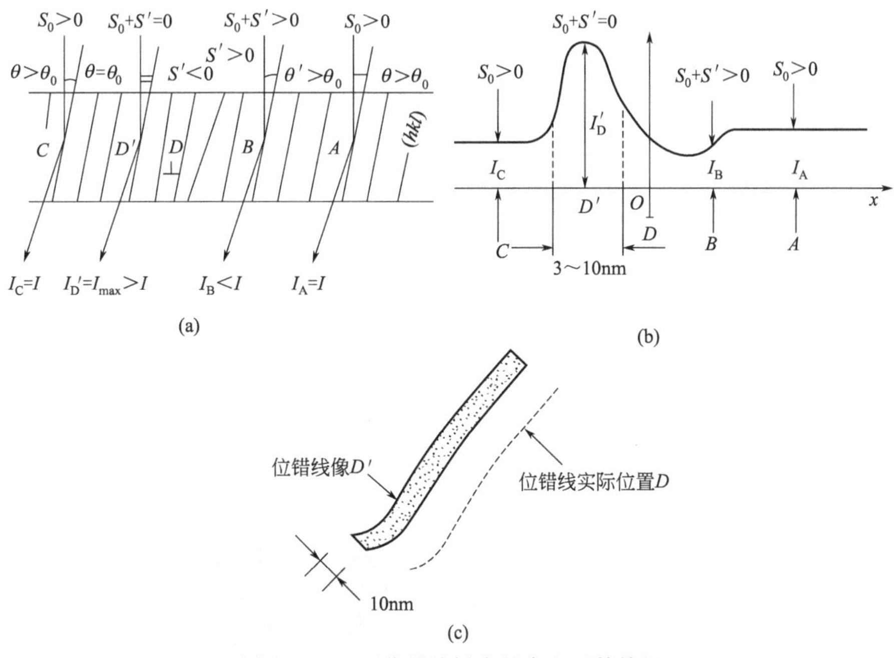

图 8-20　刃型位错线衬度的产生及其特征

位错线的像总是出现在它实际位置的一侧或另一侧，说明其衬度本质上是由位错线附近应变场所产生的，叫做“应变场衬度”。由于附加偏差矢量 $\vec{S}'$，随离开位错线的距离逐渐变化，使位错线的像总是有一定的宽度（一般 3～10nm）。通常，位错线偏离实际位置的距离也与位错线衬度像的宽度在同一数量级范围内。对于刃型位错线的衬度特征，运用衍衬运动学理论同样能够给出很好的定性解释。图 8-21 为金属材料中的位错。

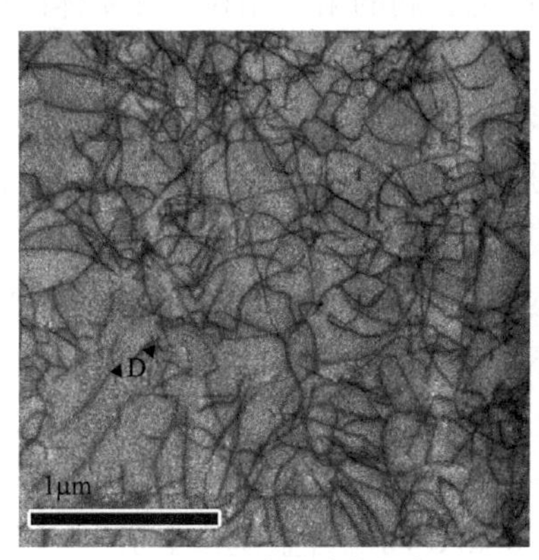

(a) 316L不锈钢中的位错

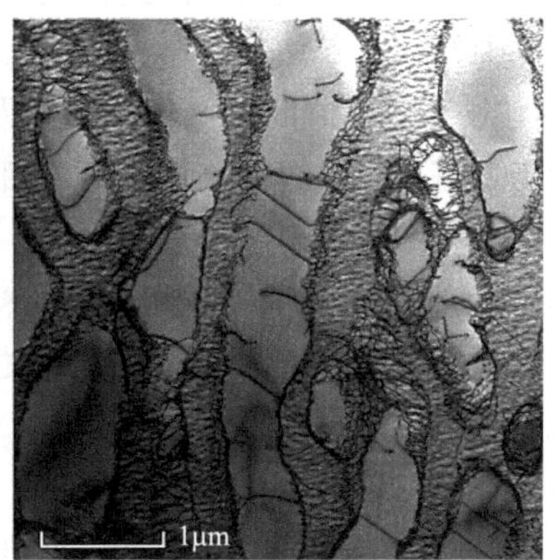

(b) 单晶γ-Ni中的位错

图 8-21　金属材料中的位错

8.5.3 第二相粒子

这里讨论的第二相粒子主要是指和基体之间处于共格或者半共格状态的粒子。这些第二相粒子会使基体晶格发生畸变，由此引入缺陷矢量 $\vec{R}$，使产生畸变的晶体部分和不产生畸变的晶体部分之间出现衬度的差别。因此这类衬度也被称为应变场衬度。应变场衬度产生的原因如图 8-22(a) 所示，PQ 晶格的结点原子产生位移，偏离理想晶柱，弯曲成弓形，利用衍衬运动学基本方程可分别计算畸变晶柱底部的衍射波振幅（或强度）和理想晶柱（远离球形粒子的基体）底部的衍射波振幅，两者必然存在差别。但是，通过粒子中心的晶面（图 8-22 中通过圆心的水平和垂直两个晶面）都没有发生畸变，如果用这些不畸变晶面作衍射面，则这些晶面上不存在任何缺陷矢量（即 $\vec{R}=0$，$\alpha=0$），因此穿过粒子中心的基体晶面部分也不出现缺陷衬度。球形共格沉淀相的明场像中，粒子分裂成两瓣，中间是无衬度的线状亮区［图 8-22(b)］。操作矢量正好和这条无衬度线垂直，这是因为衍射晶面正好通过粒子的中心，电子束是沿着和中心无畸变晶面接近平行的方向入射的。若选用不同的操作矢量，无衬度线的方位将随操作矢量而变。

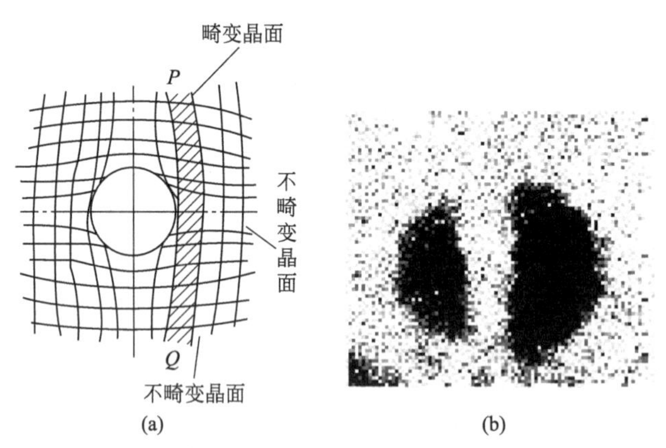

图 8-22 球形粒子造成应变场衬度的原因示意图（a）和共沉淀粒子明场显微像（b）

图 8-22(b) 显示的共格第二相粒子衍衬图像并不是该粒子真正的形状和大小，这个衍衬图像是一种因基体畸变而造成的间接衬度。在进行薄膜衍衬分析时，样品中的第二相粒子不一定都会引起基体晶格的畸变，因此在荧光屏上看到的第二相粒子和基体间的衬度存在差别可能还有下列原因。

① 第二相粒子和基体之间的晶体结构以及位向存在差别，由此造成的衍射衬度。利用第二相提供的衍射斑点作暗场像，可使第二相粒子变亮。这是电子显微镜分析过程中最常用的验证与鉴别第二相结构和组织形态的方法。

② 第二相的散射因子和基体不同造成的衬度。一方面，如果第二相的散射因子比基体大，则电子束穿过第二相时被散射的概率增大，从而在明场像中第二相变暗。实际上，造成这种衬度的原因和造成质厚衬度的原因类似。另一方面由于散射因子不同，二者的结构因数也不相同，由此造成结构因数衬度。

图 8-23 所示为时效初期在面心立方 CoCrCuNiAl 高熵合金基体上析出 γ' 富 Cu 像的暗场像与衍射斑点，此时析出物细小弥散，与基体共格。

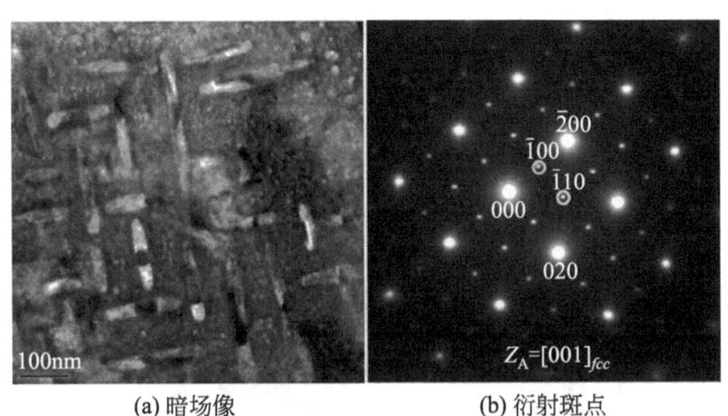

(a) 暗场像　　(b) 衍射斑点

图 8-23　CoCrCuNiAl 高熵合金及其析出相

8.6　相位衬度成像

通过前面学习知道，利用透射束成像形成明场像，利用衍射束成像形成暗场像。当不止一束电子束对图像有贡献时，电子束之间就会相干作用，形成相位衬度。通常人们把相位衬度像和高分辨像等同起来。实际上，在大多数透射电子显微镜成像中，即使在低放大倍数下，仍存在相位衬度。现代高分辨透射电子显微镜（HRTEM）很容易获得包含大量细节的相位衬度像。正确理解成像机理和条件对于分析缺陷非常重要。这里将通过一些简单的实验来学习与晶格条纹相关的相位衬度效应。由于常出现的莫尔条纹与相位衬度相关，这里也做一些粗浅的介绍。

8.6.1　相位衬度简介

相位衬度由合成像的透射波和衍射波之间的相位差形成。相位衬度对样品厚度、晶体取向、散射因子、物镜离焦量和像散的变化都特别敏感。只用薄样品的相位衬度才有可能实现原子结构成像。当然，要实现原子结构成像，还需要 TEM 有足够的分辨率，能够分辨出原子级别的衬度变化，同时还能合理地调节影响穿过样品的电子束相位的仪器参数和透镜，要做到这些需要有足够的操作经验。

相位衬度成像与其他衬度成像的主要区别在于用物镜光阑或探测器套取衍射束的数目。明场像和暗场像只需用物镜光阑套住一束电子即可，而相位衬度则需套住多束电子。一般来说，参与成像的电子束越多，图像分辨率就越高。但被物镜光阑套住的电子束并非都对成像有贡献，这与电子光学系统的特性相关。

8.6.2　晶格条纹像的实践观察

8.6.2.1　偏移矢量 $\vec{s}=0$ 的情况

如果用物镜光阑套住 **O** 和 **G** 两电子束斑点成像，且与 **G** 电子束反射面对应的偏移矢量 $\vec{s}=0$，在 x 方向上形成周期为 $1/g$ 的条纹［图 8-24(a)］；也就是说，条纹周期等于倒易矢量 $\vec{g}$ 对应的晶面间距，$\vec{g}$ 垂直于条纹方向。只要 $\vec{s}=0$，无论 **O** 和 **G** 电子束相对光轴位置如何变化，甚至衍射面不与光轴平行，该结论恒成立。

要想得到图 8-24(a) 中的衬度，最理想的操作如图 8-24(b)，称为“倾斜束条件”。当 $\vec{s}=0$，即所选晶面与光轴平行，但与入射电子束不平行时，条纹与晶面并非完全对应。若采用图 8-24(c) 中的操作，条纹才能对应于晶面，但由于对称入射，所以 G 电子束衍射斑柏氏矢量的偏移矢量 $\vec{s}\neq 0$，而且必须考虑 $-G$ 电子束（$-G$ 为 G 衍射斑的对称衍射斑）对条纹像的影响。

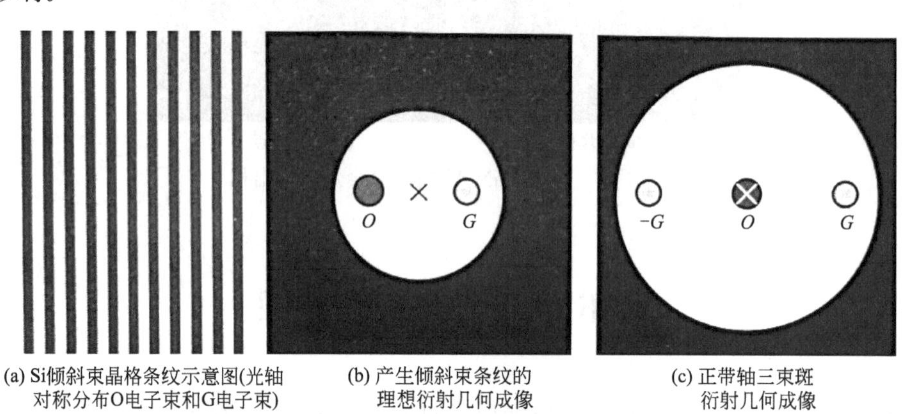

(a) Si倾斜束晶格条纹示意图(光轴对称分布O电子束和G电子束)　(b) 产生倾斜束条纹的理想衍射几何成像　(c) 正带轴三束斑衍射几何成像

图 8-24　Si 晶格条纹及对应衍射斑点成像选择

8.6.2.2 $\vec{s}\neq 0$ 的情况

一般来说，样品并非严格意义上的平整，所以整幅图像中 $\vec{s}$ 是不断变化的。即使衍射谱图中 $\vec{s}=0$，也不能保证每一处的 $\vec{s}=0$。当 $\vec{s}\neq 0$ 时，晶格条纹会发生一定的移动，这与偏移矢量 $\vec{s}$ 和样品厚度 t 有关，但周期并无明显改变。通常薄样品会有略微的弯曲，但我们希望影响成像的条件仅与 $\vec{s}$ 相关，同时也希望在多束成像中能看到厚度变化，因为从严格意义上说，偏移矢量 $\vec{s}$ 有可能对所有束斑都不为零，不同的束斑对应的 $\vec{s}$ 也会不同。

8.6.3　正带轴晶格条纹像

正带轴指晶带轴、光轴与电子束重合，也就是对称入射的情况。两电子束相互干涉会形成周期为 $|\Delta g|^{-1}$ 的衬度像，其中一束为透射束，$|\Delta g|^{-1}$ 正好为 d，也就是与矢量 $\vec{g}$ 对应的晶面间距。如果让电子束平行于低指数带轴入射，则会在不同方向上形成条纹像。这些条纹正好对应于衍射花样中的斑点，斑点间距与晶面间距成反比。图 8-25 可以看成是图 8-24 里的多束情况。一般来说，衬度像上的点与晶体中的原子位置并无直接关联。

正带轴的晶格条纹像可用来测定晶体的局域结构及晶向，但是，这种晶格条纹像只有经过模拟计算才能合理解释，没有经过模拟计算的解释是不可靠的。

8.6.4　莫尔条纹

莫尔条纹是由两套具有相似周期的线条相互干涉形成的。下面给出两种最基本的不同类型的干涉：旋转莫尔条纹和平移莫尔条纹（常称为“失配莫尔条纹”）。莫尔条纹的形成过程很好理解，找 3 张透明片，片子上印有平行线（其中两张透明片的平行线有相同的间距，另一张有微小差别），可用计算机画出这几组平行线，设置线宽与间距相近，做以下 3 个实验：

① 取两套失配的透明片并将其严格对齐，此时在与参考线平行的方向上形成一组莫尔

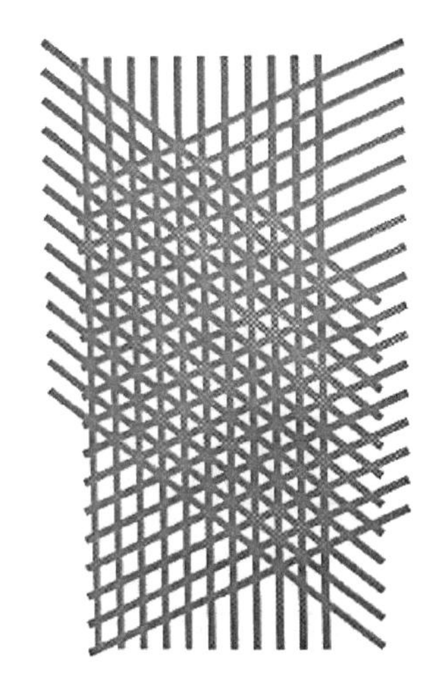

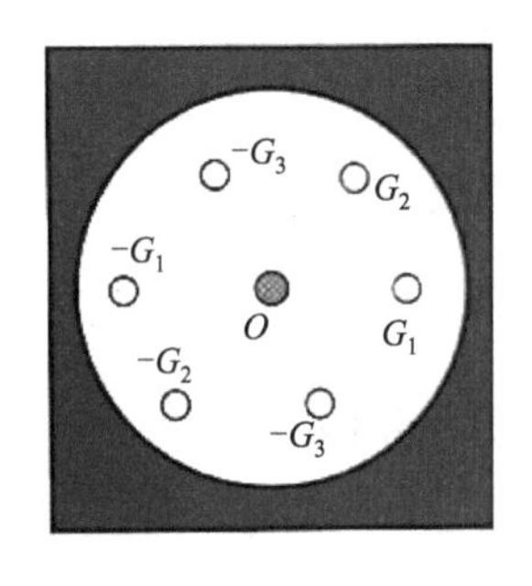

(a) 相互交错的晶格条纹　　(b) 交错晶格条纹像成像用衍射斑点

图 8-25　多束成像交错晶格条纹像原理图

条纹，如图 8-26(a) 所示。

② 取两套间距相同的透明片，相互旋转，此时在垂直于两套参考线夹角的角平分线方向上形成一组莫尔条纹，如图 8-26(b) 所示。

③ 取前两套失配的透明片，相互旋转后产生新莫尔条纹，如图 8-26(c) 所示。

(a) 平移莫尔条纹

(b) 旋转莫尔条纹

(c) 平移旋转混合莫尔条纹

图 8-26　莫尔条纹形成示意图

当错配较小时，莫尔条纹的间距要比原条纹的大。在实际中，如果图 8-26 中的参考线对应于晶体中的晶面，即使不能分辨原子面，也能从莫尔条纹中得到晶体的信息。分析莫尔条纹周期和方向最简单的方法就是从两套“晶格”衍射矢量的角度考虑。

8.6.4.1　平移莫尔条纹

对于平行莫尔条纹而言，晶面是平行的，$\vec{g}$ 矢量也是平行的，记作 $\vec{g}_1$ 和 $\vec{g}_2$，由此得到另一矢量 $\vec{g}_{tm}$：

$$\vec{g}_{tm}=\vec{g}_2-\vec{g}_1$$

如图 8-27(a)，令 $\vec{g}_2$ 的“晶格”间距减小，“tm”代表莫尔条纹。这样 $\vec{g}_{tm}$ 矢量就对应于间距为 d_{tm} 的一组莫尔条纹，其中间距 d_{tm} 可写为

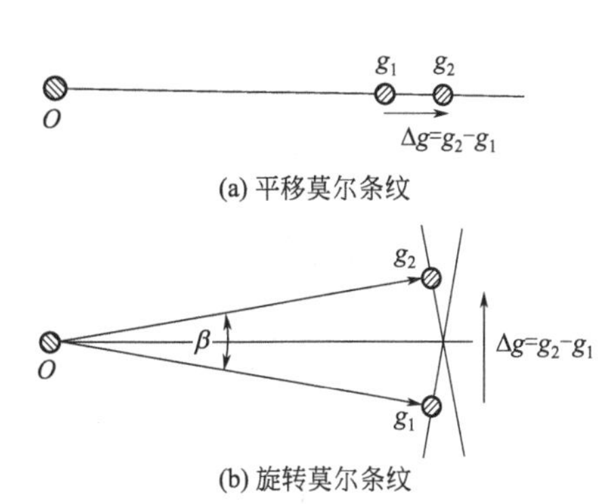

图 8-27　莫尔条纹与倒易矢量 $\vec{g}$ 对应关系

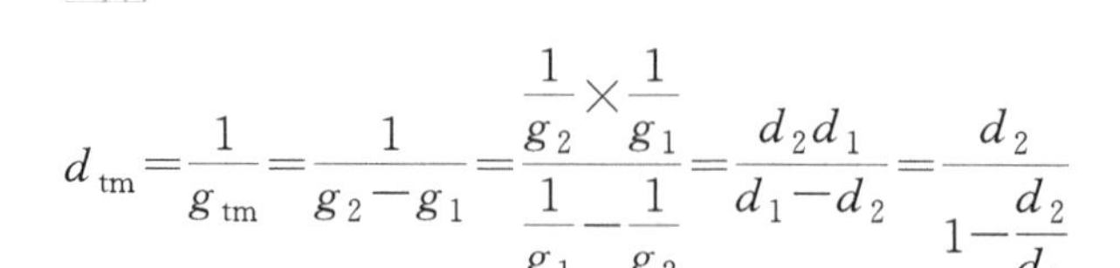

$$d_{tm}=\frac{1}{g_{tm}}=\frac{1}{g_2-g_1}=\frac{\frac{1}{g_2}\times\frac{1}{g_1}}{\frac{1}{g_1}-\frac{1}{g_2}}=\frac{d_2d_1}{d_1-d_2}=\frac{d_2}{1-\frac{d_2}{d_1}}$$

8.6.4.2 旋转莫尔条纹

类似地，取两套长度相同的 $\vec{g}$ 矢量，相互旋转 β 角，从而得到长度为 $2\vec{g}\sin(\beta/2)$ 的矢量 $\vec{g}_{rm}$。对应的条纹间距为

$$d_{rm}=\frac{1}{g_{rm}}=\frac{1}{2g\sin(\beta/2)}=\frac{d}{2\sin(\beta/2)}$$

8.6.4.3 一般莫尔条纹

若用相同的方法取 $\vec{g}_{gm}$，对于较小的错向，易得到条纹间距 d_{gm}：

$$d_{gm}=\frac{d_2d_1}{\sqrt{(d_1-d_2)^2+d_1d_2\beta^2}}$$

8.6.5 实验观察莫尔条纹

人们很早就在 TEM 图像中观察到莫尔条纹。在得到晶格像前，Minter 就用莫尔条纹来识别“位错”，这些“位错”被认为是在扭转界面上真实位错结构的伪像。近年来由于薄膜生长技术快速发展，莫尔条纹又引起人们广泛关注。

在用莫尔条纹研究界面或缺陷时要非常小心，很可能存在陷阱。莫尔条纹纯粹是由两套晶面相干引起的，即使两晶面不直接接触也可能出现相似的条纹。

在透射电镜中，莫尔条纹对应于 $\vec{g}_1$ 和 $\vec{g}_2$ 两衍射束间的相互干涉的成像。若 $\vec{g}_1$ 对应于靠上的晶面，$\vec{g}_2$ 对应于靠下的晶面，那么晶体 1 中每一个 $\vec{g}_1$ 衍射作为下一晶面的入射束入射，并在每一个 $\vec{g}_1$ 衍射周围形成“晶体 2 的衍射花样”，如图 8-28(a)。图 8-28(a) 为 [001] 带轴上严格对齐的 Ni 和 NiO 两个晶格失配立方晶体形成的电子衍射图，较亮的衍射斑点来自 NiO。电子衍射斑点的指标化如图 8-28(b) 所示，实心圆圈（$\vec{g}_1$）来自晶体 1；空心圆圈（$\vec{g}_2$）来自晶体 2；×代表晶体 2 由于 $\vec{g}_1$ 衍射造成的二次衍射。只有靠近 $\vec{g}_1$ 和 $\vec{g}_2$ 衍射的二次衍射才有足够的可观察强度。如果像图 8-28 中那样，某一带轴有多个晶面衍射，那么很可能观察到交叉的莫尔条纹。

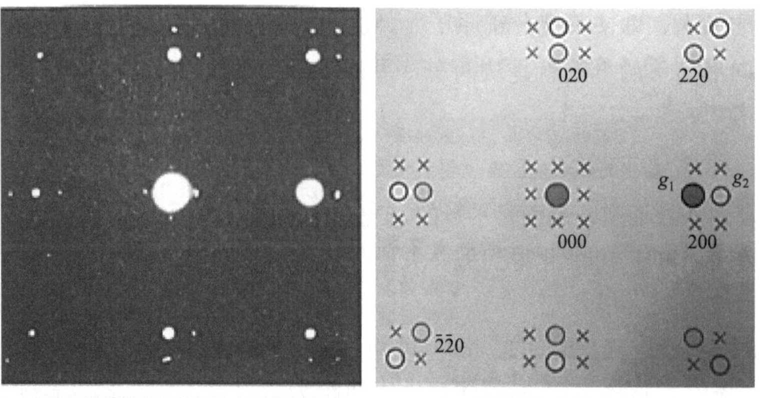

(a) 整齐堆垛排列Ni和NiO电子衍射斑点　　(b) 平移莫尔条纹形成原理图

图 8-28　Ni 和 NiO 电子衍射及平移莫尔条纹形成原理图

8.6.5.1　平移莫尔条纹

如果连续膜长在较厚的基底上，薄膜的晶格常数和体材中的值一样吗？比如，具有立方结构的薄膜长在基底的（001）面上会存在四方应变以至薄膜的晶格常数 a_{film} 不同于块材中的 a_{bulk}，且其 c_{film} 值也发生变化，膜晶体结构转变为四方相。如果块材的晶格常数不变，测出平行莫尔条纹的间距 d_{tm}，就能给出精确的 a_{film} 值。此外，倾转样品 45°或 60°就能推出 c_{film} 值，进而直接估算出四方畸变量。

倾转样品也能得到失配“孤岛”的信息。在 Al_2O_3 基底生长“孤岛” Fe_2O_3，当两套赝六角晶面沿 c 轴堆垛排列，就能看到六角排列的莫尔条纹，如图 8-29(a) 所示。由于斜面上存在颗粒断面，颗粒边缘莫尔条纹的衬度会发生变化，倾转样品即可验证。在该体系中，这些“孤岛”长在不同的基底上，仍会生长为片状。片状晶体很厚，有时就看不到莫尔条纹，如图 8-29(b) 所示。但只要倾转一下样品，仍能看到莫尔条纹，如图 8-29(c) 所示。

(a) Al_2O_3基底生长“孤岛”Fe_2O_3(薄)观察到的莫尔条纹　(b) 样品太厚无法观察到莫尔条纹　(c) 倾转厚样品，顶部和底部出现莫尔条纹

图 8-29　Al_2O_3 基底生长“孤岛” Fe_2O_3 莫尔条纹观察

8.6.5.2　旋转莫尔条纹

在扭转晶界处通常能看到旋转莫尔条纹，图 8-30 为 Si 扭转晶界的旋转莫尔条纹。晶界处莫尔条纹的弱束暗场像，可以看到包含位错区域衬度的差异；由于失配受到位错阵列的调节，而且位错阵列的周期可能与莫尔条纹的间距相关，使得莫尔条纹非常复杂。当然，只有两晶粒紧密接触的时候，位错才会产生周期应变场。

图 8-30　Si 扭转晶界的旋转莫尔条纹

8.6.5.3　位错和莫尔条纹

通常莫尔条纹被视为材料“结构”的放大版，可据此得知材料中位错的位置以及位错的基本信息，如位错存在于这个材料而非另一个材料中（“哪一个”是个值得考虑的问题）。如果位错终止于材料中的某一晶面，就可以形成含有位错信息的像，尽管不能看到真实的位错。图 8-31 显示 GaAs 基底上生长 CoGa 薄膜样品中的位错。这些位错可由莫尔条纹反映出来，该莫尔条纹像可看成是位错投影的放大像。该像可误导观察者，如图 8-32 所示，稍微旋转一下完美结晶区，位错对应莫尔条纹的间距就会发生变化。图 8-32(a) 显示放大的莫尔条纹反向对应于位错。图 8-32(b) 显示任一晶格的小角度倾转都会造成位错条纹的大角度扭转。图 8-32(c) 任一晶格间距的小变化会引起位错图像的反转。

这些像通常可直接对应于位错柏氏矢量的投影，但必须要明白这些条纹是由哪些晶面产生的，有必要进行建模和实验深入分析。即使存在两种或多种莫尔条纹，以上分析仍是成立的，但不要把太多精力放在莫尔条纹究竟在哪里的问题上。

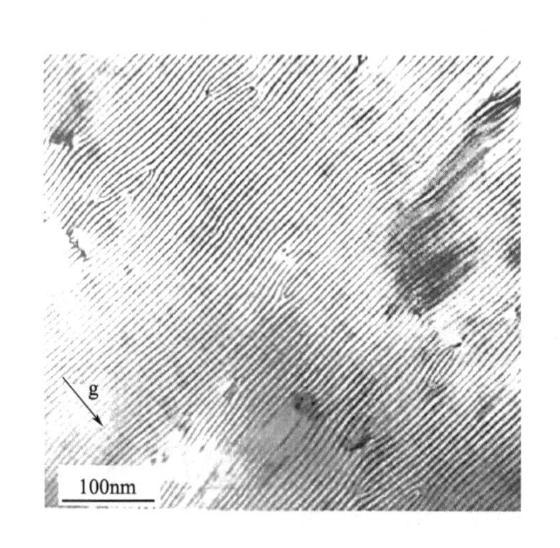

图 8-31 GaAs 基底上生长 CoGa 薄膜样品中位错显像的莫尔条纹

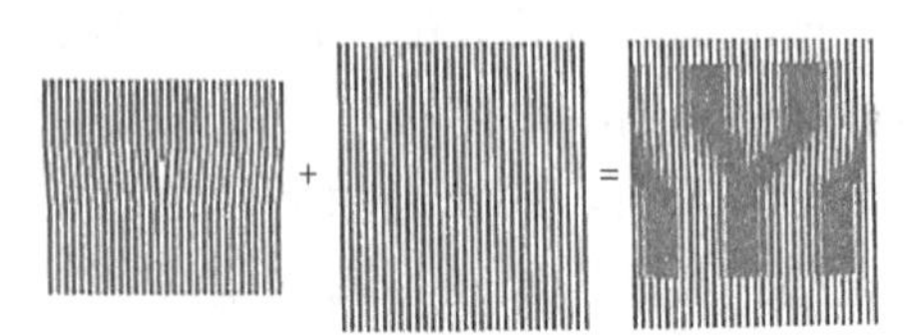

(a) 规则晶面和包含一个刃型位错的晶面干涉形成的莫尔条纹图像

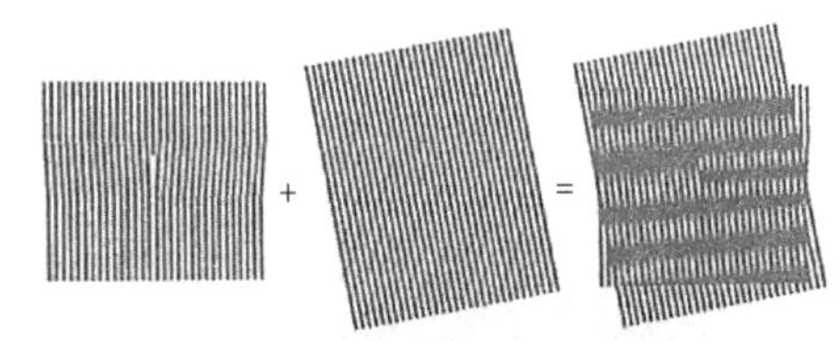

(b) 旋转规则晶面和包含一个刃型位错的晶面干涉形成的莫尔条纹图像

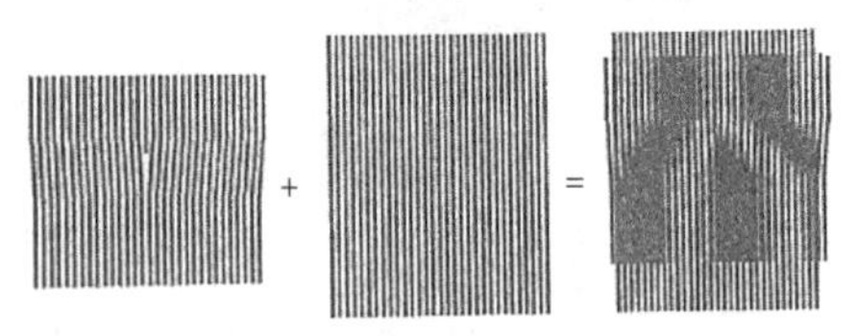

(c) 任一晶格间距的小变化会引起位错图像的反转

图 8-32 位错与叠加、旋转、错配作用形成莫尔条纹示意图

莫尔条纹还可以反映界面处的位错，这些位错可以减小界面处的原子失配。该方面的应用之一是 Vincent 在 SnTe 薄膜上生长的 Sn“孤岛”，围绕“孤岛”周围的莫尔条纹的间距逐渐变宽。当应变积累到足够大时，界面处会形成位错以释放应力，如此重复。

由于莫尔条纹的间距放大反映了颗粒与基底之间的错配度，因此我们可以用它来测量颗粒内应变的大小。最简单的就是一维应变 ε：

$$\varepsilon=\frac{a_1-a_0}{a_0}$$

式中 a_1、a_0——颗粒和基底的晶面间距。

在实际应用中，如果不是立方晶体-立方晶体的排列，该式需做修正。

8.6.5.4 复杂莫尔条纹

由于只要 $\Delta\vec{g}$ 足够小，可以包含在物镜光阑之内，莫尔条纹就会出现，我们可以设想这样一种情况：两套晶面 $\vec{g}_1$ 和 $\vec{g}_2$ 矢量间的旋转很大（比如 45°甚至 90°），$\vec{g}_1$、$\vec{g}_2$ 矢量对应于两套不同的晶面。图 8-33 显示了生长在 MgO 基底上的 YBCO 晶粒，A、B 两个晶粒间相对旋转了 45°，从图中可看出利用莫尔条纹可直接确定 45°界面。衍射面之间的小角度旋转会引起 $\vec{g}$ 矢量的小角度旋转，但会引起 $\Delta\vec{g}$ 的较大旋转。因为条纹间距不同，所以可用来确定晶界的位置。

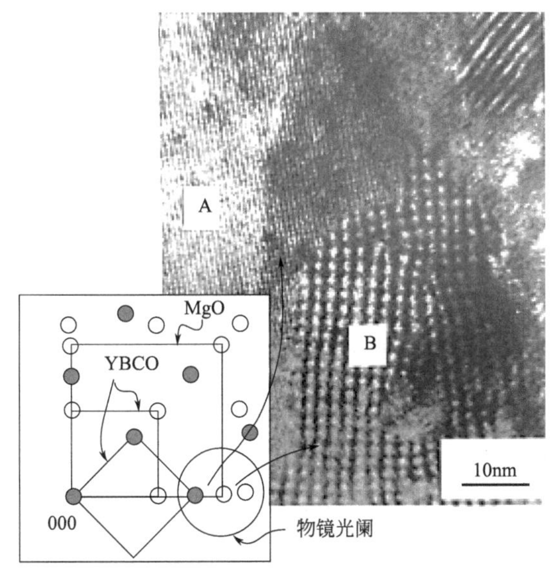

图 8-33　YBCO 晶粒沿 MgO 单晶基底生长（B 晶粒）、旋转 45°生长（A 晶粒）

两套相互叠加的晶面间相互干涉形成条纹，这些条纹比原始花样更加粗糙，对晶面间距及夹角更为敏感。在高分辨像中可以利用该特征来检验晶粒间的相对旋转及晶格常数间的差异。取一张图 8-34(a) 所示的透明“扭曲”晶格像和一个参考晶格：其中参考晶格可以是完整的晶体图像，也可以是用计算机模拟出来的模板。把两套晶格像相互重叠，并将其相对移动或旋转，得到一个新的仿真莫尔条纹，类似于图 8-34(b) 中的条纹。该图是 Hetherington 和 Dahmen 在 Al 的某一特殊边界上形成的，其中上下晶粒的（111）晶面几乎垂直。究竟有多接近直角呢？Hetherington 和 Dahmen 把实验像与另一个画有相互垂直线条的模板叠加起来，得到 λ_1、λ_2 两种间距的莫尔条纹。得到的莫尔条纹表明两者并非完全垂直，仔细测量转角和条纹间距得出实验像上的夹角为 89.39°，并非 90°。

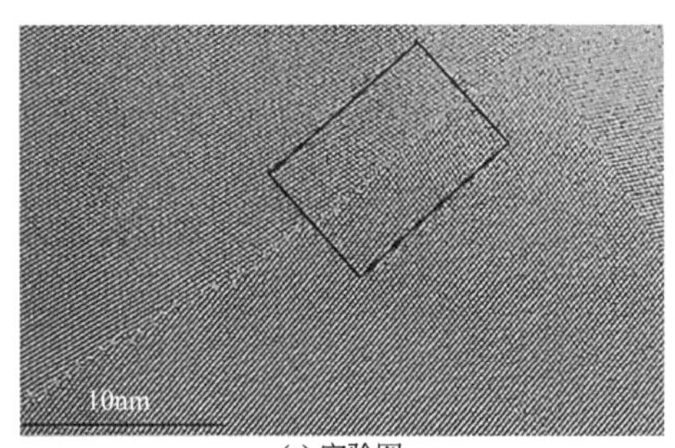

(a) 实验图　　(b) 用一定透明度的完美晶体点阵叠加莫尔条纹图

图 8-34　用“人为设计”莫尔条纹分析 Al 中的特殊晶界

习　　题

1. TEM 质厚衬度可以分辨元素周期表中相邻的两种元素吗?

2. 衍射衬度像和质厚衬度像的区别是什么?

3. 想尽力得到双束条件，但是在电子衍射花样上仍然可以看到透射束、很强的衍射束和一些弱的衍射点。这是双束条件吗?

4. 质厚衬度对什么材料最有用?

5. 在明场像和暗场像中，如何得到好的衍射衬度?

6. 高分辨透射电子显微镜（HRTEM）所观察到的点阵，是原子的直接成像吗?

第9章 扫描电子显微镜

扫描电子显微镜（scanning electron microscope，SEM）是继透射电子显微镜以后发展起来的一种电子显微镜。扫描电子显微镜的成像原理与透射电子显微镜不同，是以电子束作为照明源，把聚焦得很细的电子束以光栅状扫描方式照射到试样上，产生各种与试样性质有关的信息，然后加以收集和处理，从而获得微观形貌放大像。近些年，扫描电子显微镜发展迅速，在对试样进行形貌观察的同时，还可获得晶体方位、化学成分、磁结构、电位分布及晶体振动等方面的信息，在材料科学、物理、化工、生物、医学及冶金矿产等领域广泛应用。

扫描电子显微镜的快速发展与应用，源于其一系列特点，主要包括：

① 仪器分辨本领较高。新式扫描电子显微镜的分辨率可达 1nm 以下。

② 仪器放大倍数大，可达 100 万倍，且连续可调。

③ 图像景深大，富有立体感。可直接观察起伏较大的粗糙表面，如金属和陶瓷的断口等。

④ 试样制备简单。将块状的或粉末的、导电的或不导电的试样不加处理或稍加处理，即可直接放到 SEM 中进行观察。

⑤ 可做综合分析。扫描电子显微镜安装波长色散 X 射线谱仪（简称波谱仪，WDS）或能量色散 X 射线谱仪（简称能谱仪，EDS）后，在观察扫描形貌图像的同时，可对试样微区进行元素分析。装上不同类型的试样台和检测器，可以直接观察处于不同环境（加热、冷却、拉伸等）中的试样的显微结构形态的动态变化过程（动态观察）。

9.1 电子束与固体样品作用时产生的信号

高能电子束照射到固体样品表面，与样品表面的原子核和核外电子发生相互作用，产生的物理信号如图 9-1 所示。

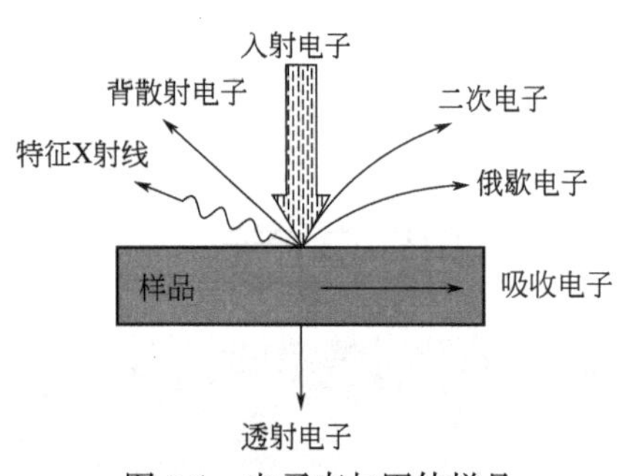

图 9-1 电子束与固体样品相互作用产生的物理信号

9.1.1 背散射电子

背散射电子是被固体样品中的原子反弹回来的一部分入射电子，包括弹性背散射电子和非弹性背散射电子。弹性背散射电子是指被样品中的原子核反弹回来的、散射角大于90°的那些入射电子，其能量没有损失（或基本上没有损失）。由于入射电子的能量很高，所以弹性背散射电子的能量能达到数千到数万电子伏。非弹性背散射电子是入射电子和样品中的核外电子撞击后产生的非弹性散射，方向改变，能量有损失。如果有些电子经多次散射后仍能反弹出样品表面，就会形成非弹性背散射电子。非弹性背散射电子的能量分布范围很宽，从数十电子伏到数千电子伏。从数量上看，弹性背散射电子远比非弹性背散射电子所占的份额多。背散射电子主要来自样品表层100nm～1μm的深度范围。由于背散射电子的产额随原子序数增大而增多，所以不仅能用作形貌分析，而且可以用来显示原子序数衬度，定性地用作成分分析。

9.1.2 二次电子

在入射电子束作用下被轰击出来，并离开样品表面的核外电子，称为二次电子。由于原子核和外层电子间的结合能很小，因此外层电子比较容易和原子脱离。当原子的核外电子从入射电子获得大于相应的结合能的能量后，可离开原子而变成自由电子。如果这种散射过程发生在比较接近样品表层处，那些能量大于材料逸出功的自由电子可从样品表面逸出，变成真空中的自由电子，即二次电子。一个能量很高的入射电子射入样品时，可以产生许多自由电子，而在样品表面上方检测到的二次电子绝大部分来自价电子。

二次电子来自距样品表面5～50nm的区域，能量较低，一般不超过50eV。它对样品表面状态非常敏感，能有效地显示样品表面的微观形貌。由于它来自样品表面层，入射电子还没有被多次散射，产生二次电子的面积与入射电子的照射面积没多大区别，所以二次电子的分辨率较高，一般可达到3～6nm，扫描电子显微镜的分辨率通常就是二次电子的分辨率。二次电子产额随原子序数的变化不明显，它主要取决于样品表面形貌。

9.1.3 吸收电子

入射电子进入样品后，经多次非弹性散射，能量损失殆尽（假定样品有足够厚度，没有透射电子产生），最后被样品吸收。若在样品和地面之间接入一个高灵敏度的电流表，就可以测得样品对地的信号，这个信号是由吸收电子提供的。

入射电子束与样品发生作用，若逸出表面的背散射电子或二次电子数量增加，将会引起吸收电子相应减少，若把吸收电子信号作为调制图像的信号，则其衬度与二次电子像和背散射电子像的反差是互补的。入射电子束射入含有多种元素的样品时，由于二次电子产额不受原子序数影响，则产生背散射电子较多的部位的吸收电子的数量就较少。因此，吸收电子像可以反映原子序数衬度，也可以用来进行定性的微区成分分析。

9.1.4　透射电子

若样品厚度小于入射电子的有效穿透深度，则入射电子穿过样品而成为透射电子。在穿透过程中，入射电子与原子核或核外电子发生弹性或非弹性散射。因此，透射电子信号由样品微区的厚度、成分和晶体结构决定。透射电子中，遭受特征能量损失 ΔE 的非弹性散射电子（即特征能量损失电子）和分析区域的成分有关。因此，可以利用特征能量损失电子配合电子能量分析器来进行样品微区成分分析。

9.1.5　四种电子信号间关系

若使样品接地保持电中性，则入射电子激发固体样品产生的四种电子信号强度与入射电子强度之间必然满足以下关系：

$$i_b + i_s + i_a + i_t = i_0 \tag{9-1}$$

式中　i_b——背散射电子信号强度；

i_s——二次电子信号强度；

i_a——吸收电子（或样品电流）信号强度；

i_t——透射电子信号强度。

式(9-1) 除以 i_0 可得：

$$\eta + \delta + \alpha + \tau = 1 \tag{9-2}$$

式中　η——背散射系数；

δ——二次电子发射系数；

α——吸收系数；

τ——透射系数。

对于给定的材料，入射电子能量和强度一定时，上述四项系数与样品质量厚度之间的关系，如图 9-2 所示。可以看出，随样品质量厚度 ρt 增大，透射系数 τ 减小，而吸收系数 α 增大。当样品厚度超过有效穿透深度后，透射系数等于零。因此，对于大块样品，同一部位的吸收系数、背散射系数和二次电子发射系数之间存在互补关系。

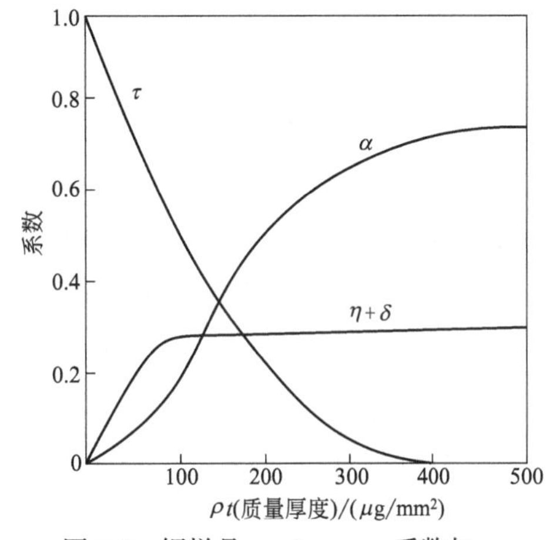

图 9-2　铜样品 η、δ、α、τ 系数与 ρt 之间的关系（入射电子能量 E_0=10keV）

9.1.6　特征 X 射线

特征 X 射线是原子的内层电子受到激发以后，在能级跃迁过程中直接释放的具有特征能量和波长的一种电磁波辐射。入射电子与核外电子作用，产生非弹性散射，外层电子脱离原子变成二次电子，使原子处于能量较高的激发状态，它是一种不稳定态。较外层的电子会迅速填补内层电子空位，使原子能量降低，趋于较稳定的状态。产生的特征 X 射线的波长 λ 和原子序数之间遵循莫塞莱定律：

$$\sqrt{\frac{1}{\lambda}} = K\ (Z - \sigma) \tag{9-3}$$

式中　Z——原子序数；

K、σ——常数。

根据莫塞莱定律，如果用X射线探测器测到样品微区中存在某一种特征波长，就可以判定这个微区中存在相应的元素。

9.1.7 俄歇电子

若在原子内层电子能级跃迁过程中，释放出来的能量把空位层内的另一个电子发射出去（或使空位层的外层电子发射出去），这个被电离出来的电子称为俄歇电子。每种原子都有自己特定的壳层能量，所以俄歇电子能量也具有特征值，该能量很低，一般为50～1500eV。在较深区域中产生的俄歇电子在向表层运动时必然会因碰撞而损失能量，使之失去具有特征能量的特点。只有在距离表层1nm左右范围内（即几个原子层厚度）逸出的俄歇电子才具备特征能量，因此俄歇电子特别适于做表面成分分析。一个原子至少要有3个以上电子才能产生俄歇效应，铍是产生俄歇效应的最轻元素。

除了上述6种信号（背散射电子，二次电子，特征X射线，俄歇电子，吸收电子，透射电子）外，固体样品中还会产生如阴极荧光、电子束感生效应和电动势等信号，这些信号经过调制后也可以用于专门的分析。

9.2 扫描电子显微镜结构和工作原理

9.2.1 扫描电子显微镜结构

扫描电子显微镜（简称扫描电镜）由电子光学系统、信号收集及图像显示系统、真空系统和电源系统组成，图9-3为扫描电子显微镜结构原理框图。

9.2.1.1 电子光学系统（镜筒）

电子光学系统（镜筒）主要由电子枪、电磁透镜、扫描线圈和样品室等组成，其作用与透射电镜的电子光学系统不同，它不是用来成像的，而是用来获得一束高能量、细聚焦的电子束，作为使样品产生各种信号的激发源。

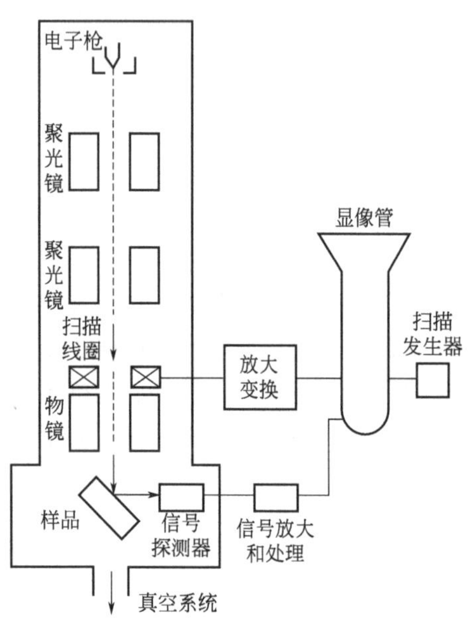

图9-3 扫描电子显微镜结构原理框图

（1）电子枪

电子枪的作用是利用阴极（灯丝）与阳极间的高压产生高能量电子束。扫描电子显微镜的电子枪与透射电镜的电子枪相似，只是加速电压比透射电镜的低。

目前扫描电子显微镜中的电子枪分为热阴极三级电子枪和场发射电子枪两种。常见热阴极三级电子枪包括钨灯丝电子枪和六硼化镧阴极电子枪。场发射电子枪是利用曲率半径很小的阴极尖端附近的强电场使阴极尖端发射电子，分为热场和冷场两种。

（2）电磁透镜

扫描电子显微镜中的电磁透镜都不作成像透镜用，而是作聚光镜用，其功能是把电子枪的束斑

(虚光源)逐级聚焦缩小,使原来直径约为 50μm 的束斑缩小成一个只有数纳米的细小斑点。电子光学系统中一般有三个聚光镜,前两个聚光镜是强磁透镜,可把电子束光斑缩小;第三个透镜是弱磁透镜,具有较长的焦距,布置这个电磁透镜的目的在于使样品室和透镜之间留有一定空间,以便装入各种信号探测器。照射到样品上的电子束直径越小,相当于成像单元的尺寸越小,相应的分辨率就越高。

(3) 扫描线圈

扫描线圈的作用是提供入射电子束在样品表面以及阴极射线管内荧光屏上的同步扫描信号。扫描线圈是扫描电子显微镜的一个重要组件,它一般放在最后两个透镜之间,也有的放在末级透镜的空间内,使电子束进入末级透镜强磁场区前就发生偏转,为保证方向一致的电子束都能通过末级透镜的中心射到样品表面,扫描电子显微镜采用双偏转扫描线圈。电子束在样品表面的扫描方式分为光栅扫描和角光栅扫描,如图 9-4 所示。进行形貌分析时都采用光栅扫描方式,当电子束进入上偏转线圈时,方向发生转折,随后又由下偏转线圈使电子束的方向发生第二次转折。在电子束偏转的同时还进行逐行扫描,电子束在上下偏转线圈的作用下,扫描出一个矩形区域,相应地在样品上画出一帧比例图像。如果电子束经上偏转线圈转折后未经下偏转线圈改变方向,而直接由末级透镜折射到入射点位置,这种扫描方式称为角光栅扫描或摇摆扫描。

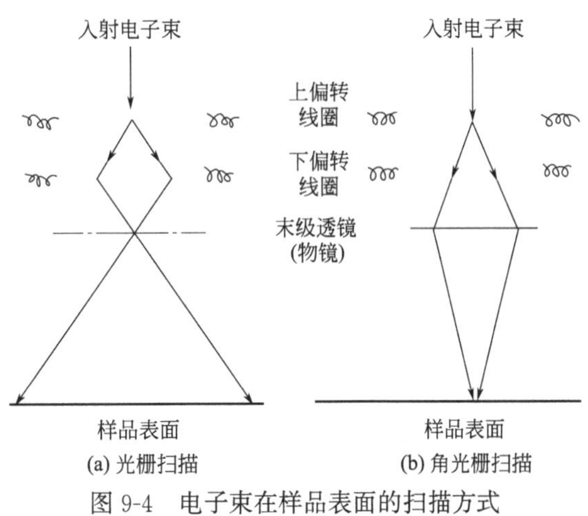

图 9-4 电子束在样品表面的扫描方式

(4) 样品室

样品室除放样品外,还可安置信号检测器,不同信号的收集效率和相应检测器的安放位置有很大关系。样品台本身是一个复杂而精密的组件,它能夹持一定尺寸的样品,并能使样品做平移、倾斜和转动等运动,以利于对样品的特定位置进行分析。新式扫描电子显微镜的样品室是一个微型试验室,带有多种附件,可使样品在样品台上加热、冷却和进行机械性能试验(如拉伸和疲劳),以研究材料的动态组织及性能。

9.2.1.2 信号收集及图像显示系统

信号收集及图像显示系统包括各种信号检测器、前置放大器和显示装置,作用是检测样品在入射电子作用下产生的物理信号,然后经视频放大,作为显像系统的调制信号,最后在荧光屏上得到反映样品表面特征的扫描图像。

检测二次电子、背散射电子和透射电子信号时可以用闪烁计数器来进行,检测信号不同,闪烁体计数器的安装位置不同。信号电子进入闪烁体计数器后即引起电离,当离子和自由电子复合后就产生可见光。可见光信号通过光导管送入光电倍增器,光信号放大,即又转化成电流信号输出,电流信号经视频放大器放大后就成为调制信号。由于镜筒中的电子束和显像管中的电子束是同步扫描的,荧光屏上每一点的亮度是根据样品上被激发出来的信号强度来调制的。因此样品上各点状态各不相同,接收到的信号也不相同,于是就可以在显像管上看到一幅反映样品各点状态的扫描电子显微图像。

9.2.1.3 真空系统和电源系统

为保证电子光学系统的正常工作，对镜筒内的真空度有一定要求。一般情况下，要求保持 $1.33\times10^{-3}\sim1.33\times10^{-2}$Pa 的真空度。若真空度不足，除样品被严重污染外，还会出现灯丝寿命下降、极间放电等问题。

电源系统由稳压、稳流及相应的安全保护电路组成，其作用是提供扫描电镜各部分所需的电源。

9.2.2 扫描电子显微镜的工作原理

电子枪发射出电子束，经栅极聚焦后，在加速电压作用下，经过两三个电磁透镜组成的电子光学系统，电子束会聚成一束细电子束聚焦在样品表面。在末级透镜上装有扫描线圈，电子束在它的作用下在样品表面扫描。由于高能电子束与样品的交互作用，产生各种信号：二次电子、背散射电子、吸收电子、特征 X 射线、俄歇电子、阴极荧光和透射电子等，其强度随样品表面特征而变。这些信号被相应的接收器接收，经放大后送到显像管的栅极上，调制显像管的亮度。信号强度与显像管相应的亮度一一对应，即电子束打到样品上一点时，在显像管荧光屏上就出现一个亮点。扫描电镜就是采用逐点成像的方法，把样品表面的特征，按顺序、成比例地转换为视频信号，完成一幅图像，从而在荧光屏上观察到样品表面的各种特征图像。

9.2.3 扫描电子显微镜的主要性能

（1）放大倍数

当入射电子束作光栅扫描时，若电子束在样品表面扫描的幅度为 A_s，相应地在荧光屏上阴极射线同步扫描的幅度是 A_c，A_c 和 A_s 的比值就是扫描电子显微镜的放大倍数，即：

$$M=A_c/A_s \tag{9-4}$$

由于扫描电子显微镜的荧光屏尺寸是固定不变的，电子束在样品上扫描一个任意面积的矩形时，在阴极射线管上看到的扫描图像大小都会和荧光屏尺寸相同。因此只要减小镜筒中电子束的扫描幅度，就可以得到大的放大倍数，反之，若增大扫描幅度，则放大倍数就减小。

（2）分辨率

分辨率是扫描电子显微镜的重要性能指标，主要取决于入射电子束直径，电子束直径越小，分辨率越高。但分辨率并不直接等于电子束直径，因为入射电子束与样品相互作用，会使入射电子束在样品内的有效激发范围大大超过入射电子束的直径。在高能入射电子作用下，样品表面激发产生各种物理信号，用来调制荧光屏亮度的信号不同，则分辨率就不同，表 9-1 是各种信号成像的分辨率。

表 9-1 各种信号成像的分辨率

信号	二次电子	背散射电子	吸收电子	特征 X 射线	俄歇电子
分辨率/nm	5～10	50～200	100～1000	100～1000	5～10

电子束进入轻元素样品表面后，会产生一个滴状作用体积，如图 9-5 所示，入射电子束在被样品吸收或散射出样品表面之前将在这个体积范围活动。俄歇电子和二次电子能量

较低，平均自由程很短，只能在样品浅层逸出，一般情况下，能激发出俄歇电子的样品表层厚度约为 0.5～2nm，激发二次电子的层深为 5～10nm。入射电子束进入浅层表面时，尚未横向扩展开来，因此，俄歇电子和二次电子只能在一个和入射电子束斑直径相当的圆柱体内被激发出来。束斑直径就是一个成像检测单元（像点）的大小，所以这两种电子的分辨率就相当于束斑的直径。入射电子束进入样品较深部位时，横向扩展范围变大，从这个范围中激发出的背散射电子能量很高，可以从样品较深部位弹射出表面。横向扩展后的作用体积范围，就是背散射电子的成像单元，从而使它的分辨率大为降低。入射电子束可以在样品更深部位激发出特征 X 射线。从特征 X 射线的作用体积来看，若用特征 X 射线调制成像，它的分辨率比背散射电子更低。

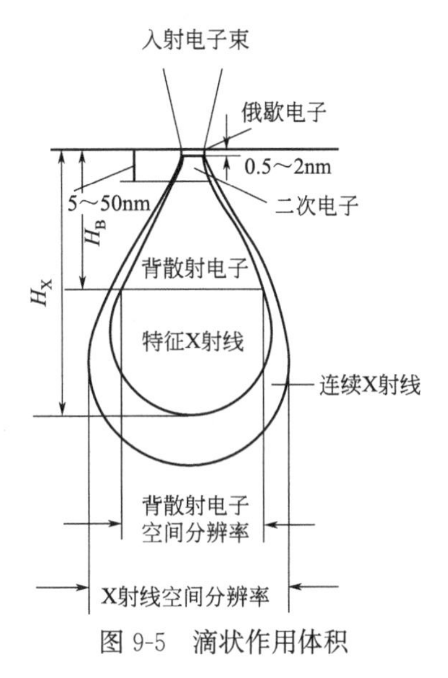

图 9-5 滴状作用体积

当电子束射入重元素样品时，作用体积不呈滴状，而是半球状。电子束进入表面后立即向横向扩展，因此在分析重元素样品时，即使电子束的束斑很细小，也不能达到较高的分辨率。二次电子的分辨率和背散射电子的分辨率，差距明显变小。

综上所述，在其他条件相同时，电子束的束斑大小、检测信号的类型、检测部位的原子序数是影响扫描电子显微镜分辨率的主要因素。

（3）景深

景深是指透镜对高低不平的样品各部位能同时聚焦成像的能力范围。这个范围可用一段距离 D_S 来表示。

$$D_S=\frac{2\Delta R_0}{\tan\beta}\approx\frac{2\Delta R_0}{\beta} \tag{9-5}$$

上式中，β 为电子束孔径角，是控制景深的主要因素，取决于末级透镜的光阑直径和工作距离。扫描电镜末级透镜焦距较长，β 角很小（约 3～10rad），所以景深很大，比一般光学显微镜景深大 100～500 倍，比透射电子显微镜的景深大 10 倍。由于景深大，扫描电镜图像的立体感强。若样品表面高低不平（如端口样品），只要高低范围值小于 D_S，则在荧光屏上就能清晰地反映出样品表面的凸凹特征。

9.3 扫描电子显微镜衬度成像原理与应用

9.3.1 表面形貌衬度原理

表面形貌衬度是由于样品表面形貌差别形成的衬度。形貌衬度的形成是因为某些信号的强度是样品表面倾角的函数，而样品表面微区形貌的差别实际上就是各微区表面相对于入射电子束的倾角不同，因此电子束在样品上扫描时任何两点的形貌差别，表现为信号强度的差别。利用对表面形貌变化敏感的物理信号作为显像管的调制信号，可得到形貌衬度图像。二次电子像的衬度是最典型的形貌衬度。

二次电子信号主要用于分析样品的表面形貌。二次电子只能从样品表面 5～10nm 深度范围被入射电子束激发出来；深度大于 10nm 时，虽然入射电子也能使核外电子脱离原子而变成自由电子，但因其能量较低以及平均自由程较短，不能逸出样品表面，最终只能被样品吸收。被入射电子束激发出的二次电子数量和原子序数没有明显关系，但对样品微区表面的几何形状十分敏感。图 9-6 说明了样品表面和电子束相对位置与二次电子产额之间的关系。入射电子束和样品表面法线平行时，即图中 $\theta=0°$，二次电子产额最少。若样品表面倾斜了 45°，则电子束穿入样品激发二次电子的有效深度增加到原来的$\sqrt{2}$倍，使距表面 5～10nm 的作用体积内逸出表面的二次电子数量增多（见图 9-6 中黑色区域）。若样品表面倾斜了 60°，则入射电子可激发出更多的二次电子。

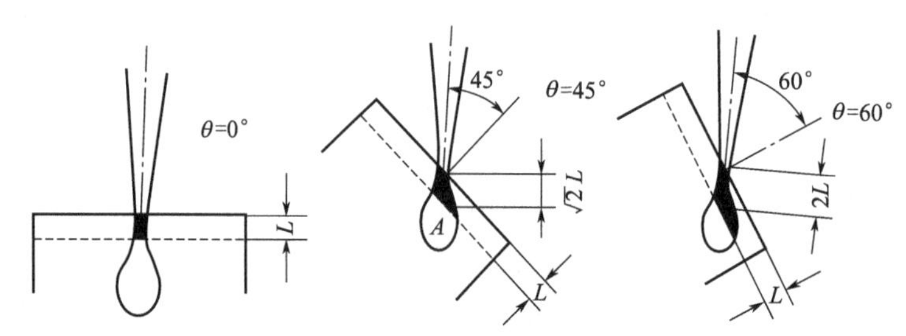

图 9-6 二次电子成像原理图

根据二次电子成像原理，得到二次电子形貌衬度示意图，如图 9-7 所示。图中样品上 B 面的倾斜度最小，二次电子产额最少，亮度最小；C 面倾斜度最大，二次电子产额最多，亮度也最大。实际样品的表面形貌要比图 9-7 中的情况复杂得多，但是形成二次电子像衬度的原理相同。图 9-8 为实际样品中二次电子被激发的一些典型例子。可以看出，凸出的尖棱、小颗粒以及比较陡的斜面处二次电子产额较多，在荧光屏上这些部位的亮度较大；平面上二次电子的产额较少，亮度较小；深的凹槽底部虽然也能产生较多的二次电子，但这些二次电子不易被检测器收集到，因此槽底的衬度也会显得较暗。

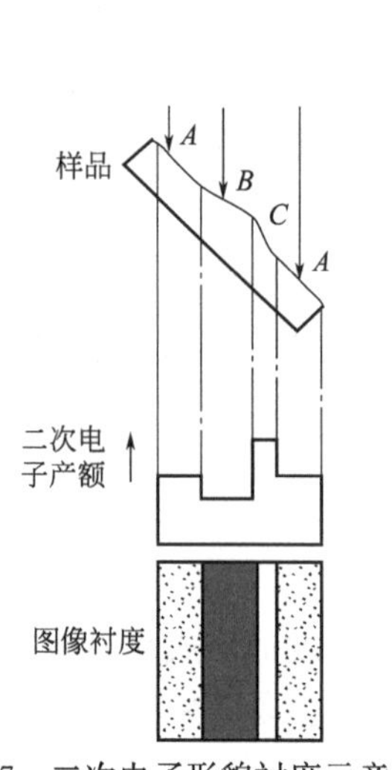

图 9-7 二次电子形貌衬度示意图

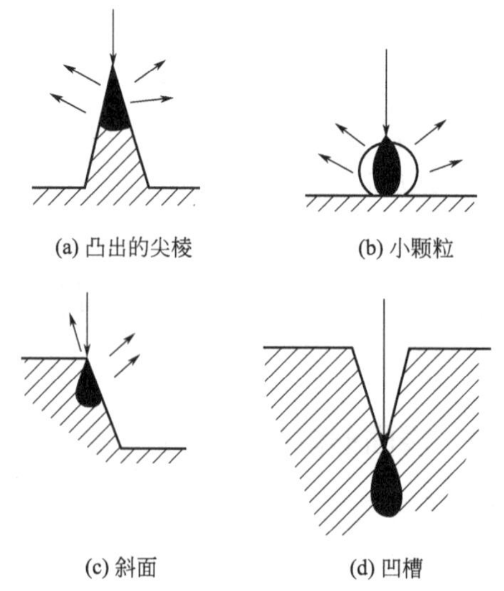

图 9-8 实际样品中二次电子的激发过程示意图

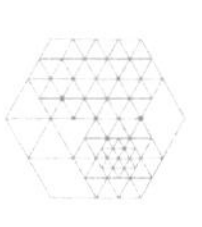

9.3.2 表面形貌衬度的应用

扫描电子显微镜二次电子像分辨率高，在材料表面形貌观察、断口分析等方面得到广泛应用。

9.3.2.1 材料表面组织观察

图 9-9 为 SiC 表面化学气相沉积（CVD）金刚石涂层的形貌，涂层结构致密，金刚石颗粒清晰，由规则颗粒和不规则颗粒组成，尺寸约 1.5～3μm。图 9-10 为直流电弧原位冶金法制备的 W_PC-Fe 硬质合金显微组织形貌，图中 A 位置的三角形晶粒和 B 位置的矩形晶粒为原位生成的硬质相 WC，C 位置对应的花状枝晶为 W_2C，E 位置的暗色基体相为 Fe 基固溶体，E 位置对应 M_7C_3（M=Fe、Cr、W），与 Fe 基固溶体形成共晶组织。

图 9-9 SiC 表面 CVD 金刚石涂层形貌

图 9-10 W_PC-Fe 硬质合金显微组织形貌

利用自蔓延高温合成法制备 Ni-Al 金属间化合物，Ni 与 Al 物质的量比（1∶1、1.5∶1、2∶1、2.5∶1）对材料组织形貌的影响如图 9-11 所示。图 9-11(a) 中，组织形态单一，为粗大的 NiAl 枝晶。图 9-11(b) 中，针片状组织为 Ni_3Al，粗大、边界圆钝的块状组织以及针片间隙处的基体为 NiAl。随着 Ni 与 Al 物质的量比的增加，组织变得细小，且针片状 Ni_3Al 含量增加。

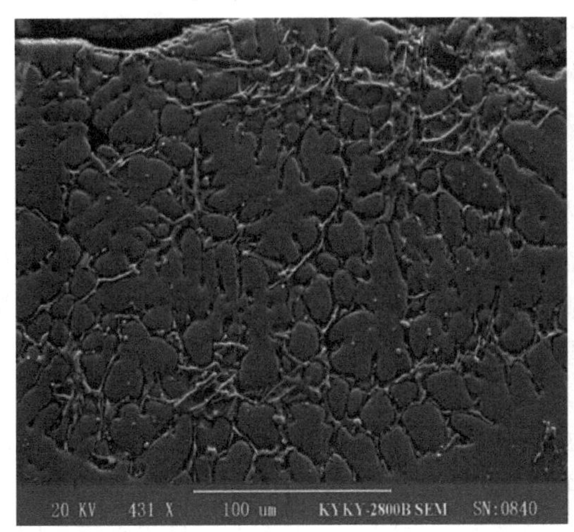

(a) Ni∶Al=1∶1

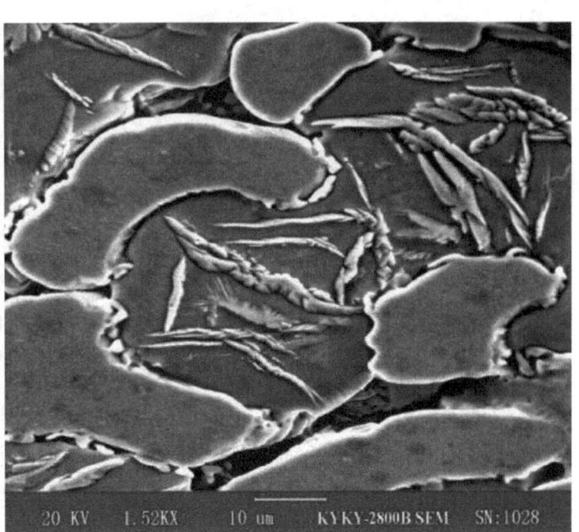

(b) Ni∶Al=1.5∶1

图 9-11

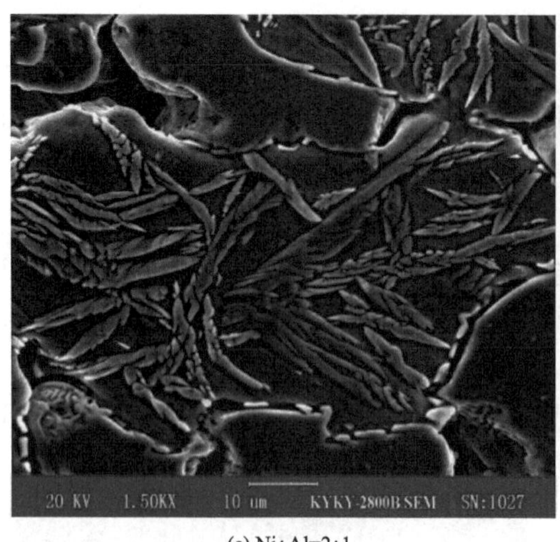

(c) Ni : Al=2 : 1

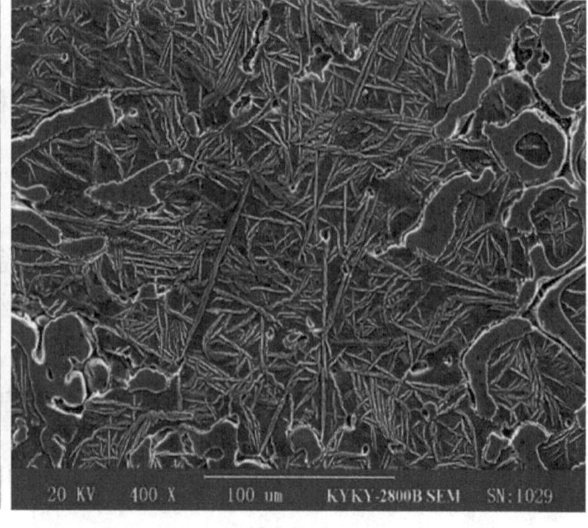

(d) Ni : Al=2.5 : 1

图 9-11 Ni-Al 金属间化合物组织形貌

9.3.2.2 断口分析

扫描电子显微镜景深大，图像有立体感，适合于表面起伏较大断口形貌的观察与分析。

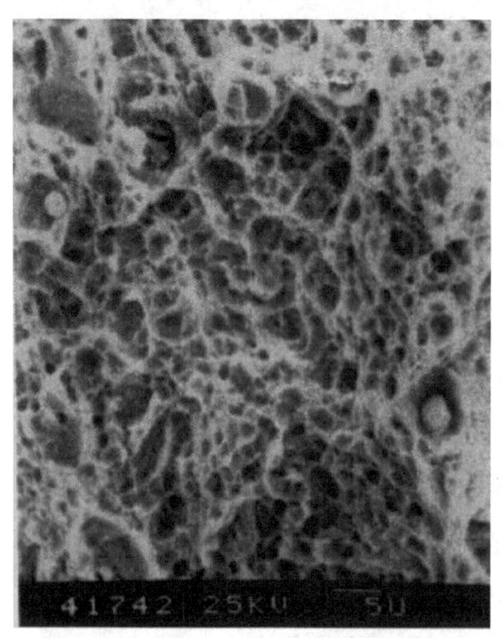

图 9-12 37SiMnCrNiMoV 钢韧窝断口形貌

(1) 韧窝断口

图 9-12 为 37SiMnCrNiMoV 钢韧窝断口形貌，可以看出，韧窝边缘的撕裂棱亮度较大，而韧窝比较平坦的底部亮度较小，在韧窝中心还可以观察到较亮的第二相颗粒。韧窝断口的形成与材料中的夹杂物相关。在外加应力作用下，夹杂物的存在引起周围基体的应力高度集中，从而使周围的基体与夹杂物分离，形成显微孔洞。随着应力增大，显微孔洞不断增大和相互吞并，直至材料断裂，结果在断口上形成许多孔坑，称为韧窝。在韧窝中心往往残留着引起开裂的夹杂物。韧窝断口是一种韧性断裂断口，可观察到明显的塑性变形。

(2) 沿晶断口

图 9-13 为 30CrMnSi 钢沿晶断口形貌，靠近二次电子探测器的断面亮度较大，而背面亮度较小，断口主要呈冰糖状或石块状。沿晶断裂是材料沿晶粒界面开裂的一种脆性断裂方式，又称晶界断裂，宏观上无明显的塑性变形迹象。析出相、夹杂物以及有害杂质在晶界上偏聚可削弱晶界强度，引起沿晶断裂。

(3) 解理断口

图 9-14 为低碳钢冷脆解理断口形貌。解理断裂是脆性断裂，是沿着某特定的晶体学晶面产生的穿晶断裂。对于体心立方晶体 α-Fe 来说，其解理面为（001）面。从图中可以清楚地看到，由于相邻晶粒的位向不一样，两晶粒的解理面不在同一个平面上，且不平行，因此解理裂纹从一个晶粒扩展到相邻晶粒内部时，在晶界处（过界时）开始形成河流花样，即解

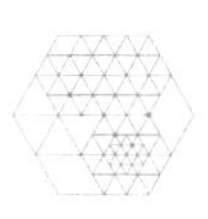

理台阶。

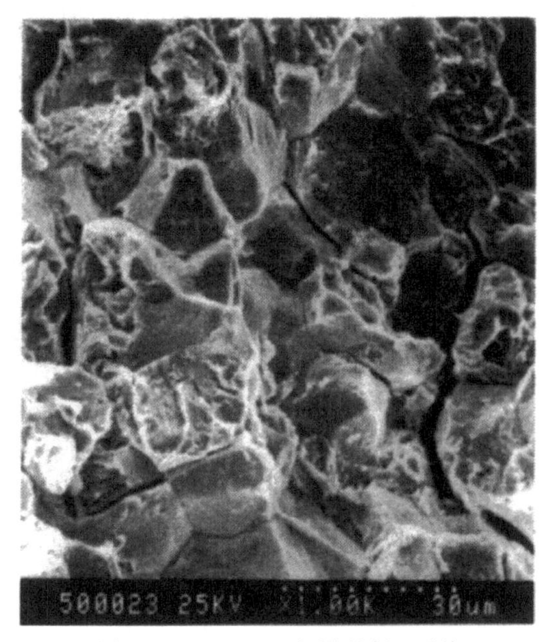

图 9-13 30CrMnSi 钢沿晶断口形貌

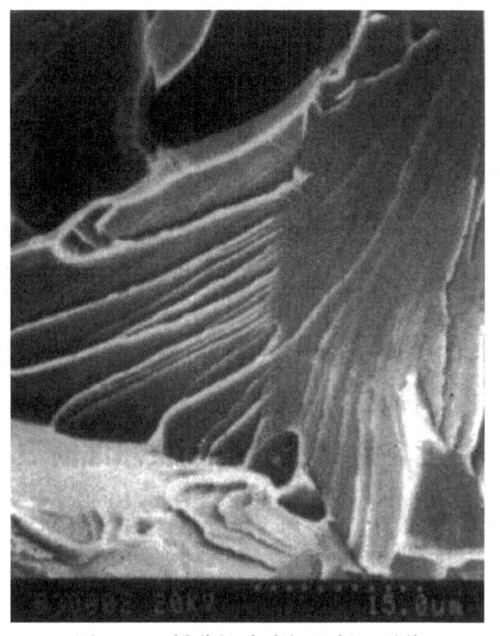

图 9-14 低碳钢冷脆解理断口形貌

(4) 多孔材料断口

以 Ni、Al 粉末为原料，利用自蔓延高温合成技术制备的多孔 NiAl 金属间化合物的断口形貌如图 9-15 所示。图中孔洞形貌清晰，呈三维连通，孔径大小约 50～400μm；孔洞壁面上还存在约 1～3μm 的小孔，见图 9-16。自蔓延合成多孔材料的孔洞主要来自压坯中的空隙和气体挥发，改变粉末粒度、成型压力、预热温度、造孔剂种类和含量，可调控多孔材料的孔型结构，因此可利用扫描电子显微镜分析这些工艺参数对多孔材料孔洞形貌的影响。

图 9-15 多孔 NiAl 金属间化合物断口形貌

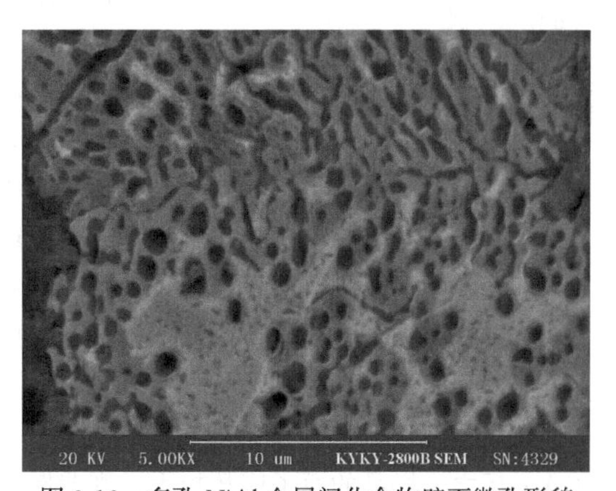

图 9-16 多孔 NiAl 金属间化合物壁面微孔形貌

9.3.2.3 纳米材料形貌观察

近年来，纳米材料迅速发展，应用越来越广泛，而形貌对纳米材料性能有重要影响。

高分辨扫描电子显微镜的分辨率可达 1.0nm 以下，特别适合于纳米材料的形貌分析。图 9-17 是气相反应法制备的 α-Si_3N_4 纳米线形貌，图 9-18 是液相法合成的 SnO_2 纳米带形貌。

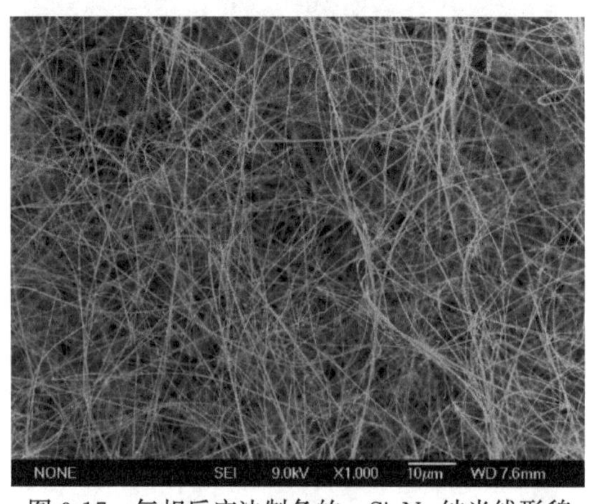

图 9-17 气相反应法制备的 α-Si_3N_4 纳米线形貌

图 9-18 液相法合成的 SnO_2 纳米带形貌

9.3.3 原子序数衬度原理及应用

原子序数衬度是由于样品表面物质原子序数（或化学成分）差别而形成的衬度。利用对样品表面物质原子序数（或化学成分）变化敏感的物理信号作为显像管的调制信号，可以得到原子序数衬度图像。背散射电子像、吸收电子像的衬度都含有原子序数衬度，而特征 X 射线像的衬度就是原子序数衬度。

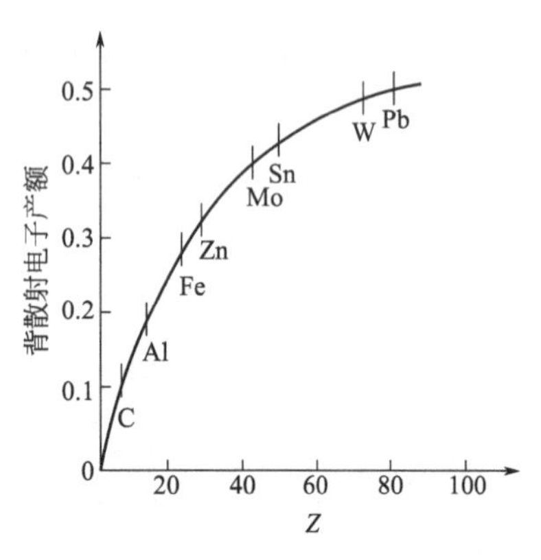

图 9-19 原子序数与背散射电子产额之间的关系曲线

背散射电子产额对原子序数十分敏感，二者关系曲线如图 9-19 所示。样品原子序数较大的区域，收集到的背散射电子数量较多，故荧光屏上的图像较亮。因此，利用原子序数造成的衬度变化可以对各种金属和合金进行定性成分分析。样品中重元素区域在图像上是亮区，而轻元素区域则为暗区。图 9-20 为 Ni/Al 合金二次电子形貌像和背散射电子像的对比，图 9-20(a) 为二次电子像，可看到颗粒的清晰形貌，但不能进行定性成分分析；图 9-20(b) 为背散射电子像，由于 Ni 的原子序数大于 Al，故图中白色颗粒为 Ni，灰色颗粒为 Al。用背散射电子进行成分分析时，为避免形貌衬度对原子序数衬度的干扰，被分析的样品只进行抛光，而不必腐蚀。

吸收电子的产额与背散射电子相反，样品的原子序数越小，背散射电子越少，吸收电子越多；反之，样品的原子序数越大，则背散射电子越多，吸收电子越少。因此，吸收电子像的衬度，是与背散射电子像和二次电子像的衬度互补的，背散射电子图像上的亮区对应吸收电子图像上的暗区。图 9-21 为铁素体基体球磨铸铁拉伸断口的背散射电子像和吸收电子像，二者正好互补。

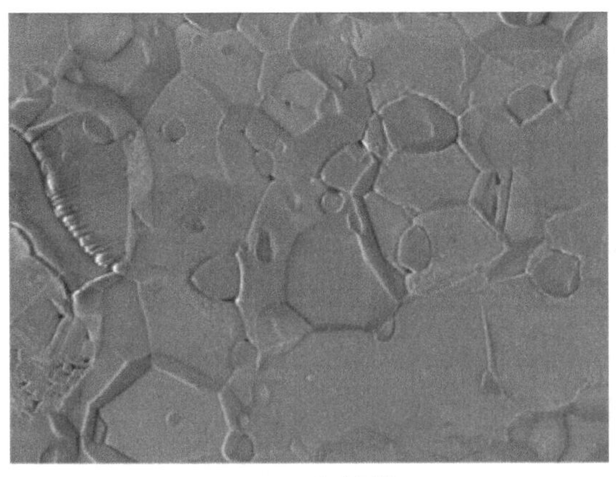

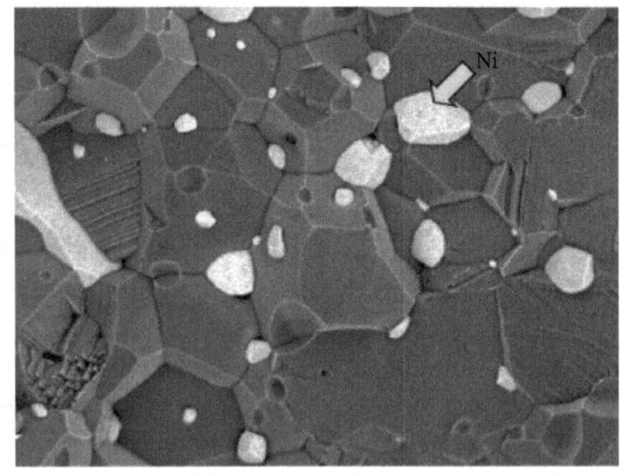

(a) 二次电子像　　(b) 背散射电子像

图 9-20　Ni/Al 合金二次电子形貌像和背散射电子像的对比

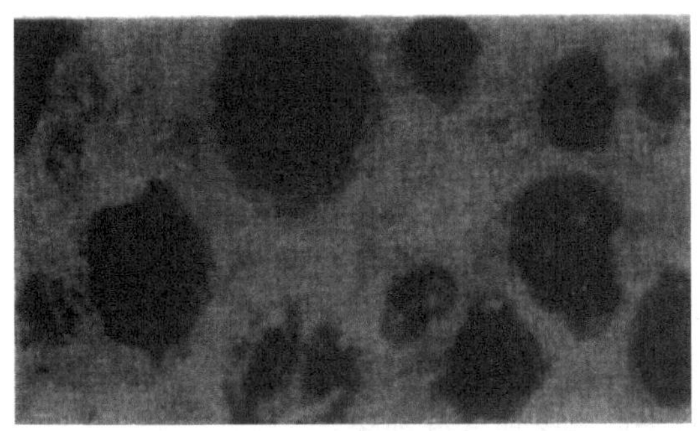

100μm

(a) 背散射电子像，黑色团状物为石墨相　　(b) 吸收电子像，白色团状物为石墨相

图 9-21　铁素体基体球磨铸铁拉伸断口的背散射电子像和吸收电子像

9.3.4　扫描电子显微镜样品制备

扫描电子显微镜一个突出的特点就是对样品的适应性大，所有的固态样品，块状的、粉末的、金属的、非金属的、有机的、无机的都可以观察，而且样品制备相对于透射电子显微镜的样品制备要简单得多。一般扫描电子显微镜对样品的要求主要包括适当的大小和良好的导电性。

扫描电子显微镜要求样品必须具有良好的导电性，实际上就是要求样品表面（所观察的面）与样品台之间要导电，否则电子束入射样品时，在样品表面会积累电荷，产生放电现象，影响入射电子束斑的形状，使低能量的二次电子运动轨迹发生偏转，影响图像质量。对于导电性良好的金属样品，只要用导电胶或导电胶带将其固定在样品架上送入电子显微镜样品室便可直接观察；而对于不导电或导电性差的无机非金属材料、高分子材料等样品，所要观察的表面必须进行导电层处理。一般采用真空蒸镀膜或离子溅射膜的方法，使用热导性良好而且二次电子发射率高的 Au、Ag、Cu、Al 或 C 做导电层。膜原则上是在保证导电性良好的前提下越薄越好，一般控制在 5～20nm，通常通过观察喷镀表面的颜色变化来判断。形状比较复杂的样品，喷镀时样品可通过倾斜、旋转，以获得较完整均匀的导电层。

无论是哪种样品，其观察表面要真实，避免磕碰、擦伤造成的假象，要干净、干燥，否则，样品表面污染或样品潮湿仍有可能导致其导电不好，无法观察。在实际分析中可能遇到各种类型的断口，如样品断口和故障构件断口。样品断口表面一般比较干净，可以直接放到仪器中观察；而故障构件断口表面的状况则取决于服役条件，可能有沾污或锈斑，在高温或腐蚀性介质中断裂的断口往往被一层氧化或腐蚀产物所覆盖。该覆盖层对构件断裂原因的分析是有价值的。倘若它们是在断裂之后形成的，则对断口真实形貌显示不利，甚至还会造成假象，所以这类覆盖物同样必须予以清除。如果沾污情况并不严重，可以用塑料胶带、胶布或醋酸纤维薄膜（AC纸）干剥几次将污物去除，否则应该用适当的有机或无机试剂进行浸泡、刷洗或超声清洗去污。用试剂进行清洗时，应查阅有关资料，根据样品的材质及样品表面产物的性质选择合适的试剂。

9.3.5 扫描电子显微镜形貌观察与职业规范

随着现代技术的发展，扫描电子显微镜的分辨率逐步提高，为我们观察、分析材料微观组织结构提供了便利。但在材料微观组织结构分析过程中，有些人以样品中的一小部分微观组织结构代替整个样品的组织结构，甚至有人以一种样品的组织结构代替另一种样品的组织结构，这都是不遵守职业道德和学术规范的行为，是我们要坚决杜绝的。材料微观组织结构与材料性能息息相关，利用扫描电子显微镜进行微观组织结构分析过程中要遵守职业规范，杜绝上述行为发生。

习　题

1. 电子束与固体样品相互作用时产生的物理信号有哪些？各有什么特点？
2. 说明扫描电子显微镜电子光学系统中各组成部分的作用。
3. 扫描电子显微镜有什么特点？影响其分辨率的主要因素有哪些？
4. 扫描电子显微镜和透射电子显微镜的成像原理有何不同？
5. 说明二次电子表面形貌衬度的形成原理及其在材料研究中的应用。
6. 说明二次电子像衬度和背散射电子像衬度有何特点。

电子探针显微分析

前面系统学习了X射线的知识，前一章又学习了扫描电子显微镜的结构和工作原理。电子探针是在扫描电子显微镜和X射线光谱学原理的基础上发展起来的高效率分析仪器。电子探针可对固体材料的块体、粉末、薄片等进行微区化学组成的定性、定量分析，可以得到形貌图像、成分分布图像，比如可对月亮土壤进行形貌和成分分析，可应用于冶金、地质、电子材料、生物、医学、考古等领域。它具有分析元素范围广、灵敏度高、速度快和不损坏样品等特点。

10.1 电子探针的结构和工作原理

电子探针全称：电子探针X射线显微分析仪（electron probe microscope analyzer，EPMA），它是用细聚焦电子束轰击样品，激发出样品所含元素的特征X射线，通过检测特征X射线的波长或能量来确定元素的种类，通过分析X射线的强度来确定元素的含量。其中，用来测定X射线波长的谱仪叫做波长色散谱仪（wave dispersive spectrometer，WDS），简称波谱仪；用来测定X射线能量的谱仪叫做能量色散谱仪（energy dispersive spectrometer，EDS），简称能谱仪。

10.1.1 电子探针的结构

电子探针镜筒部分的结构基本与扫描电镜相同，只是探测器部分采用X射线谱仪，用来检测X射线的波长或能量，分析微区的成分。除专门的电子探针外，一部分电子探针作为附件安装在扫描电镜或透射电镜上，以满足微区组织形貌、晶体结构及成分

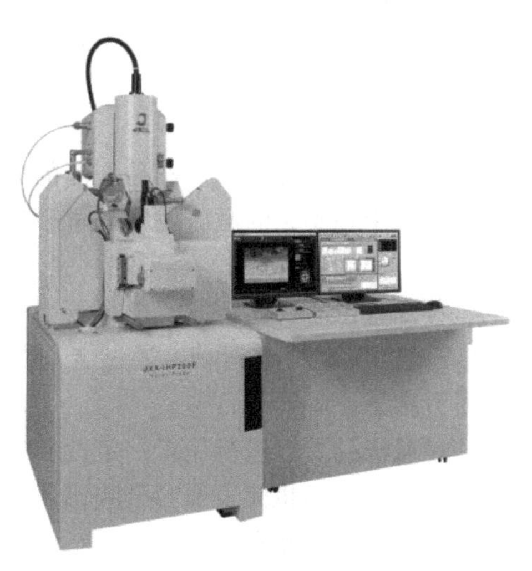

图 10-1 JXA-iHP200F 电子探针

的同步分析。图 10-1 所示为一台高分辨率的 JXA-iHP200F 电子探针。

图 10-2 所示为电子探针结构示意图，它主要由电子光学系统（镜筒）、光学显微镜、样品室、信号检测系统、真空系统等组成。

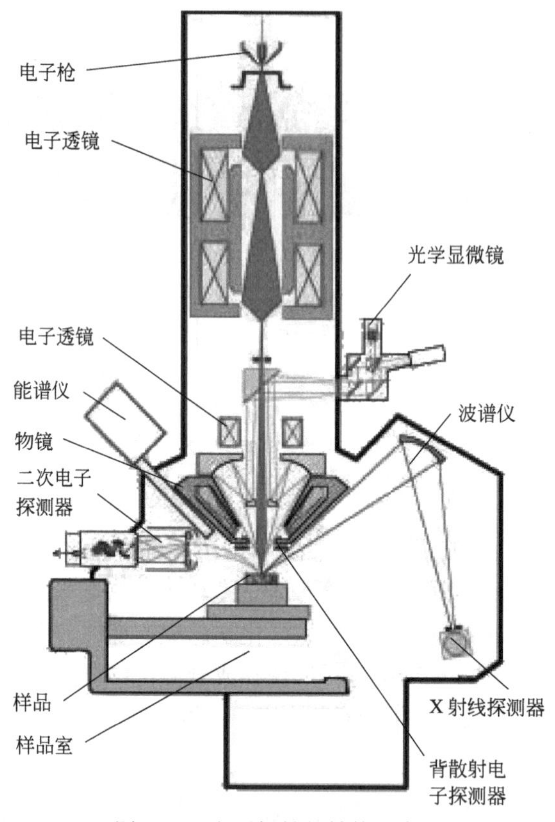

图 10-2　电子探针的结构示意图

（1）电子光学系统

电子光学系统和扫描电镜基本相同，由电子枪、电子透镜、扫描线圈、光阑等组成，能够产生稳定的高能细电子束。电子探针具有扫描成像功能，电子束可以在固定的光轴位置轰击样品进行点分析，也可以利用扫描线圈使电子束在样品表面进行线或面的扫描，进行组织形貌和成分分析。

（2）光学显微镜

为了便于选择和确定样品表面的分析微区，镜筒内装有与电子束同轴的光学显微镜，确保从目镜中观察到的微区位置与电子束轰击点的位置精确地重合。

（3）样品室

样品室位于镜筒下方，电子探针要求样品分析的平面与入射电子束垂直，样品台可做 X、Y 轴方向的平移运动，通过 Z 轴的调节保证样品上表面处于最佳测试位置以获得最高的信号计数率。

一般样品可以进行元素的定性和定量分析，但对于定量分析的样品，必须严格保证表面平整光滑。因为粗糙表面会影响谱仪的聚焦条件，进而影响 X 射线强度值的探测精度。

（4）信号检测系统

电子探针中用于检测 X 射线进行微区成分分析的是波谱仪或能谱仪。此外，电子探针

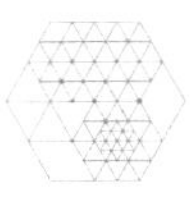

还可以检测二次电子、背散射电子、吸收电子、阴极荧光和其他电子等信号进行成像和成分的同步分析。

（5）真空系统和电源系统

由机械泵和油扩散泵构成的真空系统可以使电子光学系统、样品室和 X 射线分光计处于高真空状态，确保它们正常工作，防止器件和样品氧化和污染。电源系统由稳压、稳流及相应的安全保护电路组成。

10.1.2 波谱仪

10.1.2.1 波谱仪的结构和工作原理

X 射线光谱分析的基础——莫塞莱定律表明，元素的特征 X 射线波长与该元素原子序数 Z 之间存在特定关系 $(c/\lambda)^{1/2}=K_1(Z-K_2)$，即特征 X 射线波长是由构成该物质元素的原子序数决定的。因此，要确定样品元素的种类，就要探测元素的特征 X 射线波长，利用晶体对 X 射线衍射的布拉格方程 $n\lambda=2d\sin\theta$，就可以测出 X 射线波长，如图 10-3 所示。细聚焦电子束轰击样品表面，激发出样品表面以下微米级作用体积内的 X 射线，由于多数样品由多种元素组成，因此在作用体积内发出的 X 射线具有多种特征波长，它们都以点光源的形式向四周发射，从样品激发出的 X 射线经过晶体分光后，只有具有布拉格角 θ 和晶面间距 d 符合布拉格方程的特征波长 λ 的 X 射线入射才会发生强烈衍射，而波长不同的特征 X 射线将有不同的 2θ。可通过连续转动分光晶体来连续改变 θ，满足布拉格条件。

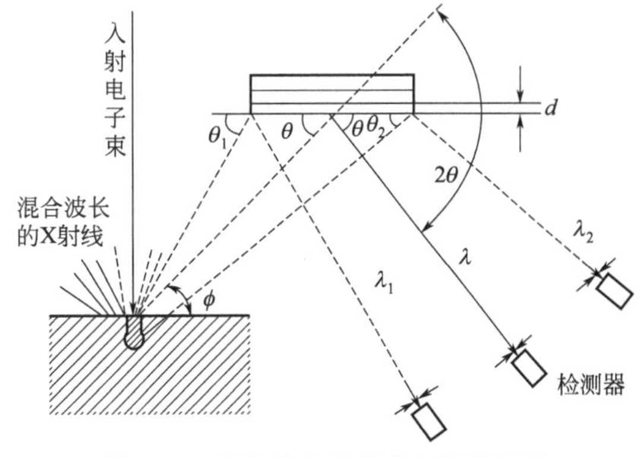

图 10-3 晶体对 X 射线的布拉格衍射

与入射方向成不同的 2θ 的各种波长的特征 X 射线被探测器接收，从而展示适当波长范围内的全部 X 射线谱，这就是波谱仪的工作原理，利用这个原理制成了波谱仪。

波谱仪用来检测 X 射线信号，是电子探针的核心部件，它也可以作为附件安装在扫描电镜上，成为微区成分分析的有力工具，波谱仪主要包括由分光晶体和机械部分构成的分光系统和 X 射线检测器。

10.1.2.2 弯曲分光晶体

（1）弯曲分光晶体的聚焦方式

平面晶体可以把各种不同波长的 X 射线分光展开，但收集单一波长 X 射线的效率很低。为了提高检测效率，必须采用聚焦方式，即把分光晶体进行适当弯曲做成弯曲分光晶体，使 X 射线发射源 S、弯曲分光晶体表面 E 和检测器窗口 D 位于同一个圆上，这个圆就称为聚焦圆或罗兰（Rowland）圆。如图 10-4 所示，由点光源 S 发射出发散的、符合布拉格条件的、同一波长的 X 射线，经 E 处的弯曲分光晶体反射后聚焦于 D 处，则 D 处的检测器接收到全部晶体表面衍射的单一波长的 X 射线，使这种单色 X 射线的衍射强度大大提高，从而达到聚焦衍射束的目的。

在电子探针中，弯曲分光晶体有两种聚焦方式，分别是约翰（Johann）型和约翰逊

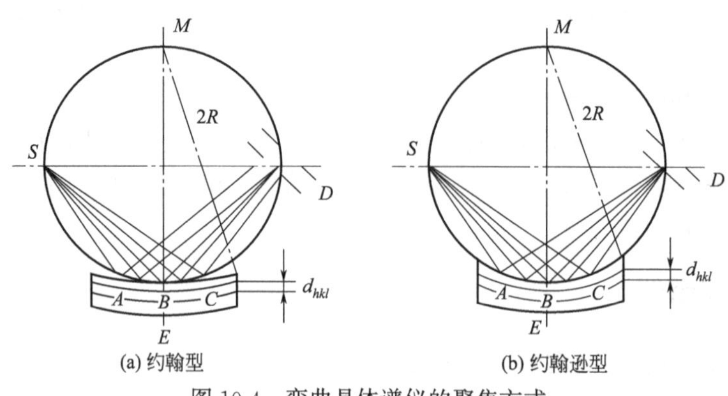

(a) 约翰型
(b) 约翰逊型

图 10-4　弯曲晶体谱仪的聚焦方式

(Johansson) 型，如图 10-4 所示。约翰型聚焦法［图 10-4(a)］，将平面晶体弯曲，即把晶体衍射晶面曲率半径弯成 $2R$，使晶体表面中心部分的曲率半径等于聚焦圆的半径。在聚焦圆上从 S 点发出一束发散的 X 射线，经过弯曲晶体衍射，晶体内表面任意 A、B 和 C 点上接收到的 X 射线的衍射线并不交于一点，只有弯曲晶体表面中心部分的 X 射线的衍射线聚焦在 D 点，其他点聚焦于 D 点附近，得不到完美的聚焦，这是由于弯曲晶体两端与聚焦圆不重合使聚焦线变宽，出现一定的散焦。所以，约翰型聚焦法只是一种近似的聚焦方式。另一种改进的聚焦方式叫做约翰逊型聚焦法［图 10-4(b)］，这种方法是将平面晶体弯曲，即晶体衍射晶面的曲率半径弯成 $2R$，而晶体表面弯曲成曲率半径等于聚焦圆半径 R 的曲面。这种结构可以使 A、B 和 C 三点的衍射束正好聚焦在 D 点，所以约翰逊型聚焦法是一种全聚焦方式。

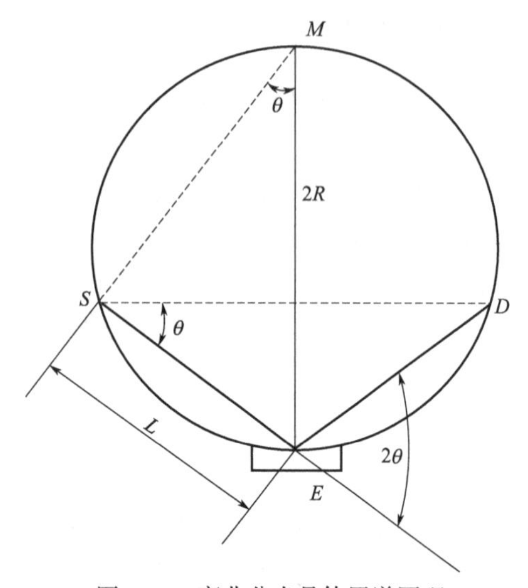

图 10-5　弯曲分光晶体展谱原理

(2) 弯曲分光晶体的展谱原理

根据弯曲分光晶体聚焦原理，要求 X 射线发射源 S、分光晶体表面 E 和 X 射线检测器 D 三者在整个分析过程中都处在半径为 R 的聚焦圆上。因而晶体被弯曲，其衍射晶面 (hkl) 曲率半径为 $2R$。此时，衍射晶面的曲率中心总是位于聚焦圆的圆周上（图 10-5 中 M 点），衍射束聚焦于圆上的 D 点。显然，$\overline{SE}=\overline{ED}$，$\angle SME=\angle ESD=\theta$。在满足布拉格方程 $n\lambda=2d\sin\theta$ 的条件下，可获得发射源 S 至分光晶体 E 的距离 L 与特征 X 射线波长 λ 之间的关系：

$$L=2R\sin\theta=\frac{nR}{d}\lambda \tag{10-1}$$

由于给定的分光晶体的晶面间距 d 和聚焦圆半径 R 固定不变，发射源至晶体的距离 L 与 X 射线波长 λ 之间存在线性关系。L 为谱仪长度，L 值由小变大意味着被检测的 X 射线波长 λ 由短变长。在成分分析过程中，点光源 S 不动，通过分光晶体表面 E 的运动，改变谱仪长度 L，从而实现 X 射线波长 λ 的测量。

10.1.2.3　波谱仪的布置形式

电子探针测试时，点光源 S 不动，改变分光晶体 C 和探测器 D 的位置，达到分析检测的目的。根据晶体和探测器的运动方式，波谱仪有两种布置形式：回转式和直进式。

图 10-6(a) 所示为回转式波谱仪工作原理示意图，这种波谱仪的聚焦圆圆心 O 点固定不动，分光晶体和检测器在圆周上以 1∶2 的角速度运动来满足布拉格衍射条件。这种波谱仪结构简单，但由于分光晶体转动而使 X 射线出射方向（ψ 角）变化很大，在样品表面不平度较大的情况下，由于 X 射线在样品内行进的路线不同，会造成分析上的误差。由于 X 射线出射方向变化很大，必须采用很大的出射窗口，给结构设计和消除杂散电子的干扰带来困难，目前已很少采用。

图 10-6(b) 所示为直进式波谱仪工作原理示意图，其特点是 X 射线出射角 ψ 不变，分光晶体 C_1 沿着 SC 方向做直线运动，θ 角的改变通过晶体自转实现。同时，聚焦圆圆心 O_1 点在以 S 点为圆心、以 R 为半径的圆周上运动，检测器的运动轨迹为一个四叶玫瑰线：$\rho=2R\sin\theta$，其中 ρ 分光晶体为离光源的距离。当分光晶体做直线运动时，发射源至晶体的距离 L 不断改变，如果检测器能在几个位置上接收到不同波长的衍射束，表明样品被激发的范围内存在多种元素，衍射束的强度与元素含量成正比。

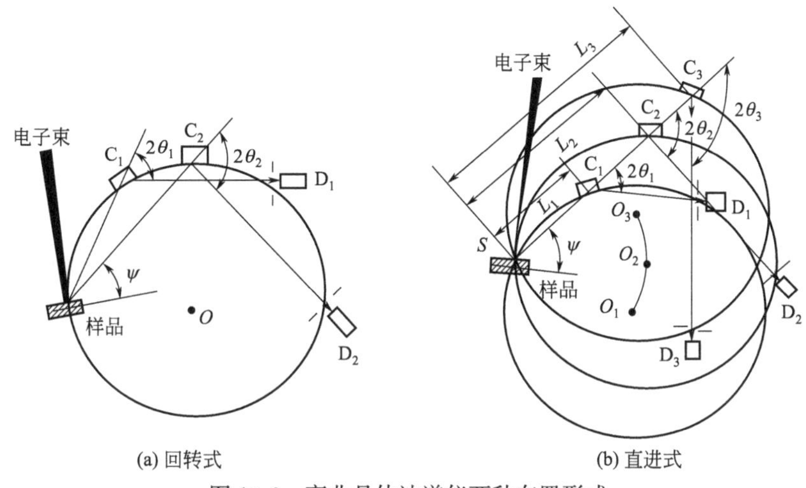

图 10-6 弯曲晶体波谱仪两种布置形式

虽然直进式波谱仪结构复杂，但优点非常突出，主要表现为：X 射线出射方向固定，X 射线穿过样品表面行进的路线相同，即吸收条件相同。目前这种布置形式已被普遍采用。

10.1.2.4 分光晶体的选择

在布拉格方程 $n\lambda=2d\sin\theta$ 中，分光晶体的衍射晶面间距 d 是固定的，$0<\sin\theta<1$，波谱仪的 θ 角只在有限的范围内变化，所以弯曲晶体波谱仪不能覆盖所有元素的波长。因此，对于不同波长的 X 射线需要选用与之相适应的不同分光晶体。因此，在一台电子探针中，为了保证能检测到$_5$B～$_{92}$U 元素之间的特征 X 射线波长，常配有 3～5 道谱仪，一道谱仪中有两块不同的分光晶体互换，尤其在定性分析时，可同时驱动几道谱仪对$_5$B～$_{92}$U 之间的元素进行普查，大大节省了时间。

晶体能够分散的 X 射线波长范围，是由它们的晶面间距 d 和布拉格角 θ 的可变范围决定的。分光晶体除了要求其反射 X 射线的能力强、分辨率高外，还应满足能够弯曲使用、在真空中不发生变化等要求。表 10-1 列出了波谱仪常用分光晶体的基本参数和检测范围。在 0.07～2.4nm 范围内，采用天然晶体和人工晶体作为 X 射线的分散元件。在这个波长范围内，对K系和L系辐射来说，可以对氧（O）到铀（U）元素的特征X射线进行色散。

表 10-1 波谱仪常用的分光晶体

晶体	分子式(缩写)	反射晶面	晶面间距 d/nm	可检测波长范围 λ/nm	可检测元素范围
氟化锂	LiF(LiF)	200	0.2013	0.089～0.35	K系:20Ca-37Rb L系:51Sb-92U
异戊四醇	$C_5H_{12}O_4$(PET)	002	0.4375	0.20～0.77	K系:14Si-26Fe L系:37Rb-65Tb M系:72Hf-92U
邻苯二甲酸氢铷(或钾)	$C_8H_5O_4Rb$(RAP) $C_8H_5O_4K$(KAP)	$10\bar{1}0$	1.306 1.332	0.58～2.36	K系:9F-15P L系:24Cr-40Zr M系:57La-79Au
肉豆蔻酸铅(或钡)	$(C_{14}H_{27}O_2)_2^{M^*}$ (MYR)	—	4	1.76～7	K系:5B-9F L系:20Ca-25Mn
硬脂酸铅(或钡)	$(C_{18}H_{35}O_2)_2^{M^*}$ (STE)	—	5	2.2～8.8	K系:5B-8O L系:20Ca-23V
甘四烷酸铅(或钡)	$(C_{24}H_{47}O_2)_2^{M^*}$ (LIG)	—	6.5	2.9～11.4	K系:4Be-7N L系:20Ca-21Sc

注：M^*表示Pb或Ba等金属元素，这三种晶体都是多层皂膜晶体，适用于$Z<10$的含轻元素及超轻元素样品分析。

10.1.2.5 X射线检测器

X射线检测器是接收分光晶体分散的单一波长X射线信号的装置，常用的检测器是正比计数器。图10-7所示为电子探针X射线记录和显示装置方框图，当某一X射线光子进入计数管后，管内气体电离，并在电场作用下产生电脉冲信号。从计数器输出的电信号经过放大器转变为0～10V的电压脉冲信号，再传送到脉冲高度分析器。

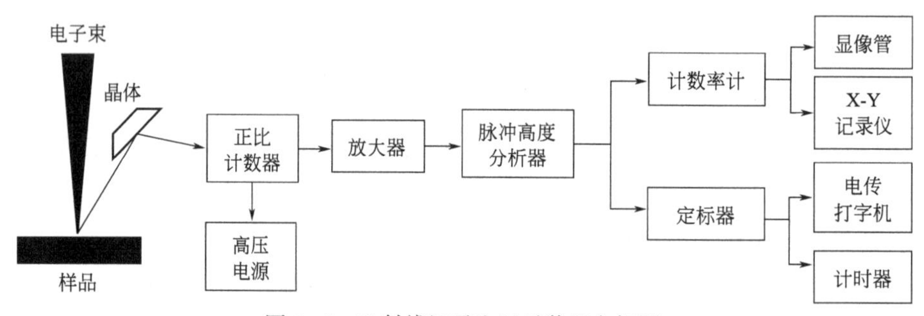

图10-7 X射线记录和显示装置方框图

脉冲高度分析器包括波高分析和波高鉴别两部分。波高分析通过设定通道宽度即允许通过的电压脉冲幅值范围，把高次衍射线产生的重叠谱线排除；波高鉴别通过选择基线电位，去掉连续X射线谱仪和线路噪声引起的背底，提高检测灵敏度。定标器和计数率计把从脉冲高度分析器输出的脉冲信号计数。定标器采用定时计数方法，精确地记录任选时间段内的脉冲总数，时间受计时器控制，记录的计数值可直接显示，也可由打印机输出。计数率计则可连续显示每秒钟内的平均脉冲数（CPS）。这些数值可以在X-Y记录仪上记录，也可由显像管配合扫描装置得到X射线扫描像。为了实现仪器控制和数据处理（修正计算），可以把电子探针与计算机结合起来。

图 10-8 所示为波谱仪对某低合金钢的微区成分分析结果图，横坐标是 X 射线的特征波长，纵坐标是强度，即脉冲总数。谱线上有许多强度峰，每个峰在坐标上的位置代表相应元素特征 X 射线的波长，峰的高度代表这种元素的含量。

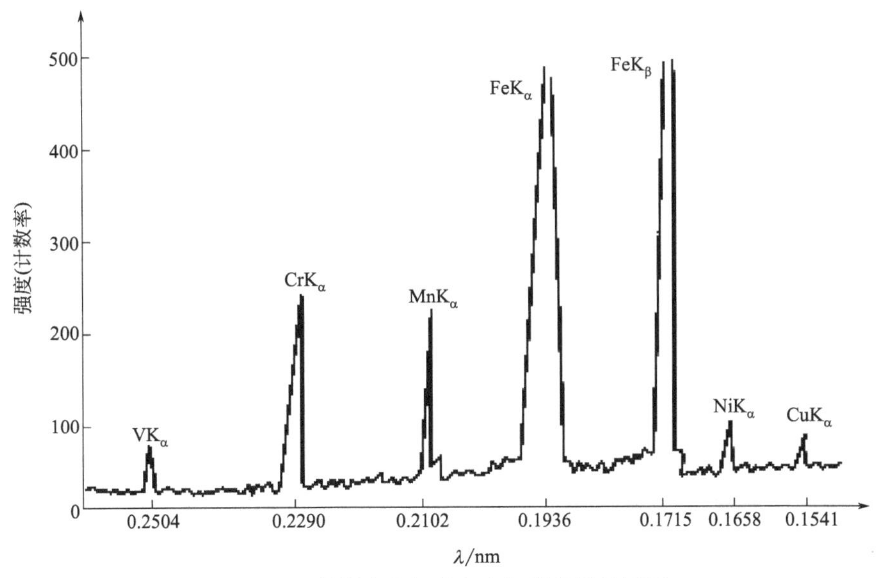

图 10-8 某低合金钢的定点扫描分析结果图

10.1.3 能谱仪

能谱仪是用电子学的方法测定 X 射线特征能量进行成分分析的方法。每种元素所具有的特征 X 射线能量取决于能级跃迁过程中释放出的特征能量 ΔE。能谱仪利用不同元素 X 射线光子具有不同特征能量进行成分分析。目前能谱仪已成为扫描电镜或透射电镜普遍应用的附件。在观察分析样品表面形貌时，能谱仪可以探测感兴趣微区的成分。目前常用的［Si(Li)］X 射线能谱仪应用锂漂移硅［Si(Li)］半导体探测器和多道脉冲高度分析器，将入射 X 光子按能量展成谱线，进行成分分析。

10.1.3.1 能谱仪的结构和工作步骤

能谱仪可分为两大部分：①X 射线探测器，作用是把 X 射线转化为电信号。探测器的输出信号幅度与入射 X 射线能量成正比，输出信号的脉冲数与入射 X 射线光子数成正比，因而保持了原入射 X 射线信息的特点。②电子学测量装置，包括放大器、多道脉冲高度分析器和记录显示系统等，其作用是把从探测器输出的电信号整形、放大、分析、记录，最后取得 X 射线能谱，再根据能谱分布求得样品中元素的种类和含量。图 10-9 所示为 Si(Li) X 射线能谱仪分析方法框图。特征 X 射线光子进入 Si(Li) 半导体探测器后，在 Si(Li) 半导体探测器内激发出一定数目的电子-空穴对，产生一个电子-空穴对的最低平均能量是一定的。

入射 X 射线光子的能量越高，产生的电子-空穴对的数目越多。利用偏压（一般 700～1500V）收集这些电子-空穴对，经场致效应晶体管和放大器转换成电压脉冲，供给多道脉冲高度分析器。脉冲高度分析器将具有不同幅值的电压脉冲（对应于不同的 X 光子能量）按其能量大小进行分类和统计，并将结果送入存储器，输出给计算机、X-Y 记录仪或显示

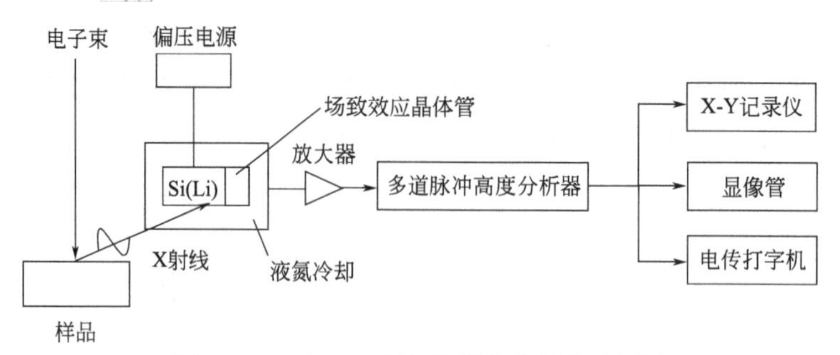

图 10-9　Si(Li) X 射线能谱仪分析方法框图

系统。能谱仪中每一通道所对应的能量通常可以是 10eV、20eV、40eV。对于常用的 1024 个通道的多道分析器，其可检测的 X 光子的能量范围为 0～10.24keV、0～20.48keV、0～40.96keV。实际上，0～20.48keV 的能量范围已足以检测元素周期表上所有元素的 X 射线。

10.1.3.2　能谱仪和波谱仪的比较

能谱仪和波谱仪都可以对样品进行元素分析，但分析方法差别比较大，前者用电子学方法测定 X 射线特征能量，测得的横坐标用能量标注，如图 10-10(a) 所示；后者用光学方法，通过晶体的衍射分光测定 X 射线特征波长，测得的横坐标用波长标注，如图 10-10(b) 所示。下面比较这两种谱仪的优缺点。

(1) 谱线分辨率

能谱仪的能量分辨率一般用能谱曲线的半高宽表示。半高宽越小，表示能谱仪分辨率越高，如图 10-10 所示，能谱仪的波峰较宽，谱线容易重叠，特别是在低能（长波）部分，需要有经验的操作者在计算机的帮助下剥离谱线。能谱仪的最佳能量分辨率约为 150eV，波谱仪的能量分辨率为 5～10eV，可见波谱仪的分辨率比能谱仪高一个数量级。

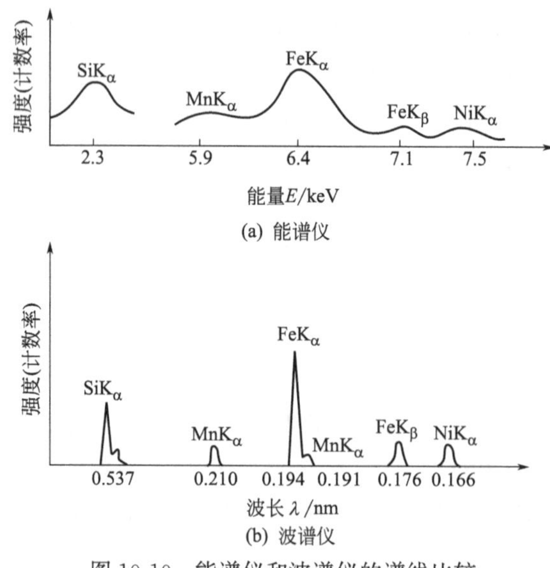

图 10-10　能谱仪和波谱仪的谱线比较

(2) 空间分辨率

能谱仪因检测效率高，可在较小的电子束流下工作，使束斑直径减小，空间分辨率提高。目前，高分辨扫描电镜的能谱仪分析的最小微区很容易达到纳米级。高分辨电子探针的波谱仪的空间分辨率也可以达到纳米级，但对于制样和分析测试操作的要求较高。

(3) 检测效率

能谱仪中 Si(Li) 半导体探测器可布置在距离 X 射线源很近的地方，故对 X 射线发射源所张的立体角大于波谱仪，无需经过分光晶体衍射而避免 X 射线强度损失，所以能谱仪可以接收到更多的 X 射线光子。因此，能谱仪检测效率远远高于波谱仪，从而使能谱仪能够在小入射电子束流条件下工作。Si(Li) 半导体探测器对 X 射线的检测效率比波谱仪高一个数量级。

(4) 分析速度

能谱仪可在同一时间内对所有 X 射线光子的能量进行检测和计数，仅需几分钟即可得到全谱定性分析结果，因为能谱仪可通过多道脉冲高度分析器同时接收和检测所有不同能量的 X 光子；而波谱仪只能通过分光晶体在导臂上移动，逐个测定元素的特征波长，所以一个全谱的定性分析需要几十分钟或更长的时间。

(5) 探测极限

谱仪能测出的元素最小含量与元素种类、样品成分、所用谱仪以及实验条件有关。波谱仪的探测极限为 0.01%～0.1%，能谱仪的探测极限为 0.1%～0.5%。

(6) 元素分析范围

波谱仪和能谱仪都可测量$_{5}$B～$_{92}$U 之间的所有元素。

(7) 定量方法

能谱仪除可以进行标样定量分析外，还可以进行无标样定量分析；而波谱仪无法进行无标样定量分析，因此，当缺少某种元素的标样时，波谱仪只能对该元素进行半定量分析。波谱仪的定量分析误差（1%～5%）远小于能谱仪的定量分析误差（2%～10%）。根据上述分析，能谱仪和波谱仪各有特点，彼此不能替代，可以互相补充。两种谱仪的特点适于扫描电镜和透射电镜的工作条件，因此在这些设备的镜筒或样品室都留有供安装能谱仪或波谱仪的窗口，一般来说，扫描电镜可观察粗糙不平的样品，因此常选用能谱仪作为附件，但如需精确的定量分析，则可配备波谱仪。

(8) 样品要求

能谱仪不需要聚焦，对样品表面发射点的位置没有严格的要求，适于粗糙表面的成分分析；波谱仪由于要求入射电子束轰击点、分光晶体和探测器三者同处在聚焦圆上，故要求样品表面平整光滑，以满足聚焦条件。因此波谱仪不适于粗糙表面的成分分析。

10.2 电子探针分析方法和应用

10.2.1 分析方法

电子探针常用来对样品上某一点、某一方向的选定直线和样品表面进行成分分析，分别采用点分析、线分析和面分析三种方法。点分析的结果是确定时间的计数量，线分析的信息则表现为计数率的变化，面分析的信息由阴极射线管的亮度表现出来。

(1) 点分析

点分析用于测定样品上某个指定点的成分，被分析的选区尺寸可以小到 1μm，通过谱仪采集定点微区的X射线进行定性和定量分析。定点微区成分分析是电子探针成分分析的特色工作，它在合金沉淀相和夹杂物的鉴定方面有着广泛的应用。此外，在合金相图研究中，为确定各种成分的合金在不同温度下的相界位置，提供了便捷的测试手段，并能探知某些新的合金相或化合物。

能谱定性分析是一种快速有效的分析方法。细聚焦电子束轰击样品选定微区，激发出样品中所含元素的特征X射线，利用能谱仪探测元素的特征X射线的能量，几分钟内即可得到Na～U内全部元素的X射线谱线。从而可以确定各谱峰的能量，再通过查表和释谱，就可以确定样品成分，图10-11所示为能谱仪的定点分析。

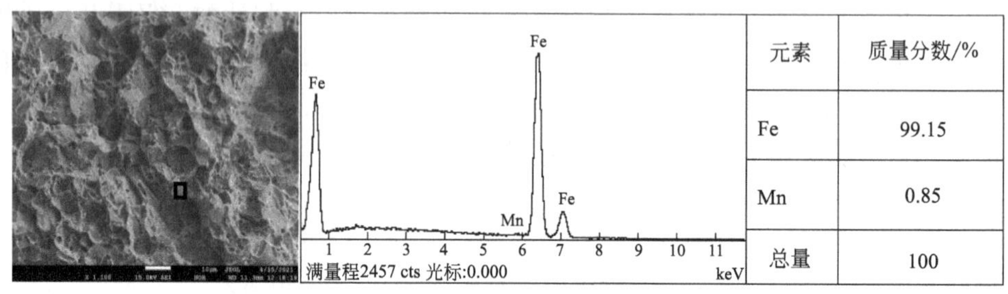

元素	质量分数/%
Fe	99.15
Mn	0.85
总量	100

图10-11　能谱仪的定点分析

波谱定性分析首先通过光学显微镜选定样品表面的分析微区，然后用电子束轰击该区域，使样品产生所含元素的特征X射线。驱动波谱仪中的分光晶体和探测器，连续改变L值和晶体的衍射角θ，不断采集定点微区的特征X射线波谱，得到样品所含元素的特征X射线全谱，即X射线信号强度随波长λ的变化曲线。根据布拉格方程$n\lambda=2d\sin\theta$，由衍射角θ可确定每个峰的波长，再根据莫塞莱定律$(c/\lambda)^{1/2}=K_1(Z-K_2)$可查出所含元素的种类。

（2）线分析

线分析用于测定某种元素沿给定直线分布的情况。方法是将波谱仪或能谱仪设置在待测位置上，使样品和电子束沿指定的直线做相对运动（可以是样品不动，电子束扫描；也可以是电子束不动，样品移动），便可得到该元素沿直线特征X射线强度的变化，从而反映该元素沿直线的分布情况。改变谱仪的位置，便可得到另一个待测元素的X射线强度分布；改变直线的位置，便可得到该元素沿该位置的X射线强度分布的情况。线分析过程中，入射电子束在样品表面沿选定的直线轨迹（穿越粒子或界面）扫描，可以取得有关元素分布不均匀性的信息。

图10-12所示波谱仪线分析碳元素在齿轮上的分布，碳元素浓度的微小变化很容易被检测到。

（3）面分析

面分析用于测定某种元素的面分布情况，谱仪固定在接收某一元素的特征X射线位置上，让入射电子束在样品表面作二维的光栅扫描，在荧光屏上便可得到该元素的面分布图像。图像中的亮区表示这种元素的含量较高。若改变谱仪的位置，则可获得另一种元素的面分布图像。图10-13所示为波谱仪对玄武岩的面扫描结果。图10-13左上图为玄武岩的背散射图像，其余图片分别为钙（Ca）、铁（Fe）、硅（Si）、铝（Al）和镁（Mg）元素的面扫描图像。

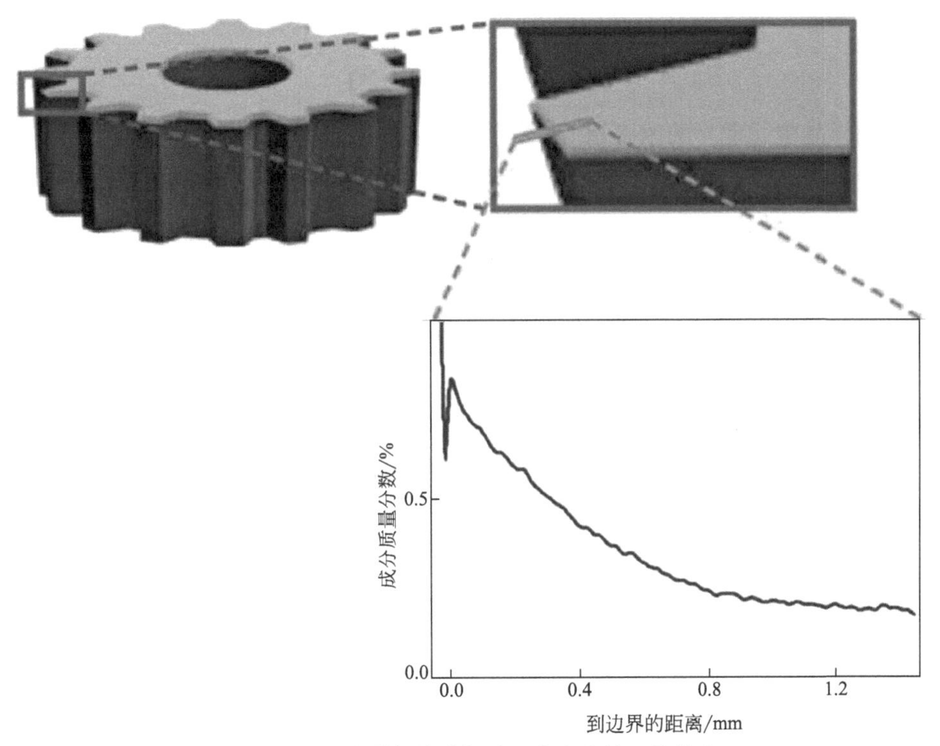

图 10-12　波谱仪线分析碳元素在齿轮上的分布

图 10-13　波谱仪对玄武岩的面扫描的结果

10.2.2　定量分析和校正

电子探针定量分析的依据是：元素的特征 X 射线强度与该元素在样品中的质量分数成比例，因此特征 X 射线强度的测量是电子探针定量分析的基础。在定量分析时，先测出含有元素 y 质量分数为 C_0 的标准样品中元素 y 的特征 X 射线强度 I_0，在同样的试验条件下，

再测出样品中元素 y 的特征 X 射线强度 I_y，两者之比即表示其相对强度。即

$$K_y=\frac{I_y}{I_0} \tag{10-2}$$

如果被测样品中元素 y 的浓度用 C_y 表示时，若不考虑特征 X 射线在样品中的吸收及荧光激发效应等，那么该元素的 X 射线强度和质量分数之间的关系可以近似地表示为

$$\frac{I_y}{I_0}=\frac{C_y}{C_0}=K_y \tag{10-3}$$

式(10-3) 称为卡斯坦一级近似公式。当用 100%的元素 y 构成的纯物质样品作为标准样品时，由于 $C_0=1$，所以 $C_y=K_y$。因此，根据测量到的特征 X 射线相对强度 K_y，就可求出样品中所含该元素的质量分数 C_y。但直接将 K_y 当作 C_y，其结果只能是半定量分析，与真实浓度之间存在 20%的误差。因为检测到的 X 射线强度受样品中元素原子序数、吸收效应和二次荧光等因素的影响，所以特征 X 射线强度与被测元素的质量分数之间不是线性关系，必须对实际测量的 X 射线强度进行校正，计算方法是 ZAF 校正法，ZAF 为原子序数效应（Z）、吸收效应（A）和荧光效应（F）三项修正的英文缩写首字母的组合。ZAF 校正的定量计算就是被测元素的浓度 C_y 对相对强度 K_y 进行上述三种效应的修正。

（1）原子序数效应修正（Z）

当入射电子进入样品以后，由于受到各种弹性或非弹性散射，运动轨迹发生变化，同时能量逐渐减小，这是样品对入射电子的阻碍作用。样品成分因为所含元素原子序数不同，对入射电子的阻碍作用也不同，由此使激发产生的 X 射线强度发生变化。当入射电子受样品内原子的背反射而重新离开样品时，将带走一部分原来可以激发射线信号的入射能量，降低 X 射线强度。鉴于阻止作用和背反射效应都与样品所含元素原子序数有关，因而将其称为原子序数校正。

（2）吸收效应修正（A）

入射电子所激发的特征 X 射线在射出样品表面的过程中，必然受到样品本身的吸收，从而损失一部分强度。特征 X 射线的吸收程度除与样品成分有关外，还与激发位置至表面的距离等因素有关。由于被分析的样品和纯 y 元素标样中所包含的元素种类及含量不同，对 X 射线的吸收程度也不相同，称为吸收效应，是电子探针定量分析中最重要的一项校正。

（3）荧光效应修正（F）

除了入射电子可直接激发 y 元素的特征 X 射线外，样品中其他元素的特征 X 射线和连续谱中波长较短的 X 射线也会激发 y 元素的特征 X 射线。后者称为二次 X 射线或荧光 X 射线。直接由入射电子所激发的一次 X 射线和间接由 X 射线所激发的荧光 X 射线，其波长是相同的，计算机无法区分它们，这种效应称为荧光效应。显然，荧光效应导致测得的 y 元素的特征 X 射线强度提高。

为了使 K_y 等于 C_y，必须对上述三种效应进行修正，这样得出的关系式为

$$C_y=ZAFK_y \tag{10-4}$$

ZAF 方法是在一些简化的物理模型上建立起来的理论修正方法，其主要优点是：采用分离的方法，将不同的物理现象分离，允许对每一种物理现象寻找最适当的表达式，以给出准确的修正计算。ZAF 方法修正方案由于不同作者所采用的物理参数不同而各不相同。目前得到各国广泛使用的，被称为经典的 ZAF 修正方法，包括 Duncumb 和 Reed 的原子序数校正、采用 Heinrich 参数简化的 Philibert 吸收校正以及 Reed 和 Springer 的荧光校正。定

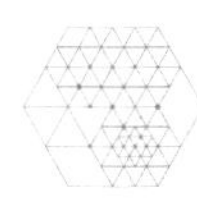

量分析计算是非常烦琐的，现在都是通过计算机进行数据处理，自动进行修正。经过修正计算后，对于原子序数大于 11、质量分数大于 10%的元素，修正后的质量分数误差可在±2%以内。

10.2.3 电子探针的应用

电子探针的最早应用领域是金属检测，后来用于陶瓷、塑料、纤维等非金属材料的成分研究与检测，并能对牙齿、骨骼、细胞、木材、树叶和根等生物样品进行探测。电子探针无论在金属材料领域，还是在地质、生物、化工等领域都已得到广泛应用。下面介绍电子探针在金属材料领域的应用。

（1）测定合金中相成分

合金中的析出相一般很小，有时几种相同时存在，用一般方法鉴别十分困难。例如镀层中的不同金属间化合物含有相同的元素，只是成分比例不同，相分析功能可以清晰地显示每个相的分布。图 10-14 所示为合金中析出相成分分析。

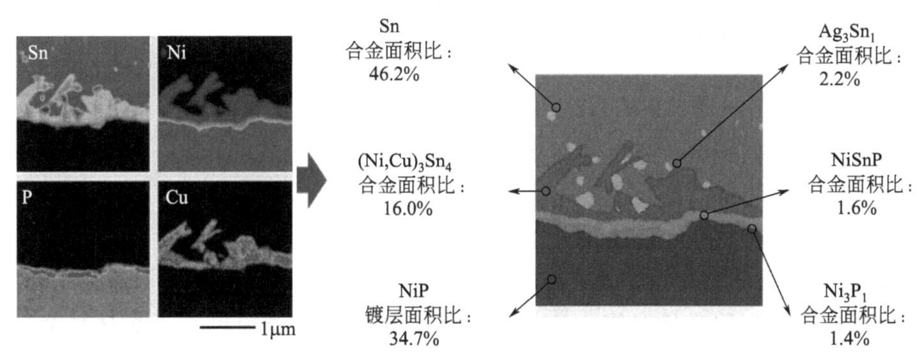

图 10-14 合金中析出相成分分析

（2）测定夹杂物

钢中大多数非金属夹杂物对钢的性能有不良影响。用电子探针能很好地测出夹杂物的成分、大小、形状和分布，这为选择合理的生产工艺提供了依据。

（3）测定元素的偏析

在冶炼、铸造、焊接或热处理过程中，材料中不可避免地会出现晶界偏析、树枝状偏析、焊缝中成分偏析等现象，电子探针可以对它们进行有效地分析。绝大多数金属材料都是通过熔炼和结晶获得，各种金属熔点不同以及晶界与晶粒内部结构上存在差异，往往会造成金属在结晶和热处理过程中晶界元素的富集或贫乏现象；焊接时，母材与焊缝常存在元素的偏析现象；在铸造合金中由于不同元素的因素也会引起成分的偏析。这些偏析现象有时会对材料的性能带来极大的危害，用电子探针进行面扫描就可以直观地看到偏析的情况。

某些钢材在冷却状态下出现中心偏析，对偏析的评估影响着钢的质量和成本控制。图 10-15 所示为钢中有大约 0.01%（质量分数）的 P（磷）中心偏析的电子探针面分析数据。

（4）研究元素扩散现象及测定渗层厚度

利用电子探针研究金属材料的氧化和腐蚀问题，测定薄膜、渗层或镀层的厚度和成分等，是机械构件失效分析、生产工艺的选择、特殊用材的剖析的重要手段。在垂直于扩散面方向上进行线分析，可得到样品所含元素浓度与扩散距离的关系曲线。

若以微米距离逐点分析，还可测定扩散系数、扩散激活能、化学热处理渗层厚度以及氧

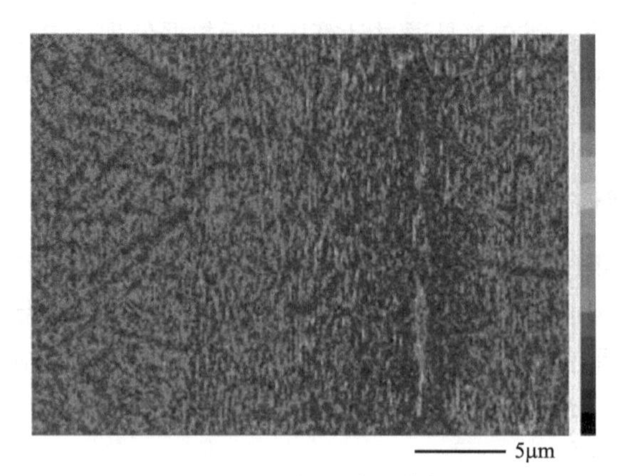

图 10-15　钢的中心偏析

化和腐蚀层厚度和元素分布。例如，用线分析方法可以得到元素从氧化层表面至内部基体的分布情况。如果把电子探针成分分析和 X 射线衍射分析结合起来，可以把氧化层中各种相的形貌和结构、成分和相组成进行对应分析。

习　题

1. 波谱仪和能谱仪的工作原理是什么？各有什么优缺点？

2. 弯曲分光晶体有哪两种聚焦方式，说明其特点。

3. 回转式波谱仪和直进式波谱仪的区别是什么？

4. 什么是 Si(Li) 半导体探测器？有什么特点？

5. 电子探针有哪三种分析方法，举例说明这三种分析方法如何应用在材料微区成分分析中？

第 11 章 热分析技术

国际热分析协会（International Conference for Thermal Analysis，ICTA）1977 年对热分析的定义如下：热分析是在程序控制温度条件下，测量物质的物理性质随温度变化的函数关系的技术。这里所说的物质是指被测样品以及其反应产物。程序控温一般采用线性程序，但也可能是温度的对数或倒数程序。

热分析技术的基础是物质在加热或冷却过程中，随着其物理状态或化学状态的变化（如熔融、升华、凝固、脱水、氧化、结晶、相变、化学反应），通常伴随有相应的热力学性质（如热焓、比热、热导率等）或其他性质（如质量、力学性质、电阻等）的变化。因而可通过测定物质的热力学性能的变化来研究其物理变化或化学变化过程。

热分析技术作为一种科学的实验方法，人们普遍认为它创立于 19 世纪末和 20 世纪初，主要应用于无机物，如黏土、矿物等。我国热分析的起步较晚，在 20 世纪 50 年代末、60 年代初才开始有热分析仪器的生产。近年来随着热分析仪器微机处理系统的不断完善，热分析仪器获得数据的准确性进一步提高，加速了热分析技术的发展。

在这些热分析技术中，差热分析（differential thermal analysis，DTA）、示差扫描量热法（differential scanning calorimetry，DSC）和热重分析（thermogravimetric analysis，TG）应用最广泛，因此本章着重讨论这些热分析技术。

11.1 差热分析

11.1.1 差热分析基本原理

在热分析技术中，差热分析是使用最早和最广泛的一种技术。它是在程序控制温度下，测量样品与参比物的温度差随时间或温度变化的一种技术。这里的参比物是指在测量温度范围内不发生任何热效应的物质，如 α-Al_2O_3、MgO 等。

11.1.2 差热分析仪

差热分析仪主要由加热炉、样品台（加热金属块）、温差检测器、温度程序控制仪、信号放大器、量程控制器、记录仪和气氛控制设备等组成，如图 11-1。

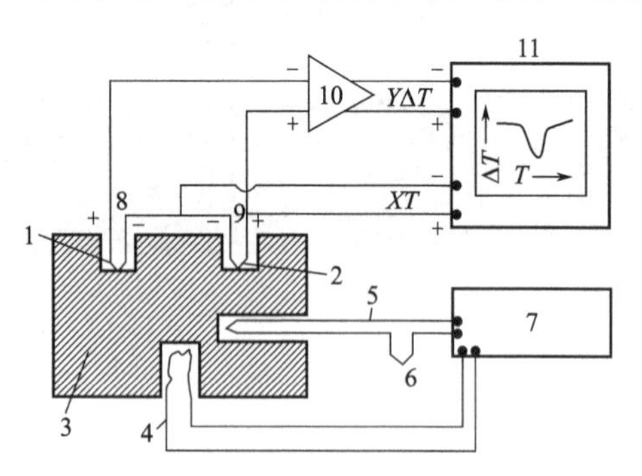

图 11-1 差热分析仪结构示意图

1—参比物；2—样品；3—加热金属块；4—加热器；5—加热块热电偶；6—冰冷联结；7—温度程控；8—参比热电偶；9—样品热电偶；10—放大器；11—x-y 记录仪

在差热分析仪中，样品和参比物分别装在两只坩埚内。两只坩埚放在同一条件下受热——可将金属块开两个空穴，把两只坩埚放在其中，也可以在两只坩埚外面套一个温度程控的电炉。热量通过样品容器传导到样品内，使其温度升高。这样，通常在样品内会形成温度梯度，故温度的变化方式会依温度差热电偶接点处的位置（测温点）不同而有所不同。测温点插入样品和参比物中，也可放在坩埚外的底部。

样品与参比物中的热电偶反向串联（同极相连，产生的热电势正好相反）。样品和参比物在相同条件下加热或冷却，炉温由程序温控仪控制。当样品未发生物理或化学状态变化时，样品温度（T_S）和参比物温度（T_R）相同，温差 $\Delta T=T_S-T_R=0$，相应的温差电势为 0。当样品发生物理或化学变化而放热或吸热时，样品温度（T_S）高于或低于参比物温度（T_R），产生温差，$\Delta T\neq 0$。相应的温差热电势信号经微伏放大器和量程控制器放大后送记录仪，与此同时，记录仪也记录下样品的温度 T（或时间 t），从而可以得到以 ΔT 为纵坐标、温度（或时间）为横坐标的差热分析曲线，即 ΔT-$T(t)$ 曲线。如图 11-2 所示。其中基线相当于 $\Delta T=0$，样品无热效应发生，向上或向下的峰反映样品的放热或吸热过程。

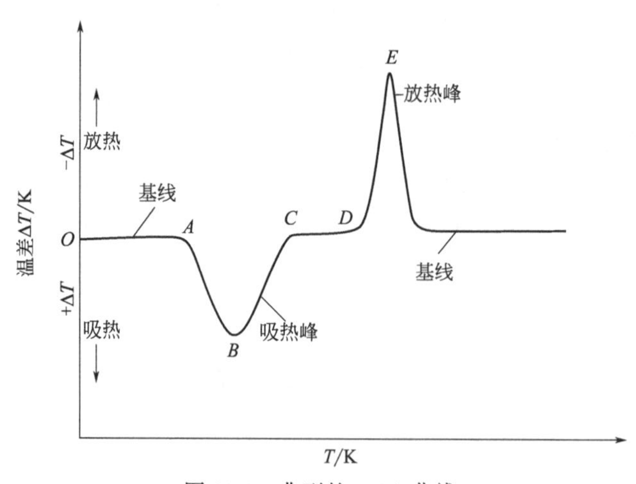

图 11-2 典型的 DTA 曲线

目前的差热分析仪均配备计算机及相应软件，可进行自动控制、实时数据显示、曲线校正和优化及程序化计算和储存等，大大提高了分析精度和效率。

DTA 法对于加热或冷却过程中物质的失水、分解、相变、氧化、还原、升华、熔融、

晶格破坏及重建等物理或化学现象能精确地测定，被广泛地应用于材料、地质、冶金、石油、化工等各个部门的科研及生产中。

11.1.3　差热分析曲线

当样品发生物理或化学变化时，所释放或吸收的能量使样品温度高于或低于参比物的温度，从而相应地在差热分析曲线上得到放热或吸热峰。

差热分析得到的图谱（即 DTA 曲线）是以温度为横坐标、样品与参比物的温差 ΔT 为纵坐标，以不同的吸热和放热峰显示样品受热（冷却）时的不同热转变状态。

依据差热分析曲线特征，如各种吸热与放热峰的个数、形状及位置等，可定性分析物质的物理或化学变化过程，还可依据峰面积半定量地测定反应热。

由于热电偶的不对称性，样品和参比物（包括它们的容器）的热容、热导率不同，在等速升温情况下画出的基线并非 $\Delta T=0$ 的线，而是接近 $\Delta T=0$ 的线，图 11-3 为 DTA 吸热转变曲线。另外，升温速率不同，也会造成基线不同程度的漂移。

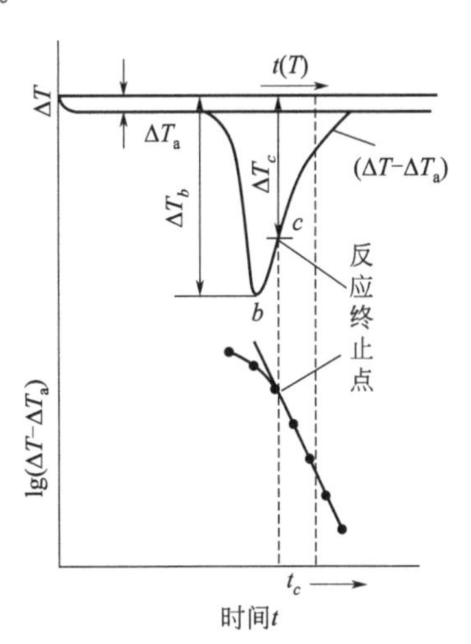

图 11-3　DTA 吸热转变曲线

设样品和参比物的热容 C_S、C_R 不随温度而改变，并且假定它们与金属块间的热传递与温差成比例，比例常数 K（传热系数）与温度无关，基线位置 ΔT_a：

$$\Delta T_a=\frac{C_R-C_S}{K}\phi \tag{11-1}$$

$$\phi=\frac{dT_W}{dt}$$

式中，ϕ 为升温速率；T_W 为炉温。

由上式可知，基线偏离仪器零点的原因是样品和参比物之间的热容不同，两者的热容越相近，ΔT_a 越小，因此参比物理论上最好采用与样品在化学结构上相似的物质。为了使 C_S、C_R 相近，有时在样品中混些参比物来稀释。此外，K 与装置灵敏度有关，K 增大，则 ΔT_a 减小。

如果样品在升温过程中热容有变化，则基线位置 ΔT_a 就要移动。程序升温速率 ϕ 恒定才能获得稳定的基线，程序升温速率 ϕ 越小，ΔT_a 也越小。升温速率 ϕ 变化，基线也会漂移，故必须用程序调节器，使 ϕ 保持不变。

在 DTA 曲线的基线形成之后，如果样品产生吸热效应，ΔT 不再是定值，需要环境（加热块）向样品提供能量。由于环境提供能量的速度有限，导致样品温度上升变慢，从而使 ΔT 增大，在 b 点时出现极大值；之后吸热反应开始变缓，直到 c 点反应停止，样品自然升温。用 ΔH 表示样品吸收（或放出）的能量，假设环境温度的升温速率 ϕ 是恒定的，则可得到样品所得能量为

$$C_S\frac{dT_S}{dt}=K(T_W-T_S)+\frac{d\Delta H}{dt} \tag{11-2}$$

式中，$d\Delta H/dt$ 为样品的吸热速度。

参比物所得能量为

$$C_R \frac{dT_R}{dt}=K(T_W-T_R) \tag{11-3}$$

将式(11-2)、式(11-3) 相减，结合式(11-1)，并认为 $dT_R/dt=dT_W/dt$，可得

$$C_S \frac{d\Delta T}{dt}=\frac{d\Delta H}{dt}-K(\Delta T-\Delta T_a) \tag{11-4}$$

式中，ΔT 为样品与参比物之间的温差，$\Delta T=T_S-T_R$。

由上式可知，样品发生吸热效应，在升温的同时 ΔT 变大，因而曲线中会出现一个峰。在峰顶（图 11-3 中的 b 点）处，$d\Delta T/dt=0$，则由式(11-4) 得到

$$\Delta T_b-\Delta T_a=\frac{1}{K}\times\frac{d\Delta T}{dt} \tag{11-5}$$

由上式可清楚看出，K 值越小，峰越高，因此可通过减小 K 值来提高差热分析的灵敏度。为了使 K 值减小，常常在样品与金属块之间设法留气隙，这样就可以得到尖锐的峰。

在反应终点 c 处（图 11-3 中的 c 点），$d\Delta H/dt=0$，式(11-4) 右边第一项将消失，即得：

$$C_S \frac{d\Delta T}{dt}=-K(\Delta T-\Delta T_a) \tag{11-6}$$

上式积分后得

$$\Delta T-\Delta T_a=\exp(-Kt/C_S) \tag{11-7}$$

这表明反应终点以后，ΔT 将按照指数衰减返回基线。

反应终点温度代表反应终止温度。为了确定反应终点的位置，通常可作 $\lg(\Delta T-\Delta T_a)$-t 图（图 11-3），它应是一条直线。当从峰的高温侧的底部逆向取点时，就可以找到开始偏离直线的那个点，即为反应终点。

将式(11-6) 从 a 点到 c 点进行积分，便可得到反应热 ΔH：

$$\Delta H=C_S(\Delta T-\Delta T_a)+K\int_a^c(\Delta T-\Delta T_a)dt \tag{11-8}$$

为了简化上式，可以假设 c 点偏离基线不远，及 $\Delta T_c\approx\Delta T_a$，则上式可写成

$$\Delta H=K\int_0^{\infty}(\Delta T-\Delta T_a)dt=KA \tag{11-9}$$

式中，A 为峰面积。

上式表明，反应热 ΔH 与 DTA 曲线的峰面积成正比，传热系数 K 值越小，对于相同的反应热效应来讲，峰面积 A 越大，灵敏度越高。式(11-9) 称为斯伯勒公式。

根据国际热分析协会对大量样品测定结构的分析，认为曲线开始偏离基线那点的切线与曲线最大斜率切线的交点（图 11-4 中 B 点）最接近热力学的平衡温度，因此用外推法确定此点为 DTA 曲线上反应温度的起始点或转变点。外推法既可以确定起始点，也可以确定反应终点。

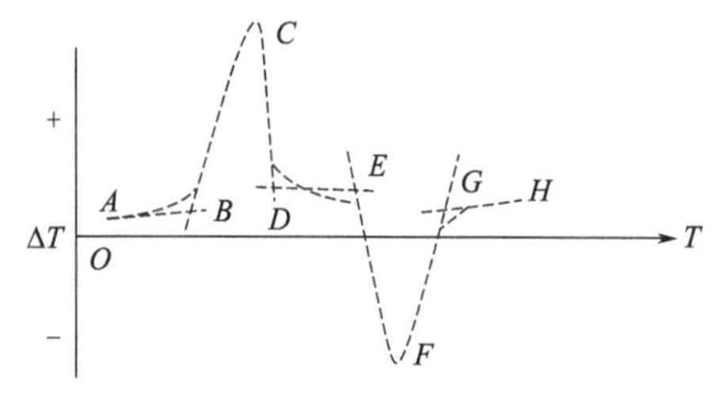

图 11-4　DTA 曲线上的特征点

图 11-4 中 C 点对应于峰值温度，该点既不表示反应的最大速度，也不表示放热过程的结束。通常峰值温度较易测定，但其数值易受加热速度和其他因素的影响，较起始温度变化大。

应该指出，从 DTA 曲线上可以看到物质在不同温度下所发生的吸热和放热反应，但并不能得到能量

的定量数据。

DTA 曲线的峰形与样品性质、实验条件等密切相关。同一样品，在给定的升温速率下，峰形可表征其热反应速度的变化：峰形陡，热反应速度快；峰形平缓，热反应速度慢。

依据差热分析曲线特征，如各种吸热峰与放热峰的个数、形状及相应的温度等，可定性分析物质的物理或化学变化过程。

11.1.4 影响差热分析的因素

DTA 的原理和操作比较简单，但由于影响因素比较多，因此要取得精确的结果并不容易。仪器因素、样品因素、气氛、加热速度等都可能影响峰的形状、位置，甚至峰的数目，所以在测试时不仅要严格控制实验条件，并且在发表数据时明确测定所采用的实验条件。

（1）实验条件的影响

① 升温速率的影响。程序升温速率主要影响 DTA 曲线的峰位和峰形，一般升温速率大，峰位越向高温方向迁移以及峰形越陡。

② 气氛的影响。不同性质的气氛如氧化性、还原性和惰性气体对 DTA 曲线的影响很大，有些场合可能会得到截然不同的结果。

③ 参比物的影响。参比物与样品在用量、装填、密度、粒度、比热及热传导等方面应尽可能相近，否则可能出现基线偏移、弯曲，甚至造成缓慢变化的假峰。

（2）仪器因素的影响

仪器因素是指与热分析仪有关的影响因素，主要包括加热炉的结构与尺寸、坩埚的材料与形状、热电偶的性能及位置等。

（3）样品的影响

① 样品用量的影响。样品用量是不可忽视的因素。通常用量不宜过多，因为过多会使样品内部传热慢、温度梯度大，导致峰形扩大和分辨率下降。

② 样品形状及装填的影响。样品形状不同所得热效应的峰的面积不同，以采用小颗粒样品为好，通常样品应磨细过筛并在坩埚中装填均匀。

③ 样品的热历史的影响。许多材料往往由于热历史的不同而产生不同的晶型或相态，以致对 DTA 曲线有较大的影响，因此在测定时控制好样品的热历史条件是十分重要的。

总之，DTA 法的影响因素是多方面的、复杂的，有的因素是难以控制的。因此，要用 DTA 法进行定量分析比较困难，一般误差很大。如果只作定性分析，则很多影响因素可以忽略，只有样品量和升温速率是主要因素。

11.1.5 差热分析曲线的应用

凡是在加热（或冷却）过程中，因物理或化学变化而产生热效应的物质，均可利用差热分析法加以研究。下面是几个应用实例。

（1）合金相图的建立

合金相图的建立，可依据实验测定的一系列合金状态变化温度（临界点）的数据，给出相图中所有的转变线，包括：液相线、固相线、共晶线和包晶线等。合金状态变化的临界点及固态相变点都可用差热分析法测定。下面以建立简单二元合金相图为例说明，如图 11-5 所示。

图 11-5(b) 为升温过程中测定的各样品的 DTA 曲线。样品①的 DTA 曲线只有一个尖

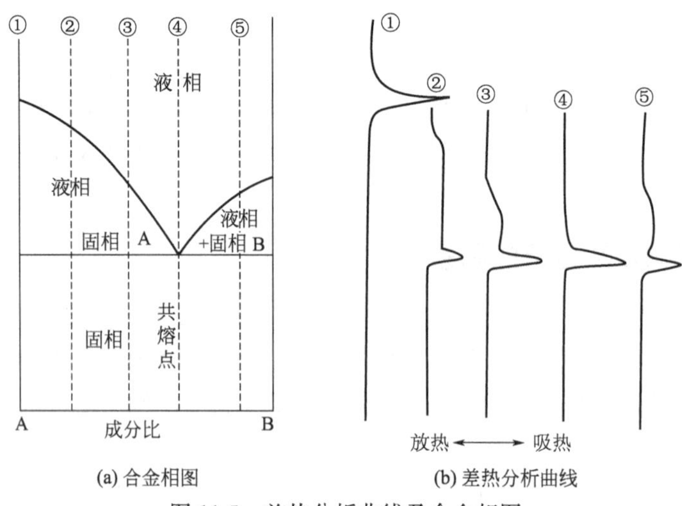

(a) 合金相图　　(b) 差热分析曲线

图 11-5　差热分析曲线及合金相图

锐吸热峰，相应于 A 的熔点；样品②～⑤的 DTA 曲线均在同一温度出现尖锐吸热峰，相应于各样品共同开始熔化温度（共熔点）；样品②、③、⑤的 DTA 曲线在共熔峰后出现很宽的吸热峰，相应于各样品的整个熔化过程。图 11-5(a) 即为由各样品的 DTA 曲线分析获得的相图。按规定测定相图所用的加热或冷却速度应小于 5℃/min，并在保护气氛中进行测量。

（2）玻璃相态结构的变化

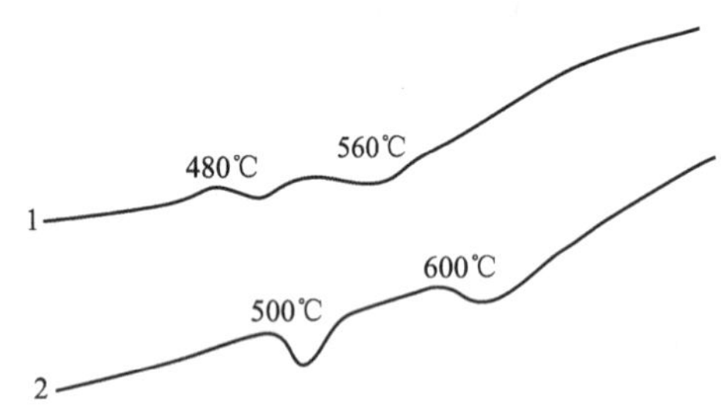

图 11-6　高硅氧玻璃的 DTA 曲线

1—$68SiO_2 \cdot 27B_2O_3 \cdot 5Na_2O$；

2—$60SiO_2 \cdot 30B_2O_3 \cdot 10Na_2O$

图 11-6 分别为两条不同组分的高硅氧玻璃的差热分析曲线。由图可知，由于曲线均出现两个 T_g，所以可以判断此两组分玻璃都是分成两相，曲线 1 第一相 T_g 低，可判断其 B_2O_3 的含量高，第二相 T_g 高，其中的 SiO_2 含量高。根据 T_g 的凹峰面积，还可半定量地知道两分相的相对数量。曲线 1 上两个 T_g 的吸热效应相似（凹峰面积相近），可以推断这种玻璃的分相（形貌）是两相交错连通。曲线 2 上第一相吸热峰效应大，这是因为该相含有较多的 B_2O_3，该相构成了玻璃的基体，有较高的含量（体积分数）；第二相为 SiO_2 高含量相，其 T_g 效应小，表明其体积分数小，可以推断第二相为分布在第一相（基体）中的球粒状 SiO_2 高含量相。

（3）凝胶材料烧结进程研究

溶胶凝胶化是一种低温制备新材料的方法，在材料制备过程中须进行烧结以脱去吸附水和结构水，排除有机物，材料还会发生析晶等变化。

图 11-7 是某一凝胶材料 DTA 曲线和失重曲线（下面一条曲线），两者结合分析可知，DTA 曲线上 110℃附近的吸热峰是吸附水的脱去引起的；300℃附近的吸热峰由于在失重曲线上有明显的失重，所以应是凝胶中的结构水脱去引起的；400℃左右的放热峰由于在失重曲线上也有明显的失重，所以可以判断这一放热峰应是有机物的燃烧造成的；500～600℃的放热峰，由于此时失重曲线基本上是平坦的，无失重，所以可以认为此峰是一析晶峰。

由 DTA 曲线和失重曲线可以定出烧结工艺制度，升温烧结时在 110℃、300℃和 400℃附近升温的速度要慢，以防止制品开裂等现象。

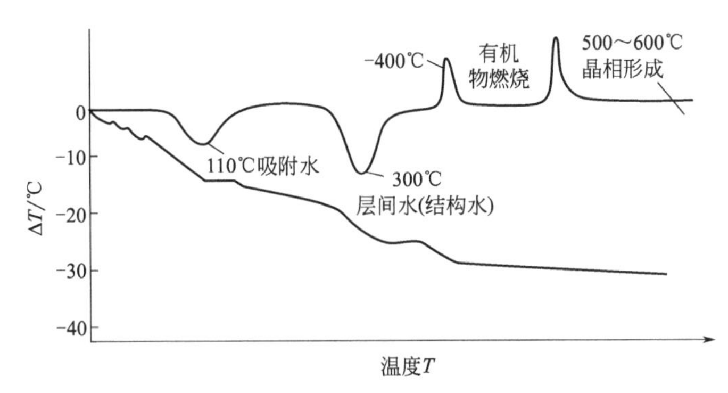

图 11-7　凝胶材料的 DTA 曲线和失重曲线

11.2　示差扫描量热法

11.2.1　示差扫描量热法基本原理

示差扫描量热法（DSC）是在程序控制温度下，测量输入给试样和参比物的功率差与温度之间关系的一种热分析方法。针对差热分析法是间接以温差（ΔT）变化表达物质物理或化学变化过程中能量的变化（吸热和放热），且差热分析法影响因素很多，难以定量分析的问题，发展了示差扫描量热法。

DSC 的主要特点是分辨能力和灵敏度高。它不仅可涵盖 DTA 法的一般作用，还可定量测定各种热力学参数（如热焓、熵和比热等），所以在材料研究中获得广泛应用。

根据测量方法的不同，目前有两种示差扫描量热法，即功率补偿式示差量热法和热流式示差量热法。本节介绍功率补偿式示差量热法。

11.2.2　示差扫描量热分析仪

图 11-8 所示为功率补偿式示差扫描量热分析仪示意图。其主要特点是试样和参比物分别具有独立的加热器和传感器，整个仪器由两条控制电路进行监控，其中一条控制温度，使试样和参比物在预定的速率下升温或降温；另一条用于补偿试样和参比物之间所产生的温差，通过功率补偿电路使试样与参比物的温度保持相同。

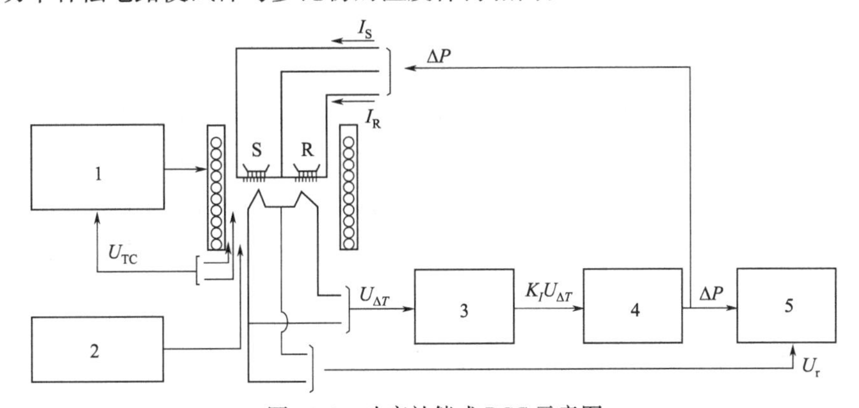

图 11-8　功率补偿式 DSC 示意图

当试样发生热效应时，比如放热，试样温度高于参比物温度，放置于它们下面的一组示差热电偶产生温差电势 $U_{\Delta T}$，经差热放大器放大后送入功率补偿放大器，功率补偿放大器自动调节补偿加热丝的电流，使试样下面的电流 I_S 减小，参比物下面的电流 I_R 增大，从而降低试样的温度，增加参比物的温度，使试样与参比物之间的温差 ΔT 趋于零，使试样与参比物的温度始终保持相同。因此，只要记录试样放热速度（或者吸热速度），即补偿给试样和参比物的功率之差随 T（或 t）的变化，就可获得 DSC 曲线。

11.2.3 示差扫描量热分析曲线

DSC 曲线的纵坐标代表试样放热或吸热的速度即热流率（$\mathrm{d}\Delta H/\mathrm{d}t$），单位是 $\mathrm{mJ\cdot s^{-1}}$，横坐标是温度 T（或时间 t），如图 11-9 所示。规定吸热峰向下，放热峰向上。

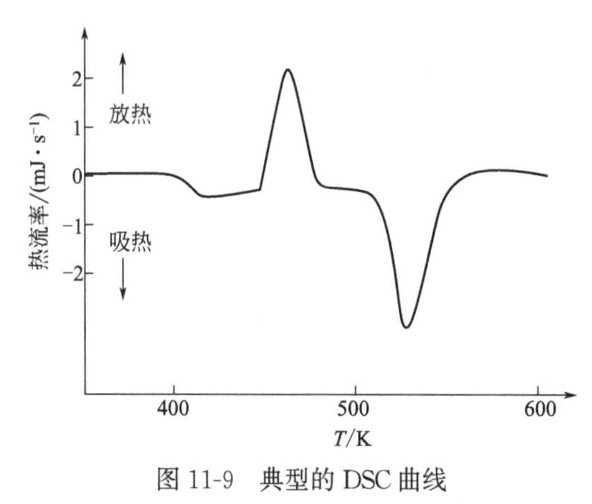

图 11-9 典型的 DSC 曲线

图中，曲线离开基线的位移即代表试样吸热或放热的速率，而曲线中峰或谷包围的面积即代表能量的变化，因而示差扫描量热法可以直接测量试样发生物理或化学变化时的热效应，还可以从补偿的功率直接计算热流率：

$$\Delta P=\frac{\mathrm{d}Q_S}{\mathrm{d}t}-\frac{\mathrm{d}Q_R}{\mathrm{d}t}=\frac{\mathrm{d}\Delta H}{\mathrm{d}t} \tag{11-10}$$

式中，ΔP 为所补偿的功率；$\frac{\mathrm{d}Q_S}{\mathrm{d}t}$ 为单位时间给试样的能量；$\frac{\mathrm{d}Q_R}{\mathrm{d}t}$ 为单位时间给参比物的能量；$\frac{\mathrm{d}\Delta H}{\mathrm{d}t}$ 为单位时间试样的热焓变化，又称热流率，就是 DSC 曲线的纵坐标。

也就是说，DSC 法就是通过测定试样与参比物吸收能量的功率差代表试样的热焓变化，试样放出或吸收的能量 ΔH 为

$$\Delta H=\int_{t_1}^{t_2}\Delta P\,\mathrm{d}t \tag{11-11}$$

公式右边的积分就是峰面积，峰面积 A 是能量的直接度量。不过试样和参比物与补偿加热丝之间总是存在热阻，致使补偿的能量或多或少地产生损耗，因此试样热效应真实的能量与曲线峰面积的关系为

$$\Delta H=m\Delta H_m=KA \tag{11-12}$$

式中，m 为试样质量；ΔH_m 为单位质量试样的焓变；K 为修正系数，称为仪器常数。

仪器常数 K 可用标准物质通过实验确定，对于已知 ΔH 的试样测量与 ΔH 相应的 A，则可按上式求得 K。这里的 K 不随温度、操作条件而变，因此 DSC 比 DTA 定量性能好。同时，试样和参比物与热电偶之间的热阻可做得尽可能小，使得 DSC 对热效应的响应更快、灵敏度及峰的分辨率更好。

11.2.4 影响示差扫描量热分析的因素

影响 DSC 的因素和影响差热分析的因素基本类似，由于 DSC 主要用于定量测定，因此

某些实验因素的影响显得更为重要，其主要的影响因素大致有下列几方面。

（1）实验条件的影响

① 升温速率。程序升温速率主要影响 DSC 曲线的峰温和峰形。一般升温速率越大，峰温越高，峰形越大、越尖锐，基线飘移大，因而一般采用 10℃/min。

② 气体性质。在实验中，一般对所通气体的氧化还原性和惰性比较注意，而往往容易忽视其对 DSC 峰温和热焓值的影响，实际上，气氛对 DSC 定量分析中峰温和热焓值的影响是很大的。在氦气中所测定的起始温度和峰温都比较低，这是由于氦气的热导性是空气的近 5 倍，温度响应比较慢；相反，在真空中温度响应要快得多。同样，不同的气氛对热焓值的影响也存在着明显的差别，如在氦气中所测定的焓变只相当于其他气氛的 40%左右。

③ 参比物特性。参比物的影响与 DTA 相同。

（2）样品特性的影响

① 样品用量。样品用量是一个不可忽视的因素。通常用量不宜过多，因为过多会使样品内部传热慢、温度梯度大，导致峰形扩大和分辨率下降。当采用较少样品时，用较高的扫描速度，可得到较大的分辨率和较规则的峰形，使样品和所控制的气氛更好地接触，更好地除去分解产物；当采用较多样品时，可观察到细微的转变峰，获得较精确的定量分析结果。

② 样品粒度。粒度的影响比较复杂。通常由于大颗粒的热阻较大而使样品的熔融温度和熔融热焓偏低，但是当样品晶体研磨成细颗粒时，往往由于晶体结构的歪曲和结晶度的下降也可导致类似的结果。对于带静电的粉状样品，由于粉末颗粒间的静电引力使粉状形成聚集体，也会引起熔融热焓变大。

③ 样品的几何形状。在研究中，发现样品几何形状的影响十分明显。为了获得比较精确的峰温值，应该增大样品与样品盘的接触面积，减少样品的厚度并采用慢的升温速率。

11.2.5 示差扫描量热分析曲线的应用

示差扫描量热法与差热分析法的应用有许多相同之处，但由于 DSC 克服了 DTA 间接表达物质热效应的缺陷，具有分辨率高、灵敏度高等优点，因而能定量测定多种热力学和动力学参数，且可进行晶体微细结构分析等工作，DSC 已成为材料研究十分有效的方法。

（1）样品焓变的测定

若已测定仪器常数 K，按测定 K 时相同的条件测定样品示差扫描曲线上的峰面积，则按式(11-12) 可求得样品热效应的焓变 $\Delta H(\Delta H_{\mathrm{m}})$。

（2）样品比热的测定

在 DSC 中，采用线性程序控温，升（降）温速率（$\mathrm{d}T/\mathrm{d}t$）为定值，而样品的热流率（$\mathrm{d}\Delta H/\mathrm{d}t$）是连续测定的，所测定的热流率与样品瞬间比热容成正比：

$$\frac{\mathrm{d}\Delta H}{\mathrm{d}t}=mc_{\mathrm{p}}\frac{\mathrm{d}T}{\mathrm{d}t} \tag{11-13}$$

式中，c_{p} 为定压比热容。

样品的比热容即可通过式(11-13) 测定。在比热容的测定中通常以蓝宝石作为标准物质，其数据已精确测定，可从手册查到不同温度下比热容值。测定样品比热容的具体方法如下：首先测定空白基线，即空样品盘的扫描曲线；然后在相同条件下使用同一个样品盘依次测定蓝宝石和样品的 DSC 曲线，所得结果如图 11-10 所示。

由于 dT/dt 相同，按式(11-13)，在任一温度 T 时，都有：

$$\left(\frac{d\Delta H}{dt}\right)_S \Big/ \left(\frac{d\Delta H}{dt}\right)_R = \frac{m_S(c_p)_S}{m_R(c_p)_R} \tag{11-14}$$

式中，S、R 分别指样品和蓝宝石。

对比图 11-10 中的曲线，可通过上式求出样品在任一温度下的比热容。

(3) 研究合金的有序-无序转变

当 Cu-Zn 合金的成分接近 CuZn 时，形成体心立方点阵的固溶体。它在低温时为有序态，随着温度的升高逐渐转变为无序态。这种转变为吸热过程，属于二级相变。

通过测量比热容 C_p 研究 CuZn 合金的有序-无序转变，测得的比热容变化曲线如图 11-11 所示。若这种合金在加热过程中不发生相变，则比热容随温度变化沿着虚线 AE 呈线性增大。但是，由于 CuZn 合金在加热时发生了有序-无序转变，产生吸热效应，故其真实比热容沿着 AB 曲线增大，在 470℃有序化温度附近达到最大值，随后再沿 BC 曲线降到 C 点；温度再升高，CD 曲线则沿着稍高于 AE 的平行线增大，这说明高温保留了合金短程有序。比热容沿着 AB 曲线增大的过程是合金有序减小和无序增大的共存状态。随着有序状态转变为无序状态的数量的增加，曲线上升也越剧烈。

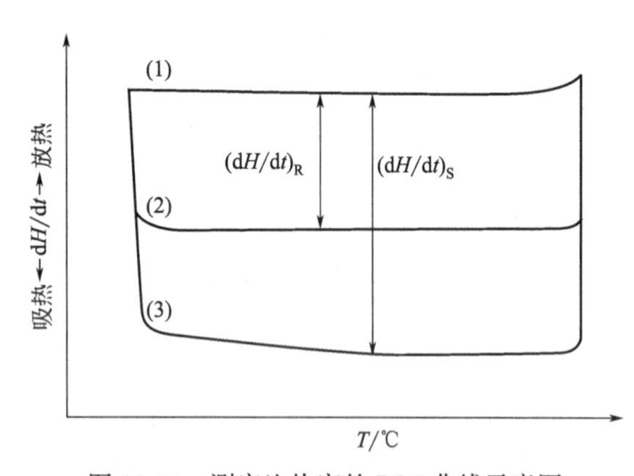

图 11-10　测定比热容的 DSC 曲线示意图
(1)—空白；(2)—蓝宝石；(3)—样品

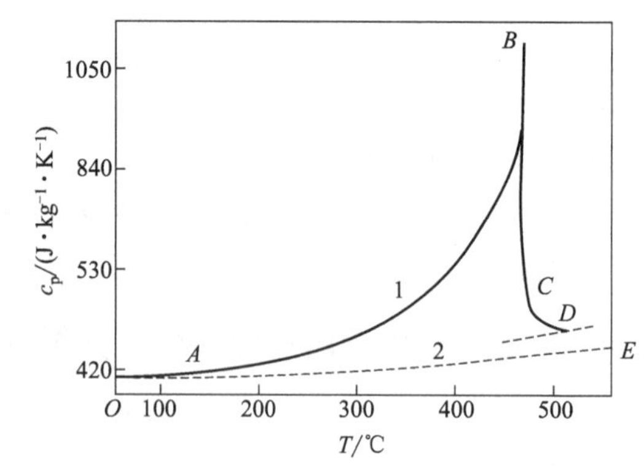

图 11-11　CuZn 合金加热过程中比热容的变化曲线
1—有转变；2—无转变

(4) 聚合物熔点的确定

聚合物的熔点都是有一定宽度的吸热峰，如图 11-12 所示，如何确定熔点至今没有统一的规定，但根据要求不同确定熔点有以下三种方法。

第一种是从样品的熔融峰的峰顶作一条直线，其斜率为高纯铟熔融峰前沿的斜率$=\frac{1}{R_0}\times\frac{dT}{dt}$，其中 R_0 是样品皿和样品支持器之间的热阻，它是热滞后的主要原因，如图 11-12(a) 所示。该直线与等温基线相交为 C 点，C 点是真正的熔点，其测定误差不超过±0.2℃。这只有在需要非常精密地测定熔点时才用（如用熔点计算物质的纯度）。一般用与扫描基线的交点 C'所对应的温度作为熔点，如图 11-12(b) 所示。第二种最通用的确定熔点的方法，是以峰前沿最大斜率点的切线与扫描基线的交点 B 作为熔点。第三种是直接用峰点 A 点作为熔点，但要注意样品量、升温速率对峰温的影响。

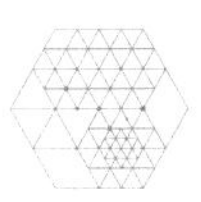

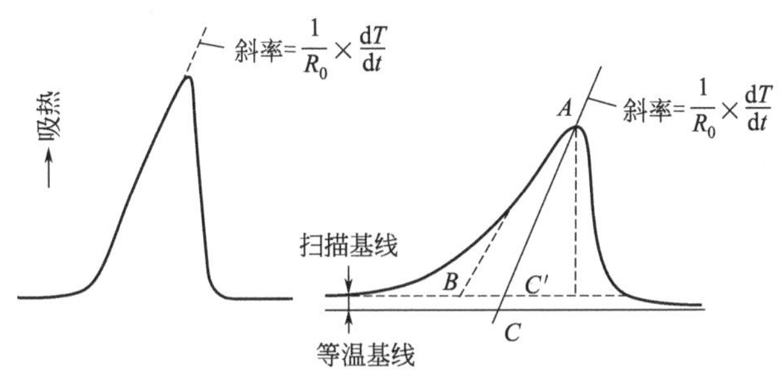

图 11-12 典型的 DSC 熔融曲线及熔点的确定

（5）聚合物玻璃化转变温度的确定

玻璃化转变温度是基于DSC曲线上基线的偏移，出现一个台阶。图 11-13 所示转变温度 T_g 的确定，一般用曲线前沿切线与基线的交点 B 或中点 C，个别情况也用交点 D，较明显、易读准。

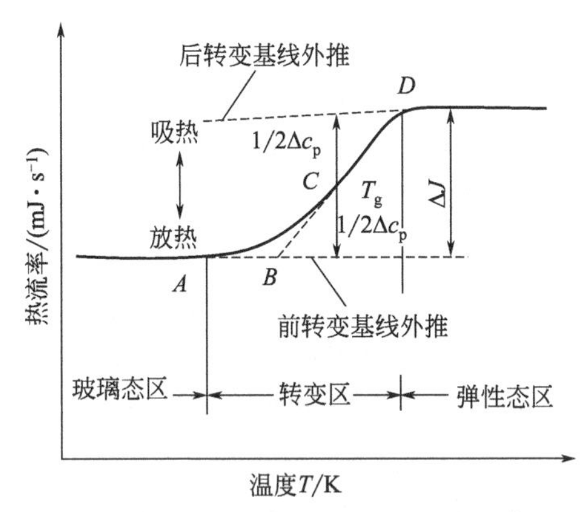

图 11-13 聚合物玻璃化转变的 DSC 曲线

11.3 热重分析

11.3.1 热重分析基本原理

热重分析（TG）是在程序控制温度条件下，测量物质的质量与温度关系的热分析法。热重法通常有下列两种类型：等温热重法：在恒温下测定物质的质量变化与时间的关系；非等温热重法：在程序升温下测定物质的质量变化与温度的关系。

11.3.2 热重分析仪

用于热重法的仪器是热天平（或热重分析仪）。热天平由天平、加热炉、程序控温系统与记录仪等部分组成。

热天平测定样品质量变化的方法有变位法和零位法。变位法是利用质量变化与天平梁的倾斜成正比关系，用直接差动变压器控制检测。零位法是靠电磁作用力使因质量变化而倾斜的天平梁恢复到原来的平衡位置（即零位），施加的电磁力与质量变化成正比，而电磁力的大小与方向是通过调节转换机构线圈中的电流实现的，因此检测此电流值即可知样品质量变化。通过热天平连续记录样品质量与温度（或时间）的关系，即可获得热重曲线。

11.3.3 热重曲线

热重法记录的热重曲线以质量 m 为纵坐标，以温度 T 或时间 t 为横坐标，即 m-$T(t)$ 曲线。它表示过程的失重积累量，属积分型。

从热重曲线可得到样品的组成、热稳定性、热分解温度、热分解产物和热分解动力学等有关数据。

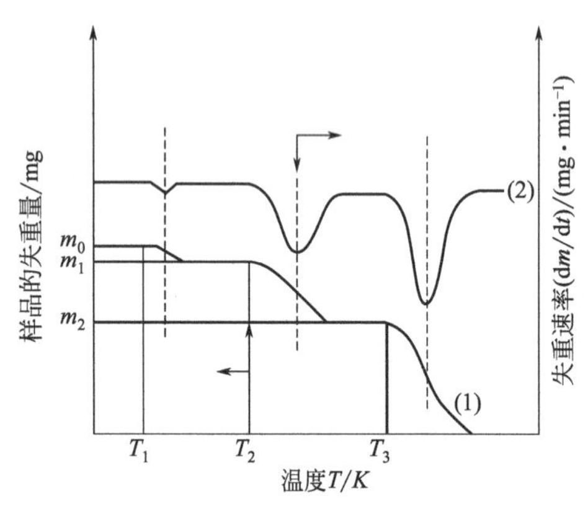

图 11-14 典型的热重曲线（1）和微商热重曲线（2）

热重曲线中质量 m 对时间 t 进行一次微商而得到 dm/dt-T（或 t）曲线，称为微商热重（DTG）曲线，它表示质量随时间的变化率与温度（或时间）的关系。

微商热重分析主要用于研究不同温度下样品质量的变化速率，因此它对确定样品分解的开始温度和最大分解速率时的温度是特别有用的。

图 11-14 比较了 TG 和 DTG 两种失重曲线。在 TG 曲线中，水平部分表示样品质量是恒定的，从 TG 曲线可求算出 DTG 曲线。微商热重曲线与热重曲线的对应关系：微商热重曲线的峰顶点（$d^2m/dt^2=0$，失重速率最大值点）与热重曲线的拐点相对应。微商热重曲线上的峰数与热重曲线的台阶数相等，微商热重曲线峰面积则与失重量成正比。

图 11-15 所示为钙、锶、钡 3 种元素水合草酸盐的微商热重曲线与热重曲线。

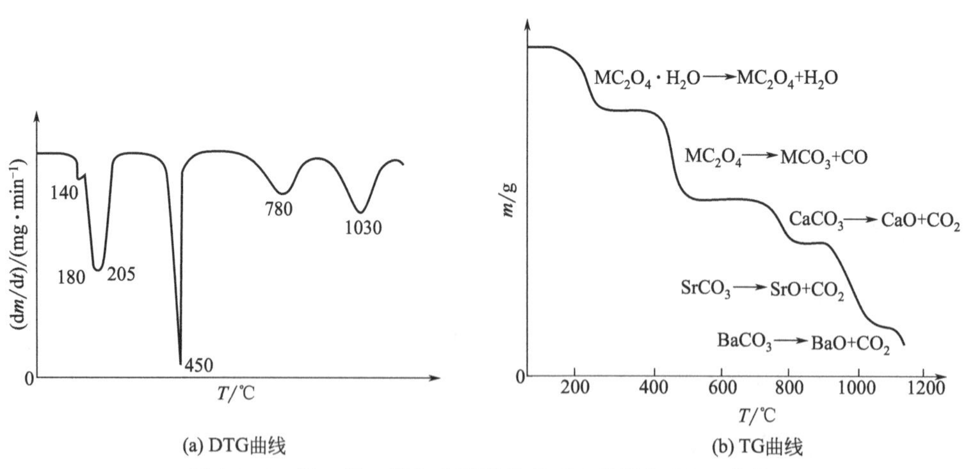

图 11-15 钙、锶、钡水合草酸盐的 TG 曲线与 DTG 曲线

热重曲线上从上到下的 5 个失重过程分别为 3 种草酸盐的一水合物失水、3 种无水草酸盐分解、碳酸钙分解、碳酸锶分解和碳酸钡分解，而曲线平台则分别对应于 3 种水合草酸盐、3 种无水草酸盐、3 种碳酸盐等的稳定状态。

与之相对应的微商热重曲线具有以下特点：能更清楚地区分相继发生的热重变化反应，精确提供起始反应温度、最大反应速率温度和反应终止温度（如在140℃、180℃和205℃出现3个峰表明钡、锶、钙一水草酸盐是在不同温度下失水的，而在热重曲线上则难以区分这3个失水反应及检测相应温度）；能方便地为反应动力学计算提供反应速率数据；能更精确地进行定量分析。而热重曲线表达失重过程则具有形象、直观的特点。

11.3.4 影响热重分析曲线的因素

11.3.4.1 实验条件的影响

（1）样品盘的影响

在热重分析时样品盘应是惰性材料制作的，如铂或陶瓷等。然而碱性样品不能使用石英和陶瓷样品盘，这是因为它们都和碱性样品发生反应而改变TG曲线。使用铂制样品盘时必须注意铂对许多有机化合物和某些无机化合物有催化作用，所以在分析时选用合适的样品盘十分重要。

（2）挥发物冷凝的影响

样品受热分解或升华，放出的挥发物往往在热重分析仪的低温区冷凝。这不仅污染仪器，而且使实验结果产生严重偏差，对于冷凝问题，可从两方面解决：一方面从仪器上采取措施，在样品盘的周围安装一个耐热的屏蔽套管或者采用水平结构的热天平；另一方面可从实验条件着手，尽量减少样品用量和选用合适的气体流量。

（3）升温速率的影响

升温速率对热重法的影响比较大。由于升温速率越大，所引起的热滞后现象越严重，往往导致热重曲线上的起始温度$T_{始}$和终止温度$T_{终}$偏高。另外，升温速率快往往不利于中间产物的检出，在TG曲线上呈现出的拐点很不明显，升温速率慢可得到明确的实验结果。改变升温速率可以分离相邻反应，如快速升温时曲线表现为转折，而慢速升温时曲线呈平台状，为此在热重法中，选择合适的升温速率至关重要，在报道的文献中TG实验的升温速率以5℃/min或10℃/min居多。

（4）气氛的影响

热重法通常可在静态气氛或动态气氛下进行，在静态气氛下，如果测定的是可逆的分解反应，虽然随着升温，分解速率增大，但是由于样品周围的气体浓度增大又会使分解速率减小；另外炉内气体的对流可造成样品周围气体浓度不断变化，这些因素会严重影响实验结果，所以通常不采用静态气氛。

为了获得重复性好的实验结果，一般在严格控制的条件下采用动态气氛，使气流通过炉子或直接通过样品。不过当样品支持器的形状比较复杂时，如欲观察样品在氮气下的热解等，则须预先抽空，而后在较稳定的氮气流下进行实验。控制气氛有助于深入了解反应过程的本质，使用动态气氛更易于识别反应类型和释放的气体，以及对数据进行定量处理。

11.3.4.2 样品的影响

（1）样品用量的影响

由于样品用量大会导致热传导差而影响分析结果，通常样品用量越大，由样品的吸热或放热反应引起的温度偏差也越大；样品用量大对溢出气体扩散和热传导都是不利的；样品用量大会使其内部温度梯度增大，因此在热重法中样品用量应在热重分析仪灵敏度范围内尽量小。

(2) 样品粒度的影响

样品粒度同样对热传导和气体扩散有较大的影响。粒度越小，反应速率越快，使 TG 曲线上的 T_i 和 T_f 温度降低，反应区间变窄，样品颗粒大往往得不到较好的 TG 曲线。

11.3.5 热重分析的应用

热重分析主要研究在空气或惰性气体中材料的热稳定性、热分解作用和氧化降解等化学变化；还广泛用于研究涉及质量变化的所有物理变化，如测定水分、挥发物和残渣，吸附、吸收和解吸过程，汽化速度和汽化热，升华速度和升华热；除此之外，还可以研究固相反应、缩聚聚合物的固化程度；有填料的聚合物或共混物的组成以及利用特征热谱图作鉴定等。

11.3.5.1 聚合物热稳定性评价

评价聚合物热稳定性最简单、方便的方法，是画出不同材料的 TG 曲线并画在一张图上比较。图 11-16 测定了 5 种聚合物的热重曲线，由图可知，PMMA、PE、PTFE 都可以完全分解，但热稳定性依次增大。PVC 稳定性较差，第一步失重阶段是脱 HCl，发生在 200～300℃，脱 HCl 后分子内形成共轭双键，热稳定性增大（TG 曲线下降缓慢），直至较高温度约 420℃时大分子链断裂，形成第二次失重。PMMA 分解温度低是分子链中叔碳和季碳原子的键易断裂所致，PTFE 是由于分子链中 C—F 键键能大，故热稳定性大大提高。PI 由于含有大量芳香杂环结构，需 850℃才分解 40%左右，热稳定性较强。

在比较热稳定性时，除了失重的温度之外，还需要比较失重速率，图 11-17 中的三条 TG 曲线，显然 c 的热稳定性比 a、b 强，而 a 与 b 虽然失重的起始温度相同，但 a 的斜率大于 b，说明 a 的失重速率大于 b，所以 a 的热稳定性最差。

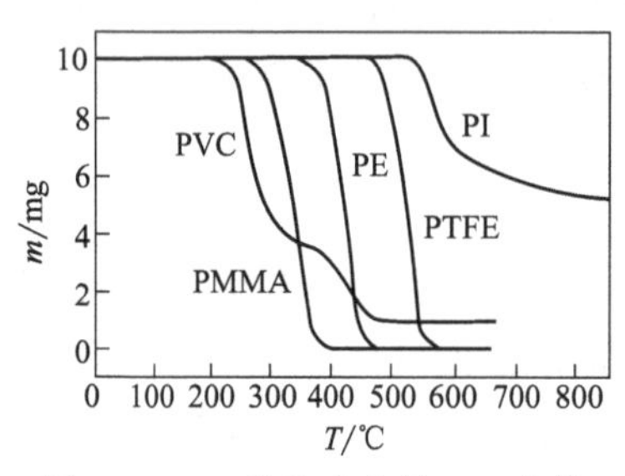

图 11-16 5 种聚合物的 TG 曲线

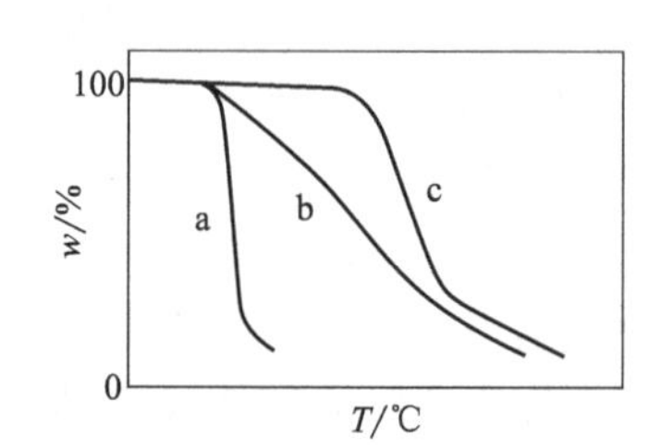

图 11-17 热稳定性比较示意图

11.3.5.2 共聚物与共混物的分析

共聚物的热稳定性总是介于两种均聚物的热稳定性之间，而且随组成比例的变化而变化。图 11-18 所示为苯乙烯-α-甲基苯乙烯共聚物（包括无规和本体共聚）的热稳定性实验。

从图中可以看到，无规共聚物 TG 曲线 b 介于 a 和 d 之间，且只有一个分解过程；本体共聚物 TG 曲线 c 也介于 a 和 d 之间，但有两个分解过程，因此该热重分析能快速、方便地判断是无规共聚物还是本体共聚物。

从共混物的 TG 曲线（图 11-19）可见，各组分的失重温度没有太大变化，各组分失重量是各组分纯物质的失重量乘以各组分含量叠加的结果。

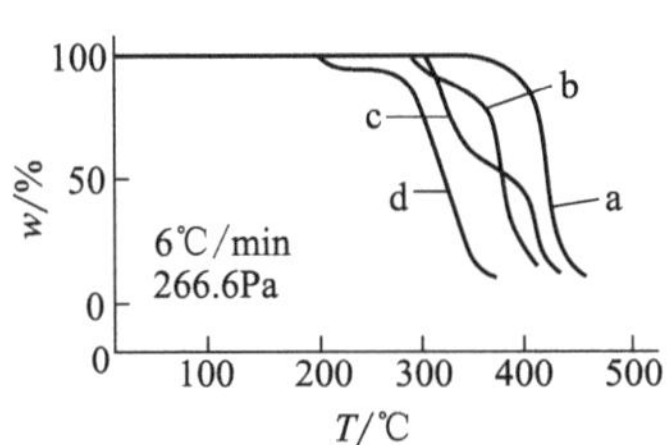

图 11-18 苯乙烯-α-甲基苯乙烯共聚物的热稳定性

a—聚苯乙烯；b—苯乙烯-α-甲基苯乙烯的无规共聚物；c—苯乙烯-α-甲基苯乙烯的本体共聚物；d—聚甲基苯乙烯

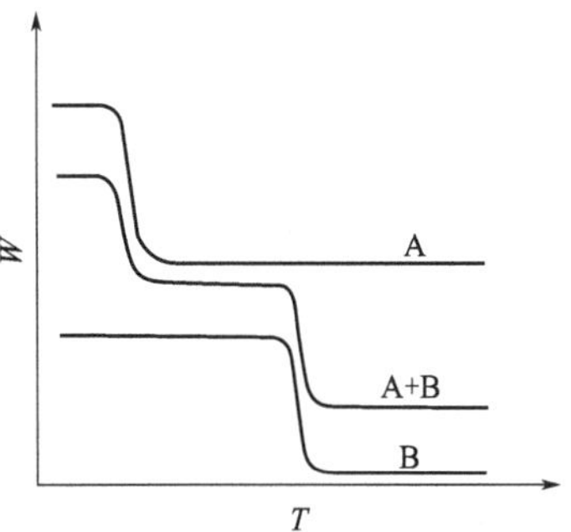

图 11-19 共混物的 TG 曲线

11.3.5.3 研究热分解反应的降解反应动力学

由热重曲线可以求得热分解反应的活化能和反应级数。假定某固体的热分解反应产物之一是挥发性物质，其热分解反应为：

$$\mathrm{A(固)} \longrightarrow \mathrm{B(固)} + \mathrm{C(气)}$$

热失重速率 k 可用下式表示

$$k=\frac{\mathrm{d}m}{\mathrm{d}t}=Am^{n}\mathrm{e}^{-E/RT} \tag{11-15}$$

式中，A 为频率因子；m 为剩余样品的质量；n 为反应级数；$\mathrm{d}m/\mathrm{d}t$ 为反应速率；E 为反应活化能；R 为气体常数；T 为绝对温度。

可将式(11-15) 以对数形式表示为

$$\ln(\mathrm{d}m/\mathrm{d}t)=\ln A+n\ln m-(E/RT) \tag{11-16}$$

下面用热重法来测定反应级数 n 和活化能 E。

此法中，将两个不同温度的实验值代入式(11-16)，把得到的两式相减，即可得到以差值形式表示的方程：

$$\Delta\ln(\mathrm{d}m/\mathrm{d}t)=n\Delta\ln m-(E/R)\Delta(1/T) \tag{11-17}$$

做 $\Delta\ln(\mathrm{d}m/\mathrm{d}t)/\Delta(1/T) \sim \Delta\ln m/\Delta(1/T)$ 图得直线，如图 11-20 所示，从图中可以计算出 n 和 E/R 值，该图在纵坐标上的截距为 E/R，直线斜率为 n。

用这种方法求动力学参数的优点是只需要一条 TG 曲线，而且还可以在完整的温度范围内连续研究动力学。但这种方法的缺点是必须对 TG 曲线很陡的部位求出它的斜率，其结果会使作图时数据点分散，给精确计算动力学参数带来困难。

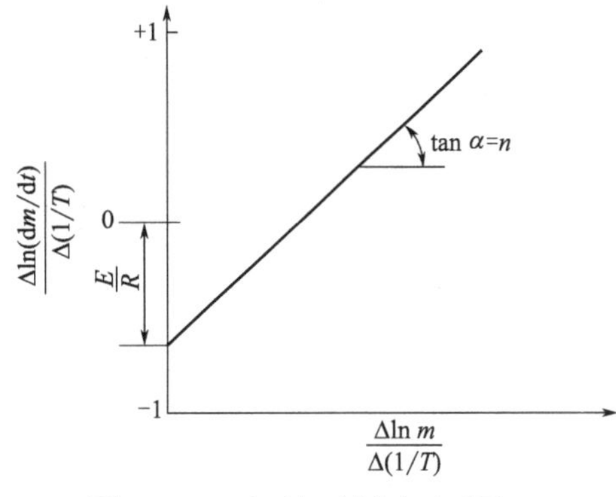

图 11-20 $\Delta\ln(\mathrm{d}m/\mathrm{d}t)/\Delta(1/T) \sim \Delta\ln m/\Delta(1/T)$图

11.3.5.4 混合样品分析

以碳酸盐矿物白云石和方解石组成的混合样品分析为例。图 11-21 为白云石和方解石混合样品的 DTA-TG 曲线。混合样品的总质量为 200mg。在 770～810℃，白云石及 $MgCO_3$ 分解放出 CO_2，失重量 28.5mg，相当于失重率 $W_m=14.25\%$，在 869～940℃第二次失重为 $CaCO_3$ 分解放出 CO_2，包括白云石分解出来的 $CaCO_3$ 及方解石本身的 $CaCO_3$ 分解出的 CO_2，失重 65.0mg，失重率 $W_c=32.5\%$。已知白云石矿为 $Mg \cdot Ca(CO_3)_2$，$MgCO_3$ 分解的失重率 $W_m=14.25\%$，那么白云石中 $CaCO_3$ 分解的失重率也应该为 14.25%（因为两者分解时都是放出等物质的量的 CO_2）。则，

$$白云石质量分数=\frac{W_m \times 2}{K_m}=\frac{14.25\% \times 2}{0.477} \times 100\%=59.75\%$$

其中，白云石的比例系数 $K_m=\frac{M_{CO_2} \times 2}{M_{Mg \cdot Ca(CO_3)_2}}=\frac{88}{184.3}=0.477$

$$方解石质量分数=\frac{W_0-W_m}{K_0}=\frac{32.5\%-14.25\%}{0.440} \times 100\%=41.47\%$$

其中，方解石的比例系数 $K_0=\frac{M_{CO_2}}{M_{CaCO_3}}=\frac{44}{100}=0.440$

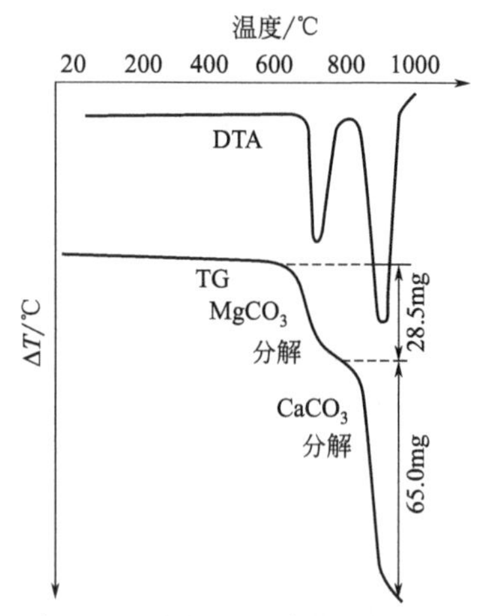

图 11-21　白云石和方解石混合样品的 DTA-TG 曲线

习　题

1. 简述常见的物理现象中的吸热反应与放热反应。
2. 从样品的差热分析曲线上可以获得哪些信息？
3. 差热分析中，当升温速率增大时，峰位会向哪个方向偏移，为什么？
4. 简述 DSC 曲线中，样品用量的影响。
5. DTA 曲线与 DSC 曲线有哪些相同点，哪些不同点？
6. 与 TG 曲线相比，DTG 曲线有什么优势？

第 12 章 综合分析测试案例

材料科学与技术研究工作都是围绕工艺、微结构、性质、性能四要素展开的，材料分析测试技术是为开展材料科学技术研究服务的，对于工艺、微结构、性质、性能之间关联的深入理解和掌握尤为必要。工艺参数变化是决定微结构特征的起源，分析测试技术表征工艺微结构，进而分析微结构产生机制；只有通过综合分析案例才能更好地把分析测试技术与工艺参数有机调控结合起来，真正让学生理解什么工艺参数造成什么样的晶体结构，提高学生工艺参数设计能力，提高学生利用分析测试技术分析问题和解决问题的能力。

目前各种分析测试技术各具特色，比如透射电镜有利于分析微观析出相的晶体结构，但宏观代表性不强，经常和 XRD 配合验证物相；其他测试技术也可利用各自特色，相互佐证，丰富证据链，进而证实影响材料物理性能的微结构的证据或者证实某一物理机制或化学动力学合成过程的证据。如何更好地理解各项测试技术的综合利用，综合分析案例无疑是最好的解决方案。

12.1 水热合成 SnSe 微米片生长机理综合测试分析

近年来，SnSe 由于高热电优值成为热电能源转化领域的明星材料，其中 SnSe 择优取向影响其热电性能的表现。可通过调节温度及碱用量控制多晶 SnSe 粉体的形貌及择优取向影响，这里我们利用 XRD、SEM、能谱、TEM 等分析测试技术分析 SnSe 择优取向及生长机制。

经典工艺介绍：首先将定量 Se 单质放入 NaOH 溶液预溶，形成 Se 预溶液；然后将定量 $SnCl_2 \cdot 2H_2O$ 溶于去离子水中，与 Se 预溶液混合，加定量 $NaBH_4$ 到混合溶液中，随后将反应釜密闭，在恒温干燥箱中保温；保温结束冷却至室温后，将反应产物用去离子水清洗，直到无残留 NaOH（pH 值中性），干燥收集。反应温度范围：80℃、100℃、120℃、140℃；反应 NaOH 物质的量浓度范围：0.31～1.56mol·L^{-1}。

对于晶体样品合成后，首先应通过 XRD 鉴别物相是否为设定的目标产物，是否存在其他物相？如果是纯相，针对样品的性质特征还可观察择优取向、晶粒大小、晶格畸变等信息。

图 12-1 的 XRD 衍射数据显示不同反应温度和反应体系碱浓度对调控 SnSe 物相及其取向性的影响。通过衍射峰与标准衍射谱比对，所有衍射峰均与标准衍射谱对应，结合制备工艺可知物相为正交 SnSe 物相。与标准衍射谱比对，发现三强线并不匹配；由前面衍射理论的学习可知，衍射强度和样品晶面取向有关，如果有织构类的择优取向，择优取向面将会有更大的衍射强度，从图 12-1(a) 可以看出，随着反应温度降低，(400) 衍射峰相对强度逐渐增大，低温工艺有利于 SnSe 微米片 (400) 晶面择优取向。如图 12-1(b) 所示，随着碱浓度的增大，(400) 衍射峰相对强度逐渐增大，证实高碱浓度有利于 SnSe 微米片 (400) 晶面择优取向。

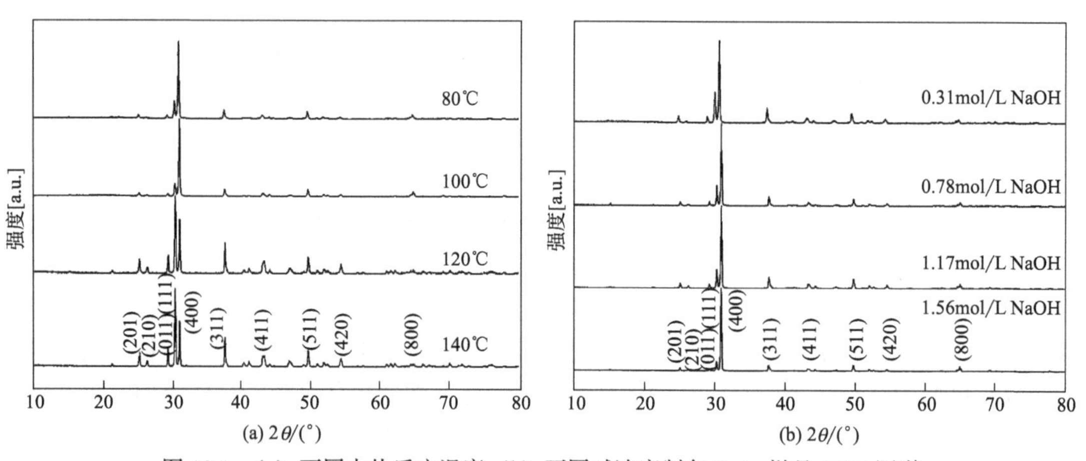

图 12-1 (a) 不同水热反应温度 (b) 不同碱浓度制备 SnSe 样品 XRD 图谱

由 XRD 衍射数据衍射峰的位置及相对强度确定粉体物相为正交 SnSe 相，反应温度和碱浓度可有效调控样品的取向性。但具体粉体形态如何？由于粉体尺寸小于 0.1mm，肉眼看不到粉体物相的形貌及择优取向特征。图 12-2 为不同碱浓度下制备 SnSe 微米片的高分辨扫描电镜照片。碱浓度较低时粉体呈现花状［图 12-2(a)］，尺寸大约十几～二十微米；随着反应体系碱浓度增大，样品的花状形貌减少，粉体展现出树枝形片状［图 12-2(b)］，片状尺寸变化不大；进一步增大碱浓度，花状形貌已消失，基本呈片状，但片与片之间有粘连［图 12-2(c)］，尺寸略有增大，大约二十～三十微米之间；当碱浓度达到 $1.56\text{mol}\cdot\text{L}^{-1}$ 时，片与片之间的粘连减少，基本上是独立的片状，尺寸基本控制在二十～三十微米之间。由图 12-2 进一步证实碱浓度直接影响 SnSe 微米片取向性生长。

虽然 XRD 已表明粉体物相是正交 SnSe 相，但某一张微观片是否是 SnSe 呢？利用扫描电镜结合能谱技术，观察二次电子像、元素面扫描、线扫描，证实 SnSe 微米片的成分分布均匀性。从彩色插页图 12-3(a) 二次电子像可以看出 SnSe 微米片并不平整，可能在晶体生长过程中有片与片的堆垛。从图 12-3(b)、(c) 面扫描信息可以看出微米片的成分元素为 Sn 和 Se，结合前面 XRD 分析结果进一步证实微米片为正交 SnSe 相。进一步观察线扫描，两种元素基本波动不大，少量波动可能与片不完全平整有关。通过前面分析，SnSe 微米片到底怎么生长的？片上堆垛痕迹是怎么留下的？好奇心推动作者去探究 SnSe 微米片更微观的细节。

图 12-2 不同碱浓度反应体系的扫描电镜照片

(a) 0.31mol・L^{-1}；(b) 0.78mol・L^{-1}；(c) 1.17mol・L^{-1}；(d) 1.56mol・L^{-1}

为了观察 SnSe 微米片更微观的细节，进一步利用透射电镜观察其细节，如图 12-4 所示。从图 12-4(a)、(b) 观察的结果与扫描电镜观察的结果类似，立体感不如扫描电镜，这是两种仪器工作景深差别的影响。仔细观察图 12-4(b)，边角分明，经粗略测量，其中片右上角的角为 86°，这一晶面夹角正好对应于 SnSe 的（011）面和（$0\bar{1}1$）面的夹角，可猜测这个片有可能接近于单晶。深入观察细节，会发现存在一些小晶核颗粒，有团聚特征，如图 12-4(c)，由此推断，后期片状可能是早期形成的颗粒组装而成的。进一步观察发现有颗粒附着在片的侧面［图 12-4(d)］。

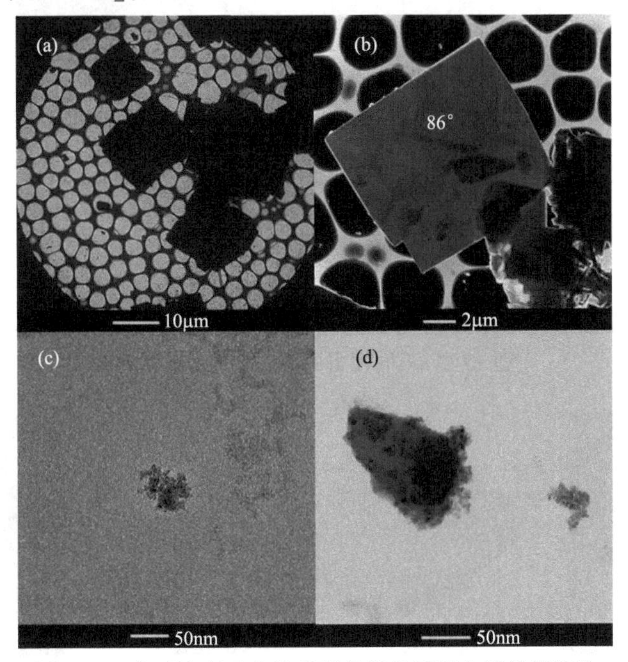

图 12-4 高碱浓度反应体系制备样品透射电镜低倍照片

进一步放大视野，观察团聚颗粒、颗粒附着片等细节，如图 12-5 所示。可看到很多几纳米的颗粒团聚如图 12-5(a)，利用高分辨相的相位衬度得到的晶格条纹相，估算晶面间距分别是 0.3nm、0.33nm、0.35nm 分别对应于 SnSe 的（011）晶面的、（210）晶面的、（201）晶面的晶面间距。图 12-5(b) 是若干颗粒附着在一个 SnSe 片上，对片做选区衍射，可看出斑点比较散乱，有成环的迹象；但仔细观察有一套斑点相对强，说明片中存在大晶粒区域，可能由大晶粒生长吞噬小晶粒形成的。观察其他视野，可明显看出颗粒附着片的侧面，对于方框区域做高分辨衍射衬度晶格相，经傅里叶变化形成衍射斑点，可证实这一区域为单个晶粒。进一步放大视野观察，发现有片层堆垛情况，如图 12-5(d) 所示，这就和前面扫描电子显微镜观察到的堆垛痕迹匹配。当片与片理想匹配堆垛，将不会留下堆垛痕迹；当堆垛时片层上存在小颗粒等将会出现不匹配情况，则留下堆垛痕迹。由图 12-5(c) 观察到的片层边的颗粒附着证据，可以推测 SnSe 微米片的横向生长机制；由图 12-5(d) 观察到的堆垛证据，可以推测 SnSe 微米片的纵向片叠加机制，两种机制模型图如图 12-6 所示。结合 SnSe 微米片制备工艺、XRD、SEM 和 TEM 实验结果，可分析温度和碱浓度对 SnSe 微米片取向性影响的本质原因。温度高，体系流体流动性大，片与片不易匹配堆垛，粉体尺寸更小、更易长成花形。在生长过程中前期生成的 SnSe 微米片上也会附着一些小颗粒。碱浓度越高，越容易融掉这些小颗粒，以便片与片实现匹配堆垛。

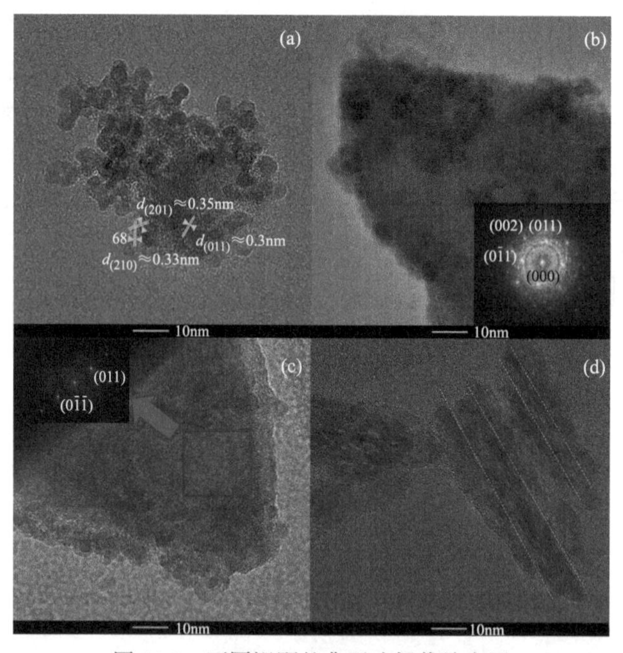

图 12-5　不同视野的典型暗场像放大图

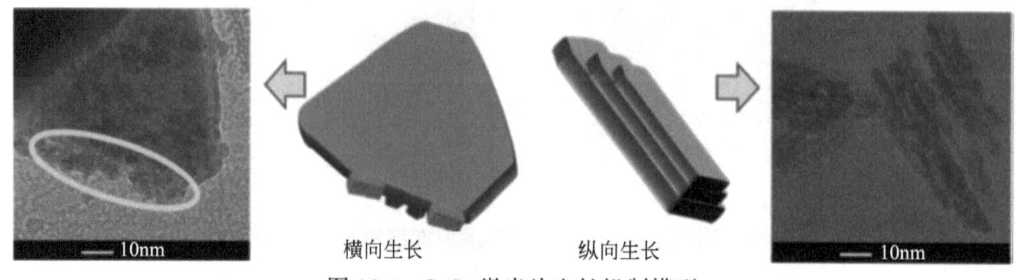

图 12-6　SnSe 微米片生长机制模型

12.2　(Nd，Pr) H_x 和 Cu 共掺杂协同调控 Nd-Ce-Fe-B 晶界相综合测试分析

追求高性能和低成本材料是材料科学家不懈努力的方向，利用高丰度、低成本的 Ce 替代永磁体 Nd-Fe-B 中的稀土元素是这个材料体系市场化推广的关键环节。大量 Ce 替代造成 Nd-Fe-B 永磁体的磁性能（特别是矫顽力）衰退严重，实际矫顽力很大程度上取决于非铁磁晶界相的形成与分布形态。有报道称添加(Nd，Pr)H_x，有利于 Nd-Ce-Fe-B 永磁体的矫顽力提升；但(Nd，Pr)H_x 导致富稀土三叉晶界相生成，富稀土三叉晶界相具有低化学电位属性，降低材料的抗腐蚀能力。如何控制三叉晶界相和晶间相的结构和成分是推进 Nd-Ce-Fe-B 永磁体市场化的关键。

经典工艺：通过感应熔炼、甩带法、氢爆裂、机械研磨制备$[(Nd_{80}Pr_{20})_{75}Ce_{25}]_{30.5}Fe_{bal}M_{1.0}B_{1.0}$(M=Al，Ga，Zr)粉体，对 Nd-Pr 合金在 673K 进行 2 小时氢脆处理得到$(Nd_{80}Pr_{20})H_x$ 粉体，2%（质量分数）(Nd,Pr)H_x 和 Cu 粉在氮气气氛下与前面工艺制备的 98%（质量分数）Ce-25 基体粉充分混合。(Nd,Pr)H_x 与 Cu 的比例分别为 10∶0、9∶1、8∶2、7∶3、5∶5（分别对应于 Cu 质量分数 0、0.2%、0.4%、0.6%、1%）；混合粉体在 1.8T 磁场 5MPa 下预制成块；再通过 200MPa 等静压致密化块体，在真空炉下 1313K 烧结，随后在约 1163K 和约 768K 两步退火。

由彩色插页图 12-7 XRD 数据分析可知，主晶相为 $RE_2Fe_{14}B$ 相，含有 $REFe_2$、富 RE 相和少量稀土氧化物相。经 XRD 结构精修获得各物相成分，具体成分含量如表 12-1 所示。

表 12-1　XRD 结构精修不同物相质量分数

磁体	质量分数/%				R 因素	
	$RE_2Fe_{14}B$	$REFe_2$	富 RE	REO_x	R_p	R_{wp}
基体	95.48	2.30	1.83	0.38	1.33	1.89
10∶0	93.85	3.35	2.34	0.46	1.45	1.94
8∶2	94.71	4.23	0.81	0.24	1.43	2.05
5∶5	95.20	2.78	1.24	0.77	1.45	2.08

$REFe_2$ 质量分数从基体的 2.30%增加到 8∶2 磁体的 4.23%，远超过富稀土相 0.81%。(Nd,Pr)H_x 和 Cu 共掺比无 Cu 试样显著增加 $REFe_2$ 质量分数。

彩色插页图 12-8 显示了不同(Nd,Pr)H_x/Cu 试样的扫描电镜背散射相，其中深灰、浅灰（蓝色箭头）、白亮（白色箭头）衬度分别对应于 $RE_2Fe_{14}B$ 基体、$REFe_2$ 和富 RE 晶间相。与几乎没有晶间相层的基体试样［图 12-8(a)］比较，单独添加(Nd,Pr)H_x，增加三叉晶界相的比例，在局部区域产生了连续晶间相［图 12-8(b)］。对于(Nd,Pr)H_x/Cu 共掺试样，随着铜含量增加，蓝色箭头表示的浅灰色的晶间相质量分数增加［图 12-8(c)～(e)］。针对 8∶2 和 7∶3 磁体，浅灰色的 $REFe_2$ 相控制了晶间区域，而传统的稀土相被显著抑制，如图 12-8(d)～(e)。与基体磁体和 10∶0 磁体比较，添加铜后形成更厚、更连续的晶间相（与前面精修结果一致），这意味 $REFe_2$ 相增加提高了基体与晶间相之间的润湿性。针对 5∶5 磁体［图 12-8(f)］，不仅 $REFe_2$ 相减少，而且出现更多孔洞，说明过量添加铜将会降

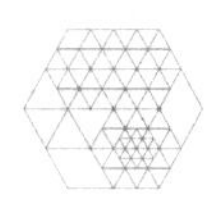

低磁体致密度。

传统观点认为，Ce 和 Fe 是 $REFe_2$ 相的主要元素。当添加(Nd,Pr)H_x 和 Cu 后，还是这样的结果吗？(Nd,Pr)H_x 和 Cu 共掺是否能够同时调控晶间相的质量分数和成分？借助电子探针微区成分分析优势，晶间相的成分分析结果如彩色插页图 12-9 所示。在非均匀晶间区，明显存在三个三叉晶界相。对于 10∶0 磁体［图 12-9(a)］，白色箭头对应于传统的富稀土三叉晶界相，包含 Nd（质量分数>70%）和少量 Fe（质量分数<20%）。蓝色箭头对应传统 $REFe_2$ 三叉晶界相，包含 60% RE（约 40% Ce、约 20%Nd+Pr）和约 40% Fe。在 $REFe_2$ 晶间相区域，Nd/Pr 质量分数低于基体的 2∶14∶1，同时 Ce 表现出明显的偏析现象，由此也证实 $REFe_2$ 相中 Ce 是主要元素成分。对于 8∶2 磁体，一个新型的 1∶2 型三叉晶界相出现，如图 12-9(b) 红色箭头标识所示；在新型的 1∶2 型三叉晶界相中，Fe 还具有类似的质量分数 40%，但稀土组成发生变化，Ce 质量分数减少到约 30%，对应 Nd+Pr 质量分数增加到约 30%。同时明显看到在新型的 1∶2 型三叉晶界相中出现铜富集，这意味 Cu 溶入 $REFe_2$ 相中。

为了更清楚显示不同区域的成分变化，将图 12-9(b) 中三叉晶界区分为三类Ⅰ、Ⅱ和Ⅲ，分别进行波谱线扫描分析，如彩色插页图 12-10 所示。Ⅰ型三叉晶界区代表铜溶入 $REFe_2$ 相［图 12-10(a) 所示的两条垂直虚线之间)，Ⅱ型代表 Cu 溶入富稀土相（高 Nd 和低 Fe，如图 12-10(b))，Ⅲ型代表 Cu 未溶入 $REFe_2$ 相［图 12-10(c)］。仔细对照Ⅰ和Ⅲ型，约 2% 溶解 Cu 造成稀土成分组成比例发生变化，相对于周围基体晶粒，含 Cu $REFe_2$ 相的 Nd 浓度变得更大（见水平点线），而 Ce 浓度对应减少［图 12-10(a)］。对照而言，图 12-10(c) 显示无 Cu 的 $REFe_2$ 相。

对 8∶2 磁体进一步用透射电镜观察，如彩色插页图 12-11 和图 12-12 所示，从低倍扫描透射模式图可以看出一个大的三叉晶界相伴随着连续、厚的晶界层，这个晶界层使三叉晶界相与周围晶粒隔离［图 12-11(a)］。图 12-11(b) 和 (c) 的选取斑点衍射证实 $RE_2Fe_{14}B$ 晶体的四方结构（Ⅰ区晶带轴为［001］）和立方晶体结构的 $REFe_2$ 三叉晶界相（Ⅱ区晶带轴为［211］）。传统 $REFe_2$ 和含 Cu 的 $REFe_2$ 都是面心立方相，具有密排晶体结构，这也说明无法从 XRD 和电子衍射斑点来区分这种新型的三叉晶界相。需要详细的化学信息来鉴别，Ⅲ能谱数据证实 $REFe_2$ 中的 Cu/Ce/Nd 浓度比基体相更高［图 12-11(d)～(h)］，属于Ⅰ型三叉晶界相。这一结果和电子探针分析结果匹配，证实 Cu 进入 1∶2 $REFe_2$ 相的晶格中。图 12-11(i)～(n) 给出了Ⅳ区 100nm 厚的连续晶界层的化学成分，类似于附近溶解铜的 $REFe_2$ 三叉晶界相。能谱线扫描 EDS［图 12-11(o)］证实在穿越 $REFe_2$ 晶界相时 Nd 和 Cu 浓度增大（相对于周围 $RE_2Fe_{14}B$ 基体相）。综合图 12-9～图 12-11 有效证明(Nd,Pr)H_x 和 Cu 共掺促使新型溶 Cu 的 $REFe_2$ 相形成，它明显区别于传统的 $REFe_2$ 相。

图 12-12 显示Ⅱ型溶 Cu 的富稀土三叉晶界相的典型微结构，可以看出三叉晶界相对于周围基体（Ⅱ区的基体物相已由图 12-12(b) 衍射斑点所证实）具有很好的润湿性。图 12-12(a) 中右上角插图显示了一个连续的厚度为 6nm 的晶界层。图 12-12(c) 显示了三叉晶界相的Ⅲ型的衍射斑图谱，它的晶带轴是［110］。图 12-12(a) 对应的 STEM-EDS 面扫描如图 12-12(d)～(h)，实验证实溶 Cu 的富稀土晶界相铁含量低，它的非铁磁性隔离了相邻的铁磁晶粒。

彩色插页图 12-13 比较分析基体磁体与 8∶2 磁体的晶界相特征和畴结构。对于没有晶界相的基体磁体，相邻晶粒直接接触，如图 12-13(a) 和 (b)。图 12-13(c) 和 (d) 显示连续的畴域穿过晶粒和强交换耦合效应。一旦在一个局域缺陷区一个反向的磁畴形核，由于缺乏晶界层阻碍，它将激发附近晶粒反向畴雪崩式的扩展。(Nd,Pr)H_x和Cu共掺从根本上改善了这种状况，如图12-13(e)～(h)。图12-13(f)展示当存在典型的15nm厚的非铁磁性的晶界相时，相邻的$RE_2Fe_{14}B$晶粒将会解耦磁相互作用。图12-13(g)和(h)证实穿越相邻晶粒的磁畴取向发生180°的旋转，显示强磁隔离作用，阻碍反向磁畴穿越整个磁体快速传播。

综上所述，经过(Nd,Pr)H_x和Cu晶界工程化之后，Nd-Ce-Fe-B烧结磁体展现异常微结构特征：在$RE_2Fe_{14}B$基体相周围出现Ⅰ型溶Cu的$REFe_2$相和Ⅱ型溶Cu的富稀土相，它们不同于传统无Cu的$REFe_2$相和富稀土相。

为了清晰阐述这种微结构的演变，可能存在如下机制：

① 当(Nd,Pr)H_x和Cu实现共掺时，在1∶2相中，由于相近的原子半径，Fe部分被Cu取代；同时Ce被Nd/Pr取代，进而导致新型溶Cu的$REFe_2$相出现，这个新相比传统$REFe_2$有更多的Nd和更少的Ce，已为前面的TEM和电子探针EPMA结果所验证（图12-9～图12-11）。这就意味在高温烧结和退火过程中，过量Fe和Ce将释放到液相晶间区。

② (Nd,Pr)H_x经脱氢后，在稀土浓度梯度驱动力作用下，Nd/Pr扩散进基体2∶14∶1相晶格，部分取代Ce，导致额外的Ce从$RE_2Fe_{14}B$相中排出，形成晶间液相区。

③ 上述多种效应为局部晶间区提供额外的Ce和Fe原子，满足Ce/Fe偏析的先决条件，形成额外的1∶2相，随后在烧结和退火过程中转化为$REFe_2$相。这也解释了随着铜浓度增加$REFe_2$相增加的特征（图12-7、图12-8）。

④ 高铁含量的晶界相的铁磁行为导致磁耦合和穿晶的磁反转级联效应。由于额外$REFe_2$相形成需要过量的Fe（图12-11中的Ⅰ型），在富稀土晶界相中Fe也大量减少。额外的Cu引入形成溶Cu的富稀土相有效增加润湿性，有利于连续的贫铁晶界相形成（图12-12中的Ⅱ型）。这也是(Nd,Pr)H_x和Cu共掺晶界工程化的另一个特征。

彩色插页图12-14总结了磁体微结构演变的示意图。(Nd,Pr)H_x和Cu共掺导致$REFe_2$相的质量分数增大，同时出现少量富稀土相。两相都可熔成液体，借助毛细驱动力进入相邻晶粒间隙界面。经(Nd,Pr)H_x和Cu晶界工程化后，一个连续的厚的晶界层出现，并包围了$RE_2Fe_{14}B$晶粒。当添加过多Cu时，更多Nd进入新1∶2相晶格，引起1∶2相磁性变化。由于显著的Fe稀释，晶界相的磁化作用减小，硬磁晶粒间的耦合交换作用也进一步减小。同时，更多Ce从基体2∶14∶1相晶格中排出，形成额外的$REFe_2$晶间相，导致更多的Nd/Pr深入基体晶粒，使得材料保持更高的剩磁性能。增加的$REFe_2$相的另一个优点是其拥有比富稀土相更高的电化学电极电位，这使其强化晶间区域，提高抗腐蚀能力。

12.3 三维Ti_3C_2-TiO_2纳米花复合材料的物相与微观结构综合测试分析

Ti_3C_2 MXene由于其可调的层间距和较大的比表面积引起了人们的广泛关注，理论计算（DFT）论证了Ti_3C_2具有极好的金属导电性，被广泛应用到催化和能量存储与转换方面。此外，Ti_3C_2 MXene独特结构对电荷的积聚作用，引起费米能级的负移和调整，可以有效改善光解水性能。

这里通过对 Ti_3C_2 MXene 进行部分碱化、氧化得到 3D Ti_3C_2-TiO_2 纳米花复合材料，并对其进行不同温度的热处理，得到不同形貌的 3D Ti_3C_2-TiO_2 纳米花球。Ti_3C_2 作为助催化剂的存在，有效地促进了空间电荷的传输，阻碍了电子-空穴对的重组，使这种 3D Ti_3C_2-TiO_2 纳米花球具有优异的光解水产氢、产氧效果，并且能够在无牺牲剂、无助催化剂的条件下实现全解水。

经典工艺介绍：将 0.1g Ti_3C_2 MXene 纳米片加入 4.08mL 体积分数为 30 %的 H_2O_2 溶液与 180mL 1mol·L^{-1} 的 NaOH 溶液的混合液中，搅拌 10min，将得到的液体在具有聚四氟乙烯内衬的水热反应釜中，140℃保温 12h，冷却至室温，将上部白色悬浮液抽滤清洗至中性，60℃干燥 12h 得到 Ti_3C_2-$Na_2Ti_3O_7$ 纳米片；然后获得的 Ti_3C_2-$Na_2Ti_3O_7$ 纳米片浸入 0.1mol·L^{-1} 的 HCl 溶液中静置 24h，且循环两次，得到 Ti_3C_2-$H_2Ti_3O_7$ 纳米片；最后将得到的 Ti_3C_2-$H_2Ti_3O_7$ 纳米片在 300℃、400℃和 500℃下进行热处理（升温速率：4℃/min；保温时间：2h），最终得到 3D Ti_3C_2-TiO_2 纳米花复合材料。

Ti_3C_2 MXene、Ti_3C_2-TiO_2 复合材料和 TiO_2 纳米带的 X 射线衍射图谱如图 12-15 所示。图 12-15(a) 中最下面的曲线是典型的 Ti_3C_2 MXene X 射线衍射图谱，经 HF 溶液刻蚀得到的 Ti_3C_2 MXene 保留了 Ti_3AlC_2 中的 Ti 和 C 层，在 8.83°处的最强峰对应于 Ti_3C_2 MXene 的（002）晶面，这个峰表明 Ti_3C_2 MXene 的成功刻蚀。不同温度 Ti_3C_2-TiO_2 复合材料的 XRD 图谱中可以明显看到锐钛矿相 TiO_2 和 Ti_3C_2 同时存在，且无其他杂质峰，表明 Ti_3C_2-TiO_2 复合材料的成功制备。为了探索 Ti_3C_2 MXene 对光解水性能的影响，将 Ti_3C_2-TiO_2 纳米花光催化剂与纯 TiO_2 纳米带进行对比，图 12-15(b) 是不同热处理温度下（300℃、400℃和 500℃）的 TiO_2 纳米带的 XRD 图谱，TiO_2 纳米带中 B 相（JCPDS No.46-1237）和锐钛矿相（JCPDS No.21-1272）两种晶相同时存在。

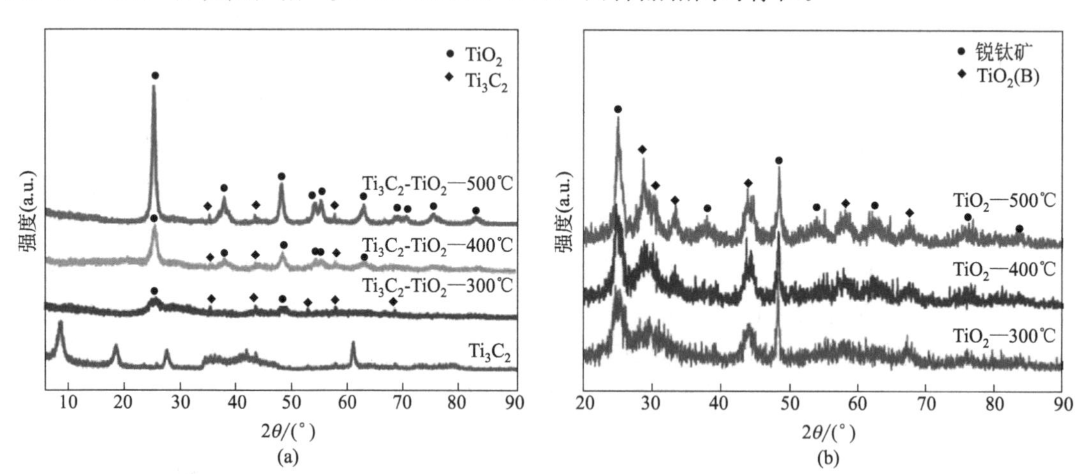

图 12-15　不同热处理温度（300℃、400℃和 500℃）Ti_3C_2-TiO_2 纳米花和 TiO_2 纳米带的 X 射线衍射图

通过 X 射线光电子能谱（XPS）检测制备产物中元素的化学成分和价态。如图 12-16(a) 所示，XPS 全谱中显示 Ti_3C_2-TiO_2 纳米花中有 Ti、O、C、F、Na 5 种元素。其中 F 元素的存在是由于刻蚀过程中，HF 溶液中的 F^- 物理吸附到 Ti_3C_2 表面所致。如图 12-17(a) 所示，在 Ti_3C_2-TiO_2 纳米花合成过程中，随着 Ti_3C_2 部分碱化、氧化得到 Ti_3C_2-$Na_2Ti_3O_7$，再经过离子交换得到 Ti_3C_2-$H_2Ti_3O_7$，最后通过热处理得到 Ti_3C_2-TiO_2 纳米花复合材料，F 元素的含量逐渐减少到极微小的量。其中 Na 元素是在碱化过程中引入，且在 Ti_3C_2-TiO_2

纳米花合成过程中，Na元素的含量逐渐减少到极少量［图12-17(b)］。在图12-16(b)中，通过分峰拟合，C 1s峰被分成两部分。位于285.0eV的主峰归因于sp^2杂化（C═C），282.6eV处的峰对应于Ti_3C_2中的C—Ti键。在图12-16(c)中，Ti_3C_2-TiO_2纳米花中Ti 2p峰包括两个双峰。在458.6eV和464.4eV处的衍射峰分别对应于TiO_2中Ti $2p_{3/2}$和Ti $2p_{1/2}$的结合能；而455.5eV和461.6eV处的衍射峰则分别对应于Ti_3C_2中Ti $2p_{3/2}$和Ti $2p_{1/2}$的结合能；这表明所合成的复合材料中TiO_2和Ti_3C_2同时存在，证明Ti_3C_2-TiO_2复合材料的成功制备。图12-16(d)为O 1s的XPS图谱，图中位于530.1eV处的峰为TiO_2的Ti—O键，532.1eV处的峰归因于吸附在样品表面水分子中的羟基基团（—OH）。通过XPS分析，进一步证明复合材料中TiO_2和Ti_3C_2的存在。

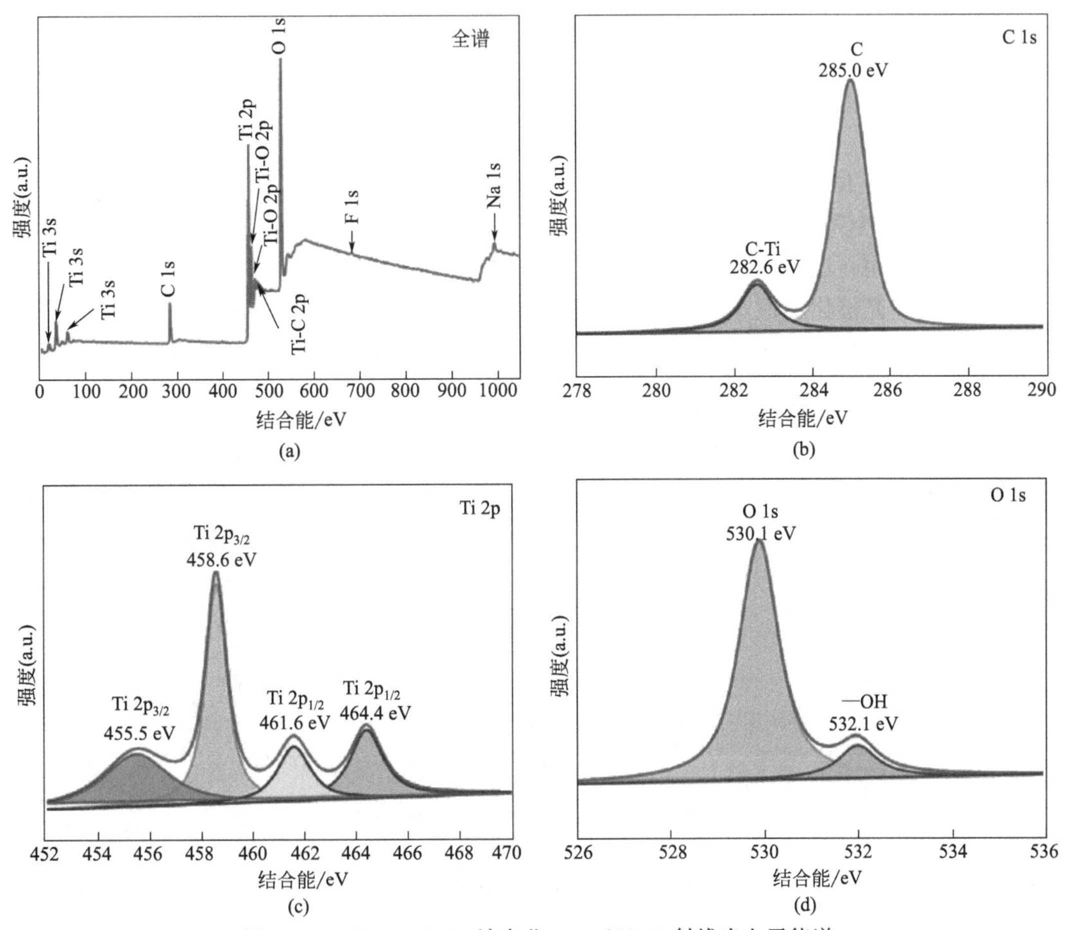

图12-16　Ti_3C_2-TiO_2纳米花（500℃）X射线光电子能谱

图12-18为Ti_3C_2 MXene和Ti_3C_2-TiO_2纳米花（不同热处理温度：300℃、400℃和500℃）的扫描图。从图12-18(a)中可以看出Ti_3C_2 MXene为光滑的层片状结构，尺寸大约5～6μm。在Ti_3C_2-TiO_2纳米花复合材料合成过程中，首先通过Ti_3C_2部分碱化、氧化得到Ti_3C_2-$Na_2Ti_3O_7$，再经过离子交换得到Ti_3C_2-$H_2Ti_3O_7$，最后通过热处理得到Ti_3C_2-TiO_2纳米花复合材料，如图12-18(b)～(d)所示，且尺寸大约为3μm。图12-18(b)是热处理温度为300℃时的Ti_3C_2-TiO_2复合物，其形貌为纳米晶须状。图12-18(c)为热处理温度为400℃时的Ti_3C_2-TiO_2复合物，形貌呈自团簇的纳米带状。图12-18(d)是热处理温度

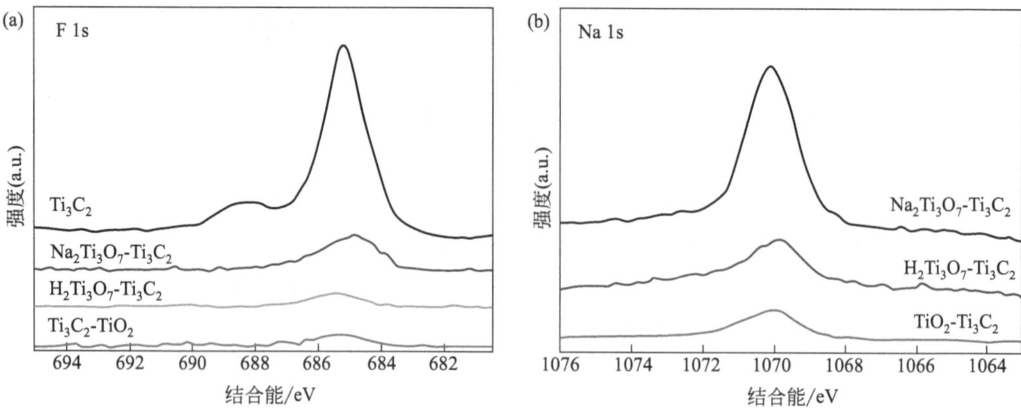

图 12-17　Ti_3C_2-TiO_2 纳米花合成过程中 F 1s 和 Na 1s 的 X 射线光电子能谱

为 500℃时的 Ti_3C_2-TiO_2 复合物，呈纳米花球状结构。由此可见，随着热处理温度的上升，花瓣的宽度逐渐增大，且颜色逐渐变浅。即使经过长时间的超声处理，Ti_3C_2-TiO_2 纳米花复合物的形貌依然没有任何变化。这表明在 Ti_3C_2-TiO_2 纳米花中，TiO_2 与 Ti_3C_2 之间存在强烈的相互作用，这种强相互作用在光催化过程中可以促进光生电荷在不同结构之间的转移，有利于提高光催化活性。图 12-19 是不同热处理温度下（300℃、400℃和 500℃）TiO_2 纳米带的扫描图。纳米带直径大约 200nm，且随着热处理温度的上升，带长逐渐减小。

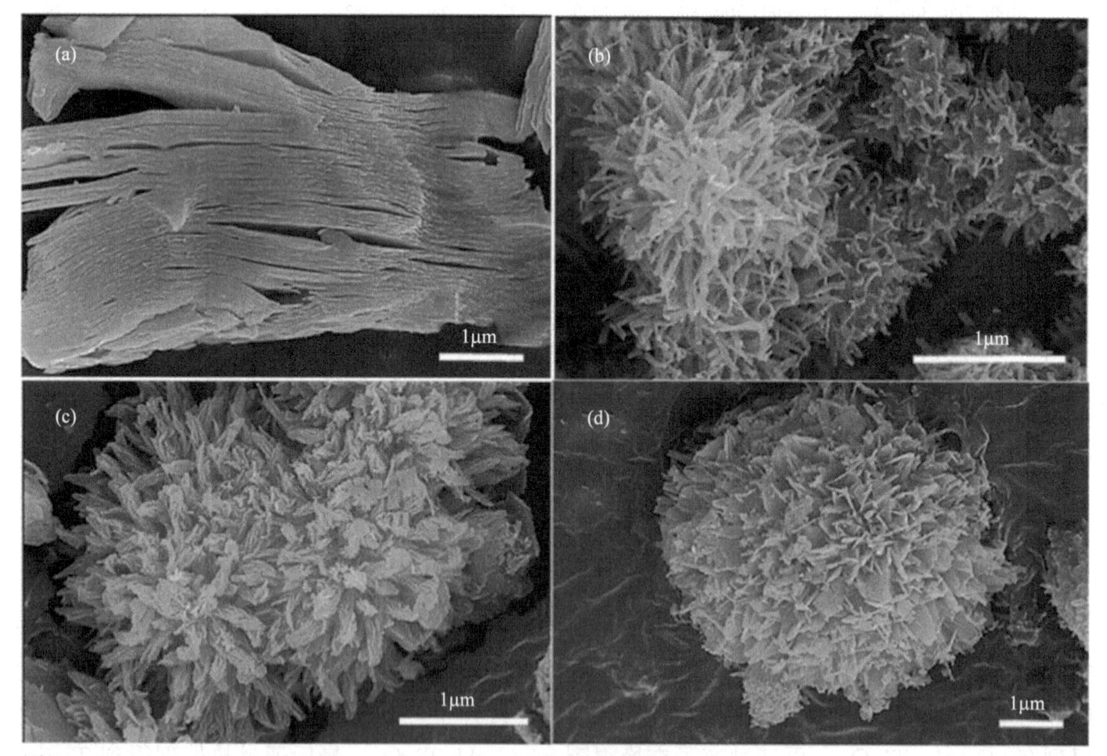

图 12-18　Ti_3C_2 MXene 和 Ti_3C_2-TiO_2 纳米花（不同热处理温度：300℃、400℃和 500℃）的扫描电镜图

彩色插页图 12-20 为 Ti_3C_2-TiO_2 纳米花复合材料（500℃）的透射电镜（TEM）图。由图 12-20(a) 和 (b) 可知，Ti_3C_2-TiO_2 纳米花复合材料为长条纳米片团簇成的纳米花球

图 12-19 不同热处理温度下 TiO_2 纳米带扫描图

(a) 300℃；(b) 400℃；(c) 500℃

状结构，且中心黑暗部分为未转化的层状 Ti_3C_2-MXene。对其进一步放大，如图 12-20(c) 所示，每个花瓣上同时存在 TiO_2 和 Ti_3C_2 两种物质，Ti_3C_2 以极小的纳米颗粒状分散在 TiO_2 花瓣上，且与其紧密相连。对其进行继续放大，如图 12-20(d) 所示，可以清晰看到两种不同间距的晶格条纹。锐钛矿相 TiO_2 的（101）面的晶格间距为 0.35nm，而晶格间距为 0.98nm 的条纹则对应于 Ti_3C_2 的（002）晶面。

图 12-21 为不同煅烧温度下 Ti_3C_2-TiO_2 纳米花复合材料的氮气吸、脱附及孔分布曲线，用来进一步表征 Ti_3C_2-TiO_2 纳米花复合材料的孔结构。分析不同煅烧温度下 Ti_3C_2-TiO_2 纳米花复合材料的氮气吸、脱附曲线，在较高压区，等温线迅速上升，脱附产生滞后，出现滞后环，在相对压力接近 1 时，曲线闭合。由 Ti_3C_2-TiO_2 纳米花的氮气吸脱附曲线和滞后环特征，可断定对应孔结构为中孔结构（参见文献 31）。通过对比不同煅烧温度样品的氮气吸附量，可看出 500℃时氮气吸附量最大，且随温度升高，样品对氮气的吸附量的增加表明样品的比表面积增大。表 12-2 中 Ti_3C_2-TiO_2 纳米花复合材料的比表面积印证了这一点。随着温度升高，Ti_3C_2-TiO_2 纳米花复合材料的比表面积逐渐增大，当热处理温度为 500℃时达到 172.229$m^2 \cdot g^{-1}$。而 TiO_2 纳米带随着热处理温度的上升，比表面积减小，这是因为随着温度的上升，TiO_2 纳米带的长度减小，从二维逐渐向一维转变，这与图 12-19 的扫描图像一致。图 12-21 中的插图为孔径分布图，可以看出 Ti_3C_2-TiO_2 纳米花复合材料的孔径分布范围为 3～30nm。其中热处理温度为 300℃和 400℃时，孔直径为 3nm 的居多，而热处理温度为 500℃时孔直径大部分在 12nm 和 18nm，大部分孔为介孔，这与氮气吸脱附曲线和比表面积的结果一致。这种较宽的孔径分布，作为分子运输的通道，在光催化过程中有利于催化剂与反应物充分接触，提高催化效率，对光催化反应有重要的意义。

表 12-2 不同煅烧温度下 TiO_2 纳米带和 Ti_3C_2-TiO_2 纳米花复合材料的比表面积

样品名称	比表面积/($m^2 \cdot g^{-1}$)
Ti_3C_2-TiO_2(300℃)	73.859
Ti_3C_2-TiO_2(400℃)	146.606
Ti_3C_2-TiO_2(500℃)	172.229
TiO_2(300℃)	41.622
TiO_2(400℃)	39.802
TiO_2(500℃)	37.903

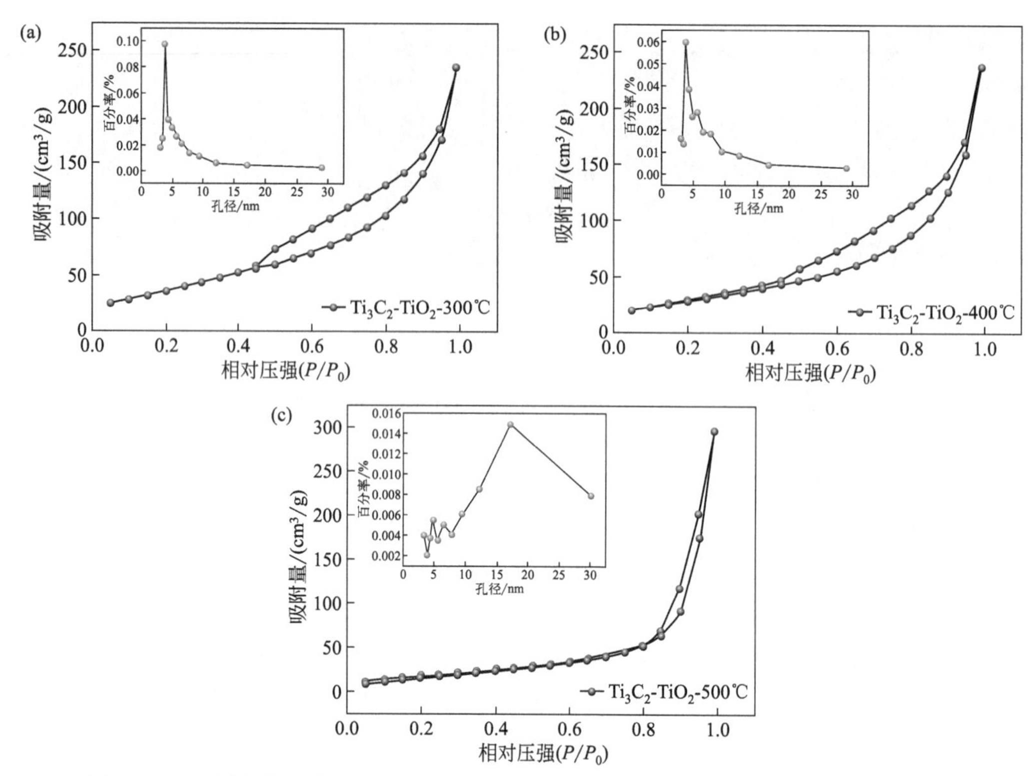

图 12-21　不同煅烧温度下 Ti_3C_2-TiO_2 纳米花复合材料氮气吸脱附曲线及孔分布曲线

习　题

1. 比较分析 XRD 与透射电镜在分析物相领域的优缺点。

2. 列表总结 X 射线、透射电镜、扫描电镜、电子探针、热分析等技术能够实现的分析测试功能。

3. 选择自己感兴趣的材料领域，阅读相关文献体会材料制备工艺、微结构表征与材料性能的关联。

4. 对比分析能谱仪与波谱仪的优缺点。

5. 结合自己的科研经历或总结综合分析测试比较丰富的相关文献，制作汇报 PPT，展示材料性质-工艺-组织微结构-性能四面体的因果逻辑关系。

参考文献

[1] 郭立伟，朱艳，戴鸿滨．现代材料分析测试分析方法 [M]．北京：北京大学出版社，2014.

[2] 周玉．材料分析方法 [M]．北京：机械工业出版社，2004.

[3] 黄新民，谢挺．材料分析测试方法 [M]．北京：国防工业出版社，2014.

[4] 左演声，陈文哲，梁伟．材料现代分析方法 [M]．北京：北京工业大学出版社，2009.

[5] 李树堂．晶体 X 射线衍射学基础 [M]．北京：冶金工业出版社，1990.

[6] 常铁军，刘喜军．材料近代分析测试方法 [M]．哈尔滨：哈尔滨工业大学出版社，2018.

[7] 潘峰，王英华，陈超．X 射线衍射技术 [M]．北京：化学工业出版社，2016.

[8] 周玉，武高辉．材料分析测试技术-材料 X 射线衍射与电子显微分析 [M]．哈尔滨：哈尔滨工业大学出版社，2007.

[9] 杨玉林，范瑞清，张立珠，等．材料测试技术与分析方法 [M]．哈尔滨：哈尔滨工业大学出版社，2014.

[10] 黄继武，李周．多晶材料 X 射线衍射-实验原理、方法与应用 [M]．北京：冶金工业出版社，2012.

[11] X 射线荧光光谱分析基本原理：
https://wenku.baidu.com/view/3363af5f3086bceb19e8b8f67c1cfad6185fe97e.html?fr=search-1-income4-psrec1&fixfr=z%2B%2FNsgbrifdLgRwAb7J6Jg%3D%3D

[12] X 射线荧光光谱分析法：
https://wenku.baidu.com/view/0bcf3f62a7e9856a561252d380eb6294dc882264.html?fr=search-1-income6-psrec1&fixfr=kB%2ByruSbSsxfOxhTkbT7mw%3D%3D

[13] X 射线荧光光谱分析的基础知识：
https://wenku.baidu.com/view/af27281d51e2524de518964bcf84b9d529ea2c50.html?fr=search-1-psrec1&fixfr=jdy98WrILR6KufVhsIXLJg%3D%3D

[14] 衍射仪结构与工作原理：
https://wenku.baidu.com/view/9558d08fbe1e650e53ea992f?sxts=1613880685877

[15] X 射线荧光光谱分析：
https://wenku.baidu.com/view/2da9c1aa284ac850ad02427f.html

[16] 陈锦云．光学显微镜的现状与进展 [J]．光仪技术，1990，011 (001)：2-9.

[17] 李焱，龚旗煌．从光学显微镜到光学“显纳镜”[J]．物理与工程，2015，25 (002)：31-36.

[18] 张保林，弋楠，朱蓉英，等．透射电镜与扫描电镜分析 [J]．无线互联科技，2016，23：25-26.

[19] 田青超，陈家光．材料电子显微分析与应用 [J]．理化检验（物理分册），2010 (01)：21-25.

[20] 李刚，岳群峰，林惠明，等．材料分析测试技术 [M]．北京：冶金工业出版社，2013.

[21] 董建新．材料分析方法 [M]．北京：高等教育出版社，2014.

[22] JiaY J，Mi Y，Wang C，et al. Grain boundary engineering towards high-figure-of-merit Nd-Ce-Fe-B sintered magnets：Synergetic effects of (Nd,Pr)H_x and Cu co-dopant [J]. Acta Materialia，2020，204：116529.

[23] Zhang T，Xing W，Chen F，et al. Microstructure and phase evolution mechanism in Hot-pressed and Hot-deformed Nd-Fe-B magnets with Nd85Cu15 addition [J]. Acta Materialia，2020，204：116493.

[24] 刘先锋，刘冬，刘仁慈，等．Ti-43.5Al-4Nb-1Mo-0.1B 合金的包套热挤压组织与拉伸性能 [J]．金属学报，2020，56 (07)：979-987.

[25] Kmbab C，Gmdba B，Bka B，et al. Origin of dislocation structures in an additively manufactured austenitic stainless steel 316L [J]. Acta Materialia，2020，199：19-33.

[26] Wang M，Cui H，Zhao Y，et al. A simple strategy for fabrication of an FCC-based complex concentrated alloy coating with hierarchical nanoprecipitates and enhanced mechanical properties [J]. Materials & design，2019，180：107893.

[27] 王富耻．材料现代分析测试方法 [M]．北京：北京理工大学出版社，2017.

[28] 杨万泰．聚合物材料表征与测试 [M]．北京：中国轻工业出版社，2019.

[29] Zhi Y C，Hong Q L，Cun H Y，et al. Textured SnSe micro-sheets：One-pot facile synthesis and comprehensive understanding on the growth mechanism [J]. Materials Chemistry and Physics，2017，199：464.

[30] 李昱杰．Ti_3C_2 MXene 基复合材料的合成及光解水性能研究 [D]．青岛：山东科技大学，2019.

[31] 近藤精一，石川达雄，安部郁夫．吸附科学 [M]．李国希，译．北京：化学工业出版社，2006.